MATLAB工程应用书库

MASTERING IMAGE PROCESSING WITH MATLAB 2020

MATLAB 2020 图形与图像处理从入门到精通

黄少罗　闫聪聪　编著

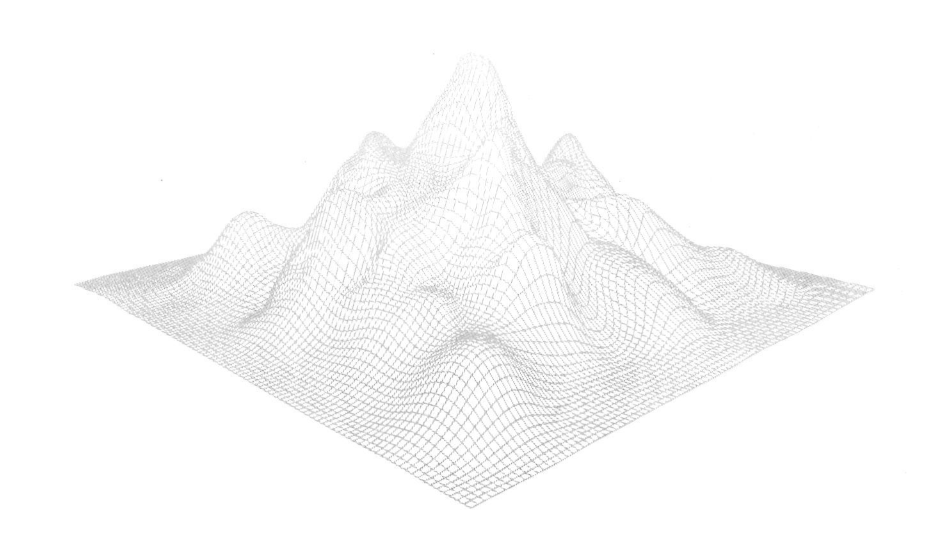

机械工业出版社
CHINA MACHINE PRESS

本书以 MATLAB 2020 为基础，结合高等学校师生的教学经验，讲解图形与图像处理的各种方法和技巧。全书主要包括 MATLAB 基础知识、二维绘图、三维图形、图形处理与动画演示、图像获取与显示、图像的基本运算、图像的效果、图像的增强、图像的复原和图像对象的分析和属性等内容。本书覆盖 MATLAB 图形与图像处理的各个方面，实例丰富而典型，可以指导读者有的放矢地进行学习。

本书既可作为 MATLAB 工程技术人员的入门用书，也可作为本科生和研究生的教学用书。

图书在版编目（CIP）数据

MATLAB 2020 图形与图像处理从入门到精通/黄少罗，闫聪聪编著．—北京：机械工业出版社，2020.12
（MATLAB 工程应用书库）
ISBN 978-7-111-67318-7

Ⅰ.①M… Ⅱ.①黄…②闫… Ⅲ.①数字图像处理- Matlab 软件 Ⅳ.①TN911.73

中国版本图书馆 CIP 数据核字（2021）第 015439 号

机械工业出版社（北京市百万庄大街 22 号　邮政编码 100037）
策划编辑：张淑谦　责任编辑：张淑谦
责任校对：徐红语　责任印制：孙　炜
保定市中画美凯印刷有限公司印刷
2021 年 2 月第 1 版第 1 次印刷
184mm×260mm · 19 印张 · 465 千字
标准书号：ISBN 978-7-111-67318-7
定价：109.00 元

电话服务	网络服务
客服电话：010-88361066	机　工　官　网：www.cmpbook.com
010-88379833	机　工　官　博：weibo.com/cmp1952
010-68326294	金　　书　　网：www.golden-book.com
封底无防伪标均为盗版	机工教育服务网：www.cmpedu.com

前　言

MATLAB 是美国 MathWorks 公司出品的一款优秀的数学计算软件，其强大的数值计算能力和数据可视化能力令人震撼。经过多年的发展，MATLAB 的版本已更新至 R2020a，功能日趋完善。MATLAB 已经成为多种学科必不可少的计算工具，是自动控制、应用数学、信息与计算科学等专业本科生与研究生必须掌握的基本技能。越来越多的学生借助 MATLAB 来学习图形与图像处理。

为了帮助零基础读者快速掌握 MATLAB 图形与图像处理方法，本书从基础着手，对 MATLAB 的基本函数功能进行了详细的介绍，同时根据不同学科读者的需求，结合图形与图像处理领域的典型应用进行了介绍，让读者入宝山而满载归。

MATLAB 本身是一个极为丰富的资源库。因此，对大多数用户来说，一定有部分 MATLAB 内容看起来是“透明”的，也就是说用户能明白其全部细节；另有些内容表现为“灰色”，即用户虽明白其原理但是对于具体的执行细节不能完全掌握；还有些内容则“全黑”，也就是用户对它们一无所知。作者在本书编写过程中也曾遇到过不少困惑，通过学习和向专家请教虽克服了这些困难，但仍难免有错误和不足，在此，本书作者恳切期望得到各方面专家和广大读者的批评指教。本书所有算例均经过作者在计算机上验证。

1. 本书特色

MATLAB 书籍浩如烟海，读者要挑选一本自己中意的书反而很困难，真是“乱花渐欲迷人眼”。那么，本书为什么能够在您“众里寻他千百度”之际，于“灯火阑珊”中让您“蓦然回首”呢，那是因为本书有以下 5 大特色。

作者权威

本书由著名 CAD/CAM/CAE 图书出版专家胡仁喜博士指导，大学资深专家教授团队执笔编写。本书是作者总结多年设计及教学经验的心得体会，力求全面细致地展现出 MATLAB 在图形与图像处理应用领域的各种功能和使用方法。

实例专业

本书中有很多实例本身就是图形与图像处理的实际工程项目案例，经过作者精心提炼和改编，不仅保证了读者能够学好知识点，还能帮助读者掌握实际的操作技能。

提升技能

本书从全面提升 MATLAB 图形与图像处理能力的角度出发，结合大量的案例来讲解如何利用 MATLAB 进行图形与图像处理，真正让读者懂得计算机辅助图形与图像处理的方法和技巧。

内容全面

本书共 10 章，分别介绍了 MATLAB 基础知识、二维绘图、三维图形、图形处理与动画演示、图像获取与显示、图像的基本运算、图像的效果、图像的增强、图像的复原和图像对象的分析和属性等内容。

知行合一

本书提供了使用 MATLAB 解决图形与图像处理问题的实践性指导，它基于 MATLAB R2020a 版，内容由浅入深。特别是本书对每一条命令的使用格式都做了详细而又直观的说明，并为用户提供了大量的例题来说明其用法，因此，对于初学者自学是很有帮助的。同时，本书也可作为科技工作者的图形与图像处理工具书。

2. 电子资料使用说明

本书随书赠送了电子资料包，其中包含了全书讲解实例和练习实例的源文件素材，并制作了全程实例动画同步 AVI 文件。为了增强教学的效果，更进一步方便读者的学习，作者亲自对实例动画进行了配音讲解，通过扫描二维码，下载本书实例操作过程视频 AVI 文件，读者可以像看电影一样轻松愉悦地学习本书。

3. 致谢

本书由陆军工程大学石家庄校区的黄少罗老师和石家庄三维书屋文化传播有限公司的闫聪聪老师编写，此外，胡仁喜、阳平华、卢园、李亚莉、甘勤涛、井晓翠、张俊生、卢思梦、解江坤、刘昌丽、康士廷、张亭、万金环、韩哲、张尧、杨雪静、王敏、王玮、王艳池、王培合、王义发、王玉秋等也参与了部分章节的内容整理工作，在此对他们的付出表示感谢。

读者在学习过程中，若有疑问，请登录 www. sjzswsw. com 或联系邮箱 714491436@ qq. com。欢迎加入三维书屋 MATLAB 图书学习交流群（QQ：656116380）交流探讨，也可以登录该 QQ 交流群或关注机械工业出版社计算机分社官方微信订阅号索取本书配套资源。

作　者

目　录

第1章 MATLAB基础知识

MATLAB利用其丰富的函数资源，使编程人员从烦琐的程序代码中解放出来。MATLAB最突出的特点就是简洁，它用更直观的、符合人们思维习惯的代码，代替了C语言和FORTRAN语言的冗长代码。MATLAB给用户带来的是最直观、最简洁的程序开发环境。

1.1 MATLAB概述

MATLAB是Matrix Laboratory（矩阵实验室）的缩写。它是以线性代数软件包LINPACK和特征值计算软件包EISPACK中的子程序为基础发展起来的一种开放式程序设计语言，是一种高性能的工程计算语言，其基本的数据单位是没有维数限制的矩阵。它的指令表达式与数学、工程中常用的形式十分相似，故用MATLAB解决那些包含了矩阵和向量的工程技术中的计算问题要比用仅支持标量的、非交互式的编程语言（如C、FORTRAN等语言）简捷得多。在大学中，它是很多数学类、工程和科学类的初等和高等课程的标准指导工具。在工业领域，MATLAB是产品研究、开发和分析经常选择的工具。

MATLAB将高性能的数值计算、可视化和编程集成在一个易用的开放式环境中，在此环境下，用户可以按照符合其思维习惯的方式和熟悉的数学表达形式书写程序，并且可以非常容易地对其功能进行扩充。除具备卓越的数值计算能力之外，MATLAB还具有专业水平的符号计算和文字处理能力；集成了2D和3D图形功能，可完成可视化建模仿真和实时控制等功能。其典型的应用主要包括如下几个方面。

- 数值分析和计算。
- 算法开发。
- 数据采集。
- 系统建模、仿真和原型化。
- 数据分析、探索和可视化。
- 工程和科学绘图。
- 数字图像处理。
- 应用软件开发，包括图形用户界面的建立。

MATLAB的一个重要特色是它具有一系列称为工具箱（Toolbox）的特殊应用子程序。工具箱是MATLAB函数的子程序库，每一个工具箱都是为某一类学科和应用而定制的，可以分为功能性工具箱和学科性工具箱。功能性工具箱主要用来扩充MATLAB的符号计算、可视化建模仿真、文字处理以及与硬件实时交互的功能，用于多种学科；而学科性工具箱则是专业性比较强的工具箱，如控制工具箱、信号处理工具箱、通信工具箱等，都属于此类。简而言之，工具箱是MATLAB函数（M文件）的全面综合，这些文件把MATLAB的环境扩展到解决特殊类型问题上，如信号处理、控制系统、神经网络、模糊逻辑、小波分析、系统仿真等。

此外，开放性使MATLAB广受用户欢迎。除内部函数以外，所有MATLAB核心文件和各种工具箱文件都是可读可修改的源文件，用户可通过对源程序进行修改或加入自己编写的程序来构造新的专用工具箱。

MATLAB Compiler 是一种编译工具，它能够将 MATLAB 编写的函数文件生成函数库或可执行文件 COM 组件等，以提供给其他高级语言（如 C ++、C#等）进行调用，由此扩展 MATLAB 的应用范围，将 MATLAB 的开发效率与其他高级语言的运行效率结合起来，取长补短，丰富程序开发的手段。

Simulink 基于 MATLAB 的可视化设计环境，可以用来对各种系统进行建模、分析和仿真。它的建模范围面向任何能够使用数学来描述的系统，如航空动力学系统、航天控制制导系统、通信系统等。Simulink 提供了利用鼠标拖放的方法建立系统框图模型的图形界面，还提供了丰富的功能模块，利用它几乎可以不用编写代码就能完成整个动态系统的建模工作。

1.1.1 图像处理技术应用领域

图像是人类获取和交换信息的主要来源，因此，图像处理的应用领域必然涉及人类生活和工作的方方面面。随着人类活动范围的不断扩大，图像处理的应用领域也将随之不断扩大。

1. 航天和航空方面

数字图像处理技术在航天和航空技术方面的应用，除了对月球、火星照片的处理之外，还应用在飞机遥感和卫星遥感技术中。许多国家每天派出很多飞机对地球上的某些地区进行大量的空中摄影，对由此得来的照片进行处理分析，以前需要雇用几千人，而现在改用配备有高级计算机的图像处理系统来判读分析，既节省人力，又加快了速度，还可以从照片中提取人工所不能发现的大量有用情报。

现在利用陆地卫星获取的图像可以进行资源调查（如森林调查、海洋泥沙和渔业调查、水资源调查等），灾害检测（如病虫害检测、水火检测、环境污染检测等），资源勘察（如石油勘查、矿产量探测、大型工程地理位置勘探分析等），农业规划（如土壤营养、水分和农作物生长、产量的估算等）和城市规划（如地质结构、水源及环境分析等）。在气象预报方面，数字图像处理技术也发挥了相当大的作用。

2. 生物医学工程方面

数字图像处理在生物医学工程方面的应用十分广泛，而且很有成效。除了 CT 技术之外，还有一类是对医用显微图像的处理分析，如红细胞、白细胞分类，染色体分析，癌细胞识别等。此外，在 X 光肺部图像增晰、超声波图像处理、心电图分析、立体定向放射治疗等医学诊断方面都广泛地应用了图像处理技术。

3. 通信工程方面

当前通信的主要发展方向是声音、文字、图像和数据结合的多媒体通信。具体来讲是将电话、电视和计算机以三网合一的方式在数字通信网上传输。其中以图像通信最为复杂和困难，因图像的数据量十分巨大，如传送彩色电视信号的速率达 100Mbit/s 以上。要将这样高速率的数据实时传送出去，必须采用编码技术来压缩信息的比特量。在一定意义上讲，编码压缩是这些技术成败的关键。除了已应用较广泛的熵编码、DPCM 编码、变换编码外，国内外正在大力开发研究新的编码方法，如分行编码、自适应网络编码、小波变换图像压缩编码等。

4. 工业和工程方面

在工业和工程领域中，图像处理技术有着广泛的应用，如自动装配线中检测零件的质量、并对零件进行分类，印制电路板疵病检查，弹性力学照片的应力分析，流体力学图片的阻力和升力分析，邮政信件的自动分拣，在一些有毒、放射性环境中识别工件及物体的形状和排列状态，先进的设计和制造技术中采用工业视觉等。其中值得一提的是，研制具备视觉、听觉和触觉功能的智能机器人，给工农业生产带来了新的激励，目前已在工业生产中的喷漆、焊接、装配中得到有效的利用。

5. 军事公安方面

在军事方面，图像处理和识别主要用于导弹的精确末端制导，各种侦察照片的判读，具有图像传输、存储和显示的军事自动化指挥系统，飞机、坦克和军舰模拟训练系统等；公安业务图片的判读分析，指纹识别，人脸鉴别，不完整图片的复原，以及交通监控、事故分析等。

6. 文化艺术方面

目前这类应用有电视画面的数字编辑，动画的制作，电子图像游戏，纺织工艺品设计，服装设计与制作，发型设计，文物资料照片的复制和修复，运动员动作分析和评分等，现在已逐渐形成一门新的艺术——计算机美术。

7. 机器人视觉

机器视觉作为智能机器人的重要感觉器官，主要进行三维景物理解和识别，是目前处于研究之中的开放课题。机器视觉主要用于军事侦察、危险环境的自主机器人，邮政、医院和家庭服务的智能机器人，装配线工件识别、定位，太空机器人的自动操作等。

8. 视频和多媒体系统

目前，电视制作系统广泛使用的图像处理、变换、合成，多媒体系统中静止图像和动态图像的采集、压缩、处理、存储和传输等。

9. 科学可视化

图像处理和图形学紧密结合，形成了科学研究各个领域新型的研究工具。

10. 电子商务

在当前呼声甚高的电子商务中，图像处理技术也大有可为，如身份认证、产品防伪、水印技术等。

总之，图像处理技术应用领域相当广泛，已在国家安全、经济发展、日常生活中充当越来越重要的角色，对国计民生的作用不可低估。

1.1.2 数字图像处理技术的内容

随着社会经济的迅猛发展，计算机技术和网络技术也取得了前所未有的进展，数字图像处理技术也因此得以广泛应用，已逐渐深入到人们生活的各个方面，如通信、医学、气象等。人们在表达事物的逻辑关系时，通常热衷于采用图像的方式，因而，对数字处理技术提出了更高的要求，不断推动其快速发展已迫在眉睫。

图像处理最早出现于20世纪50年代，当时的电子计算机已经发展到一定水平，人们开始利用计算机来处理图形和图像信息。数字图像处理作为一门学科大约形成于20世纪60年代初期。早期的图像处理的目的是改善图像的质量，它以人为对象，以改善人的视觉效果为目的。图像处理中，输入的是质量低的图像，输出的是改善质量后的图像，常用的图像处理方法有图像增强、复原、编码、压缩等。

数字图像处理是指将图像信号转换成数字信号并利用计算机对其进行处理的过程。数字图像处理常用方法有：

1. 图像变换

由于图像阵列很大，直接在空间域中进行处理，涉及计算量很大。因此，往往采用各种图像变换的方法，如傅里叶变换、沃尔什变换、离散余弦变换等间接处理技术，将空间域的处理转换为变换域处理，不仅可减少计算量，而且可获得更有效的处理（如傅里叶变换可在频域中进行数字滤波处理）。目前小波变换在时域和频域中都具有良好的局部化特性，在图像处理中也有着广泛而有效的应用。

2. 图像编码压缩

图像编码压缩技术可减少描述图像的数据量（即比特数），以便节省图像传输、处理时间和减少所占用的存储器容量。压缩可以在不失真的前提下获得，也可以在允许的失真条件下进行。编码是压缩技术中最重要的方法，它在图像处理技术中是发展最早且比较成熟的技术。

3. 图像增强和复原

图像增强和复原的目的是为了提高图像的质量，如去除噪声、提高图像的清晰度等。图像增强不考虑图像降质的原因，突出图像中所感兴趣的部分。例如，强化图像高频分量，可使图像中物体轮廓清晰，细节明显；强化低频分量可减少图像中噪声影响。图像复原要求对图像降质的原因有一定的了解，一般讲应根据降质过程建立降质模型，再采用某种滤波方法，恢复或重建原来的图像。

4. 图像分割

图像分割是数字图像处理中的关键技术之一。图像分割是将图像中有意义的特征部分提取出来，其有意义的特征有图像中的边缘、区域等，这是进一步进行图像识别、分析和理解的基础。虽然目前已研究出不少边缘提取、区域分割的方法，但还没有一种普遍适用于各种图像的有效方法。因此，对图像分割的研究还在不断深入之中，是目前图像处理中研究的热点之一。

5. 图像描述

图像描述是图像识别和理解的必要前提。对于最简单的二值图像可采用其几何特性描述物体的特性，一般图像的描述方法采用二维形状描述，它有边界描述和区域描述两类方法。对于特殊的纹理图像可采用二维纹理特征描述。随着图像处理研究的深入发展，已经开始进行三维物体描述的研究，提出了体积描述、表面描述、广义圆柱体描述等方法。

6. 图像分类（识别）

图像分类（识别）属于模式识别的范畴，其主要内容是图像经过某些预处理（增强、复原、压缩）后，进行图像分割和特征提取，从而进行判决分类。图像分类常采用经典的模式识别方法，有统计模式分类和句法（结构）模式分类，近年来新发展起来的模糊模式识别和人工神经网络模式分类在图像识别中也越来越受到重视。

1.2 图形窗口

图形窗口是 MATLAB 数据可视化的平台，这个窗口和命令窗口是相互独立的。如果能熟练掌握图形窗口的各种操作，读者便可以根据自己的需要来获得各种高质量的图形。

1.2.1 图窗文件的创建

在 MATLAB 的命令窗口输入绘图命令（如 plot 命令）时，系统会自动建立一个图形窗口。有时，在输入绘图命令之前已经有图形窗口打开，这时绘图命令会自动将图形输出到当前窗口。当前窗口通常是最后一个使用的图形窗口，这个窗口的图形将被覆盖掉，而用户往往不希望这样。学完本节内容，读者便能轻松解决这个问题。

在 MATLAB 中，使用函数命令 figure 来建立图形窗口（简称图窗），它的使用格式见表 1-1。

表 1-1 figure 命令的使用格式

命令格式	说明
figure	创建一个图形窗口
figure(f)	将 f 指定的图窗作为当前图窗，并将其显示在其他所有图窗的上面

（续）

命令格式	说明
figure(n)	创建一个编号为 Figure(n)的图形窗口，其中 n 是一个正整数，表示图形窗口的句柄
figure('PropertyName', PropertyValue, ⋯)	对指定的属性名 PropertyName，用指定的属性值 PropertyValue（属性名与属性值成对出现）创建一个新的图形窗口；对于那些没有指定的属性，则用默认值。属性名与有效的属性值见表 1-2
f = figure(⋯)	返回 Figure 对象。可使用 f 在创建图窗后查询或修改其属性

表 1-2 figure 属性

属性名	说明	有效值	默认值
Position	图形窗口的位置与大小	四维向量［left，bottom，width，height］	取决于显示
Units	用于解释属性 Position 的单位	inches（英寸） centimeters（厘米） normalized（标准化单位认为窗口长宽是 1） points（点） pixels（像素） characters（字符）	pixels
Color	窗口的背景颜色	colorSpec（有效的颜色参数）	取决于颜色表
Menubar	转换图形窗口菜单条的“开”与“关”	none、figure	figure
Name	显示图形窗口的标题	任意字符串	' '（空字符串）
NumberTitle	标题栏中是否显示'Figure No. n'，其中 n 为图形窗口的编号	on、off	on
Resize	指定图形窗口是否可以通过鼠标改变大小	on、off	on
SelectionHighlight	当图形窗口被选中时，是否突出显示	on、off	on
Visible	确定图形窗口是否可见	on、off	on
WindowStyle	指定窗口是标准窗口还是典型窗口	normal（标准窗口）、modal（典型窗口）	normal
Colormap	图形窗口的色图	$m\times3$ 的 RGB 颜色矩阵	jet 色图
Dithermap	用于真颜色数据以伪颜色显示的色图	$m\times3$ 的 RGB 颜色矩阵	有所有颜色的色图
DithermapMode	是否使用系统生成的抖动色图	auto、manual	manual
FixedColors	不是从色图中获得的颜色	$m\times3$ 的 RGB 颜色矩阵	无（只读模式）
MinColormap	系统颜色表中能使用的最少颜色数	任一标量	64
ShareColors	允许 MATLAB 共享系统颜色表中的颜色	on、off	on
Alphamap	图形窗口的 α 色图，用于设定透明度	m 维向量，每一分量在［0，1］之间	64 维向量

（续）

属性名	说明	有效值	默认值
BackingStore	打开或关闭屏幕像素缓冲区	on、off	on
DoubleBuffer	对于简单的动画渲染是否使用快速缓冲	on、off	off
Renderer	用于屏幕和图片的渲染模式	painters、zbuffer、OpenGL	系统自动选择
Children	显示于图形窗口中的任意对象句柄	句柄向量	[ ]
FileName	命令 guide 使用的文件名	字符串	无
Parent	图形窗口的父对象：根屏幕	总是 0（即根屏幕）	0
Selected	是否显示窗口的“选中”状态	on、off	on
Tag	用户指定的图形窗口标签	任意字符串	' '（空字符串）
Type	图形对象的类型（只读类型）	'figure'	figure
UserData	用户指定的数据	任一矩阵	[ ]（空矩阵）
RendererMode	默认的或用户指定的渲染程序	auto、manual	auto
CurrentAxes	在图形窗口中当前坐标轴的句柄	坐标轴句柄	[ ]
CurrentCharacter	在图形窗口中最后一个输入的字符	单个字符	无
CurrentObject	图形窗口中当前对象的句柄	图形对象句柄	[ ]
CurrentPoint	图形窗口中最后单击的按钮的位置	二维向量［x-coord，y-coord］	[0，0]
SelectionType	鼠标选取类型	normal、extended、alt、open	normal
BusyAction	指定如何处理中断调用程序	cancel、queue	queue
ButtonDownFcn	当在窗口中空闲处按下鼠标左键时，执行的回调程序	字符串	' '（空字符串）
CloseRequestFcn	当执行命令关闭时定义一回调程序	字符串	closereq
CreateFcn	当打开一图形窗口时定义一回调程序	字符串	' '（空字符串）
DeleteFcn	当删除一图形窗口时定义一回调程序	字符串	' '（空字符串）
Interruptible	定义一回调程序是否可中断	on、off	on（可以中断）
KeyPressFcn	当在图形窗口中按下时，定义一回调程序	字符串	' '（空字符串）
ResizeFcn	当图形窗口改变大小时，定义一回调程序	字符串	' '（空字符串）
UIContextMenu	定义与图形窗口相关的菜单	属性 UIContrextmenu 的句柄	无
WindowButtonDownFcn	当在图形窗口中按下鼠标时，定义一回调程序	字符串	' '（空字符串）

（续）

属性名	说明	有效值	默认值
WindowButtonMotionFcn	当将鼠标移进图形窗口中时，定义一回调程序	字符串	' '（空字符串）
WindowButtonUpFcn	当在图形窗口中松开按钮时，定义一回调程序	字符串	' '（空字符串）
IntegerHandle	指定使用整数或非整数图形句柄	on、off	on（整数句柄）
HandleVisiblity	指定图形窗口句柄是否可见	on、callback、off	on
HitTest	定义图形窗口是否能变成当前对象（参见图形窗口属性CurrentObject）	on、off	on
NextPlot	在图形窗口中定义如何显示另外的图形	replacechildren、add、replace	add
Pointer	选取鼠标记号	crosshair、arrow、topr、watch、topl、botl、botr、circle、cross、fleur、left、right、top、full-crosshair、bottom、ibeam、custom	arrow
PointerShapeCData	定义鼠标外形的数据	16×16 矩阵	将鼠标设置为' custom '且可见
PointerShapeHotSpot	设置鼠标活跃的点	二维向量［row，column］	［1，1］

需要注意的是，figure 命令产生的图形窗口的编号是在原有编号基础上加 1。有时，作图是为了进行不同数据的比较，若需要在同一个视窗下来观察不同的图像，可用 MATLAB 提供的 subplot 命令来完成这项任务。有关 subplot 的用法将在本书后面章节中进行介绍。

例 1-1：创建图窗，设置图窗文件名称。

解：MATLAB 程序如下。

```
>> figure   % 使用默认属性值创建一个新的图窗窗口
```

运行结果如图 1-1 所示。

```
>> figure('Name','ONE');   % 新建一个图窗,并设置图窗名称
```

运行结果如图 1-2 所示。

图 1-1　新建图窗（一）

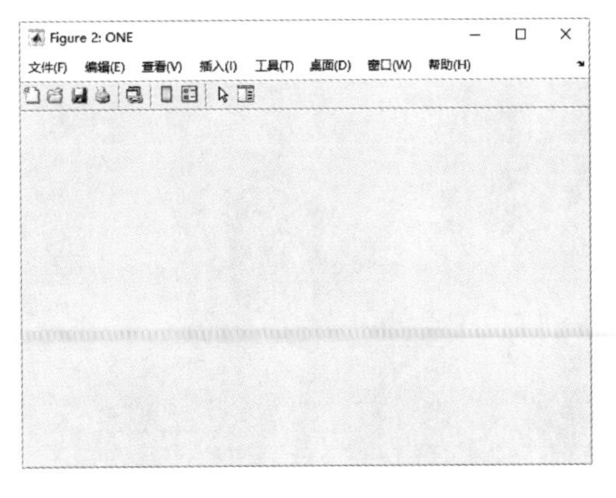

图 1-2　设置图窗名称

```
>> figure('Name','ONE','NumberTitle','off');  % 新建一个图窗,设置图窗名称,且图窗标题
                                               不带编号
```

运行结果如图 1-3 所示。

例 1-2：创建图窗，设置图窗文件颜色。

解：MATLAB 程序如下。

```
>> close all                        % 关闭所有打开的文件
>> figure('Name','Orignal');        % 新建一个图窗,名称为 Orignal
```

运行结果如图 1-4 所示。

```
>> figure('Name','RED','Color','r');   % 新建一个图窗,设置图窗名称为 RED,背景色为红色
```

运行结果如图 1-5 所示。

例 1-3：创建图窗，设置图窗文件菜单栏的显示。

解：MATLAB 程序如下。

```
>> close all                        % 关闭所有打开的文件
>> figure('Name','Orignal');        % 新建一个图窗,名称为 Orignal
```

运行结果如图 1-6 所示。

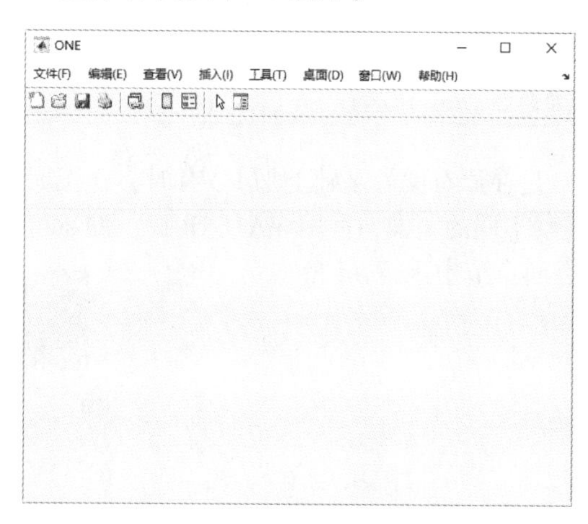

图 1-3　不显示图窗标题编号

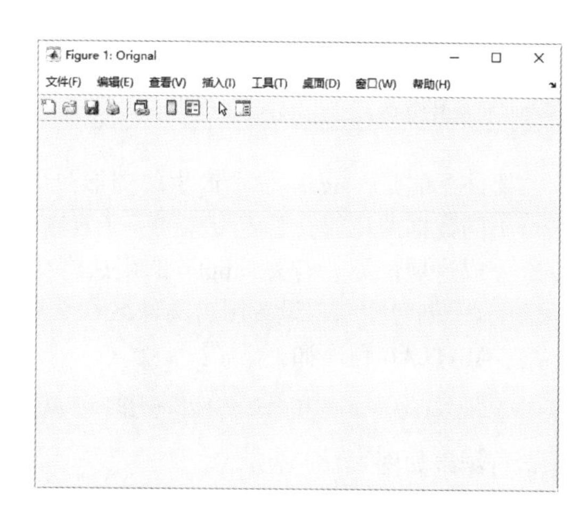

图 1-4　新建图窗（二）

图 1-5　设置图窗名称和背景色

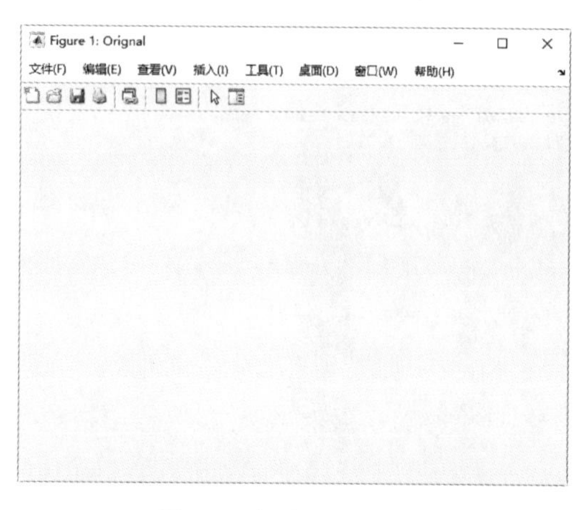

图 1-6　新建图窗（三）

```
>> figure('Name','Custom','Menubar','none');  % 新建一个图窗,名称为Custom,不显示菜单栏
```

运行结果如图 1-7 所示。

图 1-7　隐藏图窗菜单栏

1.2.2 图窗文件的保存

在 MATLAB 中，saveas 命令用来写入保存图窗文件，它的使用格式见表 1-3。

表 1-3　saveas 命令的使用格式

命令格式	说明
saveas(fig,filename)	将 fig 指定的图窗或 Simulink®模块图保存到 filename 文件中。将文件名指定为字符向量或字符串，包括文件扩展名，例如 'myplot.jpg'。文件扩展名用于定义文件格式，如果不指定扩展名，则 saveas 会将图窗保存为 FIG 文件。要保存当前图窗，应将 fig 指定为 gcf
saveas(fig,filename,formattype)	使用指定的文件格式 formattype 创建文件。如果不在文件名中指定文件扩展名，则与指定的格式对应的标准扩展名会自动附加到文件名后面。如果指定了文件扩展名，该扩展名不必与文件格式相匹配。saveas 为该格式使用 formattype，但会将文件保存为指定的扩展名。因此，文件扩展名可能与使用的实际格式不匹配

saveas 命令可以将图窗文件保存为不同格式，部分常用的文件扩展名见表 1-4。

表 1-4　图窗文件扩展名类型

扩展名	生成的格式
.fig	MATLAB FIG 文件（对 Simulink 模块图无效）
.m	可以打开图窗的 MATLAB FIG 文件和 MATLAB 代码（对于 Simulink 模块图无效）
.jpg	JPEG 图像
.png	可移植网络图形
.eps	EPS 3 级黑白
.pdf	可移植文档格式
.bmp	Windows®位图
.emf	增强的图元文件
.pbm	可移植位图
.pcx	Paintbrush 24 – bit
.pgm	可移植灰度图
.ppm	可移植像素图
.tif	TIFF 图像，已压缩

例 1-4：保存图窗文件。

解：MATLAB 程序如下。

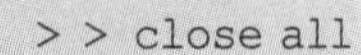

```
>> close all                        % 关闭所有打开的文件
>> figure('Name','CM','color',[0.6 0 0.2],'NumberTitle','off','Menubar','none');
% 新建一个图窗,设置图窗名称和背景色,标题不带编号,不显示菜单栏
>> saveas(gcf,'CM.jpg')             % 将当前图窗保存为 CM.jpg
>> saveas(gcf,'CM')                 % 在当前图窗保存为 CM.fig 文件
```

在 MATLAB 中，提供了专门将图窗文件保存为 FIG 文件的命令 savefig，它的使用格式见表 1-5。

表 1-5 savefig 命令的使用格式

命令格式	说明
savefig(filename)	将当前图窗保存为一个名为 filename.fig 的 FIG 文件
savefig(H,filename)	将由图形数组 H 确定的图窗保存为名为 filename.fig 的 FIG 文件
savefig(H,filename,'compact')	将指定的图窗保存在只能用 MATLAB® R2014b 或更高版本打开的 FIG 文件中。'compact' 选项可降低 .fig 文件的大小和创建该文件所需的时间

例 1-5：保存山峰图。

解：MATLAB 程序如下。

```
>> close all                        % 关闭所有打开的文件
>> figure                           % 打开图形窗口
>> surf(peaks)                      % 创建山峰曲面
>> savefig('PeaksFile.fig')         % 在当前路径下保存'PeaksFile.fig'文件
```

运行结果如图 1-8 所示。

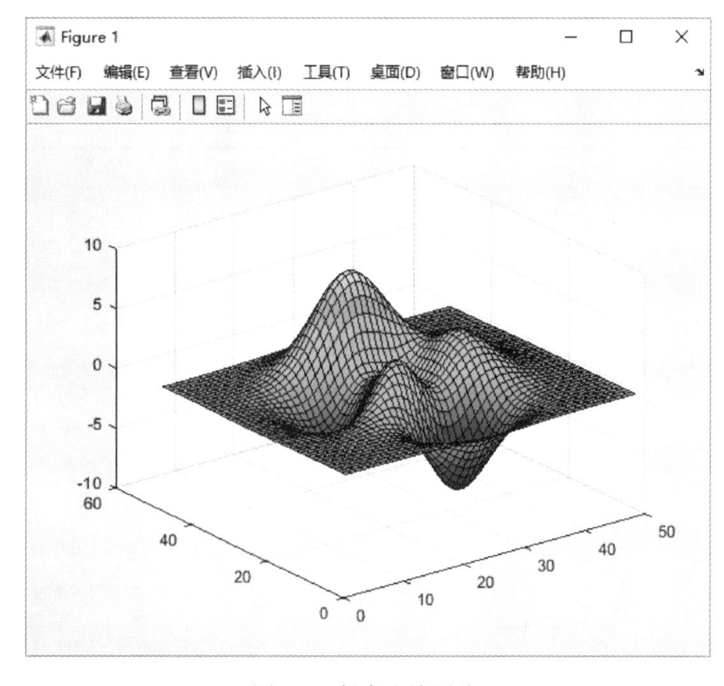

图 1-8 保存山峰图片

1.2.3 图窗文件的打开

在 MATLAB 中，提供了专门打开以 . fig 扩展名保存的图窗的命令 openfig，它的使用格式见表 1-6。此格式对于 Simulink 模块图无效。

表 1-6 openfig 命令的使用格式

命令格式	说　明
openfig(filename)	打开保存在名为 filename 的 MATLAB 图窗文件（FIG 文件）中的图窗
openfig(filename,copies)	指定是否在已打开现有图窗副本的情况下打开一个新副本。copies 可设置为'new'或'reuse'。'reuse'选项将现有图窗置于屏幕前面，将打开图窗的新副本而不管是否已打开现有副本
openfig(…,visibility)	'visible'或'invisible'指定打开的图窗可见还是不可见状态
fig = openfig(…)	返回图窗对象。设置图窗对象的属性以修改其外观或行为

如果用户想关闭图形窗口，则可以使用命令 close。

如果用户不想关闭图形窗口，仅仅是想将该窗口的内容清除，可以使用命令 clf 实现。另外，命令 clf（rest）除了能够消除当前图形窗口的所有内容以外，还可以将该图形除位置和单位属性外的所有属性都重新设置为默认状态。当然，也可以通过使用图形窗口中的菜单项来实现相应的功能，这里不再赘述。

例 1-6：打开 CM. fig 文件。

解：MATLAB 程序如下。

```
>> close all                %关闭所有打开的文件
>> openfig CM.fig           %将文件路径设置为当前路径,打开 CM.fig 文件
ans =
Figure (1: CM) - 属性:

      Number: 1
        Name: 'CM'
       Color: [0.6000 0 0.2000]
    Position: [276 231 560 420]
       Units: 'pixels'
显示所有属性
```

例 1-7：将多个图窗保存到 fig 文件。

解：MATLAB 程序如下：

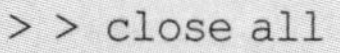

```
>> close all                                 %关闭所有打开的文件
>> h(1) = figure;
>> h(2) = figure;                            %创建两个绘图并将图窗句柄存储到数组 h 中
>> savefig(h,'TwoFiguresFile.fig')           %将这些图窗保存到文件 TwoFiguresFile.fig 中
>> close(h)                                  %关闭图窗文件
>> figs = openfig('TwoFiguresFile.fig');     %打开这两个图窗,figs 包含创建的两个图窗的句柄
```

运行结果如图 1-9 所示。

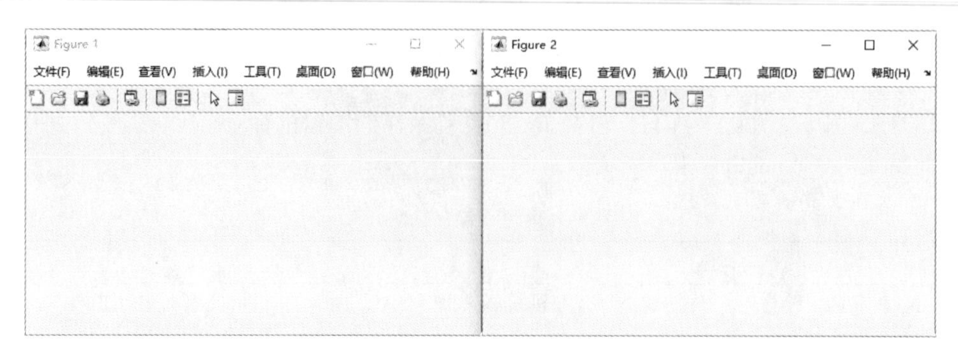

图 1-9 图窗文件的打开和保存

1.2.4 图形窗口的设置

利用 MATLAB 可以很方便地实现大量数据计算结果的可视化，而且可以很方便地修改和编辑图形界面。

从 R2016a 开始，保存的图窗大小默认情况下与屏幕上的图窗大小一致。以前，保存的图窗默认情况下为 8in×6in。

MATLAB 提供图形对象属性和属性值的命令是 set 和 get，本小节具体讲解这两个命令。

1. 设置属性

在 MATLAB 中，set 命令用来设置图形对象属性，它的使用格式见表 1-7。

表 1-7 set 命令的使用格式

命令格式	说明
set(H,Name,Value)	为 H 标识的对象指定其 Name 属性的值
set(H,NameArray,ValueArray)	使用元胞数组 NameArray 和 ValueArray 指定多个属性值
set(H,S)	使用 S 指定多个属性值，其中 S 是一个结构体，其字段名称是对象属性名称，字段值是对应的属性值
s = set(H)	返回对象 H 可由用户设置的属性及其可能的值
values = set(H,Name)	返回指定属性的可能值

2. 查询属性

在 MATLAB 中，get 命令用来查询图形对象属性，它的使用格式见表 1-8。

表 1-8 get 命令的使用格式

命令格式	说明
v = get(h)	返回 h 标识的图形对象的所有属性和属性值
v = get(h,propertyName)	返回特定属性 propertyName 的值
v = get(h,propertyArray)	返回一个 $m \times n$ 元胞数组，其中 m 等于 length（h），n 等于 propertyArray 中包含的属性名的个数
v = get(h,'default')	以结构体数组返回对象 h 上当前定义的所有默认值
v = get(h,defaultTypeProperty)	返回特定属性的当前默认值。参数 defaultTypeProperty 是将单词 default 与对象类型（如 Figure）和属性名称（如 Color）串联在单引号内组合而成的
v = get(groot,'factory')	以结构体数组返回所有用户可设置属性的出厂定义值
v = get(groot,factoryTypeProperty)	返回特定属性的出厂定义值。参数 factoryTypeProperty 是将单词 factory 与对象类型（如 Figure）和属性名称（如 Color）串联在单引号内组合而成的

第2章 二维绘图

本节内容是学习用 MATLAB 绘图最重要的部分——二维绘图，也为学习三维绘图打下基础。在本章中将会详细介绍一些常用的图形控制参数，在二维绘图、三维绘图及后面讲解的图像处理中会用到的图形修饰命令。

2.1 二维绘图命令

二维绘图命令是学习用 MATLAB 作图最重要的部分，本节将详细介绍一些常用的控制参数。

2.1.1 plot 绘图命令

plot 命令是最基本的绘图命令，也是最常用的一个绘图命令。当执行 plot 命令时，系统会自动创建一个新的图形窗口。若之前已经有图形窗口打开，那么系统会将图形画在最近打开的图形窗口上，原有图形将被覆盖。下面详细讲述该命令的各种用法。

plot 命令主要有下面几种使用格式。

1. plot(x)

这个函数格式的功能如下。

- 当 $\boldsymbol{x}$ 是实向量时，绘制出以该向量元素的下标［即向量的长度，可用 MATLAB 函数length()求得］为横坐标，以该向量元素的值为纵坐标的一条连续曲线。
- 当 $\boldsymbol{x}$ 是实矩阵时，按列绘制出每列元素值的曲线，曲线数等于 x 的列数。
- 当 $\boldsymbol{x}$ 是负数矩阵时，按列分别绘制出以元素实部为横坐标，以元素虚部为纵坐标的多条曲线。
- 如果 x 是复数，则 plot 函数绘制 x 的虚部对 x 的实部的图，使得 plot(x) 等效于 plot[real(x),imag(x)]。

例 2-1：绘制向量的图像。

解：在 MATLAB 命令行窗口中输入如下命令。

```
>> close all                  % 关闭当前已打开的文件
>> x=linspace(0,2*pi,100);    % 创建元素值在 0 到 2π 之间的线性分隔值向量,元素个数为 100
>> plot(x)                    % 绘制二维线图,显示向量 x
```

运行结果如图 2-1 所示。

注意：

上面的 linspace 命令用来将已知的区间 $[0,2\pi]$ 100 等分。这个命令的具体使用格式为 linspace(a,b,n)，作用是将已知区间 $[a,b]$ 作 n 等分，返回值为各分节点的坐标。

例 2-2：绘制矩阵的图像。

解：在 MATLAB 命令行窗口中输入如下命令。

```
>> close all             % 关闭当前已打开的文件
>> clear                 % 清除工作区的变量
```

```
>> x=rand(10);          % 创建10阶随机数矩阵x
>> plot(x)              % 绘制矩阵x的二维曲线图
```

运行结果如图2-2所示。

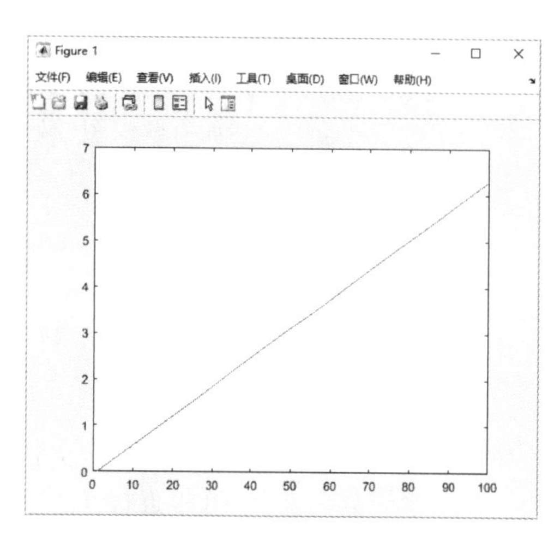

图2-1 绘制向量

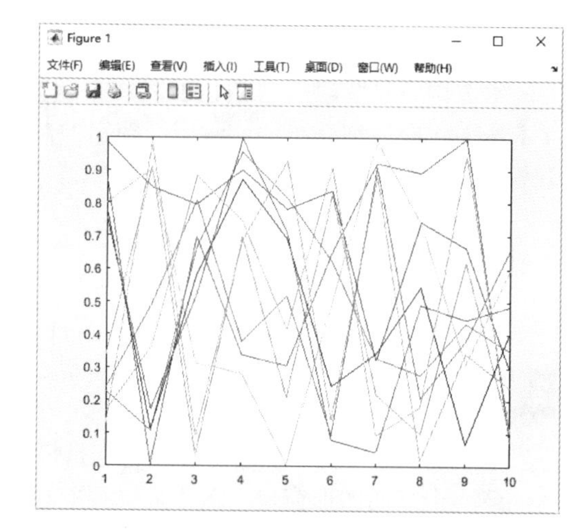

图2-2 绘制矩阵

2. plot(x,y)

这个函数格式的功能如下。

- 当 ***x***、***y*** 是同维向量时，绘制以 x 为横坐标、以 y 为纵坐标的曲线。
- 当 ***x*** 是向量，***y*** 是有一维与 ***x*** 等维的矩阵时，绘制出多根不同颜色的曲线，曲线数等于 ***y*** 矩阵的另一维数，x 作为这些曲线的横坐标。
- 当 ***x*** 是矩阵，***y*** 是向量时，同上，但以 y 为横坐标。
- 当 ***x***、***y*** 是同维矩阵时，以 x 对应的列元素为横坐标，以 y 对应的列元素为纵坐标分别绘制曲线，曲线数等于矩阵的列数。

例2-3：在某次物理实验中，测得不同摩擦系数情况下路程与时间的数据见表2-1。在同一图中作出不同摩擦系数情况下路程随时间的变化曲线。

解：此问题可以将时间 t 写为一个列向量，相应测得的路程 s 的数据写为一个 6×4 的矩阵，然后利用plot命令即可。具体的程序如下。

```
>> close all            % 关闭当前已打开的文件
>> clear                % 清除工作区的变量
>> x=0:0.2:1;           % 创建0到1的向量x,元素间隔为0.2
>> y=[0 0 0 0;0.58 0.31 0.18 0.08;0.83 0.56 0.36 0.19;1.14 0.89 0.62 0.30;1.56 1.23 0.78
0.36;2.08 1.52 0.99 0.49]; % 直接输入路程矩阵y
>> plot(x,y)            % 以x为横坐标,绘制矩阵y的二维图像
```

表2-1 不同摩擦系数时路程和时间的关系

时间/s	路程1/m	路程2/m	路程3/m	路程4/m
0	0	0	0	0
0.2	0.58	0.31	0.18	0.08
0.4	0.83	0.56	0.36	0.19

（续）

时间/s	路程 1/m	路程 2/m	路程 3/m	路程 4/m
0.6	1.14	0.89	0.62	0.30
0.8	1.56	1.23	0.78	0.36
1.0	2.08	1.52	0.99	0.49

运行结果如图 2-3 所示。

3. plot(x1,y1,x2,y2,…)

这个函数格式的功能是绘制多条曲线。在这种用法中，(x_i,y_i) 必须是成对出现的，上面的函数等价于逐次执行 plot(x_i,y_i) 命令，其中 $i=1, 2, \cdots$。

例 2-4：在同一个图上画出 $y=\sin x$、$y=2\sin\left(x+\dfrac{\pi}{4}\right)$、$y=0.5\sin\left(x-\dfrac{\pi}{4}\right)$的图像。

解：在 MATLAB 命令行窗口中输入如下命令。

```
>> close all                       % 关闭当前已打开的文件
>> clear                           % 清除工作区的变量
>> x1 = linspace(0,2*pi,100);      % 创建 0 到 2π 的向量 x1,元素个数为 100
>> x2 = x1 + pi/4;                 % 定义自变量表达式 x2
>> x3 = x1-pi/4;                   % 定义自变量表达式 x3
>> y1 = sin(x1);                   % 定义函数表达式 y1
>> y2 = 2 * sin(x2);               % 定义函数表达式 y2
>> y3 = 0.5 * sin(x3);             % 定义函数表达式 y3
>> plot(x1,y1,x2,y2,x3,y3)         % 绘制多条曲线
```

运行结果如图 2-4 所示。

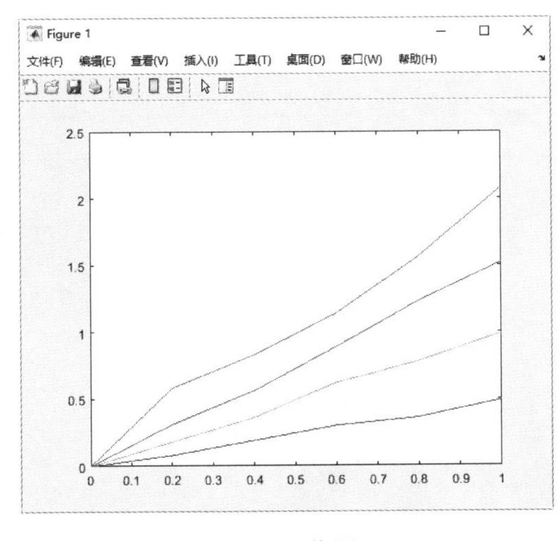

图 2-3 plot 作图（一）

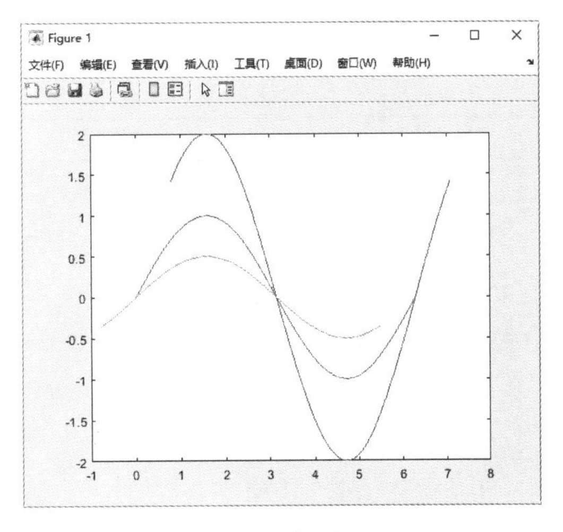

图 2-4 plot 作图（二）

4. plot(x,y, LineSpec)

其中 ***x***、***y*** 为向量或矩阵，LineSpec 为用单引号标记的字符串，用来设置所画数据点的类型、大小、颜色以及数据点之间连线的类型、粗细、颜色等。实际应用中，LineSpec 是某些字母或符号的组合。LineSpec 可以省略，此时将按 MATLAB 系统默认设置，即曲线一律采用实线线型，不同曲线将按表 2-2 所给出的前 7 种颜色（蓝、绿、红、青、品红、黄、黑）顺序着色。

LineSpec 的合法设置见表 2-3 和表 2-4。

表 2-2 颜色控制字符表

字　符	色　彩	RGB 值
b（blue）	蓝色	001
g（green）	绿色	010
r（red）	红色	100
c（cyan）	青色	011
m（magenta）	品红	101
y（yellow）	黄色	110
k（black）	黑色	000
w（white）	白色	111

表 2-3 线型符号及说明

线型符号	符号含义	线型符号	符号含义
-	实线（默认值）	:	点线
--	虚线	-.	点画线

表 2-4 线型标记表

字　符	数　据　点	字　符	数　据　点
+	加号	>	向右三角形
o	小圆圈	<	向左三角形
*	星号	s	正方形
.	实点	h	正六角星
x	交叉号	p	正五角星
d	菱形	v	向下三角形
^	向上三角形		

例 2-5：在同一个图上画出 $y=\sin x$、$y=\cos x$、$y=\sin\left(x+\dfrac{\pi}{4}\right)$、$y=\cos\left(x+\dfrac{\pi}{4}\right)$的图像，分别设置曲线显示线型与颜色。

解：在 MATLAB 命令行窗口中输入如下命令。

```
>> close all              % 关闭当前已打开的文件
>> clear                  % 清除工作区的变量
>> x=0:pi/100:2*pi;       % 创建 0 到 2π 的线性分隔值向量 x,间隔值为 π/100
>> y1=sin(x);             % 输入以 x 为自变量的 4 个函数表达式
>> y2=cos(x);
>> y3=sin(x+pi/4);
>> y4=cos(x+pi/4);
>> plot(x,y1,'r*',x,y2,'kp',x,y3,'bd',x,y4,'g^') % 绘制多条曲线,曲线 1 颜色为红色,曲线样式为 *;曲线 2 曲线样式为正五角星,曲线颜色为黑色;曲线 3 曲线样式为菱形,颜色为蓝色;曲线 4 曲线样式为向上三角形,颜色为绿色。
```

运行结果如图 2-5 所示。

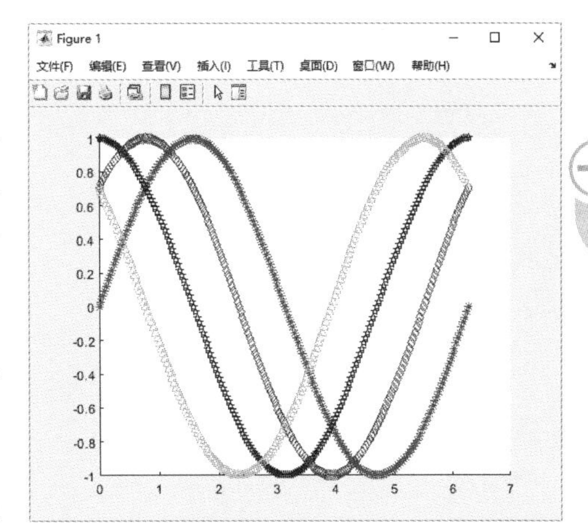

图 2-5 plot 作图（三）

说明：

hold on 命令用来使当前轴及图形保持不变，准备接受此后 plot 所绘制的新的曲线。hold off 使当前轴及图形不再保持上述性质。hold 在 on 和 off 之间切换保留状态。hold（ax，_）为 ax 指定的坐标区而非当前坐标区设置 hold 状态。指定坐标区作为以上任何语法的第一个输入参数。使用单引号将 ' on ' 和 ' off ' 输入引起来，例如，hold（ax，' on '）。

5. plot(x1,y1,s1,x2,y2,s2,…)

这种格式的用法与用法 3 介绍的相似，不同之处是此格式有参数的控制，运行此命令等价于依次执行 plot(xi,yi,si)，其中 $i=1$，2，……。

例 2-6：在同一坐标系下画出下面函数在 $[-\pi,\pi]$ 上的简图：

$$y1=e^{\sin x}, y2=e^{\cos x}, y3=e^{\sin x+\cos x}, y4=e^{\sin x-\cos x}.$$

解：在 MATLAB 命令行窗口中输入如下命令。

```
>> close all                    % 关闭当前已打开的文件
>> clear                        % 清除工作区的变量
>> x = -pi:pi/10:pi;            % 创建 -π 到 π 的向量 x,元素间隔为 π/10
>> y1 = exp(sin(x));            % 定义函数表达式 y1
>> y2 = exp(cos(x));            % 定义函数表达式 y2
>> y3 = exp(sin(x) + cos(x));   % 定义函数表达式 y3
>> y4 = exp(sin(x)-cos(x));     % 定义函数表达式 y4
>> plot(x,y1,'b:',x,y2,'d-',x,y3,'m>:',x,y4,'rh-') % 绘制多条曲线,设置曲线颜色与曲线样式。其中,曲线 1 为蓝色,样式为":";曲线 2 标记为菱形,曲线样式为实线;曲线 3 为品红色,标记为向右三角形,样式为":";曲线 4 为红色,曲线样式为实线,标记样式为正六角星
```

运行结果如图 2-6 所示。

小技巧：

如果读者不知道 hold on 命令及用法，但又想在当前坐标下画出后续图像时，便可以使用 plot 命令的此种用法。

6. plot(x,LineSpec)

这种格式的用法与用法 4 介绍的相似，不同之处是此格式是一个参数的控制。

例 2-7：绘制向量的图像。

解：在 MATLAB 命令行窗口中输入如下命令。

```
>> close all                    % 关闭当前已打开的文件
>> clear                        % 清除工作区的变量
>> x = linspace(0,0.2,10);      % 创建 1 到 0.2 的向量 x,元素个数为 100
>> plot(x,'b^')                 % 绘制向量 x 的曲线,颜色为蓝色,样式为向上三角形
```

运行结果如图 2-7 所示。

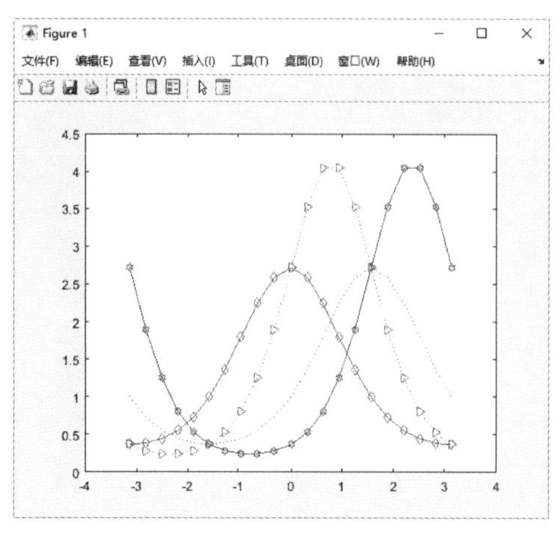

图 2-6 plot 作图（四）

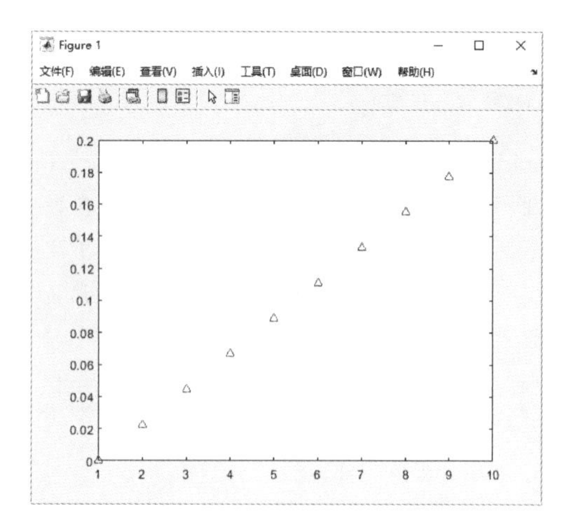

图 2-7 plot 作图（五）

7. plot(…,Name,Value)

使用一个或多个 Name-Value 对组参数指定线条属性，线条的属性见表 2-5。

表 2-5 线条属性表

字 符	说 明	参 数 值
color	线条颜色	指定为 RGB 三元组、十六进制颜色代码、颜色名称或短名称
LineWidth	指定线宽	默认为 0.5
Marker	标记符号	'+'、'o'、'*'、'.'、'x'、'square'或's'、'diamond'或'd'、'v'、'^'、'>'、'<'、'pentagram'或'p'、'hexagram'或'h'、'none'
MarkerIndices	要显示标记的数据点的索引	[a b c] 在第 a、第 b 和第 c 个数据点处显示标记
MarkerEdgeColor	指定标识符的边缘颜色	'auto'（默认）、RGB 三元组、十六进制颜色代码、'r'、'g'、'b'
MarkerFaceColor	指定标识符填充颜色	'none'（默认）、'auto'、RGB 三元组、十六进制颜色代码、'r'、'g'、'b'
MarkerSize	指定标识符的大小	默认为 6
DatetimeTickFormat	刻度标签的格式	'yyyy-MM-dd'、'dd/MM/yyyy'、'dd. MM. yyyy'、'yyyy 年 MM 月 dd 日'、'MMMM d，yyyy'、'eeee，MMMM d，yyyy HH：mm：ss'、'MMMM d，yyyy HH：mm：ss Z'
DurationTickFormat	u 刻度标签的格式	'dd：hh：mm：ss' 'hh：mm：ss' 'mm：ss' 'hh：mm'

例 2-8：在同一个图上画出 $y = \sin x$、$y = \cos x$ 的图像，统一设置曲线显示线型与颜色。

解：在 MATLAB 命令行窗口中输入如下命令。

```
>> close all                % 关闭所有打开的文件
>> x=0:pi/10:2*pi;          % 创建 0 到 2π 的向量 x,元素间隔为 π/10
>> y1=sin(x);               % 定义函数表达式 y1
>> y2=cos(x);               % 定义函数表达式 y2
```

```
>> plot(x,y1,x,y2,'LineWidth',2','Marker','<','MarkerEdgeColor','r','Marker-
FaceColor',[0.5,0.5,0.5])
% 使用名称-值对组参数指定线宽、标记类型、标记大小和标记颜色。将标记边缘颜色设置为红色,并使
用 RGB 颜色值设置标记面颜色
```

运行结果如图 2-8 所示。

8. plot(ax,…)

这种格式的用法将在由 ax 指定的坐标区中，而不是在当前坐标区（gca）中创建线条。其中，ax 可以指定坐标区，并将图形指定为 Axes 对象、PolarAxes 对象或 GeographicAxes 对象。如果不指定坐标区或当前坐标区是笛卡儿坐标区，plot 函数将使用当前坐标区。

若要在极坐标区上绘图，应指定 PolarAxes 对象作为第一个输入参数，或者使用 polarplot 函数。要在地理坐标区上绘图，应指定 GeographicAxes 对象作为第一个输入参数，或者使用 geoplot 函数。

例 2-9：在指定的坐标区画出 $y=\sin x$、$y=\sin(x+1)$ 的图像。

解：在 MATLAB 命令行窗口中输入如下命令。

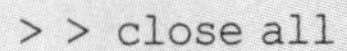

```
>> close all                   % 关闭所有打开的文件
>> ax1 = subplot(2,1,1);       % subplot 函数分割图像窗口为两行一列 2×1=2 两个视图,ax1
                                 为第一个视图的坐标系
>> ax2 = subplot(2,1,2);       % ax2 为第二个视图的坐标系
>> x = 0:pi/10:2*pi;           % 创建 0 到 2π 的向量 x,元素间隔为 π/10
>> y1 = sin(x);                % 定义函数表达式 y1
>> y2 = sin(x+1);              % 定义函数表达式 y2
>> plot(ax1,x,y1);             % 在指定坐标系 ax1 绘制图形线条
>> plot(ax2,x,y2);             % 在指定坐标系 ax2 绘制图形线条
```

运行结果如图 2-9 所示。

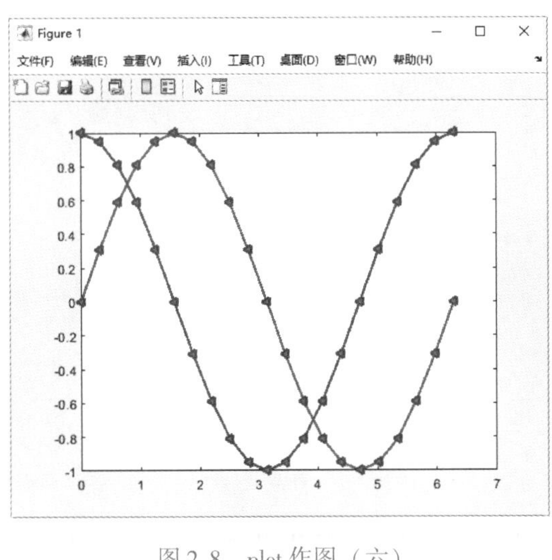

图 2-8 plot 作图（六）

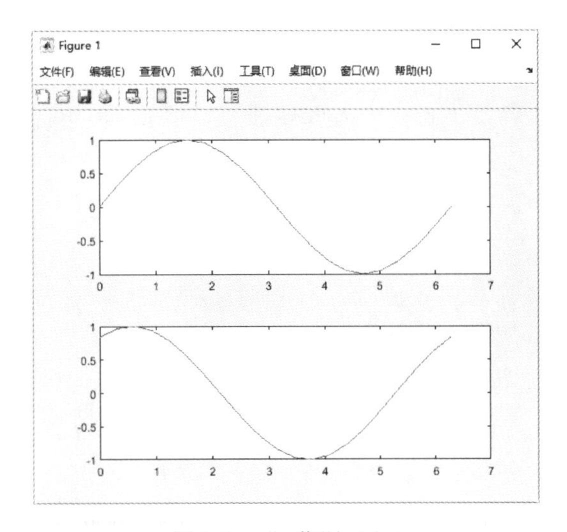

图 2-9 plot 作图（七）

9. H = plot(…)

这种格式的用法返回由图形线条对象组成的列向量。在创建特定的图形线条后，可以使用 H 修改其属性。

例 2-10：在同一个图上画出 $y=\sin x$、$y=\sin(x+1)$ 的图像，分别设置曲线显示线型与颜色。

解：在 MATLAB 命令行窗口中输入如下命令。

```
>> close all                      % 关闭当前已打开的文件
>> clear                          % 清除工作区的变量
>> x=0:pi/10:2*pi;                % 创建 0 到 2π 的线性分隔值向量 x,元素间隔为 π/10
>> y1=sin(x);                     % 定义函数表达式 y1 和 y2
>> y2=sin(x+1);
>> p=plot(x,y1,x,y2);             % 返回两个函数的图形线条
>> p(1).LineWidth=4;              % 通过句柄设置第一条曲线线宽为 4
>> p(2).Marker='pentagram';       % 通过句柄为第二条曲线添加正五角星标记
>> p(2).MarkerSize=10;            % 通过句柄设置第二条曲线的标记大小为 10
```

运行结果如图 2-10 所示。

2.1.2 rgbplot 命令

MATLAB 中利用 rgbplot 命令绘制颜色图，该命令的使用格式见表 2-6。

表 2-6 rgbplot 命令的使用格式

命令格式	说　明
rgbplot（map）	绘制指定颜色图的红色、绿色和蓝色强度

要绘制的颜色图，指定为由 ***RGB*** 三元组组成的三列矩阵。***RGB*** 三元组是包含三个元素的行向量，其元素分别指定颜色的红、绿、蓝分量的强度。强度必须在［0，1］范围内。

例 2-11：绘制 parula 颜色图。

解：在 MATLAB 命令行窗口中输入如下命令。

```
>> close all          % 关闭当前已打开的文件
>> clear              % 清除工作区的变量
>> rgbplot(parula)    % 绘制预定义的 parula 颜色图
```

运行结果如图 2-11 所示。

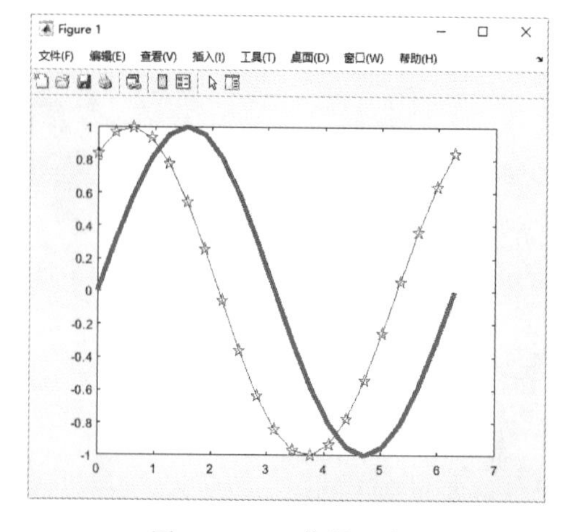

图 2-10 plot 作图（八）

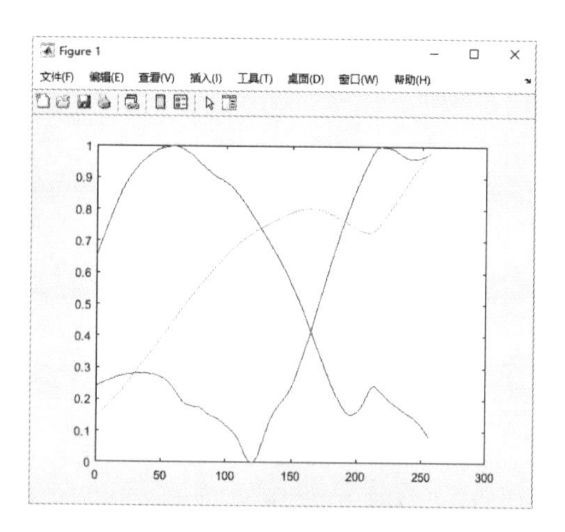

图 2-11 rgbplot 作图

2.1.3 line 命令

MATLAB 会自动把坐标轴画在边框上，如果需要从坐标原点拉出坐标轴，可以利用 line 命令，用于在图形窗口的任意位置画直线或折线。line 命令的使用格式见表 2-7。

表 2-7　line 命令的使用格式

调用格式	说明
line(x,y)	使用向量 **x** 和 **y** 中的数据在当前坐标区中绘制线条
line(x,y,z)	在三维坐标中绘制线条
line	使用默认属性设置绘制一条从点（0，0）到（1，1）的线条
line(…,Name,Value)	使用一个或多个名称-值对组参数修改线条的外观
line(ax,…)	在由 ax 指定的坐标区中，而不是在当前坐标区（gca）中创建线条
pl = line(…)	返回创建的所有基元 Line 对象

例 2-12：在同一个图上画出 $y=\sin x$ 和 $y=\sin(x+1)$ 的图像，设置曲线显示线型与颜色。

解：在 MATLAB 命令行窗口中输入如下命令。

```
>> close all                    % 关闭当前已打开的文件
>> clear                        % 清除工作区的变量
>> x=linspace(0,10)';           % 创建 0 到 10 的列向量 x,默认元素个位数为 100
>> y=[sin(x) sin(x+1)];         % 定义函数表达式 y
>> line(x,y,'LineWidth', 2,'Marker','d','MarkerFaceColor','y','MarkerEdgeColor','r');
                                % 设置图形线条属性,线宽为 2,标记为四边形,标记填充颜色为黄色,
                                  标记轮廓颜色为红色
```

运行结果如图 2-12 所示。

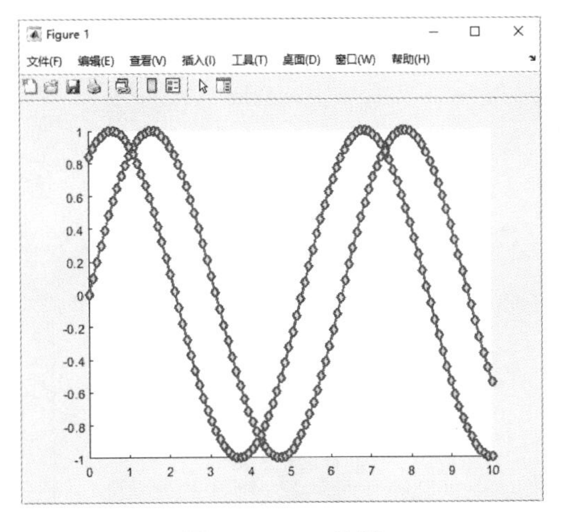

图 2-12　line 作图

2.1.4 subplot 命令

如果要在同一图形窗口中分割出所需要的几个窗口来，可以使用 subplot 命令。subplot 命令

的使用格式见表 2-8。

表 2-8　subplot 命令的使用格式

调用格式	说　明
subplot(m,n,p)	将当前窗口分割成 $m \times n$ 个视图区域，并指定第 p 个视图为当前视图
subplot(m,n,p,'replace')	删除位置 p 处的现有坐标区并创建新坐标区
subplot(m,n,p,'align')	创建新坐标区，以便对齐图框。此选项为默认选项
subplot(m,n,p,ax)	将现有坐标区 *ax* 转换为同一图窗中的子图
subplot('Position',pos)	在 pos 指定的自定义位置创建坐标区。指定 ***pos*** 作为 [left bottom width height] 形式的四元素向量。如果新坐标区与现有坐标区重叠，新坐标区将替换现有坐标区
subplot(…,Name,Value)	使用一个或多个名称-值对组参数修改坐标区属性
ax = subplot(…)	返回创建的 Axes 对象，可以使用 ax 修改坐标区
subplot(ax)	将 ax 指定的坐标区设为父图窗的当前坐标区。如果父图窗尚不是当前图窗，此选项不会使父图窗成为当前图窗

需要注意的是，这些子图的编号是按行来排列的。例如，第 s 行第 t 个视图区域的编号为 $(s-1) \times n+t$。如果在此命令之前并没有任何图形窗口被打开，那么系统将会自动创建一个图形窗口，并将其割成 $m \times n$ 个视图区域。

例 2-13：随机生成一个行向量 $\boldsymbol{a}$ 以及一个实方阵 $\boldsymbol{b}$，并用 MATLAB 的 plot 画图命令作出 $\boldsymbol{a}$、$\boldsymbol{b}$ 的图像。

解：MATLAB 程序如下。

```
>> close all                        % 关闭当前已打开的文件
>> clear                            % 清除工作区的变量
>> a = linspace(1,10);              % 创建 1 到 10 的向量 a,元素个数默认为 100
>> b = rand(5,5);                   % 创建 5×5 随机矩阵 b
>> subplot(1,2,1),plot(a)           % 在图形窗口分割的视图 1 中绘制向量 a
>> subplot(1,2,2),plot(b)           % 在图形窗口分割的视图 2 中绘制矩阵 b
>> subplot(1,2,2,'replace')         % 清除视图 2 中的图形
```

运行后所得的图像如图 2-13 所示。

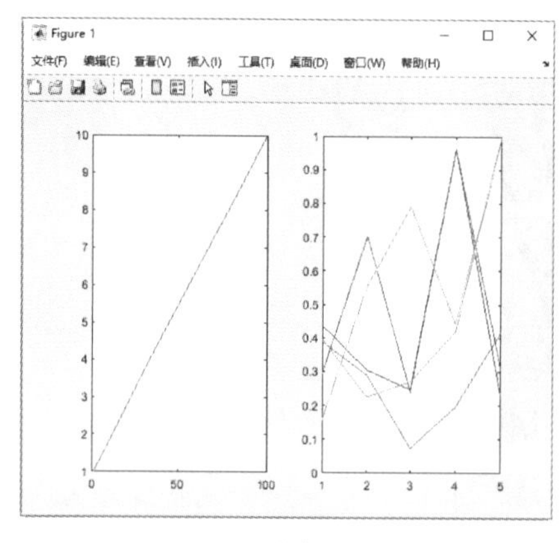

a) 分割视图

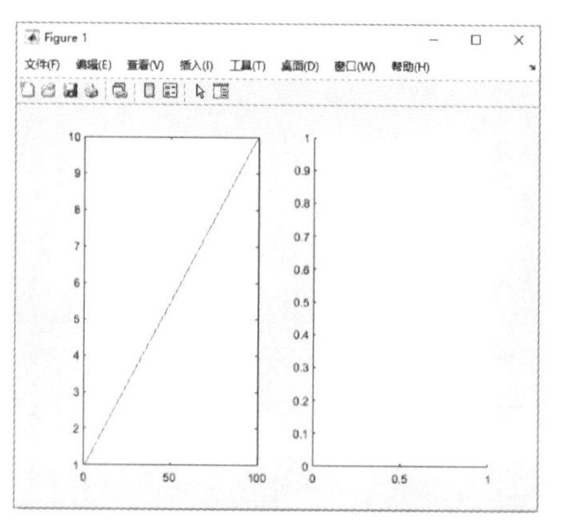

b) 清除视图2

图 2-13　视图分割

例 2-14：画出 $y=\sin x$、$y=\cos x$ 的图像，作出大小不同的子图图像。

解：在 MATLAB 命令行窗口中输入如下命令。

```
>> close all                % 关闭当前已打开的文件
>> clear                    % 清除工作区的变量
>> x=0:pi/10:2*pi;          % 创建 0 到 2π 的向量 x,元素间隔为 π/10
>> y1=sin(x);               % 定义函数表达式 y1
>> y2=cos(x);               % 定义函数表达式 y2
>> subplot(2,2,1),plot(x,y1,'r')  % 在图形窗口分割的视图 1 中绘制 y1(x),曲线颜色为红色
>> subplot(2,2,2),plot(x,y2,'g')  % 在图形窗口分割的视图 2 中绘制 y2(x),曲线颜色为绿色
>> subplot(2,2,[3,4]),plot(x,y1,x,y2,'LineWidth',3,'Marker','p','MarkerFaceColor','g','MarkerEdgeColor','r');  % 将视图 3 和 4 合并为一个子图,绘制曲线 y1(x)和 y2(x),线宽为 3,标记为五角星,标记填充颜色为绿色,标记轮廓颜色为红色
```

运行后所得的图像如图 2-14 所示。

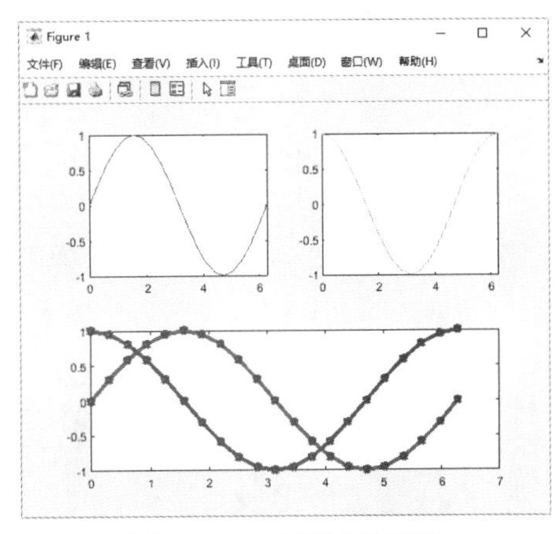

图 2-14　大小不同的子图

2.1.5 fplot 绘图命令

fplot 命令也是 MATLAB 提供的一个画图命令，它是一个专门用于画一元函数图像的命令。有些读者可能会有这样的疑问：plot 命令也可以画一元函数图像，为什么还要引入 fplot 命令呢?

这是因为 plot 命令是依据给定的数据点来作图的，而在实际情况中，一般并不清楚函数的具体情况，因此依据所选取的数据点作的图像可能会忽略真实函数的某些重要特性，给科研工作造成不可估计的损失，所以 MATLAB 提供了专门绘制一元函数图像的 fplot 命令。它用来指导数据点的选取，通过其内部自适应算法，在函数变化比较平稳处取的数据点就会相对稀疏一点，在函数变化明显处取的数据点就会自动密一些，因此用 fplot 命令作出的图像要比用 plot 命令作出的图像光滑准确。fplot 命令的主要使用格式见表 2-9。

表 2-9　fplot 命令的使用格式

调用格式	说明
fplot(f,lim)	在指定的范围 lim 内画出一元函数 f 的图形
fplot(f,lim,s)	用指定的线型 s 画出一元函数 f 的图形
fplot(f,lim,n)	画一元函数 f 的图形时，至少描出 $n+1$ 个点
fplot(funx,funy)	在 t 的默认间隔 [−5 5] 上绘制由 $x=\text{funx}(t)$ 和 $y=\text{funy}(t)$ 定义的曲线
fplot(funx,funy,tinterval)	在指定的时间间隔内绘制。将间隔指定为 [tmin tmax] 形式的二元向量
fplot(…,LineSpec)	指定线条样式、标记符号和线条颜色。例如，'-r '绘制一条红线。在前面语法中的任何输入参数组合之后使用此选项
fplot(…,Name,Value)	使用一个或多个名称-值对组参数指定行属性
fplot(ax,…)	绘制到由 ax 指定的轴中，而不是当前轴（gca）。指定轴作为第一个输入参数
fp = fplot(…)	根据输入返回函数行对象或参数化函数行对象。使用 FP 查询和修改特定行的属性
[X,Y] = fplot(f,lim,…)	返回横坐标与纵坐标的值给变量 X 和 Y

对于表 2-9 中的各种用法有下面几点需要说明。

1）f 对字符向量输入的支持将在未来版本中删除，可以改用函数句柄，例如，' sin(x)'改为

@(x)sin(x)。

2）[x,y] = fplot(f,…)不会画出图形，如用户想画出图形，可用命令 plot(x,y)。该语法在将来的版本中将被删除，而是使用 line 对象 fp 的 XData 和 YData 属性。

3）fplot 不再支持用于指定误差容限或评估点数的输入参数。若要指定评估点数，应使用网格密度属性。

例 2-15：画出参数化曲线 $x=\cos(3t)$ 和 $y=\sin(2t)$ 的图像。

解：在 MATLAB 命令窗口中输入如下命令。

```
>> close all                    % 关闭当前已打开的文件
>> clear                        % 清除工作区的变量
>> xt =@(t) cos(3*t);           % 输入符号表达式定义函数 xt
>> yt =@(t) sin(2*t);           % 输入符号表达式定义函数 yt
>> fplot(xt,yt)                 % 绘制参数化曲线
```

运行结果如图 2-15 所示。

例 2-16：画出分段函数 $\begin{cases} y=\sin x, x\in\left[-\dfrac{\pi}{2},0\right] \\ y=x, x\in\left[0,\dfrac{\pi}{2}\right] \\ y=\cos(x), x\in\left[\dfrac{\pi}{2},\pi\right] \end{cases}$ 的图像。

解：在 MATLAB 命令窗口中输入如下命令。

```
>> close all           % 关闭当前已打开的文件
>> clear               % 清除工作区的变量
>> fplot(@(x) sin(x),[-pi/2 0],'b-') % 绘制符号函数曲线,设置变量 x 取值范围为[-pi/2 0],曲线为蓝色实线
>> hold on             % 保留当前图窗中的绘图
>> fplot(@(x) x, [0 pi/2],'b*') % 绘制符号函数曲线,设置变量 x 取值范围为[0 pi/2 ],曲线为蓝色星号
>> fplot(@(x) cos(x),[pi/2 pi],'r^') % 绘制符号函数曲线,设置变量 x 取值范围为[pi/2 pi],曲线为红色向上三角形
>> hold off            % 关闭保持命令
```

运行结果如图 2-16 所示。

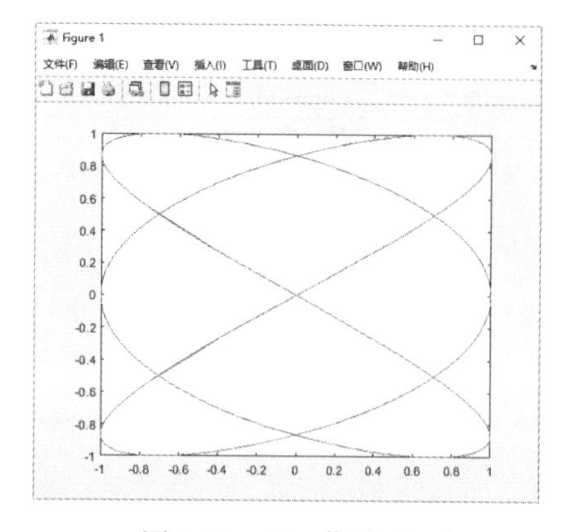

图 2-15 fplot 作图（一）

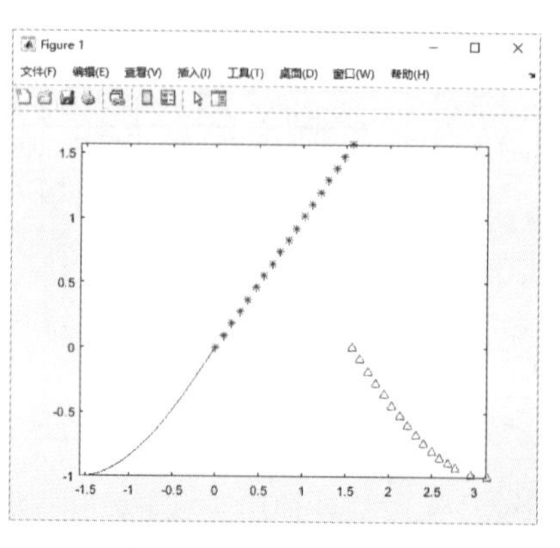

图 2-16 fplot 作图（二）

下面的例子用来比较 fplot 命令与 plot 命令。

例 2-17：分别用 fplot 命令与 plot 命令作出函数 $y=\sin x$，$x\in[\pi,20\pi]$ 的图像。

解：在 MATLAB 命令窗口中输入如下命令。

```
>> close all                        % 关闭当前已打开的文件
>> clear                            % 清除工作区的变量
>> x=linspace(pi,20*pi,50);         % 创建π到20π的向量x,元素个数为50
>> y=sin(x);                        % 定义函数表达式
>> subplot(2,1,1),plot(x,y)         % 在第一个视图中以x为自变量,绘制y的图形
>> subplot(2,1,2),fplot(@(x)sin(x),[pi,20*pi])
% 在第二个视图中,利用fplot绘制曲线,设置x取值范围为[pi,20*pi]
```

运行结果如图 2-17 所示。从图中可以很明显地看出 fplot 命令所画的图要比用 plot 命令所作的图光滑精确。这主要是因为用 plot 命令作图分点取的太少了，也就是说对区间的划分还不够细。

2.1.6 fill 绘图命令

fill 命令用于填充二维封闭多边形，创建彩色多边形，该命令的主要使用格式见表 2-10。

表 2-10 fill 命令的使用格式

调用格式	说明
fill(X,Y,C)	根据 *X* 和 *Y* 中的数据创建填充的多边形（顶点颜色由 C 指定）。*C* 是一个用作颜色图索引的向量或矩阵。如果 *C* 为行向量，length（C）必须等于 size（X，2）和 size（Y，2）；如果 *C* 为列向量，length（C）必须等于 size（X，1）和 size（Y，1）。必要时，fill 可将最后一个顶点与第一个顶点相连以闭合多边形。*X* 和 *Y* 的值可以是数字、日期时间、持续时间或分类值
fill(X,Y,ColorSpec)	填充 *X* 和 *Y* 指定的二维多边形，ColorSpec 指定填充颜色
fill(X1,Y1,C1,X2,Y2,C2,...)	指定多个二维填充区
fill(...,'PropertyName',PropertyValue)	为图形对象指定属性名称和值
fill（ax，...）	在由 ax 指定的坐标区而不是当前坐标区（gca）中创建多边形
h=fill(…)	返回由图形对象构成的向量

在由数据所构成的多边形内，用指定的颜色填充。如果该多边形不是封闭的，可以用初始点和终点的连线封闭。

例 2-18：绘制正弦图形，并填充图形。

解：MATLAB 程序如下。

```
>> close all            % 关闭当前已打开的文件
>> clear                % 清除工作区的变量
>> x1=linspace(-10*pi,0.01*pi,100*pi); % 创建-10π到0.01π的向量x1,元素间隔为0.01π
>> x2=x1+pi/4;          % 定义自变量x2的表达式
>> y1=sin(x1);          % 定义曲线1函数表达式y1
>> y2=sin(x2);          % 定义曲线2函数表达式y2
>> subplot(121),plot(x1,y2,'k',x2,y2,'r') % 将视图分割为1×2的窗口,在第一个窗口中利用plot函数绘制曲线1、曲线2,设置曲线颜色为红色
```

```
>> subplot(122),fill(x1,y2,'k',x2,y2,'r') % 在第二个窗口中利用 fill 函数绘制曲线 1、曲线 2,设置曲线填充颜色为红色
```

运行结果如图 2-18 所示。

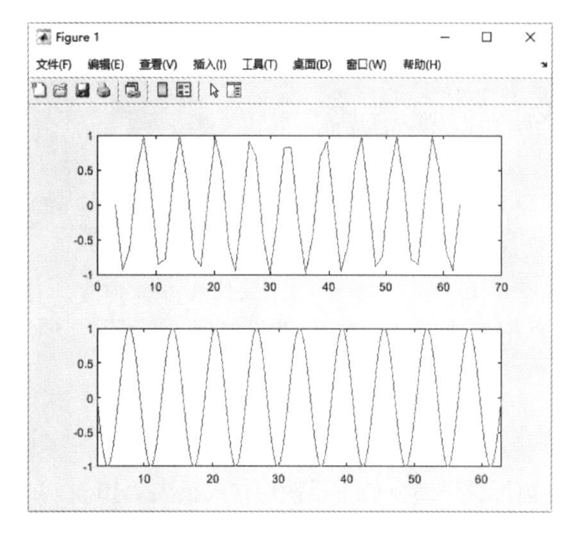

图 2-17　fplot 与 plot 的比较

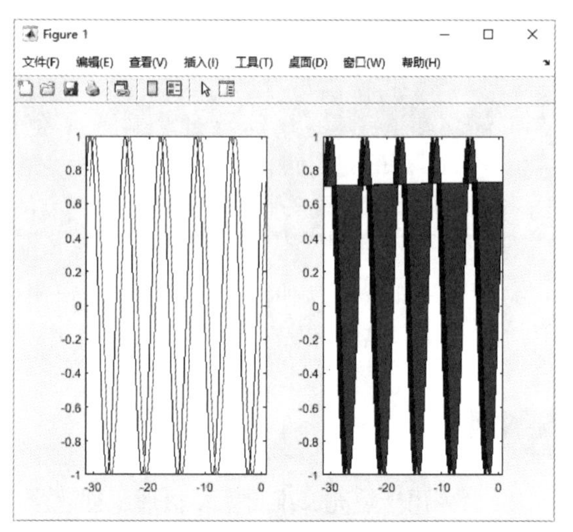

图 2-18　图形填充

2.1.7 patch 绘图命令

patch 命令用于创建一个或多个填充多边形，该命令的主要使用格式见表 2-11。

表 2-11　patch 命令的使用格式

调用格式	说　明
patch(X,Y,C)	使用 *X* 和 *Y* 的元素作为每个顶点的坐标，以创建一个或多个填充多边形。*C* 决定多边形的颜色
patch('XData',X,'YData',Y)	类似于 patch(X,Y,C)，不同之处在于不需要为二维坐标指定颜色数据
patch('Faces',F,'Vertices',V)	创建一个或多个多边形，其中 *V* 指定顶点的值，*F* 定义要连接的顶点。当有多个多边形时，仅指定唯一顶点及其连接矩阵，可以减小数据大小。为 ***V*** 中的每个行指定一个顶点
patch(S)	使用结构体 S 创建一个或多个多边形。S 可以包含字段 Faces 和 Vertices
patch(…,Name,Value)	创建多边形，并使用名称-值对组参数指定一个或多个属性
patch(ax,…)	将在由 ax 指定的坐标区中，而不是当前坐标区（gca）中创建多边形
p = patch(…)	返回包含所有多边形的数据的补片对象

patch 命令还可以在三维坐标中创建多边形，具体格式在三维图形章节中进行介绍。

例 2-19：创建多种颜色的多边形。

解：在 MATLAB 命令行窗口中输入如下命令。

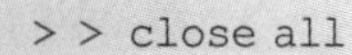

```
>> close all                    % 关闭当前已打开的文件
>> clear                        % 清除工作区的变量
>> x=0:0.1*pi:100;              % 创建 0 到 100 的向量 x,元素间隔为 0.1π
```

```
>> y=exp(cos(x));                          % 定义曲线函数表达式 y
>> c=y;                                    % 创建颜色矩阵 c
>> subplot(2,1,1), patch(x,y,c)            % 在第一个视图中创建填充多边形
>> subplot(2,1,2),                         % 显示第二个视图
>> patch(x,y,c,'EdgeColor','interp','Marker','o','MarkerFaceColor','flat');
% 创建多边形,通过颜色插值设置边的颜色,标记符号为圆圈,并使用顶点处的 CData 值设置标记、填充颜色
```

运行结果如图 2-19 所示。

patch 命令还可在封装子系统图标上绘制指定形状的颜色补片，该命令的主要使用格式见表 2-12。

表 2-12　patch 命令的使用格式

调用格式	说　　明
patch(x, y)	创建具有由坐标向量 ***x*** 和 ***y*** 指定的形状的实心补片。补片的颜色是当前前景颜色
patch(x, y, [r g b])	创建由向量 [r g b] 指定颜色的实心补片，其中 ***r*** 为红色分量，***g*** 为绿色分量，***b*** 为蓝色分量

例 2-20：创建填充颜色的正弦曲线多边形。

解：在 MATLAB 命令行窗口中输入如下命令。

```
>> close all                   % 关闭当前已打开的文件
>> clear                       % 清除工作区的变量
>> x=-2*pi:0.01*pi:2*pi;       % 创建-2π到2π的向量 x,元素间隔为 0.01π
>> y=sin(x);                   % 定义曲线函数表达式 y
>> patch(x,y,[1 0 0])          % 在曲线多边形上补色,颜色为红色
```

运行结果如图 2-20 所示。

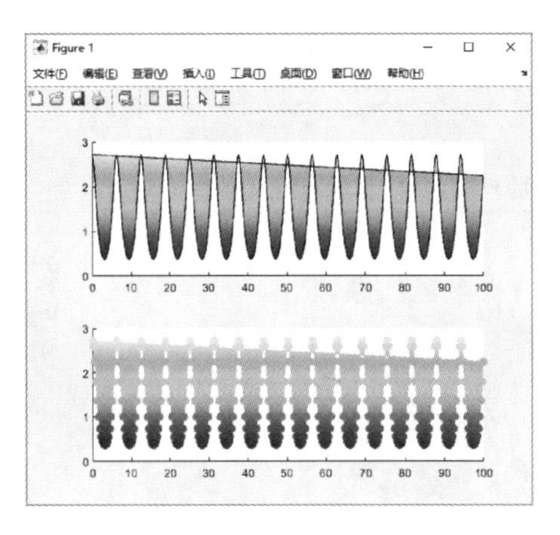

图 2-19　多种颜色的多边形

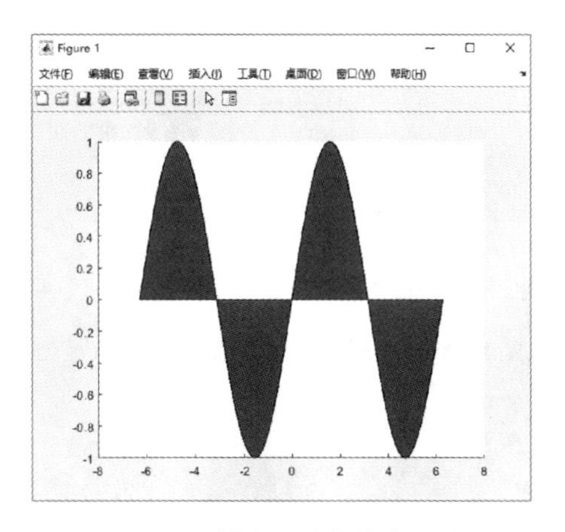

图 2-20　填充正弦曲线多边形

2.2　不同坐标系下的绘图命令

上面讲的绘图命令使用的都是笛卡儿坐标系，而在工程实际中，往往会涉及不同坐标系下的图像问题，如常用的极坐标。本节简单介绍几个工程计算中常用的其他坐标系下的绘图命令。

2.2.1 极坐标系下绘图

在 MATLAB 中，polar 命令用来绘制极坐标系下的函数图像。polar 命令的使用格式见表 2-13。

表 2-13 polar 命令的使用格式

调用格式	说明
p = polar(budgetobj,i,j)	在极坐标中绘图，p 是极坐标图函数对象。绘制第（i,j）个参数
lineseries = polar（cktobj，'parameter1'，...，'parametern'）	在极坐标中绘图，参数 parameter 的内容与 plot 命令相似
lineseries = polar（cktobj，'parameter1'，...，'parametern'，x-axis parameter，x-axis format，'condition'	绘制指定操作条件下的指定参数。x-axis parameter 为 x 轴参数，x-axis format 用于特定 x 轴参数的格式，'freq'为频率值，'pin'为输入功率电平

例 2-21：在直角坐标系与极坐标下画出函数 $r=\mathrm{e}^{\cos t}$ 的图像。

解：在 MATLAB 命令行窗口中输入如下命令。

```
>> close all                          % 关闭当前已打开的文件
>> clear                              % 清除工作区的变量
>> t = linspace(0,24*pi,1000);        % 创建 0 到 24π 的向量 t,元素个数为 1000
>> r = exp(cos(t));                   % 定义函数表达式 r
>> subplot(2,1,1),plot(t,r)           % 绘制 r(t)函数在直角坐标系下的曲线
>> subplot(2,1,2),polar(t,r)          % 绘制 r(t)函数在极坐标下的曲线
```

运行结果如图 2-21 所示。

在 MATLAB 中，pol2cart 命令用来将相应的极坐标数据点转化成直角坐标系下的数据点。该命令的使用格式见表 2-14。

表 2-14 pol2cart 命令的使用格式

调用格式	说明
[x,y] = pol2cart(theta,rho)	将极坐标数组 theta 和 rho 的对应元素转换为二维笛卡儿坐标或 xy 坐标
[x,y,z] = pol2cart(theta,rho,z)	将柱坐标数组 theta、rho 和 z 的对应元素转换为三维笛卡儿坐标或 xyz 坐标

例 2-22：在极坐标下画出函数 $r=\mathrm{e}^{\cos t}-2\cos 4t+\left(\sin\dfrac{t}{12}\right)^5$ 的图像。

解：在 MATLAB 命令行窗口中输入如下命令。

```
>> close all                     % 关闭当前已打开的文件
>> clear                         % 清除工作区的变量
>> t = linspace(0,24*pi,1000);   % 创建 0 到 24π 的向量 t,元素个数为 1000
>> r = exp(cos(t)) -2*cos(4.*t) + (sin(t./12)).^5; % 定义函数表达式 r
>> [x,y] = pol2cart(t,r);        % 将极坐标数组 t、r 转换为二维笛卡儿坐标或 xy 坐标
>> subplot(3,1,1),plot(t,r);          % 绘制 r(t)函数在直角坐标系下的曲线
>> subplot(3,1,2),polar(t,r);         % 绘制 r(t)函数在极坐标系下的曲线
>> subplot(3,1,3),plot(x,y);          % 绘制 y(x)函数在直角坐标系下的曲线
```

运行结果如图 2-22 所示。

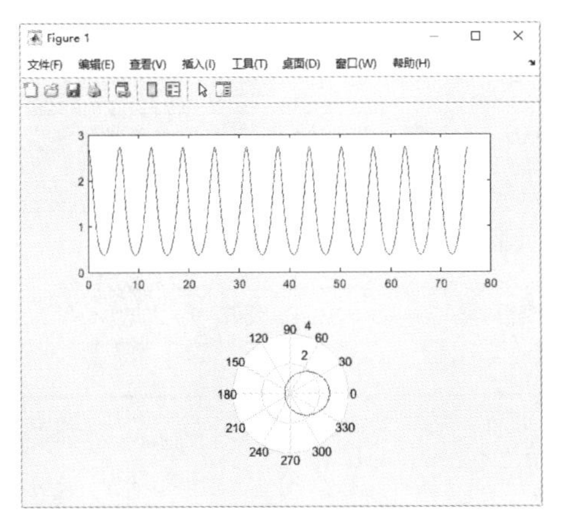

图 2-21 直角坐标系与极坐标下的函数图

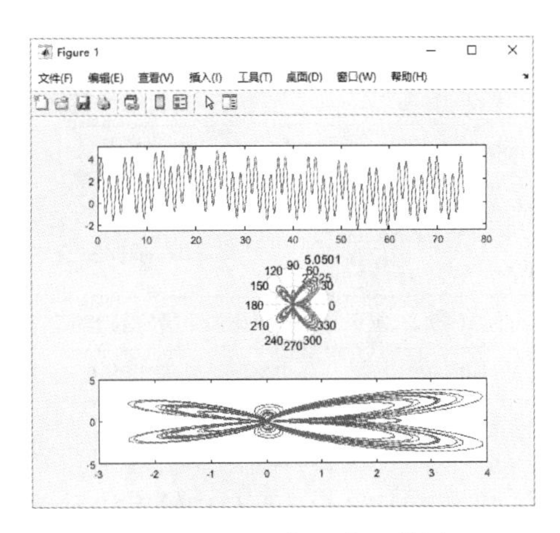

图 2-22 极坐标下的函数图

在 MATLAB 中，cart2pol 命令用来将笛卡儿坐标转换为极坐标或柱坐标。该命令的使用格式见表 2-15。

表 2-15 cart2pol 命令的使用格式

调用格式	说明
[theta,rho] = cart2pol(x,y)	可将二维笛卡儿坐标数组 x 和 y 的对应元素转换为极坐标 theta 和 rho
[theta,rho,z] = cart2pol(x,y,z)	可将三维笛卡儿坐标数组 x、y 和 z 的对应元素转换为极坐标 theta 和 rho

例 2-23：将直角坐标系下的矩阵转换为极坐标下的图像。

解：在 MATLAB 命令行窗口中输入如下命令。

```
>> close all                     % 关闭当前已打开的文件
>> clear                         % 清除工作区的变量
>> x = linspace(0,10,100);       % 创建 0 到 10 的向量 x,元素个数为 100
>> y = rand(10,1). * x;          % 定义矩阵 y
>> [t,r] = cart2pol(x,y);        % 将笛卡儿坐标 x,y 转换为极坐标或柱坐标 t,r
>> subplot(2,1,1),plot(x,y);     % 绘制 r(t)函数在直角坐标系下的曲线
>> subplot(2,1,2),polar(t,r);    % 绘制 r(t)函数在极坐标系下的曲线
```

运行结果如图 2-23 所示。

2.2.2 半对数坐标系下绘图

半对数坐标在工程中也是很常用的，MATLAB 提供的 semilogx 与 semilogy 命令可以很容易实现这种作图方式。semilogx 命令用来绘制 X 轴为半对数坐标的曲线，semilogy 命令用来绘制 Y 轴为半对数坐标的曲线，它们的使用格式是一样的。以 semilogx 命令为例，其使用格式见表 2-16。

表 2-16 semilogx 命令的使用格式

调用格式	说明
semilogx(X)	绘制以 10 为底对数刻度的 X 轴和线性刻度的 Y 轴的半对数坐标曲线，若 $\boldsymbol{X}$ 是实矩阵，则按列绘制每列元素值相对其下标的曲线图，若为复矩阵，则等价于 semilogx[real(X),imag(X)]命令
semilogx(X1,Y1,…)	对坐标对(Xi,Yi)（i=1,2,…）绘制所有的曲线，如果（Xi,Yi）是矩阵，则以（Xi,Yi）对应的行或列元素为横纵坐标绘制曲线

（续）

调用格式	说　明
semilogx(X1,Y1,LineSpec,…)	对坐标对（Xi,Yi）（$i=1,2,\cdots$）绘制所有的曲线，其中 LineSpec 是控制曲线线型、标记以及色彩的参数
semilogx(…,'PropertyName',PropertyValue,…)	对所有用 semilogx 命令生成的图形对象的属性进行设置
semilogx(ax,...)	在由 ax 指定的坐标区中，而不是在当前坐标区（gca）中创建线条
h = semilogx(…)	返回 line 图形句柄向量，每条线对应一个句柄

例 2-24：比较函数 $y=2^x+x^2$ 在半对数坐标系与直角坐标系下的图像。

解：在 MATLAB 命令窗口中输入如下命令。

```
>> close all                          % 关闭当前已打开的文件
>> clear                              % 清除工作区的变量
>> x = -1:0.01:1;                     % 创建 -1 到 1 的向量 x,元素间隔为 0.01
>> y=2.^x+x.^2;                       % 定义函数表达式 y
>> subplot(1,3,1),semilogy(x,y)       % 使用 Y 轴的对数刻度绘制图形
>> subplot(1,3,2),semilogx(x,y)       % 使用 X 轴的对数刻度绘制图形
>> subplot(1,3,3),plot(x,y)           % 直角坐标系下绘制图形
```

运行结果如图 2-24 所示。

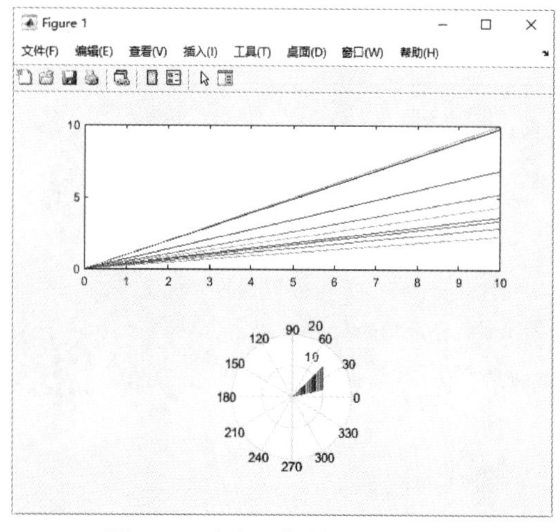

图 2-23　直角坐标转换为极坐标

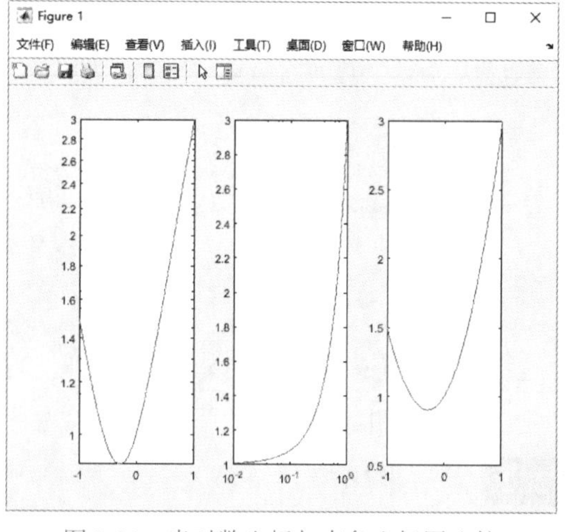

图 2-24　半对数坐标与直角坐标图比较

2.2.3 双对数坐标系下绘图

除了上面的半对数坐标绘图外，MATLAB 还提供了双对数坐标系下的绘图命令 loglog，它的使用格式与 semilogx 相同。

例 2-25：比较函数 $y=x^2$ 在双对数坐标系与直角坐标系下的图像。

解：在 MATLAB 命令窗口中输入如下命令。

```
>> close all                % 关闭当前已打开的文件
>> clear                    % 清除工作区的变量
```

```
>> x = -2:0.01:2;          % 创建 -2 到 2 的向量 x,元素间隔为 0.01
>> y = x.^2;               % 定义函数表达式 y
>> subplot(1,2,1),loglog(x,y)% 将视图分割为 1×2 的窗口,在第一个窗口中在双对数坐标系
                             中绘制曲线
>> subplot(1,2,2),plot(x,y) % 将视图分割为 1×2 的窗口,在第二个窗口中在直角坐标系中绘
                             制曲线
```

运行结果如图 2-25 所示。

2.2.4 双 Y 轴坐标

这种坐标在实际情况中常用来比较两个函数的图像，实现这一操作的命令是 plotyy，它的使用格式见表 2-17。

表 2-17 plotyy 命令的使用格式

调用格式	说明
plotyy(rfobject,parameter)	用左边的 *Y* 轴画出图 1，用右边的 *Y* 轴画出图 2
plotyy(rfobject,parameter1,…,parameterN)	使用预定义的主格式和辅助格式，参数 parameter1，…，parameterN
plotyy(rfobject,parameter,format1,format2)	使用左 *Y* 轴的格式 1 和右 *Y* 轴的格式 2 绘制指定的参数
plotyy(rfobject,parameter1,…,parameterN,format1,format2)	绘制参数 parameter1，…，parameterN，左 *Y* 轴使用格式 1，右 *Y* 轴使用格式 2
plotyy(rfobject,(parameter1_1,…,parameter1_n),format1,(parameter2_1,…,parameter2_n),format1,format2)	左 *Y* 轴使用格式 1，参数 parameter1_1，…，parameter1_n。右 *Y* 轴使用格式 2，参数 parameter2_1，…，parameter2_n
plotyy(…,x-axis parameter,x-axis format)	绘制对象在指定操作条件下的指定参数
plotyy(…,Name,Value)	在对象的指定名称-值对组操作条件下绘制指定参数
[ax,hlines1,hlines2] = plotyy(…)	ax 为两个元素的数组，分别对应左侧坐标轴和右侧坐标轴，hlines1 为依照左侧坐标轴画出曲线的句柄，hlines2 为依照右侧坐标轴画出曲线的句柄

例 2-26：用不同标度在同一坐标内绘制曲线 $y_1=2x(1-x)$ 和 $y_2=4x(1+x)$。

解：在 MATLAB 命令行窗口中输入如下命令。

```
>> close all                        % 关闭当前已打开的文件
>> clear                            % 清除工作区的变量
>> x1 = -1:0.01:1;                  % 创建 -1 到 1 的向量 x1,元素间隔为 0.01
>> x2 = -1:0.01:1;                  % 创建 -1 到 1 的向量 x2,元素间隔为 0.01
>> y1 = 2*x1.*(1-x1);               % 创建曲线函数表达式 y1
>> y2 = 4*x2.*(1+x2);               % 创建曲线函数表达式 y2
>> subplot(121),plot(x1,y1,x2,y2)   % 将视图分割为 1×2 的窗口,第一个窗口中在直角坐标
                                      系下绘制两条曲线
>> subplot(122),plotyy(x1,y1,x2,y2) % 将视图分割为 1×2 的窗口,第二个窗口中显示双 Y
                                      轴坐标系,绘制左侧和右侧不同 Y 轴的两条曲线
```

运行结果如图 2-26 所示。

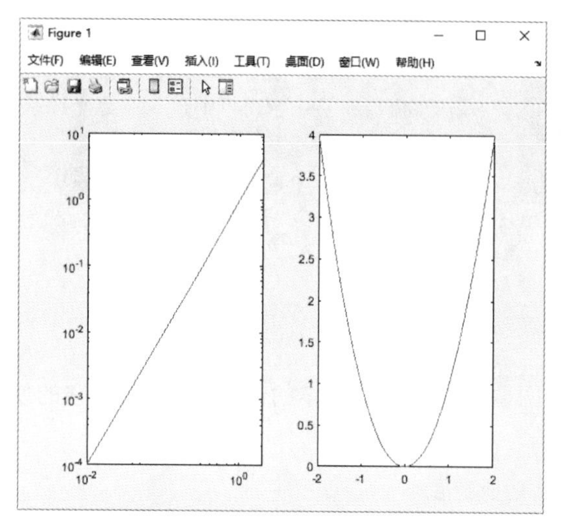

图 2-25　双对数坐标与直角坐标图像比较

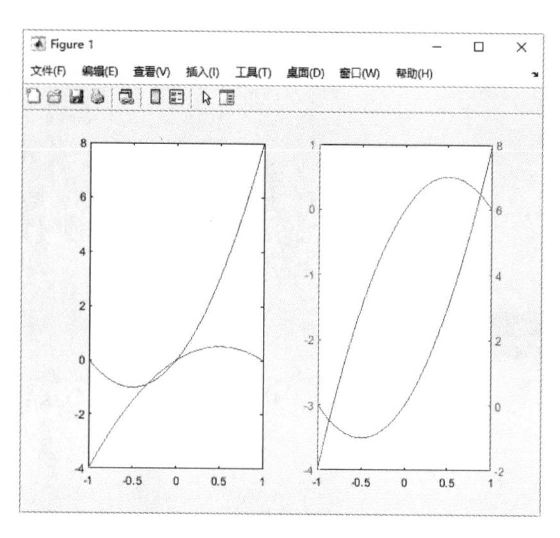

图 2-26　plotyy 作图

2.3　二维图形修饰处理

通过 2.2 节的学习，读者可能会感觉到简单的绘图命令并不能满足我们对可视化的要求。为了使所绘制的图形让人看起来舒服并且易懂，MATLAB 提供了许多图形控制的命令。本节主要介绍一些常用的图形控制命令。

2.3.1 坐标轴控制

1. 坐标轴刻度设定

在 MATLAB 中可以对坐标轴刻度范围进行设置或查询，*X*、*Y*、*Z* 轴相应的命令为 xlim、ylim、zlim，它们的调用格式都是一样的，以 ylim 为例进行说明，见表 2-18。

表 2-18　ylim 命令的使用格式

调用格式	说　明
ylim(limits)	设置当前坐标区或图的 *Y* 坐标轴范围。将 limits 指定为 [ymin ymax] 形式的二元素向量，其中 ymax > ymin
yl = ylim	以二元素向量形式返回当前范围
ylim auto	设置自动模式，在坐标区确定 *Y* 坐标轴范围
ylim manual	设置手动模式，将范围冻结在当前值
m = ylim('mode')	返回当前 *Y* 坐标轴范围模式：'auto' 或 'manual'。默认情况下，该模式为自动，除非用户指定范围或将模式设置为手动
… = ylim(target,…)	使用由 target 指定的坐标区或图，而不是当前坐标区

例 2-27：设置坐标轴范围，绘制曲线 $y_1 = e^x$ 和 $y_2 = 10x(1+x)$。

解：在 MATLAB 命令行窗口中输入如下命令。

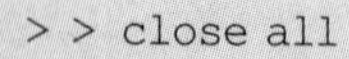

```
>> close all                    % 关闭当前已打开的文件
>> clear                        % 清除工作区的变量
```

```
>> x1 = -10:0.01:10;                 % 创建 -10 到 10 的向量 x1,元素间隔为 0.01
>> x2 = -10:0.01:10;                 % 创建 -10 到 10 的向量 x2,元素间隔为 0.01
>> y1 = exp(x1);                     % 定义以 x1 为自变量的曲线表达式 y1
>> y2 = 10 * x2. * (1 + x2);         % 定义以 x2 为自变量的曲线表达式 y2
>> subplot(121),plot(x1,y1,x2,y2)    % 在第一个视图中绘制两条曲线
>> subplot(122),plot(x1,y1,x2,y2),xlim([ -2,2]),ylim([ -2,2])    % 在第二个视图中绘制两条曲线,然后设置 X、Y 坐标轴的范围为[ -2,2]
```

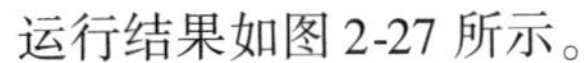
运行结果如图 2-27 所示。

在 MATLAB 中还可以对坐标轴刻度样式进行设置或查询，X、Y、Z 轴相应的命令为 xticks、yticks、zticks，它们的调用格式都是一样的，与 ylim 类似。

例 2-28：设置坐标轴，绘制曲线 $y_1 = x$，$y_2 = x^2$，$y_3 = x^3$。

解：在 MATLAB 命令行窗口中输入如下命令。

```
>> close all                          % 关闭当前已打开的文件
>> clear                              % 清除工作区的变量
>> x = -1:0.01:1;                     % 创建 -1 到 1 的向量 x,元素间隔为 0.01
>> y1 = x;                            % 定义三个函数表达式
>> y2 = x.^2;
>> y3 = x.^3;
>> subplot(131),plot(x,y1,x,y2,x,y3)     % 在第一个视图中绘制三条曲线
>> subplot(132),plot(x,y1,x,y2,x,y3),ylim([ -2,2])     % 在第二个视图中绘制三条曲线,设置左侧 Y 坐标轴的范围为[ -2,2]
>> subplot(133),plot(x,y1,x,y2,x,y3), yticks([ -1 -0.5  0 0.1 0.2 0.5 0.8 1 2])  % 在第三个视图中绘制三条曲线,设置不平均坐标轴刻度
```

运行结果如图 2-28 所示。

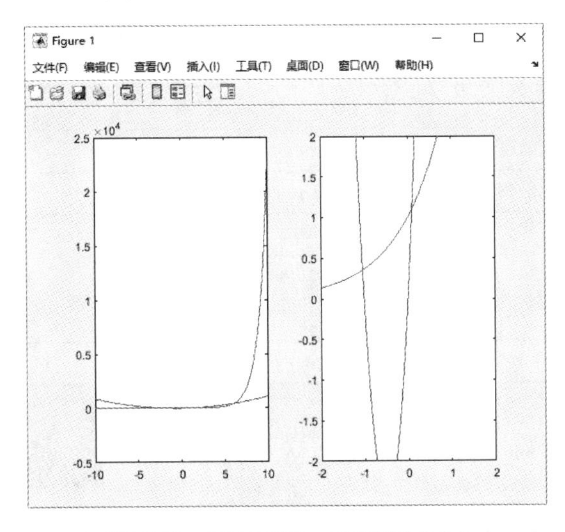

图 2-27 设置坐标轴范围作图（一）

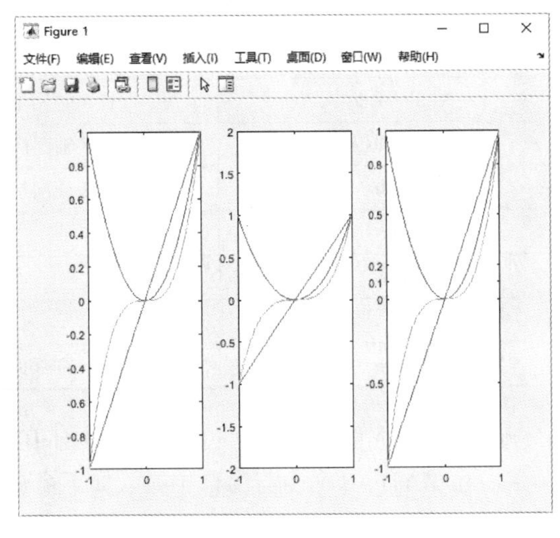

图 2-28 设置坐标轴范围作图（二）

2. 坐标轴标记设定

在 MATLAB 中，set 命令可以设置坐标轴的属性，坐标轴刻度属性、坐标轴标尺属性分别见表 2-19 和表 2-20。

表 2-19　坐标轴刻度属性列表

属性名	含义	有效值
XTick, YTick, ZTick	刻度值	[ ]（默认）、由递增值组成的向量
XTickMode, YTickMode, ZTickMode	刻度值的选择模式	'auto'（默认）、'manual'
XTickLabel, YTickLabel, ZTickLabel	刻度标签	''（默认）、字符向量元胞数组、字符串数组、分类数组
XTickLabelMode, YTickLabelMode, ZTickLabelMode	刻度标签的选择模式	'auto'（默认）、'manual'
TickLabelInterpreter	刻度标签的解释	'tex'（默认）、'latex'、'none'、x
XTickLabelRotation, YTickLabelRotation, ZTickLabelRotation	刻度标签的旋转	0（默认）、以度为单位的数值
XMinorTick, YMinorTick, ZMinorTick	次刻度线	'off'、'on'
TickDir	刻度线方向	'in'（默认）、'out'、'both'
TickDirMode	刻度线方向的选择模式	'auto'（默认）、'manual'
TickLength	刻度线长度	[0.01 0.025]（默认）、二元素向量

表 2-20　坐标轴标尺属性列表

属性名	含义	有效值
XLim, YLim, ZLim	最小和最大坐标轴范围	[0 1]（默认）、[min max] 形式的二元素向量
XLimMode, YLimMode, ZLimMode	坐标轴范围的选择模式	'auto'（默认）、'manual'
XAxis, YAxis, ZAxis	轴标尺	标尺对象
XAxisLocation	X 轴位置	'bottom'（默认）、'top'、'origin'
YAxisLocation	Y 轴位置	'left'（默认）、'right'、'origin'
XColor, YColor, ZColor	轴线、刻度值和标签的颜色	[0.15 0.15 0.15]（默认）、RGB 三元组、十六进制颜色代码、'r'、'g'、'b'
XColorMode	用于设置 X 轴网格颜色的属性	'auto'（默认）、'manual'
YColorMode	用于设置 Y 轴网格颜色的属性	'auto'（默认）、'manual'
ZColorMode	用于设置 Z 轴网格颜色的属性	'auto'（默认）、'manual'
XDir	X 轴方向	'normal'（默认）、'reverse'
YDir	Y 轴方向	'normal'（默认）、'reverse'
ZDir	Z 轴方向	'normal'（默认）、'reverse'
XScale, YScale, ZScale	值沿坐标轴的标度	'linear'（默认）、'log'

例 2-29：绘制曲线 $y=x$，设置坐标轴不同属性。

解：在 MATLAB 命令行窗口中输入如下命令。

```
>> close all                   % 关闭当前已打开的文件
>> clear                       % 清除工作区的变量
>> x = -1:0.01:1;              % 创建 -1 到 1 的向量 x,元素间隔为 0.01
>> y = x;                      % 定义曲线表达式
>> plot(x,y,'g*');             % 使用绿色线条和星号标记绘制曲线
```

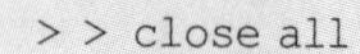

```
>> set(gca,'XTickLabelRotation',60)          % 设置 X 坐标轴标签旋转 60°
>> set(gca,'XColor','r')                      % 设置 X 坐标轴颜色为红色
>> set(gca,'FontSize',12);                    % 坐标轴刻度及标注字体大小
>> set(gca,'TickDirMode','manual','TickDir','out');% 坐标轴刻度线向外
```

运行结果如图 2-29 所示。

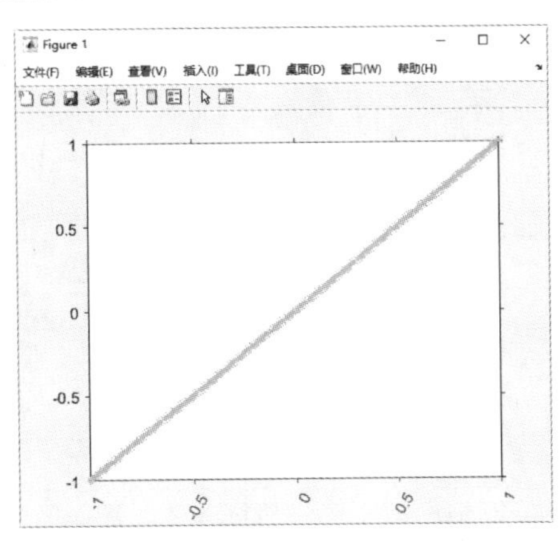

图 2-29　设置坐标轴属性

2.3.2 坐标系控制

MATLAB 的绘图函数可根据要绘制的曲线数据的范围自动选择合适的坐标系，使得曲线尽可能清晰地显示出来，所以一般情况下用户不必自己选择绘图坐标。但是有些图形，如果用户感觉自动选择的坐标不合适，则可以利用 axis 命令选择新的坐标系。

axis 命令用于控制坐标轴的显示、刻度、长度等特征，它有很多种使用方式，一些常用的使用格式见表 2-21。

表 2-21　axis 命令的使用格式

调用格式	说明
axis (limits) 指定当前坐标区的范围。以包含 4 个、6 个或 8 个元素的向量形式指定范围	axis([xmin xmax ymin ymax])设置当前坐标轴的 X 轴与 Y 轴的范围
	axis([xmin xmax ymin ymax zmin zmax])设置当前坐标轴的 X 轴、Y 轴与 Z 轴的范围
	axis([xmin xmax ymin ymax zmin zmax cmin cmax])设置当前坐标轴的 X 轴、Y 轴与 Z 轴的范围，以及当前颜色刻度范围
v = axis	返回一包含 X 轴、Y 轴与 Z 轴的刻度因子的行向量，其中 v 为一个四维或六维向量，这取决于当前坐标为二维还是三维的
axis style	使用预定义样式设置轴范围和尺度，style 的取值见表 2-22
axis mode	设置是否自动选择范围。mode 的取值见表 2-23
axis ydirection	ydirection 的默认值为 xy，即将原点放在左下角，y 值按从下到上的顺序逐渐增加；ydirection 为 ij，即将原点放在坐标区的左上角，y 值按从上到下的顺序逐渐增加
axis visibility	visibility 的默认值为 on，即显示坐标区背景；visibility 为 off，即关闭坐标区背景的显示，但坐标区中的绘图仍会显示
axis auto	自动计算当前轴的范围，该命令也可针对某一个具体坐标轴使用，例如 auto x：自动计算 X 轴的范围 auto yz：自动计算 Y 轴与 Z 轴的范围
axis manual	把坐标固定在当前的范围，这样，若保持状态（hold）为 on，后面的图形仍用相同界限
axis off	关闭所用坐标轴上的标记、格栅和单位标记，但保留由 text 和 gtext 设置的对象
axis on	显示坐标轴上的标记、单位和格栅
[mode,visibility,direction] = axis('state')	返回表明当前坐标轴的设置属性的三个参数 mode、visibility、direction
… = axis(ax,…)	使用 ax 指定的坐标区或极坐标区，而不是使用当前坐标区

表 2-22 style 参数

参数值	说明
tight	把坐标轴的范围定为数据的范围，即将三个方向上的纵高比设为同一个值
equal	设置坐标轴的纵横比，使在每个方向上的数据单位都相同，其中 *X* 轴、*Y* 轴与 *Z* 轴将根据所给数据在各个方向的数据单位自动调整其纵横比
image	效果与命令 axis equal 相同，只是图形区域刚好紧紧包围图像数据
square	设置当前图形为正方形（或立方体形），系统将调整 *X* 轴、*Y* 轴与 *Z* 轴，使它们有相同的长度，同时相应地自动调整数据单位之间的增加量
normal	自动调整坐标轴的纵横比，还有用于填充图形区域的、显示于坐标轴上的数据单位的纵横比
vis3d	该命令将冻结坐标系此时的状态，以便进行旋转
fill	该命令用于将坐标轴的取值范围分别设置为绘图所用数据在相应方向上的最大、最小值

表 2-23 mode 参数

参数值	说明
manual	将所有坐标轴范围冻结在它们的当前值
auto	自动选择所有坐标轴范围
'auto x'	自动选择 *X* 坐标轴范围
'auto y'	自动选择 *Y* 坐标轴范围
'auto z'	自动选择 *Z* 坐标轴范围
'auto xy'	自动选择 *X* 轴和 *Y* 坐标轴范围
'auto xz'	自动选择 *X* 轴和 *Z* 坐标轴范围
'auto yz'	自动选择 *Y* 轴和 *Z* 坐标轴范围

例 2-30：画出函数 $y=\mathrm{e}^x\sin 4x$ 在 $x\in\left[0,\frac{\pi}{2}\right]$，$y\in[-2,2]$上的图像。

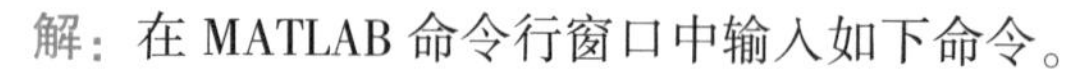

解：在 MATLAB 命令行窗口中输入如下命令。

```
>> close all                          % 关闭当前已打开的文件
>> clear                              % 清除工作区的变量
>> x=linspace(0,pi/2,100);            % 创建 0 到 π/2 的向量 x,元素个数为 100
>> y=exp(x).*sin(4.*x);               % 定义函数表达式
>> subplot(121),plot(x,y,'r^')        % 在分割后的第一个视图中绘制函数图形
>> subplot(122),plot(x,y,'r^')        % 在分割后的第二个视图中绘制函数图形
>> axis([0 pi/2 -2 2])                % 调整坐标轴范围
```

运行结果如图 2-30 所示。

例 2-31：绘制曲线 $y=\sin x$，$y=4\sin x+1$，设置坐标系不同效果。

解：在 MATLAB 命令行窗口中输入如下命令。

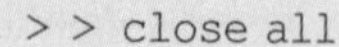

```
>> close all                          % 关闭当前已打开的文件
>> clear                              % 清除工作区的变量
>> x=-2*pi:0.01*pi:2*pi;              % 创建 -2π 到 2π 的向量 x,元素间隔为 0.01π
>> y1=sin(x);                         % 定义函数表达式
>> y2=4*sin(x)+1;
```

```
>> subplot(221),plot(x,y1,x,y2);    % 在第一个视图中绘制两个函数的曲线
>> subplot(222),plot(x,y1,x,y2);    % 在第二个视图中绘制两个函数的曲线
>> axis ij  % 将二维图形的坐标原点设置在图形窗口的左上角,坐标轴 I 垂直向下,坐标轴 J 水平
            向右
>> subplot(223),plot(x,y1,x,y2);    % 在第三个视图绘制两个函数的曲线
>> axis vis3d                       % 冻结坐标系此时的状态,以便进行旋转
>> subplot(224),plot(x,y1,x,y2);    % 在第四个视图绘制两个函数的曲线
>> axis off                         % 关闭所用坐标轴上的标记、格栅和单位标记
```

运行结果如图 2-31 所示。

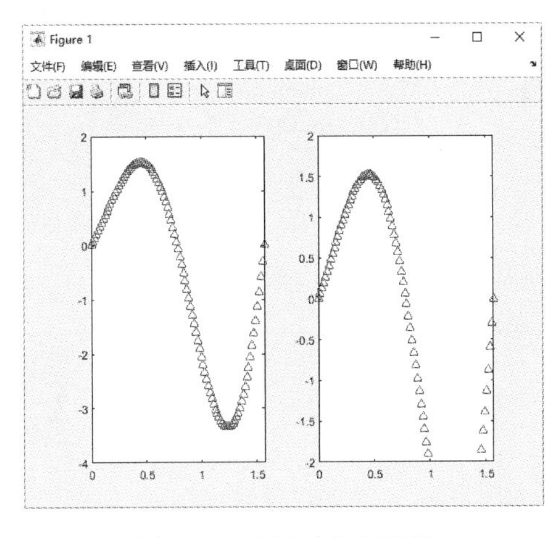

图 2-30　坐标系命令效果

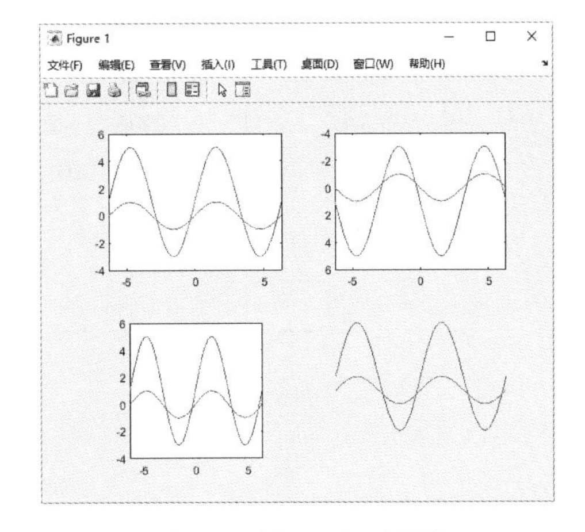

图 2-31　设置坐标系属性

注意:

对于 axis 命令的用法，axis auto 等价于 axis（'auto'），将其中的 auto 换成表 2-23 所给出的其他字符串，上述用法同样等价。

2.3.3 图形注释

MATLAB 中提供了一些常用的图形标注函数，利用这些函数可以为图形添加标题，为图形的坐标轴加标注，为图形加图例，也可以把说明、注释等文本放到图形的任何位置。本小节的内容是图形控制中最常用的，也是实际中应用最多的，因此读者要仔细学习本小节内容，并上机调试本小节所给出的各种例子。

1. 注释图形标题

在 MATLAB 绘图命令中，title 命令用于给图形对象加标题，它的使用格式非常简单，见表 2-24。

表 2-24　title 命令的使用格式

调用格式	说　明
title('string')	在当前坐标轴上方正中央放置字符串 string 作为图形标题
title(target,txt)	将标题添加到 target 指定的坐标区、图例或图上
title('text','PropertyName',PropertyValue,…)	对由命令 title 生成的图形对象的属性进行设置，输入参数“text”为要添加的标注文本
h = title(…)	返回作为标题的 text 对象句柄

说明:

可以利用 gcf 与 gca 获取当前图形窗口与当前坐标轴的句柄，字体属性列表见表 2-25。

表 2-25　Axes 字体属性列表

属性名	含义	有效值
FontName	字体名称	
FontWeight	字符粗细	'normal'（默认）、'bold'
FontSize	字体大小	数值
FontSizeMode	字体大小的选择模式	'auto'（默认）、'manual'
FontAngle	字符倾斜	'normal'（默认）、'italic'
LabelFontSizeMultiplier	标签字体大小的缩放因子	1.1（默认）、>0 的数值
TitleFontSizeMultiplier	标题字体大小的缩放因子	1.1（默认）、>0 的数值
TitleFontWeight	标题字符的粗细	'bold'（默认）、'normal'
FontUnits	字体大小单位	'points'（默认）、'inches'、'centimeters'、'normalized'、'pixels'
FontSmoothing	字符平滑处理	'on'（默认）、'off'

例 2-32：绘制三角函数的图形。

解：MATLAB 程序如下。

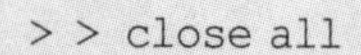

```
>> close all                                  % 关闭当前已打开的文件
>> clear                                      % 清除工作区的变量
>> x = linspace(0,10 * pi,100);               % 创建 0 到 10π 的向量 x,元素个数为 100
>> subplot(121),plot(x,sin(x). * cos(x))      % 在第一个视图中绘制函数曲线
>> title('三角函数')                           % 添加标题
>> subplot(122),fill(x,sin(x). * cos(x),'r')% 在第二个视图中创建填充的函数曲线,填充色
                                                为红色
>> title('填充三角函数')                       % 添加标题
```

运行结果如图 2-32 所示。

2. 注释坐标轴名称

在 MATLAB 中还可以对坐标轴进行标注，X、Y、Z 轴相应的命令为 xlabel、ylabel、zlabel，作用分别是对 X 轴、Y 轴、Z 轴进行标注，它们的调用格式都是一样的，下面以 xlabel 为例进行说明，见表 2-26。

表 2-26　xlabel 命令的使用格式

调用格式	说明
xlabel('string')	在当前轴对象中的 X 轴上标注说明语句 string
xlabel(fname)	先执行函数 fname，返回一个字符串，然后在 X 轴旁边显示出来
xlabel('text','PropertyName',PropertyValue,…)	指定轴对象中要控制的属性名和要改变的属性值，参数"text"为要添加的标注名称

例 2-33：画出标题为"正弦波"且有坐标标注的图形。

解：在 MATLAB 命令行窗口中输入如下命令。

```
>> clear                                   % 清除工作区的变量
>> close all                               % 关闭所有打开的文件
>> x=linspace(0,4*pi,1000);                % 创建0到4π的向量x,元素个数为1000
>> plot(x,sin(x))                          % 以x为自变量绘制正弦波
>> title('正弦波')                          % 添加图形标题
>> xlabel('x值','rotation',15)             % 标注x轴并旋转添加的标签
>> ylabel('y值','rotation',15)             % 标注y轴并旋转添加的标签
```

运行结果如图2-33所示。

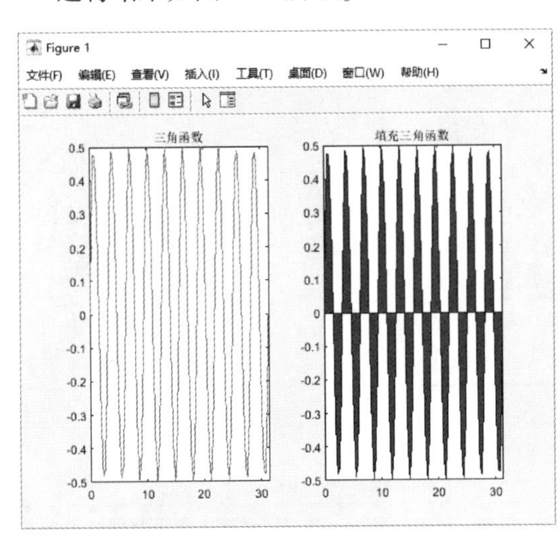

图2-32 图形标注（一）

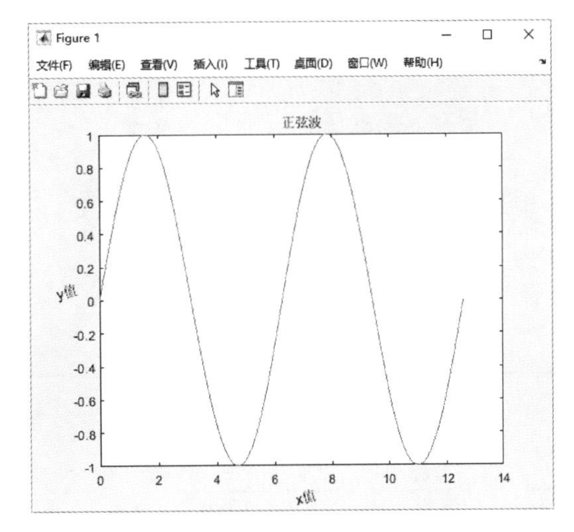

图2-33 图形标注（二）

例2-34：绘制有坐标标注的图形 $y=\sin x$，$y=\cos x$，$x\in[-4\pi,4\pi]$，设置标题样式。

解：在MATLAB命令行窗口中输入如下命令。

```
>> clear                                   % 清除工作区的变量
>> close all                               % 关闭所有打开的文件
>> x=linspace(-4*pi,4*pi,1000);            % 创建-4π到4π的向量x,元素个数为1000
>> y1=sin(x);                              % 定义函数表达式
>> y2=cos(x);
>> plot(x,y1)                              % 以x为自变量,绘制正弦波
>> hold on                                 % 保留当前图窗中的绘图
>> plot(x,y2)                              % 以x为自变量,绘制余弦波
>> title({'Functions';'y=sinx';'y=cosx'})  % 输入标题,分三行显示
>> xlabel('x值')                            % 标注x轴
>> ylabel('y值')                            % 标注y轴
```

运行结果如图2-34所示。

3. 标注图形文本

在给所绘得的图形进行详细标注时，最常用的两个命令是text与gtext，它们均可以在图形的具体部位进行标注。

text命令的使用格式见表2-27。

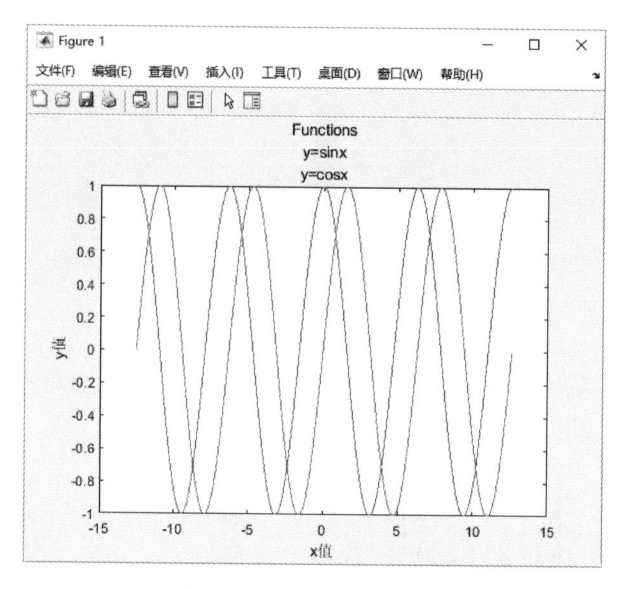

图 2-34　图形标注（三）

表 2-27　text 命令的使用格式

调用格式	说　明
text(x,y,str)	在图形中指定的位置（x,y）上显示字符串 str
text(x,y,z,str)	在三维图形空间中的指定位置（x,y,z）上显示字符串 str
text(…,'PropertyName',PropertyValue,…)	使用一个或多个名称-值对组指定 text 对象的属性，文字属性名、含义及属性值的有效值与默认值见表 2-28
text(ax,…)	在由 ax 指定的笛卡儿坐标区、极坐标区或地理坐标区中创建文本
t = text(…)	返回一个或多个文本对象，用于修改所创建的文本对象的属性

表 2-28　text 命令属性列表

属性名	含义	有效值	默认值
Editing	能否对文字进行编辑	on、off	off
Interpretation	tex 字符是否可用	tex、none	tex
Extent	text 对象的范围（位置与大小）	[left, bottom, width, height]	随机
HorizontalAlignment	文字水平方向的对齐方式	left、center、right	left
Position	文字范围的位置	[x, y, z] 直角坐标系	[ ]（空矩阵）
Rotation	文字对象的方位角度	标量 [单位为度（°）]	0
Units	文字范围与位置的单位	pixels（屏幕上的像素点）、normalized（把屏幕看成一个长、宽为 1 的矩形）、inches、centimeters、points、data	data
VerticalAlignment	文字垂直方向的对齐方式	normal（正常字体）、italic（斜体字）、oblique（斜角字）、top（文本外框顶上对齐）、cap（文本字符顶上对齐）、middle（文本外框中间对齐）、baseline（文本字符底线对齐）、bottom（文本外框底线对齐）	middle

（续）

属性名	含义	有效值	默认值
FontAngle	设置斜体文字模式	normal（正常字体）、italic（斜体字）、oblique（斜角字）	normal
FontName	设置文字字体名称	用户系统支持的字体名或者字符串 FixedWidth	Helvetica
FontSize	文字字体大小	结合字体单位的数值	10 points
FontUnits	设置属性 FontSize 的单位	points（1 points = 1/72inches）、normalized（把父对象坐标轴作为单位长度的一个整体；当改变坐标轴的尺寸时，系统会自动改变字体的大小）、inches、centimeters、pixels	points
FontWeight	设置文字字体的粗细	normal（正常字体）、bold（加粗体字）	normal
Clipping	设置坐标轴中矩形的剪辑模式	on：当文本超出坐标轴的矩形时，超出的部分不显示 off：当文本超出坐标轴的矩形时，超出的部分显示	off
EraseMode	设置显示与擦除文字的模式	normal、none、xor、background	normal
SelectionHighlight	设置选中文字是否突出显示	on、off	on
Visible	设置文字是否可见	on、off	on
Color	设置文字颜色	有效的颜色值：ColorSpec	
HandleVisibility	设置文字对象句柄对其他函数是否可见	on、callback、off	on
HitTest	设置文字对象能否成为当前对象	on、off	on
Seleted	设置文字是否显示出“选中”状态	on、off	off
Tag	设置用户指定的标签	任何字符串	' '(即空字符串)
Type	设置图形对象的类型	字符串'text'	
UserData	设置用户指定数据	任何矩阵	[ ]（即空矩阵）
BusyAction	设置如何处理对文字回调过程中断的句柄	cancel、queue	queue
ButtonDownFcn	设置当鼠标在文字上单击时，程序做出的反应	字符串	' '（即空字符串）
CreateFcn	设置当文字被创建时，程序做出的反应	字符串	' '（即空字符串）
DeleteFcn	设置当文字被删除（通过关闭或删除操作）时，程序做出的反应	字符串	' '（即空字符串）

表 2-28 中的这些属性及相应的值都可以通过 get 命令来查看，以及用 set 命令进行修改。

gtext 命令非常好用，它可以让用户在图形的任意位置进行标注。当光标进入图形窗口时，会显示十字图标，等待用户的操作。它的使用格式见表 2-29。

表 2-29　gtext 命令的使用格式

调用格式	说　明
gtext(str)	在使用鼠标选择的位置插入文本 str
gtext(str,'PropertyName',PropertyValue,…)	使用一个或多个名称-值对组指定文本属性
t = gtext（…）	返回由 gtext 创建的文本对象的数组

调用这个函数后，图形窗口中的鼠标指针会成为十字图标，通过移动鼠标进行定位，即将光标移到预定位置后按下鼠标左键或键盘上的任意键都会在光标位置显示指定文本。由于要用鼠标操作，该命令只能在 MATLAB 命令行窗口中操作。

例 2-35：创建填充的多边形。

解：在 MATLAB 命令行窗口中输入如下命令。

```
>> clear                                   % 清除工作区的变量
>> close all                               % 关闭所有打开的文件
>> x = linspace(0,0.1*pi,100);             % 创建 0 到 0.1π 的向量 x,元素个数为 100
>> y = cos(x);                             % 输入以 x 为自变量的函数表达式
>> c = y;                                  % 创建颜色矩阵 c
>> subplot(3,1,1), fill(x,y,'red')         % 在第一个视图中创建红色填充多边形
>> title('cos(x)红色填充')                  % 添加图形标题
>> xlabel('x Value'),ylabel('cos(x)')      % 添加坐标轴标题
>> gtext('红色')                            % 使用鼠标在图窗中添加文本
>> subplot(3,1,2), patch(x,y,c)            % 在第二个视图中创建填充多边形区域
>> title('cos(x)渐变颜色填充')              % 添加图形标题
>> xlabel('x Value'),ylabel('cos(x)')      % 添加坐标轴标题
>> gtext('渐变颜色')                        % 使用鼠标在图窗中添加文本
>> subplot(3,1,3),                         % 显示第三个视图
>> patch(x,y,c,'EdgeColor','interp','Marker','o','MarkerFaceColor','flat');
% 创建多边形,通过颜色插值设置边的颜色,标记符号为圆圈,并使用顶点处的 CData 值设置标记填充颜色
>> xlabel('x Value'),ylabel('cos(x)')            % 添加坐标轴标题
>> gtext('插值颜色')                              % 使用鼠标在图窗中添加文本
>> title('cos(x)插值颜色填充')                    % 添加图形标题
```

运行结果如图 2-35 所示。

4. 标注图例

当在一幅图中出现多种曲线时，用户可以根据自己的需要，利用 legend 命令对不同的图例进行说明。它的使用格式见表 2-30。

表 2-30　legend 命令的使用格式

调用格式	说　明
legend(subset,'string1','string2',…)	仅在图例中包括 subset 中列出的数据序列的项。subset 以图形对象向量的形式指定
legend(labels)	使用字符向量元胞数组、字符串数组或字符矩阵设置标签每一行字符串作为标签
legend(target,…)	在 target 指定的坐标区或图中添加图例

（续）

调用格式	说 明
legend(vsbl)	控制图例的可见性，vsbl 可设置为 'hide'、'show' 或 'toggle'
legend(bkgd)	删除图例背景和轮廓。bkgd 的默认值为 'boxon'，即显示图例背景和轮廓
legend('off')	从当前的坐标轴中移除图例
legend	为每个绘制的数据序列创建一个带有描述性标签的图例
legend(…,Name,Value)	使用一个或多个名称-值对组参数来设置图例属性。设置属性时，必须使用元胞数组 {} 指定标签
legend(…,'Location',lcn)	设置图例位置。'Location'指定放置位置，包括'north'、'south'、'east'、'west'、'northeast'等
legend(…,'Orientation',ornt)	Ornt 指定图例放置方向，默认值为 'vertical'，即垂直堆叠图例项；'horizontal'表示并排显示图例项
lgd = legend(…)	返回 Legend 对象，常用于在创建图例后查询和设置图例属性
h = legend(…)	返回图例的句柄向量

例 2-36：在同一个图形窗口内画出函数 $y=\sin x$，$y=\tan x$，$y=\cos x$，$y=e^x$ 的图像，并作出相应的图例标注。

解：在 MATLAB 命令行窗口中输入如下命令。

```
>> clear                                     % 清除工作区的变量
>> close all                                 % 关闭所有打开的文件
>> x=linspace(0,2*pi,100);                   % 创建 0 到 2π 的向量 x,元素个数为 100
>> y1=sin(x);                                % 定义 4 个以 x 为自变量的函数表达式
>> y2=tan(x);
>> y3=cos(x);
>> y4=exp(x);
>> plot(x,y1,'-r',x,y2,'+b',x,y3,'*g',x,y4,'ok')
% 在同一图窗中以指定格式绘制四个函数的图形
>> title('Functions')                        % 添加图形标题
>> xlabel('xValue'),ylabel('yValue')         % 添加坐标轴标题
>> axis([0,7,-2,3])                          % 调整坐标轴范围
>> legend('sin(x)','tan(x)','cos(x)','exp(x)')  % 设置图例
```

运行结果如图 2-36 所示。

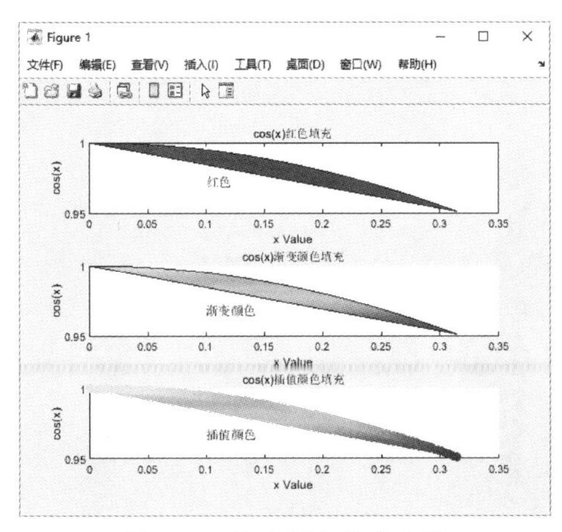

图 2-35 填充颜色的多边形

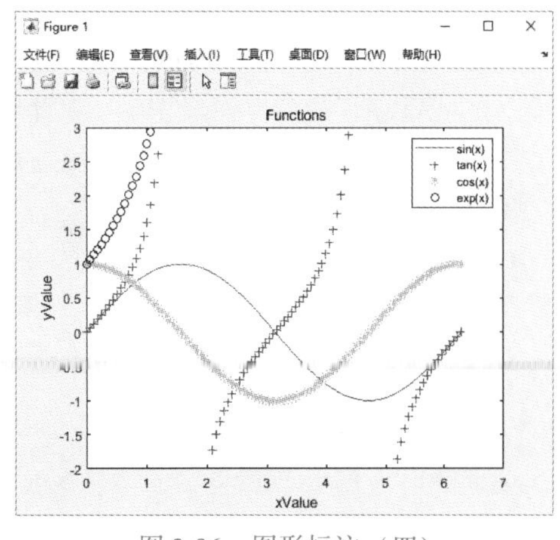

图 2-36 图形标注（四）

5. 控制分格线

为了使图像的可读性更强，可以利用 grid 命令给二维或三维图形的坐标面增加分格线，它的使用格式见表 2-31。

表 2-31 grid 命令的使用格式

调用格式	说明
grid on	给当前的坐标轴增加分格线
grid off	从当前的坐标轴中去掉分格线
grid	转换分格线的显示与否的状态，见表 2-32
grid minor	切换改变次网格线的可见性。次网格线出现在刻度线之间，并非所有类型的图都支持次网格线
grid(target,…)	在 target 指定的坐标区或图中显示分格线

表 2-32 grid 网格属性列表

属性名	含义	有效值
XGrid, YGrid, ZGrid	网格线	'off'（默认）、'on'
Layer	网格线和刻度线的位置	'bottom'（默认）、'top'
GridLineStyle	网格线的线型	'-'（默认）、'--'、':'、'-.'、'none'
GridColor	网格线的颜色	[0.15 0.15 0.15]（默认）、RGB 三元组、十六进制颜色代码、'r'、'g'、'b'、…
GridColorMode	用于设置网格颜色的属性	'auto'（默认）、'manual'
GridAlpha	网格线透明度	0.15（默认）、范围 [0, 1] 内的值
GridAlphaMode	GridAlpha 的选择模式	'auto'（默认）、'manual'
XMinorGrid, YMinorGrid, ZMinorGrid	次网格线	'off'（默认）、'on'
MinorGridLineStyle	次网格线的线型	':'（默认）、'-'、'--'、'-.'、'none'
MinorGridColor	次网格线的颜色	[0.1 0.1 0.1]（默认）、RGB 三元组、十六进制颜色代码、'r'、'g'、'b'、…
MinorGridColorMode	用于设置次网格颜色的属性	'auto'（默认）、'manual'
MinorGridAlpha	次网格线的透明度	0.25（默认）、范围 [0, 1] 内的值
MinorGridAlphaMode	MinorGridAlpha 的选择模式	'auto'（默认）、'manual'

例 2-37： 在同一个图形窗口内画出函数 $y=\sin x$ 的图像，并设置格线样式。

解： 在 MATLAB 命令行窗口中输入如下命令。

```
>> clear                          % 清除工作区的变量
>> close all                      % 关闭所有打开的文件
>> x = linspace(0,2*pi,100);      % 创建[0 2π]中,包含 100 个元素的向量
>> y = sin(x);                    % 定义函数表达式
>> subplot(131),h1 = plot(x,y,'*r');  % 在第一个视图中绘制正弦曲线,并返回图形线条对象
>> title('Grid off')              % 添加标题
>> h1.LineWidth = 4;              % 设置线宽为 4
>> gtext('y = sin(x)')            % 使用鼠标添加标注
```

```
>> subplot(132),h2 =plot(x,y,'r'); % 在第二个视图中绘制正弦曲线,并返回图形线条对象
>> title('Grid on')                  % 添加标题
>> gtext('y=sin(x)')                 % 使用鼠标添加标注
>> h2.Marker ='d';                   % 设置标记为菱形
>> h2.MarkerSize =10;                % 设置标记大小为 10
>> grid on                           % 显示主网格线
>> subplot(133),h3 =plot(x,y,'r');% 在第三个视图中绘制正弦曲线,并返回图形线条对象
>> title('Grid minor')               % 添加图形标题
>> gtext('y=sin(x)')                 % 使用鼠标添加标注
>> h3.Marker ='h';                   % 设置标记为六角星
>> h3.MarkerSize =10;                % 设置标记大小为 10
>> grid minor                        % 显示正弦图的次网格线
```

运行结果如图 2-37 所示。

2.3.4 图形放大与缩小

在工程实际中，常常需要对某个图像的局部性质进行仔细观察，这时可以通过 zoom 命令将局部图像进行放大，从而便于用户观察。zoom 命令的使用格式见表 2-33。

表 2-33 zoom 命令的使用格式

调用格式	说明
zoom on	打开交互式图形放大功能
zoom off	关闭交互式图形放大功能
zoom out	将系统返回非放大状态，并将图形恢复原状
zoom reset	系统将记住当前图形的放大状态，作为放大状态的设置值，当使用 zoom out 或双击鼠标时，图形并不是返回到原状，而是返回 reset 时的放大状态
zoom	用于切换放大的状态：on 和 off
zoom xon	只对 X 轴进行放大
zoom yon	只对 Y 轴进行放大
zoom(factor)	用放大系数 factor 进行放大或缩小，而不影响交互式放大的状态。若 factor >1，系统将图形放大 factor 倍；若 0 < factor≤1，系统将图形缩小到原来 1/factor
zoom(fig, option)	对窗口 fig（不一定为当前窗口）中的二维图形进行放大，其中参数 option 为 on、off、xon、yon、reset、factor 等
h = zoom(figure_handle)	返回图窗 figure_handle 的缩放模式对象，以自定义模式的行为

在使用这个命令时，要注意当一个图形处于交互式的放大状态时，有两种方法来放大图形。一种是用鼠标左键单击需要放大的部分，可使此部分放大一倍，这一操作可进行多次，直到 MATLAB 的最大显示为止；单击鼠标右键，可使图形缩小一半，这一操作可进行多次，直到还原图形为止。另一种是用鼠标拖出要放大的部分，系统将放大选定的区域。该命令的作用与图形窗口中放大图标的作用是一样的。

例 2-38：在同一个图形窗口内画出函数 $y = \sin x$ 的图像，并缩放图形。

解：在 MATLAB 命令行窗口中输入如下命令。

```
>> clear                    % 清除工作区的变量
>> close all                % 关闭所有打开的文件
```

```
>> x=linspace(0,2*pi,100);          % 创建[0 2π]中,包含100个元素的向量
>> y=sin(x);                        % 定义以x为自变量的函数表达式
>> subplot(221),plot(x,y,'-r');     % 在第一个视图中绘制正弦波
>> title('Original')                % 添加图形标题
>> gtext('y=sin(x)')                % 在图形中添加文本
>> subplot(222),plot(x,y,'-r');     % 在第二个视图中绘制正弦波
>> title('Zoom X')                  % 添加图形标题
>> zoomxon                          % 在x轴启用缩放模式
>> zoom(2)                          % 将图形沿x轴放大2倍
>> gtext('X轴缩放2倍')               % 在图形中添加文本
>> subplot(223),plot(x,y,'-r');     % 在第三个视图中绘制正弦波
>> title('Zoom Y')                  % 添加图形标题
>> zoom yon                         % 在y轴启用缩放模式
>> zoom(2)                          % 将图形沿y轴放大2倍
>> gtext('Y轴缩放2倍')               % 在图形中添加文本
>> subplot(224),plot(x,y,'-r');     % 在第四个视图中绘制正弦波
>> title('Zoom on')                 % 添加图形标题
>> zoom on                          % 在图窗中启用缩放模式
>> zoom(2)                          % 将图形沿x轴和y轴同步放大2倍
>> gtext('整体缩放2倍')              % 在图形中添加文本
```

运行结果如图2-38所示。

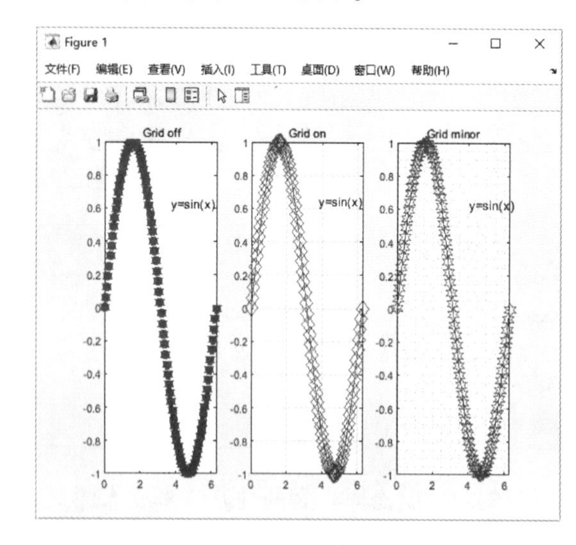

图2-37 图形标注（五）

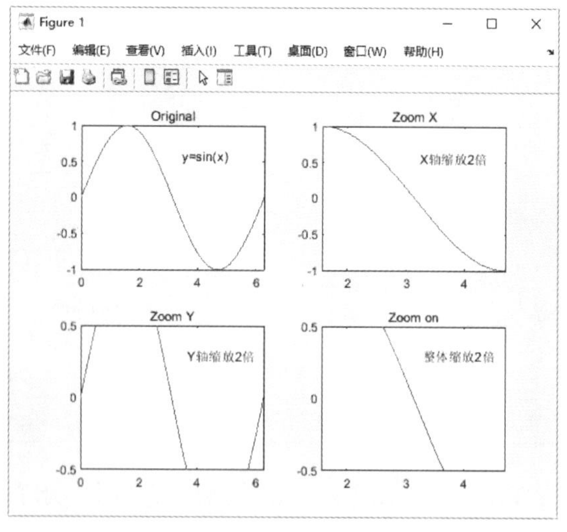

图2-38 图形缩放

2.3.5 颜色控制

在绘图的过程中，对图形加上不同的颜色，会大大增加图像的可视化效果。在计算机中，颜色是通过对红、绿、蓝三种颜色进行适当的调配得到的。在MATLAB中，这种调配是用一个三维向量［R G B］实现的，其中R、G、B的值代表3种颜色之间的相对亮度，它们的取值范围均在0～1之间。一些常用的颜色调配方案见表2-34。

表 2-34 颜色调配表

调配矩阵	颜　　色	调配矩阵	颜　　色
[1 1 1]	白色	[1 1 0]	黄色
[1 0 1]	洋红色	[0 1 1]	青色
[1 0 0]	红色	[0 0 1]	蓝色
[0 1 0]	绿色	[0 0 0]	黑色
[0.5 0.5 0.5]	灰色	[0.5 0 0]	暗红色
[1 0.62 0.4]	肤色	[0.49 1 0.83]	碧绿色

在 MATLAB 中，控制及实现这些颜色调配的主要命令为 colormap，它的使用格式非常简单，见表 2-35。

表 2-35 colormap 命令的使用格式

调用格式	说　　明
colormap(map)	将当前图窗的颜色图设置为 map 指定的颜色图
colormap map	将当前图窗的颜色图设置为预定义的颜色图之一
colormap(target,map)	为 target 指定的图窗、坐标区或图形设置颜色图
cmap = colormap	获取当前色的调配矩阵
cmap = colormap(target)	返回 target 指定的图窗、坐标区或图的颜色图

利用调配矩阵来设置颜色是很麻烦的。为了使用方便，MATLAB 提供了几种常用的色图，这些色图名称及调用函数见表 2-36。

表 2-36 色图及调用函数

调用函数	色图名称	调用函数	色图名称
autumn	红色、黄色阴影色图	jet	hsv 的一种变形（以蓝色开始和结束）
bone	带一点蓝色的灰度色图	lines	线性色图
colorcube	增强立方色图	pink	粉红色图
cool	青红浓淡色图	prism	光谱色图
copper	线性铜色	spring	洋红、黄色阴影色图
flag	红、白、蓝、黑交错色图	summer	绿色、黄色阴影色图
gray	线性灰度色图	white	全白色图
hot	黑、红、黄、白色图	winter	蓝色、绿色阴影色图
hsv	色彩饱和色图（以红色开始和结束）		

例 2-39：在同一个图形窗口内画出函数 $y = \sin x$ 的图像，并填充图形。

解：在 MATLAB 命令行窗口中输入如下命令。

```
>> clear                              % 清除工作区的变量
>> close all                          % 关闭所有打开的文件
>> x=linspace(0,2*pi,100);            % 创建[0 2π]中,包含100个元素的向量
>> y=sin(x);                          % 定义函数表达式
>> subplot(221),plot(x,y);            % 在第一个视图中绘制二维正弦曲线
```

```
>> title('Original')                     % 添加图形标题
>> c=y;                                  % 定义颜色矩阵 c
>> h=subplot(222);fill(x,y,c);           % 在第二个视图中绘制二维填充正弦曲线
>> title('Fill')                         % 添加图形标题
>> h=subplot(223);fill(x,y,c);           % 在第三个视图中绘制填充正弦曲线
>> colormap(h,winter)                    % 设置第三个视图的颜色图
>> title('Winter')                       % 添加图形标题
>> h=subplot(224);fill(x,y,c);           % 在第四个视图中绘制填充正弦曲线
>> colormap(h,spring)                    % 设置第四个视图的颜色图
>> title('Spring')                       % 添加图形标题
```

运行结果如图 2-39 所示。

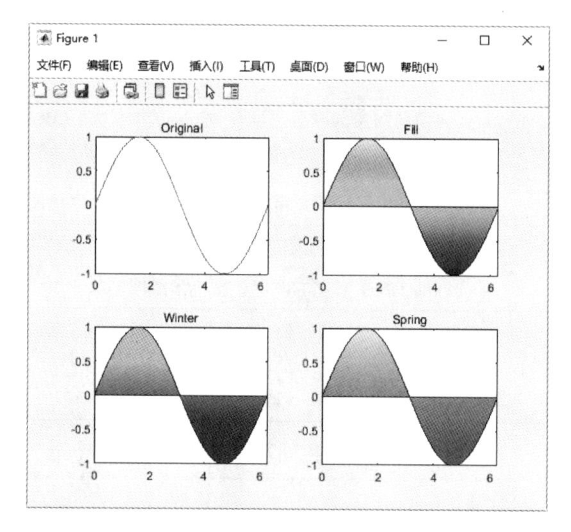

图 2-39 图形颜色图

2.4 特殊图形

为了满足用户的各种需求，MATLAB 还提供了绘制条形图、面积图、饼形图、阶梯图、火柴杆图等特殊图形的命令。本节将介绍这些命令的具体用法。

2.4.1 统计图形

MATLAB 提供了很多在统计中经常用到的图形绘制命令，本小节主要介绍几个常用命令。

1. 条形图

绘制条形图时可分为二维情况和三维情况，其中绘制二维条形图的命令为 bar（竖直条形图）与 barh（水平条形图）；它们的使用格式都是一样的，因此下面只介绍 bar 命令的使用格式，见表 2-37。

表 2-37 bar 命令的使用格式

调用格式	说明
bar(y)	若 **y** 为向量，则分别显示每个分量的高度，横坐标为 1 到 length(y)；若 **y** 为矩阵，则 bar 把 **y** 分解成行向量，再分别画出，横坐标为 1 到 size(y,1)，即矩阵的行数

（续）

调用格式	说明
bar(x,y)	在指定的横坐标 x 上画出 y，其中 $\boldsymbol{x}$ 为严格单增的向量。若 $\boldsymbol{y}$ 为矩阵，则 bar 把矩阵分解成几个行向量，在指定的横坐标处分别画出
bar(…,width)	设置条形的相对宽度和控制在一组内条形的间距，默认值为 0.8，所以，如果用户没有指定 x，则同一组内的条形有很小的间距，若设置 width 为 1，则同一组内的条形相互接触
bar(…,'style')	指定条形的排列类型，类型有"group"和"stack"，其中"group"为默认的显示模式，它们的含义如下 group：若 $\boldsymbol{Y}$ 为 $n\times m$ 矩阵，则 bar 显示 n 组，每组有 m 个垂直条形图 stack：对矩阵 $\boldsymbol{Y}$ 的每一个行向量显示在一个条形中，条形的高度为该行向量中的分量和，其中同一条形中的每个分量用不同的颜色显示出来，从而可以显示每个分量在向量中的分布
bar(…,color)	用指定的颜色 color 显示所有的条形
bar(ax,…)	将图形绘制到 ax 指定的坐标区中
b = bar(…)	返回一个或多个 Bar 对象。如果 $\boldsymbol{y}$ 是向量，则创建一个 Bar 对象。如果 $\boldsymbol{y}$ 是矩阵，则为每个序列返回一个 Bar 对象。显示条形图后，使用 b 设置条形的属性

例 2-40：已知某批电线的寿命服从正态分布 $N(\mu,\sigma^2)$，今从中抽取 4 组进行寿命试验，测得数据如下（单位：h）：2501，2253，2467，2650，绘制四种不同的条形图。

解：MATLAB 程序如下。

```
>> clear                                   % 清除工作区的变量
>> close all                               % 关闭所有打开的文件
>> Y=[2501,2253,2467,2650];                % 输入测量数据矩阵 Y
>> subplot(2,2,1)                          % 显示图窗分割后的第一个视图
>> bar(Y)                                  % 绘制矩阵 Y 的二维条形图
>> title('图 1')                           % 添加图形标题
>> subplot(2,2,2)                          % 显示第二个视图
>> bar(Y,'FaceColor','r'),title('图 2')    % 绘制条形填充颜色为红色的二维条形图,然后添加
                                             标题
>> subplot(2,2,3)                          % 显示第三个视图
>> bar(Y,0.5)                              % 绘制条形宽度为 0.5 的条形图
>> title('图 3')                           % 添加图形标题
>> subplot(2,2,4)                          % 显示第四个视图
>> bar(Y,'stacked'),title('图 4')  % 绘制堆积条形图,将矩阵 Y 的每一个行向量以不同颜色显
示在一个条形中,从而可以显示每个分量在向量中的分布
```

运行结果如图 2-40 所示。

例 2-41：绘制随机矩阵四种颜色不同的条形图。

解：MATLAB 程序如下。

```
>> clear                                   % 清除工作区的变量
>> close all                               % 关闭所有打开的文件
>> Y=rand(10,1);% 创建 10×1 均匀分布的随机数矩阵(每次生成的矩阵不同,因此结果图形不
同,读者运行过程中出现与书中图形不同的情况,是正常的)
>> subplot(2,2,1)                          % 显示分割图窗后的第一个视图
>> bar(Y)                                  % 绘制矩阵的条形图
```

```
>> title('图1')                                    % 添加图形标题
>> subplot(2,2,2)                                  % 显示第二个视图
>> bar(Y,'EdgeColor','r','LineWidth',2),title('图2')  % 设置条形轮廓颜色和线宽
>> subplot(2,2,3)                                  % 显示第三个视图
>> bar(Y,'FaceColor',[.5 0 .3]);                   % 设置条形填充颜色
>> title('图3')                                    % 添加图形标题
>> subplot(2,2,4)                                  % 显示第四个视图
>> b=bar(Y);                                       % Y 是向量,所以返回一个 Bar 对象
>> b.FaceColor='flat';                             % 使用 Bar 对象的 CData 属性值对条形进行着色
>> b.CData(4,:)=[.2 0 .4]; % 设置第四个条形的颜色,默认情况下,CData 属性预先填充由默认
RGB 颜色值组成的矩阵
>> b.CData(6,:)=[.5 0.1 .8];                       % 设置第六个条形的颜色
>> title('图4')                                    % 添加图形标题
```

运行结果如图 2-41 所示。

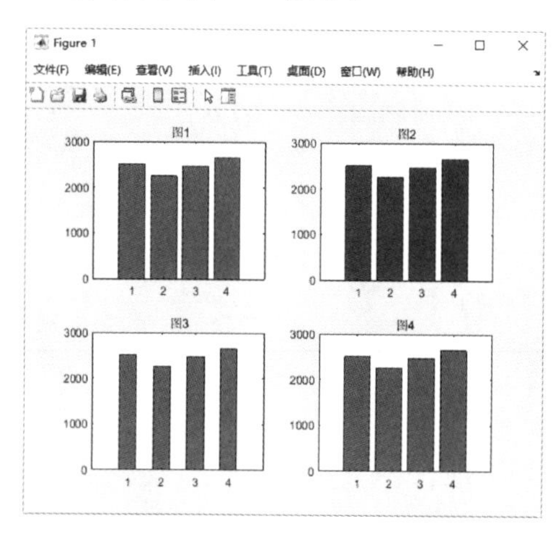

图 2-40　条形图（一）

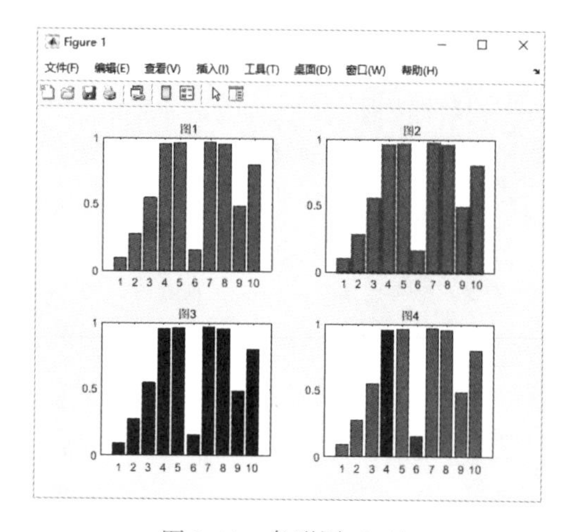

图 2-41　条形图（二）

2. 面积图

面积图在实际中可以表现不同部分对整体的影响。在 MATLAB 中，绘制面积图的命令是 area，它的使用格式见表 2-38。

表 2-38　area 命令的使用格式

调用格式	说　明
area(Y)	绘制向量 **Y** 或将矩阵 **Y** 中每一列作为单独曲线绘制并堆叠显示
area(X,Y)	绘制 **Y** 对 **X** 的图，并填充 0 和 **Y** 之间的区域。如果 **Y** 是向量，则将 **X** 指定为由递增值组成的向量，其长度等于 **Y**。如果 **Y** 是矩阵，则将 **X** 指定为由递增值组成的向量，其长度等于 **Y** 的行数
area(…,basevalue)	指定区域填充的基值 basevalue，默认为 0
area(…,Name,Value)	使用一个或多个名称-值对组参数修改区域图
area(ax,…)	将图形绘制到 ax 坐标区中，而不是当前坐标区中
ar = area(…)	返回一个或多个 Area 对象。area 函数将为向量输入参数创建一个 Area 对象；为矩阵输入参数的每一列创建一个对象

例 2-42：不同微生物在低温、常温、高温下的存活时间（单位：min）见表 2-39，绘制使用颜色图显示的区域图。

表 2-39　给定数据　　（单位：min）

低温	常温	高温
128.8	334.7	385.5
246.4	142	369.7
270.6	156.3	406

解：MATLAB 程序如下。

```
>> clear                % 清除工作区的变量
>> close all            % 关闭所有打开的文件
>> Y=[128.8 334.7 385.5;246.4 142 369.7;270.6 156.3 406];         % 测量数据
>> area(Y,'FaceColor','flat')  % 创建矩阵 Y 的面积图,使用坐标区颜色图中的颜色填充区域
```

运行结果如图 2-42 所示。

3. 饼形图

饼形图用来显示向量或矩阵中各元素所占的比例，它可以用在一些统计数据可视化中。在二维情况下，创建饼形图的命令是 pie，三维情况下创建饼形图的命令是 pie3，二者的使用格式也非常相似，因此下面只介绍 pie 命令的使用格式，见表 2-40。

表 2-40　pie 命令的使用格式

调用格式	说明
pie(X)	用 X 中的数据画一饼形图，X 中的每一元素代表饼形图中的一部分，X 中元素 $X(i)$ 所代表的扇形大小通过 $X(i)/\mathrm{sum}(X)$ 的大小来决定。若 $\mathrm{sum}(X)=1$，则 X 中元素就直接指定了所在部分的大小；若 $\mathrm{sum}(X)<1$，则画出一不完整的饼形图
pie(X,explode)	将扇区从饼形图偏移一定位置。***explode*** 是一个与 ***X*** 同维的矩阵，当所有元素为零时，饼形图的各个部分将连在一起组成一个圆，而其中存在非零元素时，***X*** 中相对应的元素在饼形图中对应的扇形将向外移出一些来加以突出
pie(X,labels)	指定扇区的文本标签。X 必须是数值数据类型。标签数必须等于 X 中的元素数
pie（X，explode，labels）	偏移扇区并指定文本标签。X 可以是数值或分类数据类型，为数值数据类型时，标签数必须等于 X 中的元素数；为分类数据类型时，标签数必须等于分类数
pie(ax,…)	将图形绘制到 ax 指定的坐标区中，而不是当前坐标区（gca）中
p = pie(…)	返回一个由补片和文本图形对象组成的向量

例 2-43：抽取矩阵 ***Y*** 的第一列

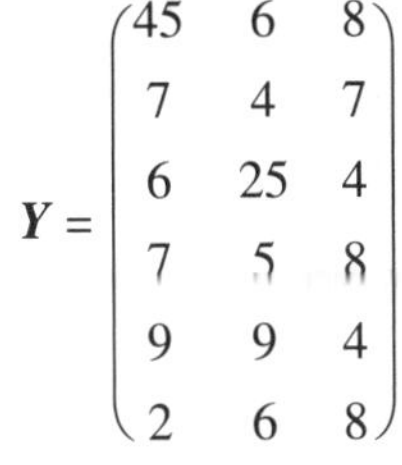

$$\boldsymbol{Y}=\begin{pmatrix}45 & 6 & 8\\ 7 & 4 & 7\\ 6 & 25 & 4\\ 7 & 5 & 8\\ 9 & 9 & 4\\ 2 & 6 & 8\end{pmatrix}$$

绘制完整的饼形图、分离的饼形图。

解：MATLAB 程序如下。

```
>> clear                                      % 清除工作区的变量
>> close all                                  % 关闭所有打开的文件
>> Y=[45 6 8;7 4 7;6 25 4;7 5 8;9 9 4;2 6 8]; % 输入矩阵 Y
>> Y=Y(:,1)'                                  % 抽取矩阵的第一列并转置
Y =
    45    7    6    7    9    2
>> subplot(1,2,1)                             % 显示图窗分割后的第一个视图
>> pie(Y)                % 绘制 Y 中的数据饼形图,每个扇区代表 Y 中的一个元素
>> subplot(1,2,2)                             % 显示第二个视图
>> pie(Y,[1 1 1 1 1 1])                       % 将所有扇区从饼形图偏移一定位置
```

运行结果如图 2-43 所示。

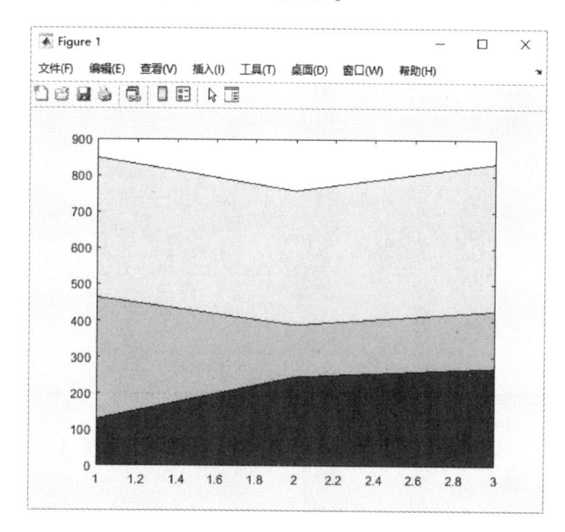

图 2-42 面积图

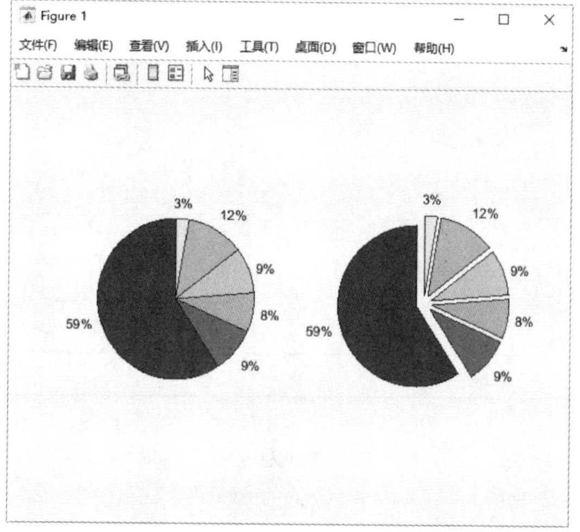

图 2-43 饼形图（一）

例 2-44：绘制矩阵的完整饼形图、部分饼形图。

解：MATLAB 程序如下。

```
>> clear                        % 清除工作区的变量
>> close all                    % 关闭所有打开的文件
>> X=[0.1 0.2 0.3 0.4];         % 定义向量 X
>> Y=X(2:4);                    % 抽取向量 X 第 2 到第 4 个元素
>> labels={'1','2','3','4'};    % 指定抽取数据前后扇区的文本标签
>> labels1={'1','2','3'};
>> ax1=subplot(1,2,1);          % 返回第一个视图的坐标区
>> pie(ax1,X,labels)            % 在指定坐标区绘制向量 X 的饼形图,并显示文本标签
>> title(ax1,'完整');           % 添加图形标题
>> ax2=subplot(1,2,2);          % 返回第二个视图的坐标区
>> pie(ax2,Y,labels1)           % 在指定坐标区绘制向量 Y 的饼形图,并显示文本标签
>> title(ax2,'部分');           % 添加图形标题
```

运行结果如图 2-44 所示。

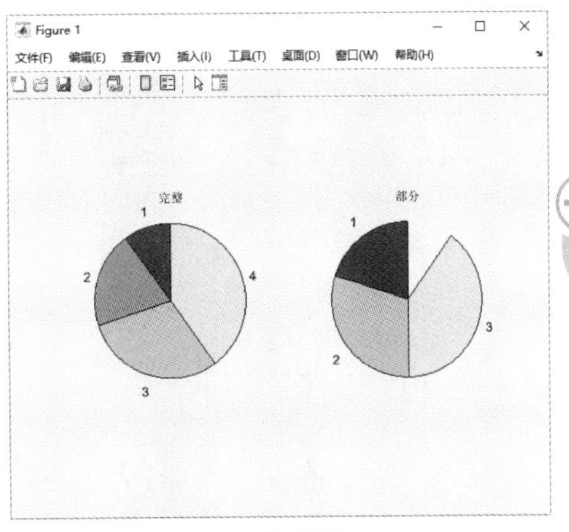

图 2-44 饼形图（二）

4. 柱状图

柱状图是数据分析中用得较多的一种图形。例如，在一些预测彩票结果的网站，把各期中奖数字记录下来，然后作成柱状图，这可以让彩民清楚地了解到各个数字在中奖号码中出现的概率。在 MATLAB 中，绘制柱状图的命令有两个。

- histogram 命令：用来绘制直角坐标系下的柱状图。
- polarhistogram 命令：用来绘制极坐标系下的柱状图。

（1）histogram 命令的使用格式（见表 2-41）

表 2-41 histogram 命令的使用格式

调用格式	说明
n = histogram（Y）	把向量 ***Y*** 中的数据分放到等距的 10 个柱状图中，且返回每一个柱状图中的元素个数。若 ***Y*** 为矩阵，则该命令按列对 ***Y*** 进行处理
n = histogram（Y,X）	参量 ***X*** 为向量，把 ***Y*** 中元素放到 *m* ［m = length(x)］个由 ***X*** 中元素指定的位置为中心的柱状图中
n = histogram（Y,n）	参量 ***n*** 为标量，用于指定柱状图的数目
［n,xout］= histogram（…）	返回向量 ***n*** 及包含频率计数与柱状图的位置向量 ***xout***，用户可以用命令 bar(xout,n) 画出条形直方图
histogram('BinEdges',edges,'BinCounts',counts)	手动指定 bin（直方图将数据分组为 bin）边界和关联的 bin 计数。histogram 绘制指定的 bin 计数，而不执行任何数据的 bin 划分
histogram(C,Categories)	仅绘制 Categories 指定的类别的子集
histogram('Categories',Categories,'BinCounts',counts)	手动指定类别和关联的 bin 计数。histogram 绘制指定的 bin 计数，而不执行任何数据的 bin 划分
histogram(…,Name,Value)	使用前面的任何语法指定具有一个或多个 Name、Value 对组参数的其他选项
histogram(ax,…)	将图形绘制到 ax 指定的坐标区中，而不是当前坐标区（gca）中
histogram（...）	直接绘出柱状图

例 2-45：生成 10000 个随机数并创建直方图和指定边界。

解：MATLAB 程序如下：

```
>> clear                              % 清除工作区的变量
>> close all                          % 关闭所有打开的文件
>> x=randn(10000,1);                  % 定义正态分布的随机数向量,该向量 10000 行 1 列
>> h=histogram(x);                    % 绘制随机数据 x 的直方图
>> edges=[-10 -2:0.25:2 10];          % 定义边界矩阵 edges
>> h=histogram(x,edges);              % 绘制直方图并指定直方图边界宽度
```

运行结果如图 2-45 和图 2-46 所示。

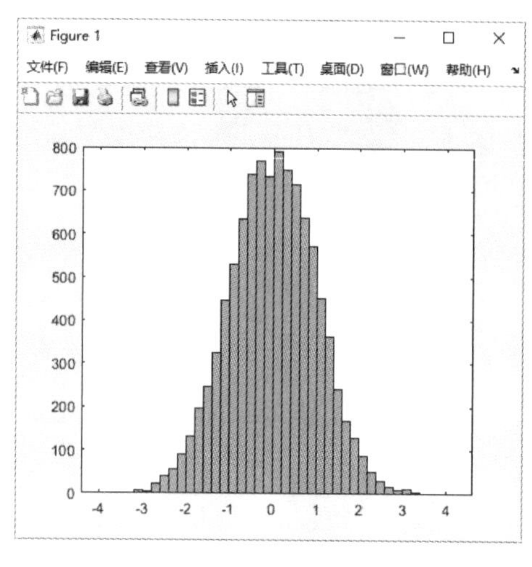

图 2-45 直方图

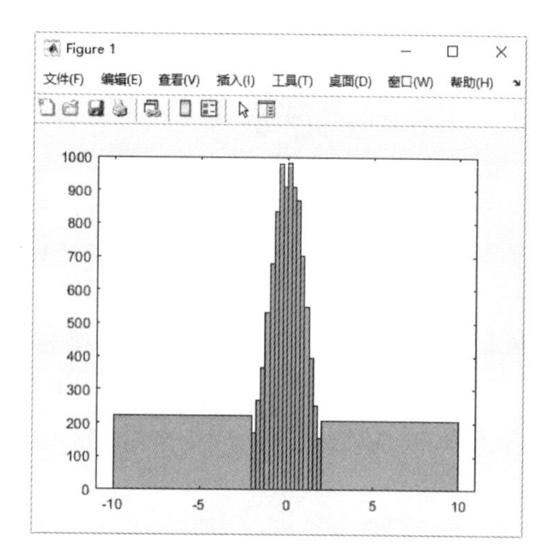

图 2-46 指定边界的直方图

（2） polarhistogram 命令的使用格式（见表 2-42）

表 2-42 polarhistogram 命令的使用格式

调用格式	说明
polarhistogram（theta）	显示参数 theta 的数据在 20 个区间或更少的区间内的分布，向量 theta 中的角度单位为 rad，用于确定每一区间与原点的角度，每一区间的长度反映出输入参量的元素落入该区间的个数
polarhistogram（theta，x）	用参量 x 指定每一区间内的元素与区间的位置，最小和最大边界值之差必须小于或等于 2π
polarhistogram（theta，n）	在区间［0，2π］内画出 n 个等距的小扇形，默认值为 20
[tout，rout] = polarhistogram（…）	返回向量 ***tout*** 与 ***rout***，可以用 polar（tout，rout）画出图形，但此命令不画任何的图形

例 2-46：创建服从高斯分布的数据柱状图，再将这些数据分到范围为指定的若干个相同的柱状图中和极坐标下的柱状图中。

解：MATLAB 程序如下。

1）指定的若干个相同的柱状图。

```
>> close all                    % 关闭当前已打开的文件
>> clear                        % 清除工作区的变量
>> Y = randn(10000,1);          % 定义 10000 行 1 列的正态分布的随机向量 Y
>> subplot(1,2,1)               % 将图窗分割为 1 行 2 列两个窗口,显示第一个视图
>> histogram(Y);                % 绘制正态分布的随机向量 Y 的柱状图
>> title('高斯分布柱状图')        % 添加图形标题
>> x = -3:0.1:3;                % 创建 -3 到 3 的向量 x,元素间隔为 0.1,设置 bin 边界
>> subplot(1,2,2)               % 显示第二个视图
>> h = histogram(Y,x);          % 绘制设置边界的柱状图
>> set(h,'FaceColor','r')       % 设置柱状图的填充颜色为红色
>> title('指定范围的高斯分布柱状图')  % 添加图形标题
```

运行结果如图 2-47 所示。

2）极坐标下的柱状图。

```
>>  theta=Y*pi;                    % 定义数据向量
>> polarhistogram(theta);          % 绘制向量在极坐标下的柱状图,并显示弧度值
>> title('极坐标系下的柱状图')     % 添加标题
```

运行结果如图 2-48 所示。

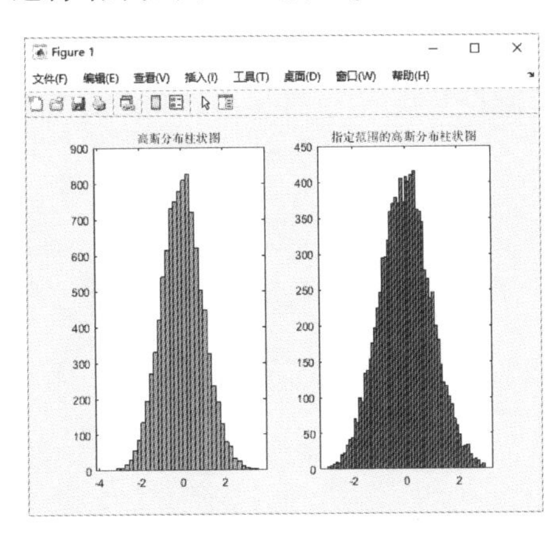

图 2-47　直角坐标系下的柱状图

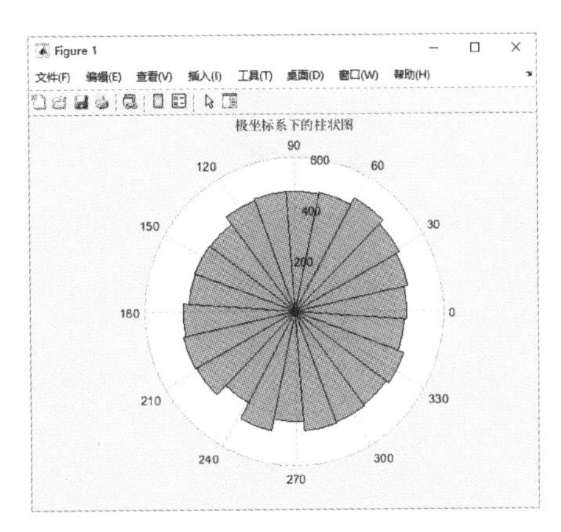

图 2-48　极坐标系下的柱状图

2.4.2 离散数据图形

除了 2.4.1 节介绍的统计图形外，MATLAB 还提供了一些在工程计算中常用的离散数据图形，如误差棒图、火柴杆图与阶梯图等。本小节介绍它们的用法。

1. 误差棒图

MATLAB 中绘制误差棒图的命令为 errorbar，它的使用格式见表 2-43。

表 2-43　errorbar 命令的使用格式

调用格式	说明
errorbar(y,err)	创建 y 中数据的线图，并在每个数据点处绘制一个垂直误差条。err 中的值确定数据点上方和下方的每个误差条的长度，因此，总误差条长度是 err 值的两倍
errorbar(x,y,err)	绘制 y 对 x 的图，并在每个数据点处绘制一个垂直误差条
errorbar(…ornt)	设置误差条的方向。ornt 的默认值为 'vertical'，绘制垂直误差条；'horizontal' 绘制水平误差条；'both' 则绘制水平和垂直误差条
errorbar(x,y,neg,pos)	在每个数据点处绘制一个垂直误差条，其中 neg 确定数据点下方的长度，pos 确定数据点上方的长度
errorbar(x, y, yneg, ypos, xneg, xpos)	绘制 y 对 x 的图，并同时绘制水平和垂直误差条。yneg 和 ypos 分别设置垂直误差条下部和上部的长度；xneg 和 xpos 分别设置水平误差条左侧和右侧的长度
errorbar(…,LineSpec)	画出用 LineSpec 指定线型、标记符、颜色等的误差棒图
errorbar(…,Name,Value)	使用一个或多个名称-值对组参数修改线和误差条的外观
errorbar(ax,…)	在由 ax 指定的坐标区（而不是当前坐标区）中创建绘图
h = errorbar(…)	返回线图形对象的句柄向量给 h

例 2-47：抽取矩阵 Y 的第一、二、三列

$$Y=\begin{pmatrix}5 & 3 & 8\\7 & 4 & 7\\16 & 5 & 4\\17 & 6 & 8\\19 & 9 & 4\\20 & 16 & 8\end{pmatrix}$$

绘制垂直误差条。

解：MATLAB 程序如下。

```
>> clear                    % 清除工作区的变量
>> close all                % 关闭当前已打开的文件
>> Y=[5 3 8;7 4 7;16 5 4;17 6 8;19 9 4;20 16 8];% 输入矩阵 Y
>> Y1 =Y(:,1)'              % 抽取矩阵 Y 的第一列并转置为行向量
Y =
    5    7    16    17    19    20
>> Y2 =Y(:,2)'              % 抽取矩阵 Y 的第二列并转置为行向量
Y2 =
    3    4    5    6    9    16
>>   Y3 =Y(:,3)'            % 抽取矩阵 Y 的第三列并转置为行向量
Y3 =
    8    7    4    8    4    8
>> errorbar(Y1,Y2,Y3)   % 绘制 Y2 对 Y1 的线图,并在每个数据点处绘制一个长度为 Y3 的垂直对
                            称误差条
```

运行结果如图 2-49 所示。

2. 火柴杆图

用线条显示数据点与 X 轴的距离，用一小圆圈（默认标记）或用指定的其他标记符号与线条相连，并在 Y 轴上标记数据点的值，这样的图形称为火柴杆图。在二维情况下，实现这种操作的命令是 stem，它的使用格式见表 2-44。

表 2-44　stem 命令的使用格式

调用格式	说　明
stem(Y)	按 Y 元素的顺序画出火柴杆图，在 X 轴上，火柴杆之间的距离相等；若 $\boldsymbol{Y}$ 为矩阵，则把 $\boldsymbol{Y}$ 分成几个行向量，在同一横坐标的位置上画出一个行向量的火柴杆图
stem(X,Y)	在横坐标 x 上画出列向量 $\boldsymbol{Y}$ 的火柴杆图，其中 $\boldsymbol{X}$ 与 $\boldsymbol{Y}$ 为同型的向量或矩阵
stem(…,'filled')	指定是否对火柴杆末端的“火柴头”填充颜色
stem(…,LineSpec)	用参数 LineSpec 指定线型、标记符号和火柴头的颜色画火柴杆图
stem(…,Name,Value)	使用一个或多个 Name、Value 对组参数修改火柴杆图
stem(ax,…)	将图形绘制到 ax 指定的坐标区中，而不是当前坐标区（gca）中
h = stem(…)	返回火柴杆图的 line 图形对象句柄向量

例 2-48：绘制 $y=x^2$ 的火柴杆图。

解：MATLAB 程序如下。

```
>> clear                          % 清除工作区的变量
>> close all                      % 关闭当前已打开的文件
>> X = linspace(0,1,50);          % 创建值介于 0 到 1,元素个数为 50 的线性分隔值向量
>> Y = X.^2;                      % 定义函数表达式 Y
>> stem(X,Y,'LineStyle','-.',...
   'MarkerFaceColor','red',...
   'MarkerEdgeColor','yellow')
% 在 X 指定的位置绘制 Y 的数据序列,线型为点画线,标记填充颜色为红色,标记轮廓颜色设置为黄色
```

运行结果如图 2-50 所示。

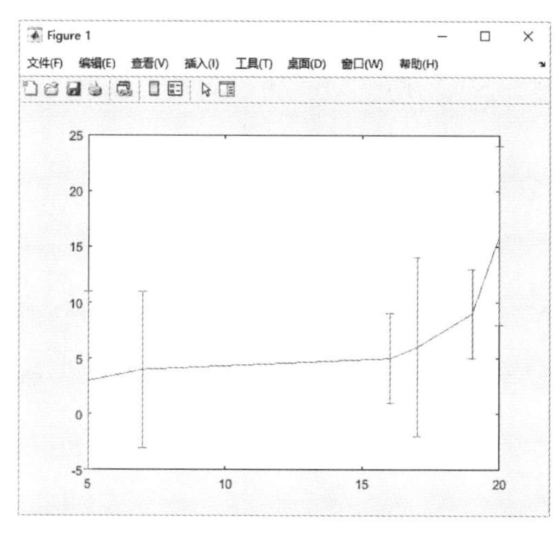

图 2-49 垂直误差条图

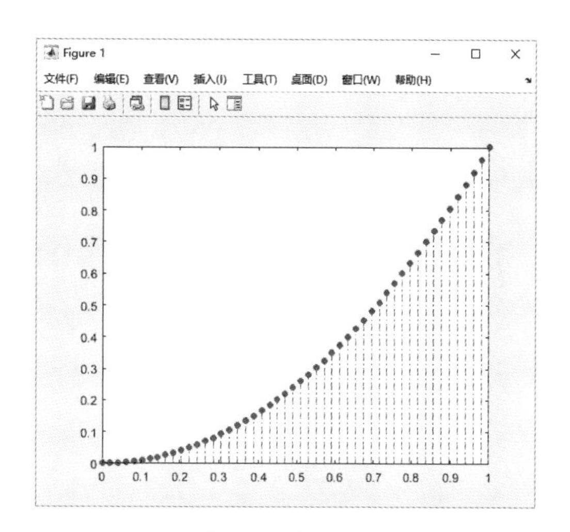

图 2-50 火柴杆图

3. 阶梯图

阶梯图在电子信息工程以及控制理论中用得非常多，在 MATLAB 中，实现这种作图的命令是 stairs，它的使用格式见表 2-45。

表 2-45 stairs 命令的使用格式

调用格式	说明
stairs(Y)	用参量 Y 的元素画一阶梯图，若 $\boldsymbol{Y}$ 为向量，则横坐标 x 的范围从 1 到 m = length（Y），若 $\boldsymbol{Y}$ 为 $m \times n$ 矩阵，则对 $\boldsymbol{Y}$ 的每一行画一阶梯图，其中 x 的范围从 1 到 n
stairs(X,Y)	结合 X 与 Y 画阶梯图，其中要求 $\boldsymbol{X}$ 与 $\boldsymbol{Y}$ 为同型的向量或矩阵。此外，$\boldsymbol{X}$ 可以为行向量或为列向量，且 $\boldsymbol{Y}$ 为有 length（X）行的矩阵
stairs(…,LineSpec)	用参数 LineSpec 指定的线型、标记符号和颜色画阶梯图
stairs(…,Name,Value)	使用一个或多个名称-值对组参数修改阶梯图
stairs(ax,…)	将图形绘制到 ax 指定的坐标区中，而不是当前坐标区（gca）中
h = stairs(…)	返回一个或多个 Stair 对象
[xb,yb] = stairs(Y)	该命令不能画图，而是返回可以用命令 plot 画出参量 Y 的阶梯图上的坐标向量 $\boldsymbol{xb}$ 与 $\boldsymbol{yb}$
[xb,yb] = stairs(X,Y)	该命令不能画图，而是返回可以用命令 plot 画出参量 X、Y 的阶梯图上的坐标向量 $\boldsymbol{xb}$ 与 $\boldsymbol{yb}$

例 2-49： 画出余弦波叠加的阶梯图。

解： MATLAB 程序如下。

```
>> clear                                    % 清除工作区的变量
>> close all                                % 关闭当前已打开的文件
>> x=(-pi:pi/20:pi)';                       % 定义取值区间和取值点
>> y=[0.5*cos(x),2*cos(x)];                 % 定义函数表达式
>> stairs(y)                                % 为矩阵 y 中的每个矩阵列绘制一个线条
>> text(10,2.2,'余弦波叠加的阶梯图','FontSize',16)  % 在指定点添加指定格式的文本
```

运行结果如图 2-51 所示。

例 2-50：画出指数波的阶梯图。

解：MATLAB 程序如下。

```
>> clear                     % 清除工作区的变量
>> close all                 % 关闭当前已打开的文件
>> x=-2:0.1:2;               % 定义取值范围和取值点
>> y=exp(x);                 % 定义函数表达式
>> stairs(x,y)               % 绘制 x 对应的 y 值的阶梯图
>> hold on                   % 保留当前图窗中的绘图
>> plot(x,y,'--*')           % 以虚线和星号标记绘制 x 对应的 y 值的线图
>> hold off                  % 关闭保持命令
>> text(-1.8,1.8,'指数波的阶梯图','FontSize',14)  % 在指定位置添加指定格式的文本
```

运行结果如图 2-52 所示。

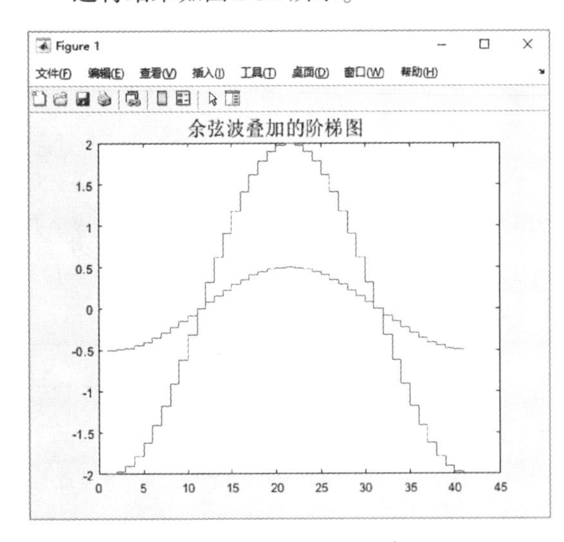

图 2-51 阶梯图（一）

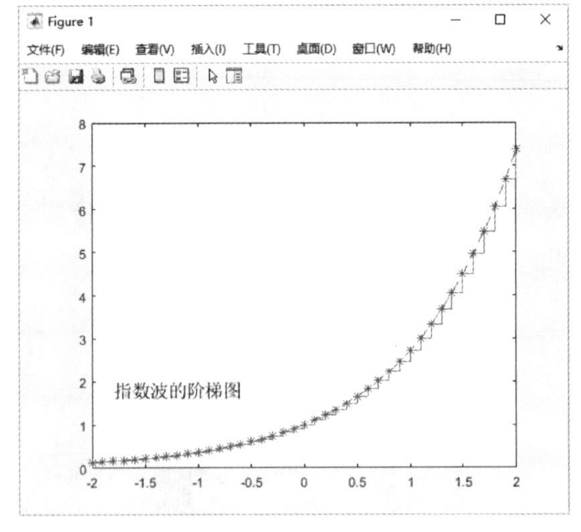

图 2-52 阶梯图（二）

2.4.3 向量图形

由于物理等学科的需要，在实际中有时需要绘制一些带方向的图形，即向量图。对于这种图形的绘制，MATLAB 中也有相关的命令，本小节介绍几个常用的命令。

1. 罗盘图

罗盘图即起点为坐标原点的二维或三维向量，同时还在坐标系中显示圆形的分隔线。实现这种作图的命令是 compass，它的使用格式见表 2-46。

表 2-46 compass 命令的使用格式

调用格式	说明
compass(X,Y)	参量 *X* 与 *Y* 为 *n* 维向量，显示 *n* 个箭头，箭头的起点为原点，箭头的位置为[X(i),Y(i)]
compass(Z)	参量 **Z** 为 *n* 维复数向量，命令显示 *n* 个箭头，箭头起点为原点，箭头的位置为[real(Z),imag(Z)]
compass(…,LineSpec)	用参量 LineSpec 指定箭头图的线型、标记符号、颜色等属性
compass(axes_handle,...)	将图形绘制到带有句柄 axes_ handle 的坐标区中，而不是当前坐标区（gca）中
h = compass(…)	返回 line 对象的句柄给 h

例 2-51：绘制随机矩阵的罗盘图。

解：在 MATLAB 命令行窗口中输入如下命令。

```
>> close all                    % 关闭当前已打开的文件
>> clear                        % 清除工作区的变量
>> M=randn(20,20);              % 创建 20×20 正态分布的随机矩阵 M
>> Z=eig(M);                    % 求矩阵 M 的特征向量
>> h=compass(Z);                % 绘制特征向量的罗盘图,并返回线条对象的句柄
>> h(1).LineStyle='-.';         % 设置罗盘图第一个线条对象的线条样式为点画线
>> h(1).Marker='h';             % 设置罗盘图一个线条对象的标记样式
>> title('罗盘图')              % 添加标题
```

运行结果如图 2-53 所示。

2. 羽毛图

羽毛图是在横坐标上等距地显示向量的图形，看起来就像鸟的羽毛一样。它的绘制命令是 feather，该命令的使用格式见表 2-47。

表 2-47 feather 命令的使用格式

调用格式	说明
feather(U,V)	显示由参量向量 *U* 与 *V* 确定的向量，其中 *U* 包含作为相对坐标系中的 *x* 成分，*v* 包含作为相对坐标系中的 *y* 成分
feather(Z)	显示复数参量向量 **Z** 确定的向量，等价于 feather［real（Z），imag（Z）］
feather(…,LineSpec)	用参量 LineSpec 指定的线型、标记符号、颜色等属性画出羽毛图

例 2-52：绘制魔方矩阵的罗盘图与羽毛图。

解：在 MATLAB 命令行窗口中输入如下命令。

```
>> close all               % 关闭当前已打开的文件
>> clear                   % 清除工作区的变量
>> M=magic(10);            % 创建 10 阶魔方矩阵 M
>> subplot(1,2,1)          % 将视图分割为 1 行 2 列的两个窗口,显示第一个视图
>> compass(M)              % 绘制魔方矩阵 M 的罗盘图
>> title('罗盘图')         % 添加标题
>> subplot(1,2,2)          % 显示第二个视图
>> feather(M)              % 绘制魔方矩阵 M 的羽毛图
>> title('羽毛图')         % 添加标题
```

运行结果如图 2-54 所示。

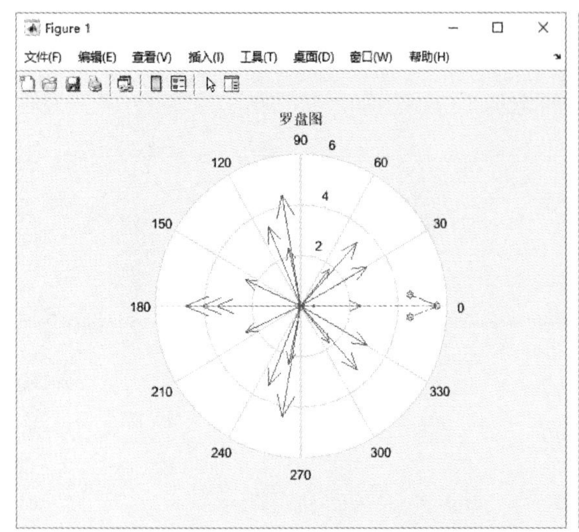

图 2-53　罗盘图

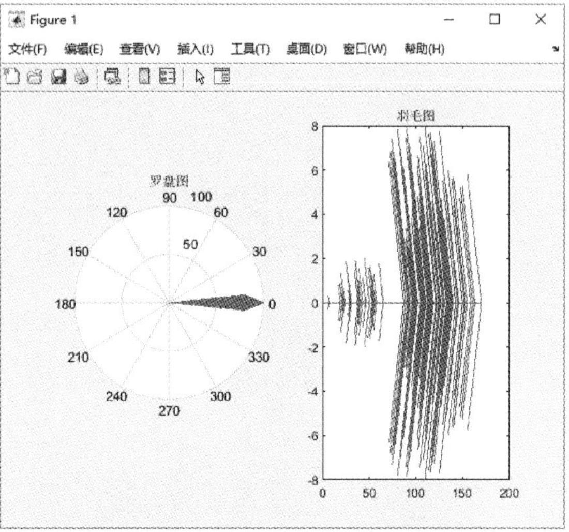

图 2-54　罗盘图与羽毛图

3. 箭头图

上面两个命令绘制的图也可以称作箭头图，但下面介绍的箭头图比上面两个箭头图更像数学中的向量，即它的箭头方向为向量方向，箭头的长短表示向量的大小。二维图形箭头图的绘制命令是 quiver，该命令的使用格式见表 2-48。

表 2-48　quiver 命令的使用格式

调 用 格 式	说　　明
quiver(U,V)	其中 ***U***、***V*** 为 $m \times n$ 矩阵，绘出在范围为 $x \in (1:n)$ 和 $y \in (1:m)$ 的坐标系中由 ***U*** 和 ***V*** 定义的向量
quiver(X,Y,U,V)	若 ***X*** 为 n 维向量，***Y*** 为 m 维向量，***U***、***V*** 为 $m \times n$ 矩阵，则画出由 ***X***、***Y*** 确定的每一个点处由 ***U*** 和 ***V*** 定义的向量
quiver(…,scale)	自动对向量的长度进行处理，使之不会重叠。可以对 scale 进行取值，若 scale =2，则向量长度伸长 2 倍，若 scale =0，则如实画出向量图
quiver(…,LineSpec)	用 LineSpec 指定的线型、符号、颜色等画向量图
quiver(…,LineSpec,'filled')	对用 LineSpec 指定的记号进行填充
quiver(...,'PropertyName',PropertyValue,...)	为该函数创建的箭头图对象指定属性名称和属性值对组
quiver(ax,...)	将图形绘制到 ax 坐标区中，而不是当前坐标区（gca）中
h = quiver(…)	返回每个向量图的句柄

例 2-53：绘制箭头图。

解：在 MATLAB 命令行窗口中输入如下命令。

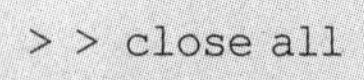

```
>> close all                    % 关闭当前已打开的文件
>> clear                        % 清除工作区的变量
>> x=linspace(0,1,100);         % 创建 0 到 1 的向量 x,元素个数为 100
>> x=reshape(x,10,10);          % 将向量转换为 10×10 的矩阵
>> y=exp(x.^3+x.^2+x);          % 定义函数表达式 y
>> u=cos(x).*y;                 % 定义函数表达式 u
```

```
>> v=sin(x).*y;                % 定义函数表达式 v
>> quiver (x,y,u,v)            % 在 x 和 y 指定的坐标处将 u 和 v 指定的向量绘制成箭头
>> title('箭头图')              % 添加标题
```

运行结果如图 2-55 所示。

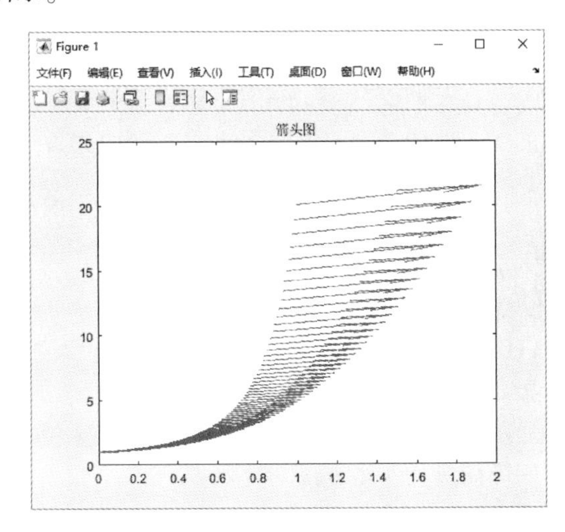

图 2-55 箭头图

第3章 三维图形

MATLAB三维绘图涉及的问题比二维绘图多，例如，是三维曲线绘图还是三维曲面绘图；三维曲面绘图中，是曲面网线绘图还是曲面色图；绘图坐标数据是如何构造的；什么是三维曲面的观察角度等。用于三维绘图的MATLAB高级绘图函数中，对于上述许多问题都设置了默认值，应尽量使用默认值，必要时认真阅读联机帮助。

3.1 三维绘图命令

为了显示三维图形，MATLAB提供了各种各样的函数。有一些函数可在三维空间中画线，而另一些可以画曲面与线格框架。另外，颜色可以用来代表第四维。当颜色以这种方式使用时，它不但不再具有像照片中那样显示色彩的自然属性，而且也不具有基本数据的内在属性，所以把它称作为彩色。本章主要介绍三维图形的作图方法和效果。

3.1.1 三维曲线绘图命令

1. plot3命令

plot3命令是二维绘图plot命令的扩展，因此它们的使用格式也基本相同，只是在参数中多加了一个第三维的信息。例如，plot(x,y,s)与plot3(x,y,z,s)的意义是一样的，前者绘制的是二维图，后者绘制的是三维图，后面的参数 *s* 也是用来控制曲线的类型、粗细、颜色的，因此，就不给出它的具体使用格式了，读者可以按照plot命令的格式来学习。

例3-1：画出下面的圆柱螺旋线的图像：

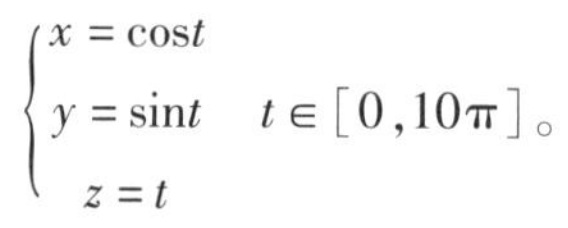

$$\begin{cases} x=\cos t \\ y=\sin t \quad t\in[0,10\pi] \\ z=t \end{cases}。$$

解：在MATLAB命令行窗口中输入如下命令。

```
>> close all                        % 关闭当前已打开的文件
>> clear                            % 清除工作区的变量
>> t = linspace(0,10 * pi,200);     % 创建1到10π的向量,元素个数为200
>> x = sin(t);                      % 定义函数表达式
>> y = cos(t);
>> z = t;
>> subplot(221),plot3(x,y,z)        % 在第一个视图中绘制三维曲线
>> title('圆柱螺旋线')               % 添加标题
>> xlabel('cos(t)'),ylabel('sin(t)'),zlabel('t')% 添加坐标轴标签
>> subplot(222),plot3(x,y,z,':r','Marker','p')% 在第二个视图中绘制三维曲线,设置线型
为":",颜色为红色,标记样式为五角星形
>> title('添加标记圆柱螺旋线')       % 添加标题
>> xlabel('cos(t)'),ylabel('sin(t)'),zlabel('t')% 添加坐标轴标题
>> subplot(223),plot3(x,y,z,2 * x,2 * y,2 * z)   % 在第三个视图中绘制两条三维曲线
```

```
>> title('偏移圆柱螺旋线')                                      % 添加标题
>> xlabel('cos(t)'),ylabel('sin(t)'),zlabel('t')              % 添加坐标轴标题
>> subplot(224),plot3(x,y,z,'LineWidth',3)                    % 在第四个视图中绘制三维曲线,
线宽设置为3
>> title('加粗圆柱螺旋线')                                      % 添加标题
>> xlabel('cos(t)'),ylabel('sin(t)'),zlabel('t')              % 添加坐标轴标题
```

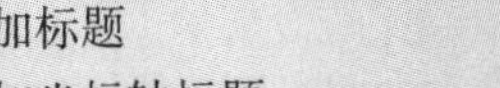

运行结果如图 3-1 所示。

例 3-2：创建参数化函数 $x=\cos(2t)^2\sin(t)$，$y=\sin(2t)^2\cos(t)$，$t\in(0,10\pi)$ 的三维图形。

解：MATLAB 程序如下。

```
>> close all                                    % 关闭当前已打开的文件
>> clear                                        % 清除工作区的变量
>> t=-10*pi:pi/250:10*pi;                       % 定义取值区间和间隔值
>> x=(cos(2*t).^2).*sin(t);                     % 定义函数表达式
>> y=(sin(2*t).^2).*cos(t);
>> plot3(x,y,t,'Marker','>','MarkerSize',10,'MarkerEdgeColor','g','MarkerFaceCol-
or','r');  % 绘制三维曲线,添加向上正三角形的标记,标记轮廓颜色为绿色,标记背景颜色为红色
```

运行结果如图 3-2 所示。

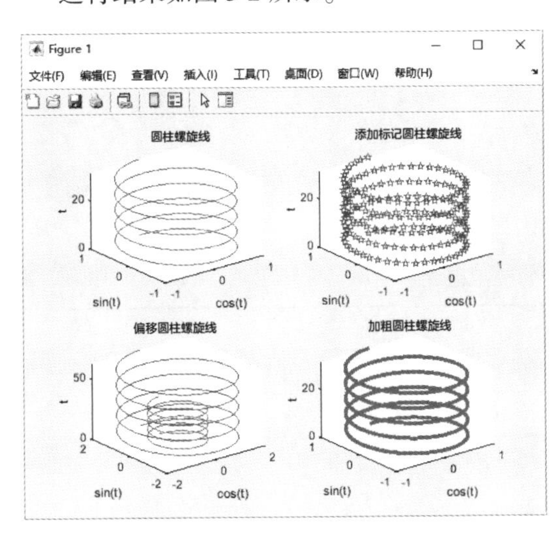

图 3-1 圆柱螺旋线

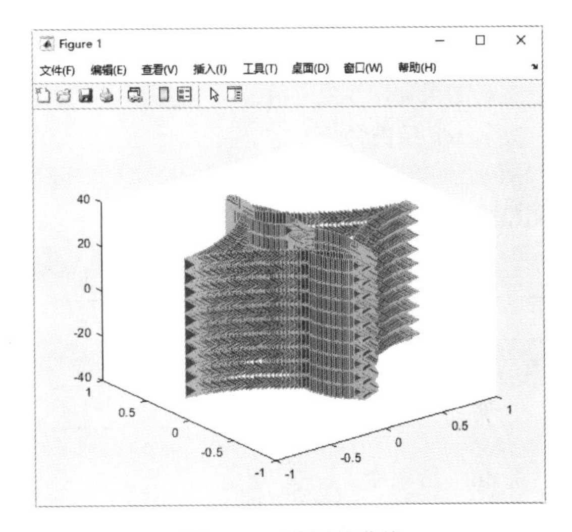

图 3-2 三维网格曲线

2. fplot3 命令

同二维情况一样，三维绘图里也有一个专门绘制三维参数化曲线绘图命令 fplot3，该命令的使用格式见表 3-1。

表 3-1 fplot3 命令的使用格式

调用格式	说明
fplot3(x,y,z)	在系统 t 默认区间 [-5, 5] 上画出空间曲线 $x=x(t)$，$y=y(t)$，$z=z(t)$ 的图形
fplot3(x,y,z,[a,b])	绘制上述参数曲线在 t 区间指定为 [a, b] 上的三维网格图
fplot3(…,LineSpec)	设置三维曲线线型、标记符号和线条颜色

（续）

调用格式	说　明
fplot3(…,Name,Value)	使用一个或多个名称-值对组参数指定线条属性
fplot3(ax,…)	将图形绘制到 ax 指定的坐标区中，而不是当前坐标区中
fp = fplot3(…)	使用此对象查询和修改特定线条的属性

例 3-3：画出下面的螺旋线的图像：

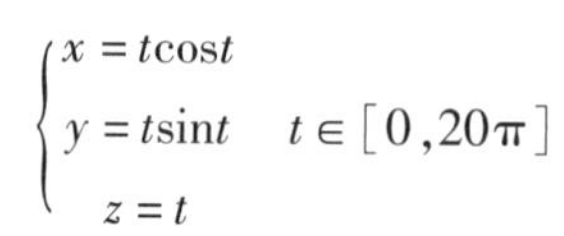

$$\begin{cases} x = t\cos t \\ y = t\sin t \quad t \in [0, 20\pi] \\ z = t \end{cases}$$

解：在 MATLAB 命令行窗口中输入如下命令。

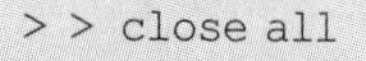

```
>> close all                              % 关闭当前已打开的文件
>> clear                                  % 清除工作区的变量
>> x=@(t)t.*cos(t);                       % 定义函数表达式
>> y=@(t)t.*sin(t);
>> z=@(t)t;
>> fplot3(x,y,z,[0,20*pi])                % 绘制函数表达式在指定区间的三维曲线
>> title('螺旋线')                         % 添加图形标题
>> axis equal                             % 沿每个坐标轴使用相同的数据单位长度
>> xlabel('x'),ylabel('y'),zlabel('z')    % 添加坐标轴标题
```

运行结果如图 3-3 所示。

3. patch 绘图命令

patch 命令还可用于创建一个或多个二维或三维填充多边形，该命令填充三维多边形的主要使用格式见表 3-2。

表 3-2　patch 命令的使用格式

调用格式	说　明
patch(X,Y,Z,C)	使用 *X*、*Y* 和 *Z* 在三维坐标中创建三维多边形
patch('XData',X,'YData',Y,'ZData',Z)	不需要为三维坐标指定颜色数据

4. fill3 绘图命令

fill3 命令用于创建单一着色多边形和 Gouraud 着色多边形，该命令的主要使用格式见表 3-3。

表 3-3　fill3 命令的使用格式

调用格式	说　明
fill3(X,Y,Z,C)	填充三维多边形。*X*、*Y* 和 *Z* 三元组指定多边形顶点。***C*** 指定颜色，其中 ***C*** 为当前颜色图索引的向量或矩阵
fill3(X,Y,Z,ColorSpec)	ColorSpec 指定颜色
fill3(X1,Y1,Z1,C1,X2,Y2,Z2,C2,…)	指定多个三维填充区
fill3(…,'PropertyName',PropertyValue)	为特定的补片属性设置值
fill3(ax,…)	为特定的补片属性设置值
h = fill3(…)	返回由补片对象构成的向量

例 3-4：创建填充的三维多边形。

解：在 MATLAB 命令行窗口中输入如下命令。

```
>> close all                              % 关闭当前已打开的文件
>> clear                                  % 清除工作区的变量
>> t=0:0.02*pi:40*pi;                     % 创建 0 到 40π 的向量 t,元素间隔为 0.02π
>> X=exp(-t*0.1).*sin(5*t);               % 输入表达式 X、Y、Z
>> Y=exp(-t*0.1).*cos(5*t);
>> Z=t;
>> C=ones(size(Z));                       % 创建颜色矩阵
>> subplot(131),plot3(X,Y,Z)              % 将视图分割为 1×3 的窗口,在第一个视图中绘制三维曲线
>> subplot(132),patch(X,Y,Z,C)            % 在第二个视图中创建三维填充颜色的多边形
>> view(3)                                % 显示三维视图
>> subplot(133),fill3(X,Y,Z,C)            % 在第三个视图中创建三维填充颜色的多边形
```

运行结果如图 3-4 所示。

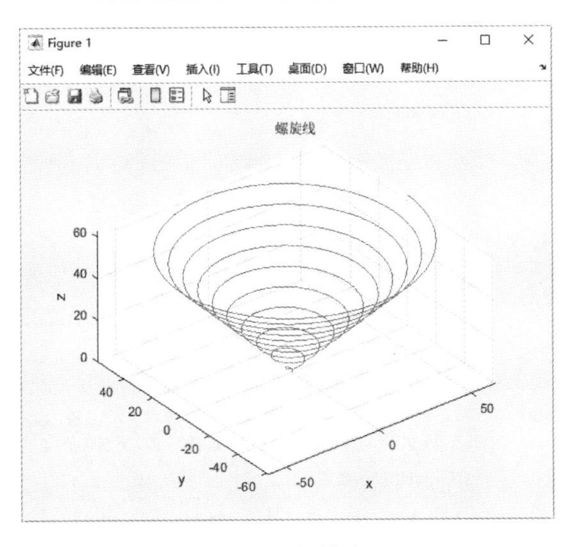

图 3-3　螺旋线

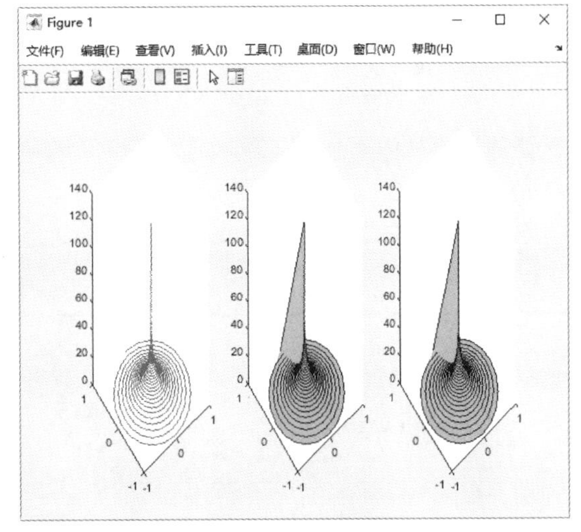

图 3-4　绘制三维多边形曲线

3.1.2 三维网格命令

1. meshgrid 命令

在 MATLAB 中 meshgrid 命令用来生成二元函数 $z=f(x,y)$ 中 XY 平面上的矩形定义域中数据点矩阵 $\boldsymbol{X}$ 和 $\boldsymbol{Y}$，或者是三元函数 $u=f(x,y,z)$ 中立方体定义域中的数据点矩阵 $\boldsymbol{X}$、$\boldsymbol{Y}$ 和 $\boldsymbol{Z}$。它的使用格式非常简单，见表 3-4。

表 3-4　meshgrid 命令的使用格式

调用格式	说明
[X,Y] = meshgrid(x,y)	向量 $\boldsymbol{X}$ 为 XY 平面上矩形定义域的矩形分割线在 X 轴的值，向量 $\boldsymbol{Y}$ 为 XY 平面上矩形定义域的矩形分割线在 Y 轴的值。输出向量 $\boldsymbol{X}$ 为 XY 平面上矩形定义域的矩形分割点的横坐标值矩阵，输出向量 $\boldsymbol{Y}$ 为 XY 平面上矩形定义域的矩形分割点的纵坐标值矩阵
[X,Y] = meshgrid(x)	等价于形式 [X,Y] = meshgrid(x,x)

（续）

调用格式	说　明
[X,Y,Z] = meshgrid(x,y,z)	向量 X 为立方体定义域在 X 轴上的值，向量 Y 为立方体定义域在 Y 轴上的值，向量 Z 为立方体定义域在 Z 轴上的值。输出向量 X 为立方体定义域中分割点的 X 轴坐标值，Y 为立方体定义域中分割点的 Y 轴坐标值，Z 为立方体定义域中分割点的 Z 轴坐标值
[X,Y,Z] = meshgrid(x)	等价于形式 [X,Y,Z] = meshgrid(x,x,x)

例 3-5：绘制马鞍面 $z = -x^4 + y^4 - x^2 - y^2 - 2xy$。

解：在 MATLAB 命令行窗口中输入如下命令。

```
>> close all                                  % 关闭当前已打开的文件
>> clear                                      % 清除工作区的变量
>> x = -4:0.25:4;                             % 定义 x、y 的取值范围及元素间隔值
>> y = x;
>> [X,Y] = meshgrid(x,y);                     % 定义网格数据
>> Z = -X.^4 + Y.^4-X.^2-Y.^2 - 2 * X * Y;    % 定义函数表达式
>> plot3(X,Y,Z)                               % 根据网格数据绘制三维曲线
>> title('马鞍面曲线')                         % 添加图形标题
>> xlabel('x'),ylabel('y'),zlabel('z')        % 添加坐标轴标题
```

运行结果如图 3-5 所示。

2. mesh 命令

该命令生成的是由 X、Y 和 Z 指定的网线面，而不是单根曲线，它的主要使用格式见表 3-5。

表 3-5　mesh 命令的使用格式

调用格式	说　明
mesh(X,Y,Z)	绘制三维网格图，颜色和曲面的高度相匹配。若 X 与 Y 均为向量，且 length(X) = n，length(Y) = m，而 [m,n] = size(Z)，空间中的点 [$X(j)$,$Y(i)$,$Z(I,j)$] 为所画曲面网线的交点；若 X 与 Y 均为矩阵，则空间中的点 [$X(i,j)$,$Y(i,j)$,$Z(i,j)$] 为所画曲面的网格的交点
mesh(Z)	生成的网格图满足 X = 1：n 与 Y = 1：m，[n，m] = size（Z），其中 Z 为定义在矩形区域上的单值函数
mesh(Z,C)	同 mesh（Z），只不过颜色由 C 指定
mesh（ax，…）	将图形绘制到 ax 指定的坐标区中
mesh(…，'PropertyName'，PropertyValue，…)	对指定的属性 PropertyName 设置属性值 PropertyValue，可以在同一语句中对多个属性进行设置
h = mesh(…)	返回图形对象句柄

例 3-6：画出花朵曲面的图像。

解：在 MATLAB 命令行窗口中输入如下命令。

```
>> close all                          % 关闭当前已打开的文件
>> clear                              % 清除工作区的变量
>> [X,Y] = meshgrid(-8:.5:8);         % 定义网格数据
>> R = sqrt(X.^2 + Y.^2) + eps;       % 定义表达式
>> Z = sin(R)./R;
>> C = ones(33);                      % 定义曲面颜色矩阵
```

```
>> subplot(221),mesh(X,Y,Z),title('曲面')   % 在第一个视图中绘制三维曲面
>> subplot(222),mesh(X,Y,Z,C),title('曲面添加颜色')   % 绘制设置颜色的曲面
>> subplot(223),mesh(X,Y,Z, gradient(Z),'FaceLighting','gouraud','LineWidth',0.3),
title('曲面添加光源与线宽')
% 在第三个视图中绘制曲面,设置曲面光源与曲面线宽,'gouraud'表示利用高洛德着色法改变各个面的颜色
>> subplot(224),h=mesh(Z);title('曲面添加颜色、线宽与边缘颜色');
% 在第四个视图中绘制网格图,并返回曲面对象
>> h.FaceColor='g';          % 设置曲面填充颜色为绿色
>> h.EdgeColor=[.5 0 .5];   % 设置曲面轮廓线颜色
```

运行结果如图 3-6 所示。

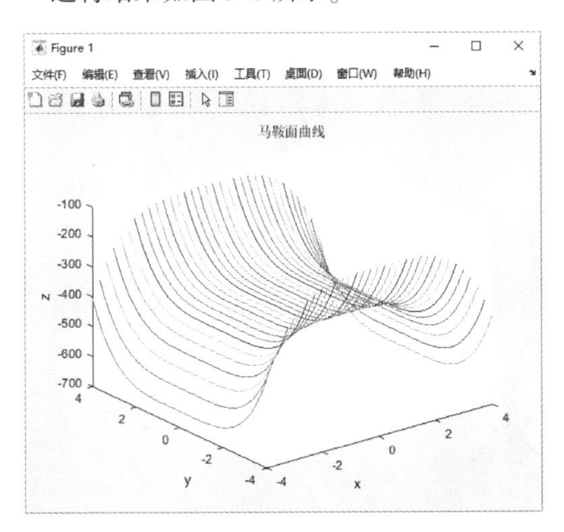

图 3-5　马鞍面曲线

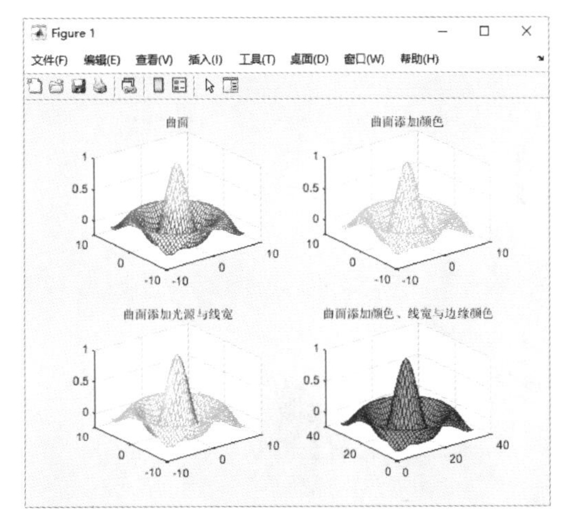

图 3-6　花朵曲面

例 3-7：画出函数曲面的图像。

解：在 MATLAB 命令行窗口中输入如下命令。

```
>> close all                              % 关闭当前已打开的文件
>> clear                                  % 清除工作区的变量
>> t=linspace(0,20*pi,10000);             % 创建[0,20π]中包含 10000 个元素的向量
>> t=reshape(t,100,100);                  % 将向量变换为 100×100 的矩阵
>> x=(3+cos(30*t)).*cos(t);               % 定义以 t 为自变量的函数表达式
>> y=sin(30*t);
>> z=(3+cos(30*t)).*sin(t);
>> mesh(x,y,z)                            % 绘制三维网格曲面图
>> title('曲面')                          % 添加图形标题
>> axis equal                             % 沿每个坐标轴使用相同的数据单位长度
>> xlabel('x'),ylabel('y'),zlabel('z')    % 添加坐标轴标题
```

运行结果如图 3-7 所示。

3. peaks 命令

在 MATLAB 中，提供了一个演示命令 peaks，该命令是从高斯分布转换和缩放得来的包含两个变量的命令，用来产生一个山峰曲面的函数，它的主要使用格式见表 3-6。

表 3-6 peaks 命令的使用格式

调用格式	说明
Z = peaks;	返回一个 49×49 矩阵
Z = peaks(n);	返回一个 $n \times n$ 矩阵
Z = peaks(V);	返回一个 $n \times n$ 矩阵，其中 n = length(V)
Z = peaks(X,Y);	在给定的 ***X*** 和 ***Y***（必须大小相同）处计算 peaks 并返回大小相同的矩阵
peaks(…)	使用 surf 绘制 peaks 函数
[X,Y,Z] = peaks(…);	返回另外两个矩阵 ***X*** 和 ***Y***，用于参数绘图

例 3-8：绘制山峰曲面图形。

解：在 MATLAB 命令行窗口中输入如下命令。

```
>> close all                          % 关闭当前已打开的文件
>> clear                              % 清除工作区的变量
>> subplot(2,2,1)                     % 显示图窗分割后的第一个视图
>> peaks(5);                          % 创建一个由峰值组成的 5×5 矩阵并绘制曲面
z =  3*(1-x).^2.*exp(-(x.^2) - (y+1).^2) ...
   -10*(x/5 - x.^3 - y.^5).*exp(-x.^2-y.^2) ...
   -1/3*exp(-(x+1).^2 - y.^2)         % 曲面对应的包含两个变量的示例函数
>> title('peaks 作图 5')               % 添加图形标题
>> subplot(2,2,2)                     % 显示第二个视图
>> peaks(100);                        % 创建一个由峰值组成的 100×100 矩阵并绘制曲面
z =  3*(1-x).^2.*exp(-(x.^2) - (y+1).^2) ...
   -10*(x/5 - x.^3 - y.^5).*exp(-x.^2-y.^2) ...
   -1/3*exp(-(x+1).^2 - y.^2)         % 曲面对应的包含两个变量的示例函数
>> title('peaks 作图 100')             % 添加图形标题
>> subplot(2,2,3)                     % 显示第二个视图
>> [X,Y,Z] = peaks(100);              % 创建 3 个 100×100 矩阵 X、Y、Z
>> mesh (X,Y,Z)                       % 绘制三维曲面
>> title('mesh 作图')                  % 添加图形标题
>> subplot(2,2,4)                     % 显示第四个视图
>> [X,Y,Z] = peaks(100);              % 创建 3 个 100×100 矩阵 X、Y、Z
>> plot3(X,Y,Z)                       % 绘制三维线图
>> title('plot3 作图')                 % 添加图形标题
```

运行结果如图 3-8 所示。

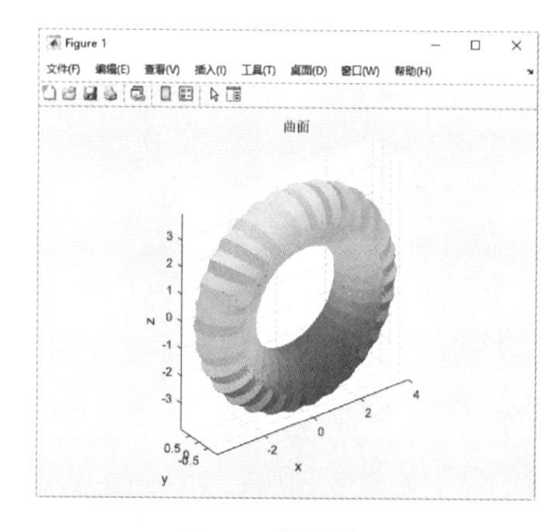

图 3-7 绘制曲面

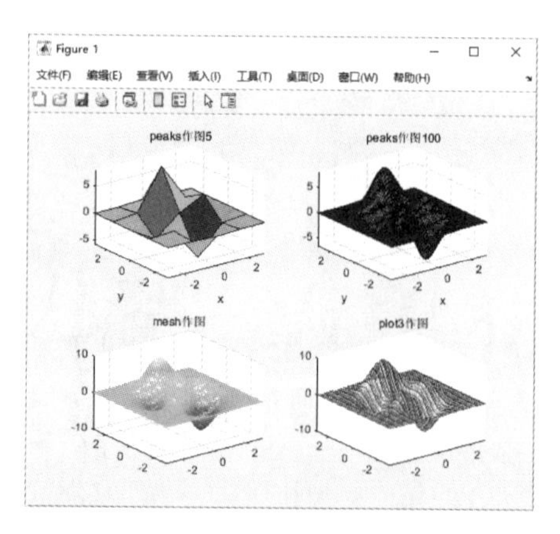

图 3-8 绘制山峰曲面图像

4. fmesh 命令

该命令专门用来绘制符号函数$f(x,y)$（即f是关于x、y的数学函数的字符串表示）的三维网格图，它的使用格式见表 3-7。

表 3-7 fmesh 命令的使用格式

调用格式	说明
fmesh(f)	绘制$f(x,y)$在系统默认区域$x\in[-5,5]$，$y\in[-5,5]$内的三维网格图
fmesh (f,[a,b])	绘制$f(x,y)$在区域$x\in(a,b)$，$y\in(a,b)$内的三维网格图
fmesh (f,[a,b,c,d])	绘制$f(x,y)$在区域$x\in(a,b)$，$y\in(c,d)$内的三维网格图
fmesh (x,y,z)	绘制参数曲面$x=x(s,t)$，$y=y(s,t)$，$z=z(s,t)$在系统默认的区域$s\in[-5,5]$，$t\in[-5,5]$内的三维网格图
fmesh (x,y,z,[a,b])	绘制上述参数曲面在$s\in[a,b]$，$t\in[a,b]$ 内的三维网格图
fmesh (x,y,z,[a,b,c,d])	绘制上述参数曲面在$s\in[a,b]$，$t\in[c,d]$内的三维网格图
fmesh(…,LineSpec)	设置网格的线型、标记符号和颜色
fmesh(…,Name,Value)	使用一个或多个名称-值对组参数指定网格的属性
fmesh(ax,…)	在 ax 指定的坐标区中绘制图形，而不是当前坐标区 gca 中
fs = fmesh(…)	使用 fs 来查询和修改特定曲面的属性

例 3-9：画出下面函数的三维网格表面图：

$$\begin{cases}\operatorname{erf}(x)+\cos(y) & -5<x<0\\ \sin(x)+\cos(y) & 0<x<5\end{cases}，区间为\ -5<y<5。$$

解：在 MATLAB 命令行窗口中输入如下命令。

```
>> close all                                            % 关闭当前已打开的文件
>> clear                                                % 清除工作区的变量
>> fmesh(@(x,y) erf(x)+cos(y),[-5 0 -5 5],'LineWidth',3)  % 绘制网格曲面,线宽为3
>> hold on                                              % 保留当前图窗中的绘图
>> fmesh(@(x,y) sin(x)+cos(y),[0 5 -5 5])               % 绘制分段函数的网格曲面
>> hold off                                             % 关闭保持命令
>> title('带网格线的三维网格表面图')                      % 添加图形标题
```

运行结果如图 3-9 所示。

3.1.3 三维曲面命令

曲面图是指在网格图的基础上，在小网格之间用颜色填充。它的一些特性正好和网格图相反，它的线条是黑色的，线条之间有颜色；而在网格图里，线条之间是黑色的，而线条有颜色。在曲面图里，人们不必考虑像网格图一样隐蔽线条，但要考虑用不同的方法对表面加色彩。

1. surface 命令

在 MATLAB 中 surface 命令用来创建曲面图形对象，获取将每个元素的行和列索引用作x和y坐标、将每个元素的值用作z坐标而创建的矩阵数据，以显示曲面图。它的使用格式非常简单，见表 3-8。

表 3-8 surface 命令的使用格式

调用格式	说明
surface(Z)	绘制由矩阵 Z 指定的曲面
surface(Z,C)	绘制由 Z 指定的曲面并根据 C 中的数据对该曲面着色

（续）

调用格式	说　明
surface(X,Y,Z)	使用 $C=Z$，因此颜色与 XY 平面之上的曲面高度成比例
surface(X,Y,Z,C)	绘制由 X、Y 和 Z 指定的参数曲面，并使用由 C 指定的颜色进行着色
surface(x,y,Z,C)	将前两个矩阵参数替换为向量，且必须具有 length$(x)=n$ 和 length$(y)=m$，其中 $[m,n]$ = size(Z)。曲面的各个面的顶点是三元素向量 $[x(j),y(i),Z(i,j)]$
surface(…,Name,Value)	将 X、Y、Z 和 C 参数后接属性名称/属性值对组来指定其他曲面属性
surface(ax,…)	将在由 ax 指定的坐标区中，而不是在当前坐标区（gca）中创建曲面
h = surface(…)	返回一个基本曲面对象

例 3-10：画出函数 $z=\sin(x)\sin(y)$ 的三维曲面图。

解：在 MATLAB 命令行窗口中输入如下命令。

```
>> close all                            % 关闭当前已打开的文件
>> clear                                % 清除工作区的变量
>> x=linspace(-2*pi,2*pi);              % 创建取值范围为[-2π,2π]的向量
>> y=linspace(0,4*pi);                  % 创建取值范围为[0,4π]的向量
>> [X,Y]=meshgrid(x,y);                 % 生成二维网格数据 X、Y
>> Z=sin(X).*sin(Y);                    % 定义函数表达式
>> subplot(121),surface(X,Y,Z);         % 创建一个基本三维网格曲面对象,曲面的颜色根据 Z 指定
                                          的高度而变化
>> view(-45,45)                         % 更改视图
>> title('三维曲面图')                   % 添加图形标题
>> subplot(122),mesh(X,Y,Z);            % 创建有边颜色、无面颜色的三维网格曲面
>> title('三维网格图')                   % 添加图形标题
```

运行结果如图 3-10 所示。

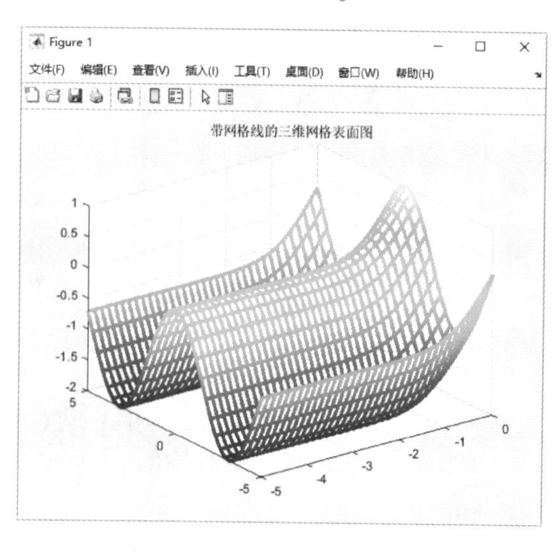

图 3-9　绘制三维网格表面图

图 3-10　绘制三维曲面图

2. surf 命令

在 MATLAB 中，surf 命令用来创建三维曲面，它的使用格式见表 3-9。

表 3-9 surf 命令的使用格式

调用格式	说明
surf(X,Y,Z)	绘制三维曲面图，颜色和曲面的高度相匹配。该命令将矩阵 **Z** 中的值绘制为由 ***X*** 和 ***Y*** 定义的 XY 平面中的网格上方的高度。命令使用 Z 作为颜色数据，因此颜色与高度成比例
surf(X,Y,Z,C)	同 mesh(X,Y,Z)，只不过颜色由 ***C*** 指定
surf(Z)	生成的曲面图满足 $X=1:n$ 与 $Y=1:m$，$[n,m]=\mathrm{size}(Z)$，其中 Z 为定义在矩形区域上的单值函数
surf(Z,C)	创建一个曲面图，将 **Z** 中元素的列索引和行索引用作 x 坐标和 y 坐标，C 指定曲面的颜色
surf（…，Name，Value，…）	对指定的属性 PropertyName 设置属性值 PropertyValue，可以在同一语句中对多个属性进行设置
surf(axes_handles,...)	将图形绘制到带有句柄 axes_ handle 的坐标区中，而不是当前坐标区（gca）中
h = surf(…)	返回图形对象句柄

例 3-11：绘制参数化曲面图：

$$x=r\cos(s)\sin(t)$$
$$y=r\sin(s)\sin t(t)$$
$$z=r\cos(t)$$
$$r=2+\sin(7s+5t)$$

其中 $0<s<2\pi$，$0<t<\pi$。

解：在 MATLAB 命令行窗口中输入如下命令。

```
>> close all                          % 关闭当前已打开的文件
>> clear                              % 清除工作区的变量
>> x=0:0.02*pi:2*pi;                  % 定义两个向量
>> y=0:0.01*pi:pi;
>> [s,t]=meshgrid(x,y);               % 通过向量定义二维网格矩阵 X、Y
>> r=2+sin(7.*s+5.*t);                % 定义参数化函数
>> X=r.*cos(s).*sin(t);
>> Y=r.*sin(s).*sin(t);
>> Z=r.*cos(t);
>> subplot(131),surface(X,Y,Z)        % 在第一个视图中创建一个基本三维曲面图,曲面的颜色
                                        根据 Z 指定的高度而变化
>> title('扭转曲面对象')               % 添加图形标题
>> xlabel('x-axis'),ylabel('y-axis'),zlabel('z-axis')% 添加坐标轴标题
>> subplot(132),surface(X,Y,Z) % 创建基本三维曲面图
>> view(3)                            % 显示三维视图
>> title('surface 扭转曲面')           % 添加图形标题
>> xlabel('x-axis'),ylabel('y-axis'),zlabel('z-axis')% 添加坐标轴标题
>> subplot(133),surf(X,Y,Z)           % 绘制基本三维曲面图
>> title('surf 扭转曲面')              % 添加图形标题
>> xlabel('x-axis'),ylabel('y-axis'),zlabel('z-axis')% 添加坐标轴标题
```

运行结果如图 3-11 所示。

小技巧：

如果读者想查看曲面背后图形的情况，可以在曲面的相应位置打个洞孔，即将数据设置为

NaN，所有的 MATLAB 作图函数都忽略 NaN 的数据点，则会在该点出现的地方留下一个洞孔，见例 3-12。

例 3-12：观察山峰曲面在 $x\in(-0.6,0.5)$，$y\in(0.8,1.2)$时曲面背后的情况。

解：在 MATLAB 命令窗口中输入如下命令。

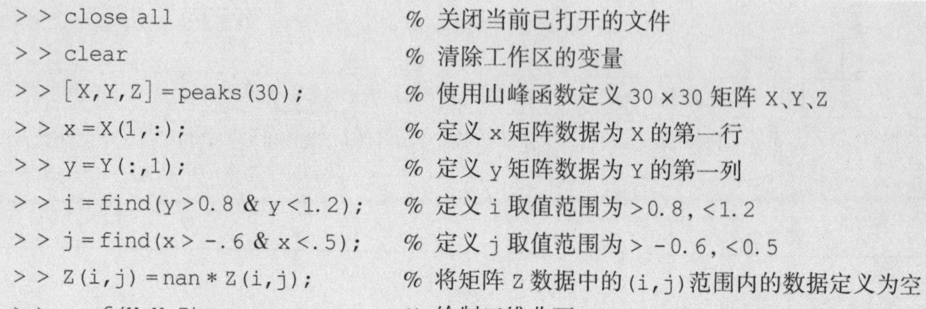

```
>> close all                              % 关闭当前已打开的文件
>> clear                                  % 清除工作区的变量
>> [X,Y,Z]=peaks(30);                     % 使用山峰函数定义 30×30 矩阵 X、Y、Z
>> x=X(1,:);                              % 定义 x 矩阵数据为 X 的第一行
>> y=Y(:,1);                              % 定义 y 矩阵数据为 Y 的第一列
>> i=find(y>0.8 & y<1.2);                 % 定义 i 取值范围为>0.8，<1.2
>> j=find(x>-.6 & x<.5);                  % 定义 j 取值范围为>-0.6，<0.5
>> Z(i,j)=nan*Z(i,j);                     % 将矩阵 Z 数据中的(i,j)范围内的数据定义为空
>> surf(X,Y,Z);                           % 绘制三维曲面
>> title('带洞孔的山峰表面');              % 添加图形标题
>> xlabel('x-axis'),ylabel('y-axis'),zlabel('z-axis')% 添加坐标轴标题
```

运行结果如图 3-12 所示。

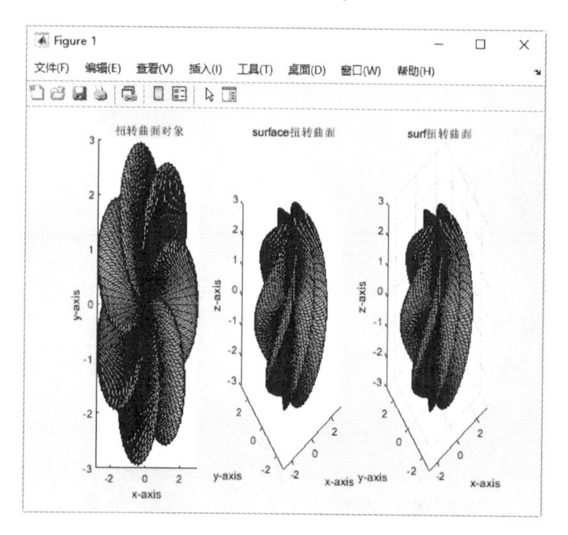

图 3-11 绘制参数化曲面

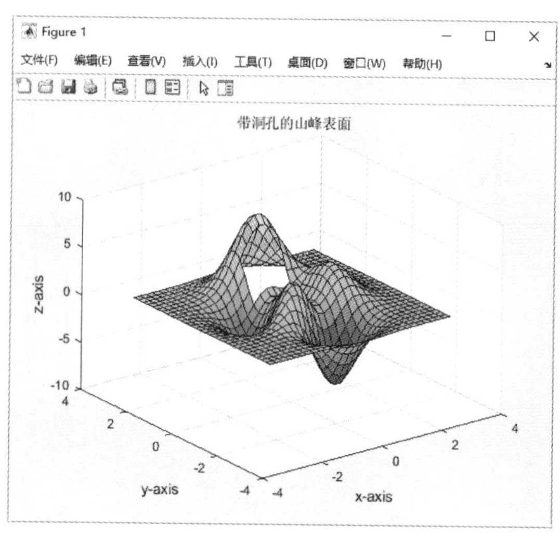

图 3-12 带洞孔的山峰表面图

3. surfnorm 命令

三维曲面法向量的绘制命令是 surfnorm，它的使用格式见表 3-10。

表 3-10 surfnorm 命令的使用格式

调用格式	说明
surfnorm(Z)	使用 surfnorm 绘制矩阵 **Z** 的曲面并将其曲面法向量显示为辐射向量
surfnorm(X,Y,Z)	用向量或矩阵 **X**、**Y** 和矩阵 **Z** 绘制一个曲面及其曲面法向量。**X**、**Y** 和 **Z** 的大小必须相同
surfnorm(axes_handle,…)	将图形绘制到 axes_ handle 而不是 gca 中
surfnorm(…,Name,Value)	设置指定的 Surface 属性的值
[Nx,Ny,Nz]=surfnorm(…)	返回曲面的三维曲面法向量的分量，不绘制曲面或曲面法向量

例 3-13：分别用 plot3、surf、surfnorm 画出 $Z = xe^{-x^2-y^2}$ 函数的曲面图形。

解：在 MATLAB 命令行窗口中输入如下命令。

```
>> close all                          % 关闭当前已打开的文件
>> clear                              % 清除工作区的变量
>> x = -4:0.25:4;                     % 定义 x 和 y 的取值范围和间隔值
>> y = x;
>> [X,Y] = meshgrid(x,y);             % 定义二维网格矩阵 X、Y
>> Z = X.*exp(-X.^2-Y.^2);            % 定义函数表达式
>> subplot(131)                       % 显示图窗分割后的第一个视图
>> plot3(X,Y,Z)                       % 绘制三维曲线
>> title('plot3 作图')                % 添加图形标题
>> subplot(132)                       % 显示图窗分割后的第二个视图
>> surf(X,Y,Z)                        % 绘制三维曲面
>> title('surf 作图')                 % 添加图形标题
>> subplot(133)                       % 显示图窗分割后的第三个视图
>> surfnorm(X,Y,Z)                    % 绘制三维曲面法向量
>> title('surfnorm 作图')             % 添加图形标题
```

运行结果如图 3-13 所示。

4. fsurf 命令

该命令专门用来绘制符号函数 $f(x,y)$（即 f 是关于 x、y 的数学函数的字符串表示）的表面图形，它的使用格式见表 3-11。

表 3-11 fsurf 命令的使用格式

调用格式	说明
fsurf(f)	绘制 $f(x,y)$ 在系统默认区域 $x\in[-5,5]$，$y\in[-5,5]$ 内的三维表面图
fsurf(f,[a,b])	绘制 $f(x,y)$ 在区域 $x\in(a,b)$，$y\in(a,b)$ 内的三维表面图
fsurf(f,[a,b,c,d])	绘制 $f(x,y)$ 在区域 $x\in(a,b)$，$y\in(c,d)$ 内的三维表面图
fsurf (x, y, z)	绘制参数曲面 $x=x(s,t)$, $y=y(s,t)$, $z=z(s,t)$ 在系统默认的区域 $s\in[-5,5]$，$t\in[-5,5]$ 内的三维表面图
fsurf(x,y,z,[a,b])	绘制上述参数曲面在 $x\in(a,b)$，$y\in(a,b)$ 内的三维表面图
fsurf(x,y,z,[a,b,c,c])	绘制上述参数曲面在 $x\in(a,b)$，$y\in(c,d)$ 内的三维表面图
fsurf(…,LineSpec)	设置线型、标记符号和曲面颜色
fsurf(…,Name,Value)	使用一个或多个名称-值对组参数指定曲面属性
fsurf(ax,…)	在 ax 指定的坐标区中绘制图形
fs = fsurf(…)	返回 FunctionSurface 对象或 ParameterizedFunctionSurface 对象 fs，用于查询和修改特定曲面的属性

例 3-14：绘制马鞍面 $z=-x^4+y^4-x^2-y^2-2xy$。

解：在 MATLAB 命令行窗口中输入如下命令。

```
>> close all                                   % 关闭当前已打开的文件
>> clear                                       % 清除工作区的变量
>> fsurf(@(x,y)-x.^4+y.^4-x.^2-y.^2-2.*x.*y)   % 利用符号函数绘制三维曲面
>> title('马鞍面')                             % 添加标题
>> xlabel('x'),ylabel('y'),zlabel('z')         % 添加坐标轴标题
```

运行结果如图 3-14 所示。

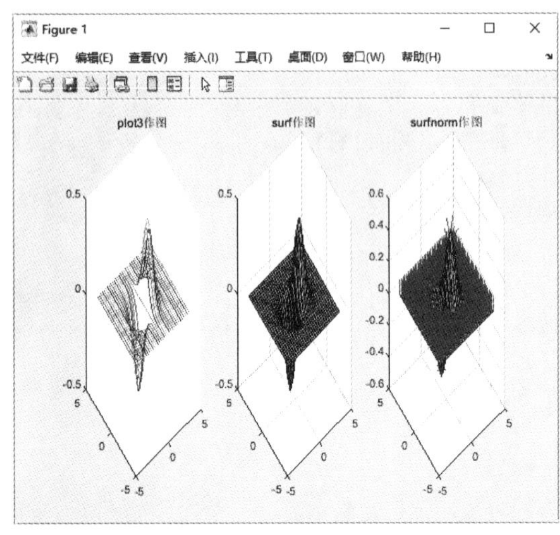

图 3-13 图像比较

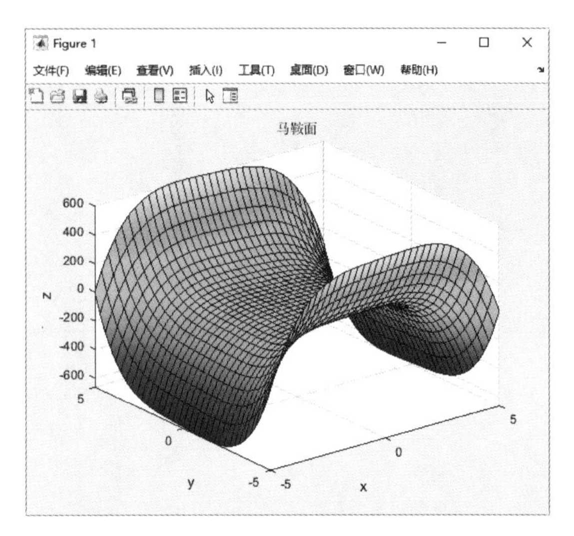

图 3-14 马鞍面

3.1.4 散点图命令

散点图命令 scatter3 生成的是由 *X*、*Y* 和 *Z* 指定的网线面，而不是单根曲线，它的主要使用格式见表 3-12。

表 3-12 scatter3 命令的使用格式

调用格式	说明
scatter3(X,Y,Z)	在 *X*、*Y* 和 *Z* 指定的位置显示圆
scatter3(X,Y,Z,S)	以 *S* 指定的大小绘制每个圆
scatter3(X,Y,Z,S,C)	用 *C* 指定的颜色绘制每个圆
scatter3(…,'filled')	使用前面语法中的任何输入参数组合填充圆圈
scatter3(…,markertype)	markertype 指定标记类型
scatter3(…,Name,Value)	对指定的属性 Name 设置属性值 Value，可以在同一语句中对多个属性进行设置
scatter3(ax,…)	绘制到 ax 指定的轴中
h = scatter3(…)	使用 *h* 修改散点图的属性

例 3-15：绘制三维散点图。

解：MATLAB 程序如下。

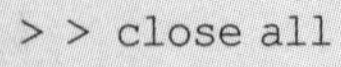

```
>> close all                                  % 关闭当前已打开的文件
>> clear                                      % 清除工作区的变量
>> [X,Y,Z]=peaks(20);                         % 创建 3 个 20×20 的矩阵 X、Y、Z
>> x=[0.5*X(:); 0.75*X(:); X(:)];             % 定义取值点
>> y=[0.5*Y(:); 0.75*Y(:); Y(:)];
>> z=[0.5*Z(:); 0.75*Z(:); Z(:)];
>> scatter3(x,y,z,'*')                        % 以星号绘制取值点
```

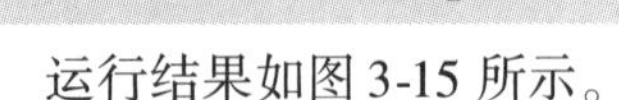

运行结果如图 3-15 所示。

例 3-16：绘制螺旋散点图。

解：MATLAB 程序如下。

```
> > close all                          % 关闭当前已打开的文件
> > clear                              % 清除工作区的变量
> > x =1:0.1:10;                       % 定义 x 的取值范围和间隔值
> > y = sin(x) + cos(x);               % 定义函数表达式 y 和 z
> > z =x;
> > scatter3(x,y,z,'filled')           % 使用填充的圆圈绘制 X,Y 和 Z 指定的点
```

运行结果如图 3-16 所示。

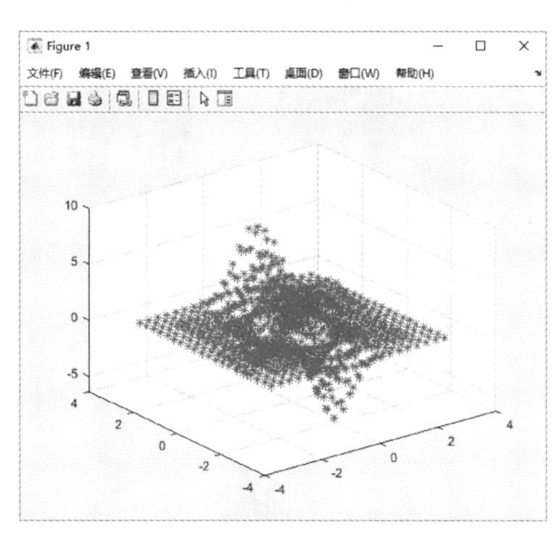

图 3-15 散点图

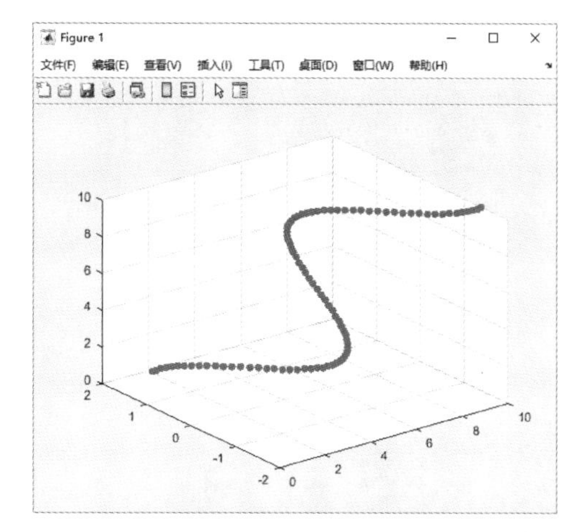

图 3-16 螺旋散点图

3.2 三维特殊图形

常用的三维绘图除了根据函数进行变化的曲面与网格面，MATLAB 还提供了一些特殊图形，包括柱面与球面、统计图形、等值线图形、流场图等。

3.2.1 柱面与球面

在 MATLAB 中，有专门绘制柱面与球面的命令 cylinder 与 sphere，它们的使用格式都非常简单。

1. 绘制柱面

在 MATLAB 中，cylinder 命令专门绘制柱面，它的使用格式见表 3-13。

表 3-13 cylinder 命令的使用格式

调用格式	说明
[X,Y,Z] = cylinder	返回一个半径为 1、高度为 1 的圆柱体的 X 轴、Y 轴、Z 轴的坐标值，圆柱体的圆周有 20 个距离相同的点
[X,Y,Z] = cylinder(r,n)	返回一个半径为 r、高度为 1 的圆柱体的 X 轴、Y 轴、Z 轴的坐标值，圆柱体的圆周有 n 个距离相同点
[X,Y,Z] = cylinder(r)	与[X,Y,Z] = cylinder(r,20)等价
cylinder(axes_handle,...)	将图形绘制到带有句柄 axes_ handle 的坐标区中，而不是当前坐标区（gca）中
cylinder(…)	没有任何的输出参量，直接画出圆柱体

例 3-17：画出一个棱柱柱面。

解：在 MATLAB 命令行窗口中输入如下命令。

```
>> close all          % 关闭当前已打开的文件
>> clear              % 清除工作区的变量
>> cylinder(2,6)      % 绘制一个半径为 2、高度为 1,圆周有 6 个等距点的柱体
```

运行结果如图 3-17 所示。

例 3-18：画出一个半径变化的柱面。

解：在 MATLAB 命令行窗口中输入如下命令。

```
>> close all              % 关闭当前已打开的文件
>> clear                  % 清除工作区的变量
>> t=0:pi/10:2*pi;        % 定义向量 t
>> [X,Y,Z]=cylinder(2+cos(t),30);% 返回以表达式为半径、高度为 1,圆周有 30 个等距点的
                                    圆柱体的坐标值
>> subplot(131),plot3(X,Y,Z)% 在图窗分割后的第一个视图中绘制三维曲线图
>> axis square                  % 使用相同长度的坐标轴线
>> xlabel('x-axis'),ylabel('y-axis'),zlabel('z-axis')  % 添加坐标轴标题
>> subplot(132),mesh(X,Y,Z)                            % 在第二个视图中绘制网格图
>> axis square                                         % 使用相同长度的坐标轴线
>> xlabel('x-axis'),ylabel('y-axis'),zlabel('z-axis')  % 添加坐标轴标题
>> subplot(133),surf(X,Y,Z)                            % 在第三个视图中绘制曲面图
>> axis square                                         % 使用相同长度的坐标轴线
>> xlabel('x-axis'),ylabel('y-axis'),zlabel('z-axis')  % 添加坐标轴标题
```

运行结果如图 3-18 所示。

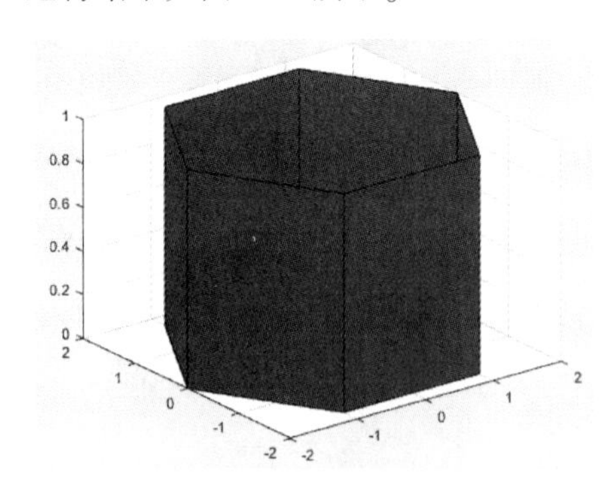

图 3-17　棱柱柱面

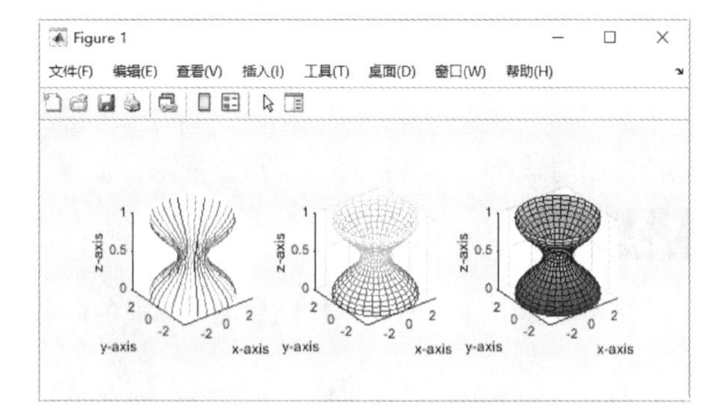

图 3-18　绘制半径变化的柱面

2. 绘制球面

sphere 命令用来生成三维直角坐标系中的球面，它的使用格式见表 3-14。

表 3-14　sphere 命令的使用格式

调用格式	说　明
sphere	绘制单位球面，该单位球面由 20×20 个面组成
sphere(n)	在当前坐标系中画出由 $n \times n$ 个面组成的球面
[X,Y,Z]=sphere(n)	返回三个 $(n+1) \times (n+1)$ 的直角坐标系中的球面坐标矩阵
sphere(ax,...)	在由 ax 指定的坐标区中，而不是在当前坐标区中创建球形

例 3-19：绘制球面。

解：在 MATLAB 命令行窗口中输入如下命令。

```
>> close all                                % 关闭当前已打开的文件
>> clear                                    % 清除工作区的变量
>> [X,Y,Z] = sphere(50);                    % 返回三个 51×51 的直角坐标系中的球面坐标矩阵
>> x = [0.5 * X(:); 0.75 * X(:); X(:)];     % 定义取值点
>> y = [0.5 * Y(:); 0.75 * Y(:); Y(:)];
>> z = [0.5 * Z(:); 0.75 * Z(:); Z(:)];
>> subplot(1,2,1)                           % 显示图窗分割后的第一个视图
>> surf(X,Y,Z)                              % 用曲面图命令绘制球面
>> axis equal                               % 每个坐标轴使用相同的数据单位长度
>> title('曲面球面')                         % 添加图形标题
>> subplot(1,2,2)                           % 显示第二个视图
>> scatter3(x,y,z)                          % 用散点图命令绘制球面
>> title('散点图球面')                       % 添加图形标题
>> axis equal                               % 每个坐标轴使用相同的数据单位长度
```

运行结果如图 3-19 所示。

3.2.2 瀑布图

waterfall 命令可以绘制一个类似于 meshz 函数的网格，但不会从矩阵的列生成行。该命令将产生一个“瀑布”效果。它的使用格式见表 3-15。

表 3-15 waterfall 命令的使用格式

调用格式	说　明
waterfall(Z)	创建一个瀑布图。*Z* 确定颜色，该颜色与曲面高度成比例
waterfall(X,Y,Z)	使用 *X*、*Y* 和 *Z* 中指定的值创建一个瀑布图
waterfall(…,C)	使用确定了范围的颜色值获取当前颜色图中的颜色。颜色映射由 *C* 的范围确定，*C* 大小必须与 *Z* 的大小相同
waterfall(ax,…)	将图形绘制到由 ax 指定的坐标区中，而不是当前坐标区（gca）中
h = waterfall(…)	返回用于绘制图形的补片图形对象

例 3-20：绘制花朵曲面的瀑布图。

解：在 MATLAB 命令窗口中输入如下命令。

```
>> close all                                % 关闭当前已打开的文件
>> clear                                    % 清除工作区的变量
>> [X,Y] = meshgrid(-8:.5:8);               % 定义网格数据
>> R = sqrt(X.^2 + Y.^2) + eps;             % 定义表达式
>> Z = sin(R)./R;                           % 定义函数表达式
>> C = ones(33);                            % 定义曲面颜色矩阵
>> subplot(121), waterfall(X,Y,Z),title('瀑布图')   % 绘制曲面瀑布图
>> subplot(122), waterfall(X,Y,Z,C),title('添加颜色的瀑布图')   % 绘制添加颜色的瀑
布图
```

运行结果如图 3-20 所示。

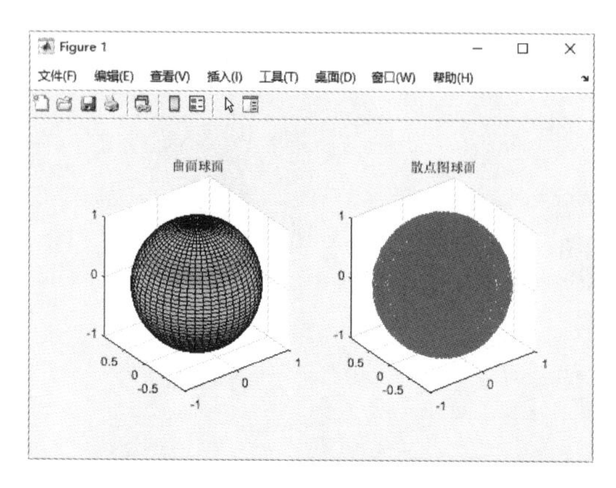

图 3-19 球面图形

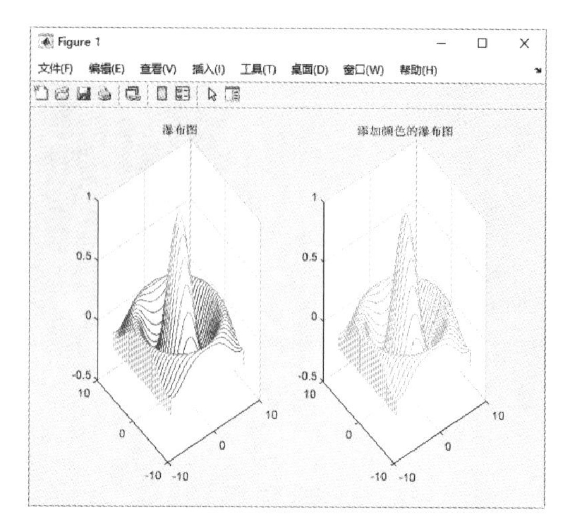

图 3-20 曲面瀑布图

3.2.3 条带图

ribbon 命令用来绘制条带图，它的使用格式见表 3-16。

表 3-16 ribbon 命令的使用格式

调用格式	说明
ribbon(Y)	条带以单位间隔沿 X 轴前进，在刻度线上居中显示，宽度为四分之三单位。条带以线性方式将 X 中的值映射为颜色图中的颜色
ribbon(X,Y)	为 Y 中的数据绘制三维条带，在 X 中指定的位置居中显示
ribbon(X,Y,width)	width 指定条带的宽度，默认值为 0.75。如果 width = 1，则各条带相互接触，沿 Z 轴向下查看时它们紧挨在一起。如果 width > 1，则条带相互重叠并可能相交
ribbon(axes_handle,…)	将图形绘制到带有句柄 axes_ handle 的坐标区中，而不是当前坐标区（gca）中
h = ribbon(…)	为每个条带返回一个句柄

使用 $X=1:size(Y,1)$ 可将 Y 列绘制为宽度均匀的三维条带，可以使用 colormap 命令更改图形中的条带颜色。

例 3-21：利用 $Z=y\sin(x)-x\cos(y)$ 函数绘制曲面的三维条带图。

解：在 MATLAB 命令行窗口中输入如下命令。

```
>> close all                            % 关闭当前已打开的文件
>> clear                                % 清除工作区的变量
>> [X,Y] =meshgrid(-5:.5:5);            % 创建网格数据
>> Z=Y.* sin(X)-X.* cos(Y);             % 定义函数表达式
>> subplot(131),ribbon(Z)               % 在第一个视图中绘制函数的三维条带图
>> title('三维条带图')                  % 添加标题
>> X1=1:size(Z,1);                      % 定义行向量
>> subplot(132),ribbon(X1,Z,2)          % 将 Z 列绘制为宽度均匀的三维条带图,条带宽度为 2
>> title('三维条带图条带宽度为 2')      % 添加标题
```

```
>> subplot(133),ribbon(X1,Z,0.1) % 将 Z 列绘制为宽度均匀的三维条带图,条带宽度为 0.1
>> title('三维条带图条带宽度为 0.1')  % 添加标题
```

运行结果如图 3-21 所示。

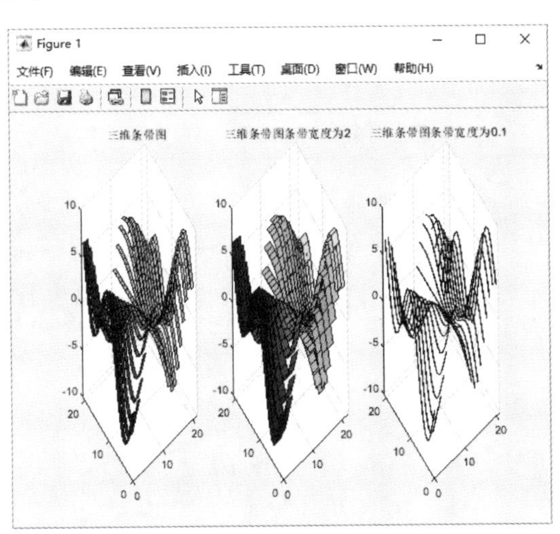

图 3-21 三维条带图

3.3 三维统计图形

MATLAB 还提供了绘制三维统计图形的命令，包括三维条形图、三维面积图、三维饼形图、三维阶梯图、三维火柴杆图等特殊图形。

3.3.1 三维条形图

绘制三维条形图的命令为 bar3（竖直条形图）与 bar3h（水平条形图），两个命令格式类似，bar3 命令的使用格式见表 3-17。

表 3-17 bar3 命令的使用格式

调用格式	说明
bar3(Z)	绘制三维条形图。*Z* 中的每个元素对应一个条形图。如果 **Z** 是向量，*Y* 轴的刻度范围是从 1 至 length（Z）。如果 **Z** 是矩阵，则 *Y* 轴的刻度范围是从 1 到 **Z** 的行数
bar3(Y,Z)	在 *Y* 指定的位置绘制 **Z** 中各元素的条形图，其中 **Y** 是为垂直条形定义 *y* 值的向量。*y* 值可以是非单调的，但不能包含重复值。如果 **Z** 是矩阵，则 **Z** 中位于同一行内的元素将出现在 *Y* 轴上的相同位置
bar3(…,width)	设置条形的相对宽度和控制在一组内条形的间距，默认值为 0.8，所以，如果用户没有指定 width，则同一组内的条形有很小的间距，若设置 width 为 1，则同一组内的条形相互接触
bar3(Y,'style')	指定条形的排列类型，类型有'detached'、“group”和“stack”，其中“group”为默认的显示模式，它们的含义为 'detached'：在 *X* 方向上将 **Z** 中的每一行的元素显示为一个接一个的单独的块 group：若 ***Y*** 为 $n\times m$ 矩阵，则 bar 显示 *n* 组，每组有 *m* 个垂直条形图 stack：将矩阵 ***Y*** 的每一个行向量显示在一个条形中，条形的高度为该行向量中的分量和，其中同一条形中的每个分量用不同的颜色显示出来，从而可以显示每个分量在向量中的分布

（续）

调用格式	说明
bar3(…,Name,Value)	使用一个或多个名称-值对组参数修改条形图
bar3(…,color)	用指定的颜色 color 显示所有的条形，可将 color 指定为下列值之一：'r'、'g'、'b'、'c'、'm'、'y'、'k' 或 'w'
bar3(ax,…)	将图形绘制到 ax 指定的坐标区中，而不是当前坐标区（gca）中
h = bar3(…)	返回一个 patch 图形对象句柄的向量，每一条形对应一个句柄

例 3-22：绘制矩阵不同样式的三维条形图。

解：MATLAB 程序如下。

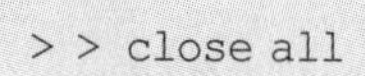

```
>> close all                          % 关闭当前已打开的文件
>> clear                              % 清除工作区的变量
>> Y=[5 6 8;9 4 6];                   % 创建矩阵 Y
>> subplot(2,2,1)                     % 将视图分割为 2 行 2 列四个窗口,显示第一个视图
>> bar3(Y)                            % 绘制三维条形图
>> title('图 1')                      % 添加标题
>> subplot(2,2,2)                     % 显示第一行第二个视图
>> width=0.1;                         % 定义条形图条形宽度
>> bar3(Y,width),title('图 2')        % 绘制指定条形宽度的条形图
>> subplot(2,2,3)                     % 显示第二行第一个视图
>> bar3(Y,'stack');                   % 设置条形的排列类型为'stack',堆叠条形图
>> title('图 3')                      % 添加标题
>> subplot(2,2,4)                     % 显示第二行第二个视图
>> b=bar3h(Y,'r');                    % 绘制水平条形图
>> title('图 4')                      % 添加标题
```

运行结果如图 3-22 所示。

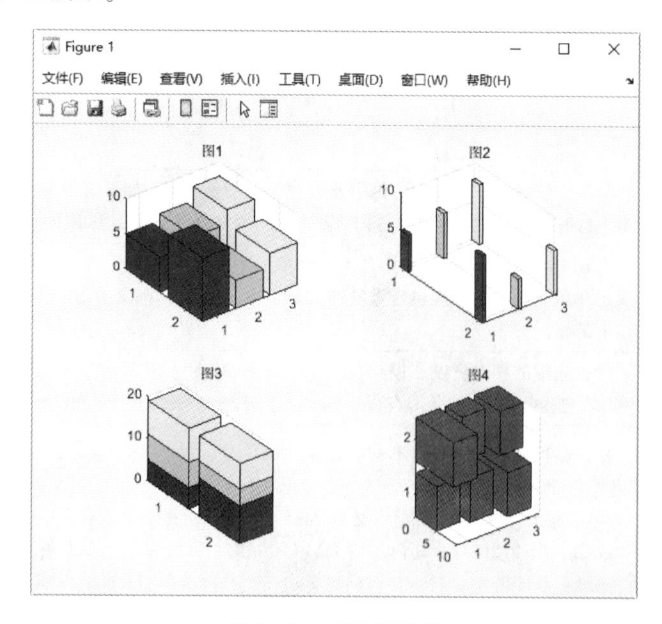

图 3-22 三维条形图

3.3.2 三维饼形图

绘制三维饼形图的命令为 pie3，该命令使用格式见表 3-18。

表 3-18 pie3 命令的使用格式

调用格式	说明
pie3(X)	用 *X* 中的数据绘制三维饼形图
pie3(X,explode)	从饼形图中分离出一部分，explode 为一与 *X* 同维的矩阵，当所有元素为零时，饼形图的各个部分将连在一起组成一个圆，而其中存在非零元素时，*X* 中相对应的元素在饼形图中对应的扇形将向外移出一些来加以突出显示
pie3(axes_handle,…)	将图形绘制到句柄 axes_handle 指定的坐标区中
Pie3(…,labels)	指定扇区的文本标签。标签数必须等于 *X* 中的元素数
h = pie3(…)	返回图形对象句柄向量 ***h***

例 3-23：绘制矩阵的完整饼形图、分离三维饼形图。

解：MATLAB 程序如下。

```
>> close all                          % 关闭当前已打开的文件
>> clear                              % 清除工作区的变量
>> X=[1 2 3 4 6 10];                  % 创建矩阵 X
>> labels={'1','2','3','4','5','6'};  % 输入饼形图每个扇区的文本标签
>> subplot(1,2,1);                    % 将视图分割为 1 行 2 列两个窗口,显示第一个视图
>> pie3(X,labels)                     % 绘制带标签的饼形图
>> title('原始');                     % 添加标题
>> subplot(1,2,2);                    % 显示第二个视图
>> pie3(X,[12 12 6 13 13 13])         % 绘制设置分离间隔的三维饼形图
>> title('分离');                     % 添加标题
```

运行结果如图 3-23 所示。

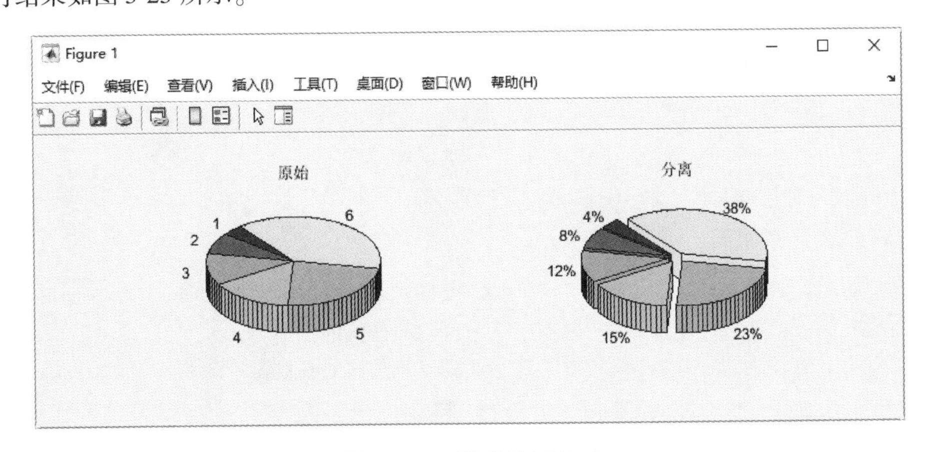

图 3-23 三维饼形图显示

3.3.3 三维火柴杆图

在三维情况下，绘制火柴杆图的命令为 stem3，它的使用格式见表 3-19。

表 3-19 stem3 命令的使用格式

调用格式	说明
stem3(Z)	用火柴杆图显示 Z 中数据与 XY 平面的高度。若 Z 为一行向量，则 x 与 y 将自动生成，stem3 将在与 X 轴平行的方向等距的位置上画出 Z 的元素；若 Z 为列向量，stem3 将在与 Y 轴平行的方向等距的位置上画出 Z 的元素
stem3(X,Y,Z)	在参数 X 与 Y 指定的位置上画出 Z 的元素，其中 X、Y、Z 必须为同型的向量或矩阵
stem3(…,'filled')	指定是否要填充火柴杆图末端的火柴头颜色
stem3(…,LineSpec)	用参数 LineSpec 指定的线型，标记符号和火柴头的颜色画火柴杆图
stem3(…,Name,Value)	使用一个或多个名称-值对组参数修改火柴杆图
stem3(ax,…)	在 ax 指定的坐标区中，而不是当前坐标区（gca）中绘制图形
h = stem3(…)	返回火柴杆图的 line 图形对象句柄

例 3-24：绘制下面函数的火柴杆图：

$$\begin{cases} x = \sin t \\ y = \cos 2t \\ z = t\sin t\cos 2t \end{cases} \quad t \in (-20\pi, 20\pi)。$$

解：MATLAB 程序如下。

```
>> close all                               % 关闭当前已打开的文件
>> clear                                   % 清除工作区的变量
>> t = -20*pi:pi/100:20*pi;                % 创建-20π 到 20π 的向量 t,元素间隔为 π/100
>> x=sin(t);                               % 利用参数符号 t 定义函数表达式 x
>> y=cos(2*t);                             % 利用参数符号 t 定义函数表达式 y
>> z=t.*sin(t).*cos(2*t);                  % 利用参数符号 t 定义函数表达式 z
>> stem3(x,y,z,'fill','m')                 % 绘制三维火柴杆图,填充颜色为品红色
>> title('三维火柴杆图')                     % 添加标题
```

运行结果如图 3-24 所示。

例 3-25：绘制下面函数的火柴杆图。

$$\begin{cases} x = e^{\cos t} \\ y = e^{\sin t} \\ z = e^{-t} \end{cases} \quad t \in (-2\pi, 2\pi)$$

解：MATLAB 程序如下。

```
>> close all                               % 关闭当前已打开的文件
>> clear                                   % 清除工作区的变量
>> t = -2*pi:pi/20:2*pi;                   % 定义取值区间和取值间隔
>> x=exp(cos(t));                          % 定义函数表达式
>> y=exp(sin(t));
>> z=exp(-t);
>> stem3(x,y,z,'fill','r')                 % 绘制三维火柴杆图,填充色为红色
>> title('三维火柴杆图')                     % 添加图形标题
```

运行结果如图 3-25 所示。

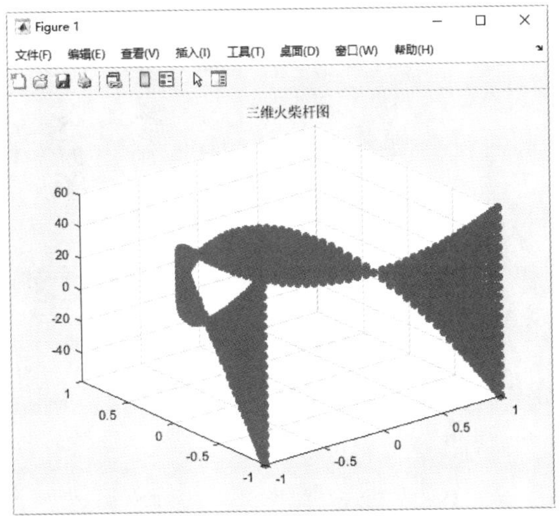

图 3-24 三维火柴杆图（一）

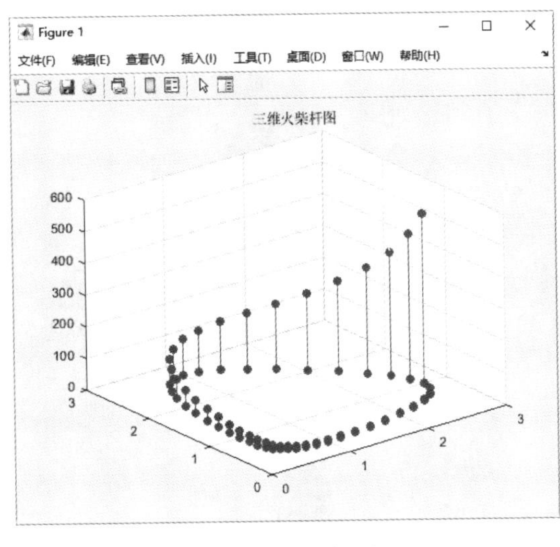

图 3-25 三维火柴杆图（二）

3.3.4 三维箭头图

三维图形箭头图的绘制命令是 quiver3，与二维图形箭头图的绘制命令 quiver 的使用格式十分相似，只是前者比后者多一个坐标参数，quiver 的使用格式见表 3-20。

表 3-20 quiver3 命令的使用格式

调用格式	说明
quiver3(x,y,z,u,v,w)	在确定的点处绘制向量，其方向由分量（u,v,w）确定。矩阵 $\boldsymbol{x}$、$\boldsymbol{y}$、$\boldsymbol{z}$、$\boldsymbol{u}$、$\boldsymbol{v}$ 和 $\boldsymbol{w}$ 必须具有相同大小并包含对应的位置和向量分量
quiver3(z,u,v,w)	在沿曲面 z 的等间距点处绘制向量，其方向由分量（$\boldsymbol{u},\boldsymbol{v},\boldsymbol{w}$）确定
quiver3(…,scale)	自动对向量的长度进行处理，使之不会重叠。可以对 scale 进行取值，若 scale = 2，则向量长度伸长 2 倍，若 scale = 0，则如实画出向量图
quiver3(…,LineSpec)	用 LineSpec 指定的线型、符号、颜色等画向量图
quiver3(…,LineSpec,'filled')	对用 LineSpec 指定的记号进行填充
Quiver3(...,'PropertyName',PropertyValue,...)	为该函数创建的箭头图对象指定属性名称和属性值对组
quiver3(ax,...)	将图形绘制到 ax 坐标区中，而不是当前坐标区（gca）中
h = quiver3(…)	返回每个向量图的句柄

例 3-26：绘制 $z = y\sin x - x\sin y$ 函数的三维曲面法向向量箭头图。

解：在 MATLAB 命令行窗口中输入如下命令。

```
>> close all                              % 关闭当前已打开的文件
>> clear                                  % 清除工作区的变量
>> [X,Y] = meshgrid(-5:.5:5);             % 通过向量定义网格数据 X、Y
>> Z = Y.*sin(X)-X.*cos(Y);               % 定义函数表达式 Z
>> surf(X,Y,Z)                            % 绘制三维曲面图
>> hold on                                % 保留当前图窗中的绘图
>> [u,v,w] = surfnorm(X,Y,Z);             % 定义三维曲面法向量的分量 u,v,w
>> quiver3 (X,Y,Z,u,v,w,'r')              % 绘制法向量箭头图
```

```
>> title('法向向量图')                 % 添加图形标题
>> hold off                           % 关闭保持命令
```

运行结果如图 3-26 所示。

例 3-27：绘制三维箭头图。

解：在 MATLAB 命令行窗口中输入如下命令。

```
>> close all                    % 关闭当前已打开的文件
>> clear                        % 清除工作区的变量
>> load wind                    % 将内存中的数据加载到工作区
>> quiver3(x([4 8],:,:),y([4 8],:,:),z([4 8],:,:),u([4 8],:,:),v([4 8],:,:),w([4
8],:,:),'LineStyle',':','Color','r','LineWidth',3)
                                % 绘制三维箭头图,并设置线型、颜色和线宽
>> title('三维箭头图')           % 添加图形标题
```

运行结果如图 3-27 所示。

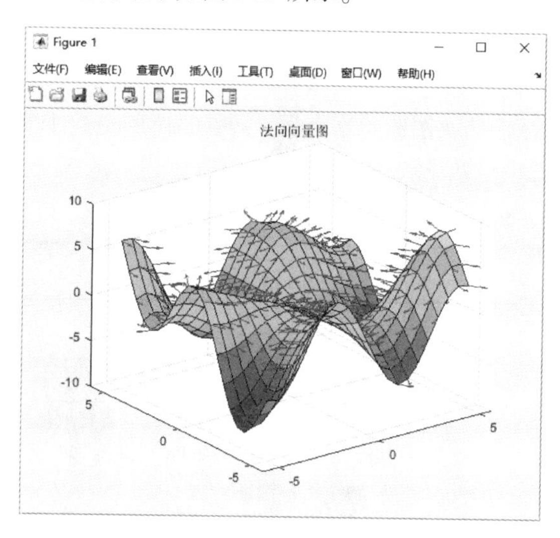

图 3-26　法向向量箭头图

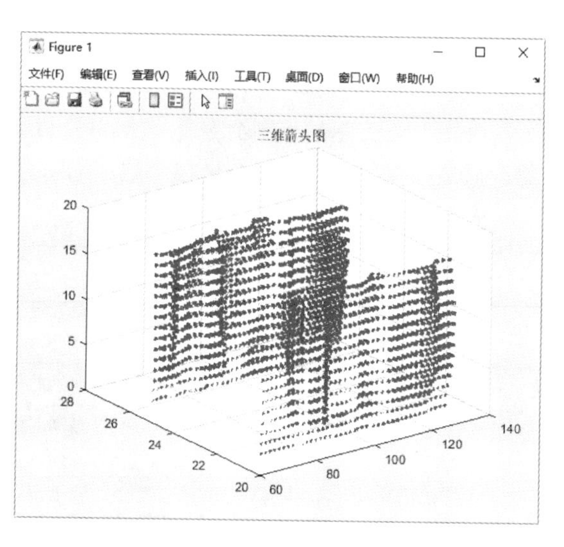

图 3-27　三维箭头图

3.3.5 三维图形等值线

在军事、地理等学科中经常会用到等值线。在 MATLAB 中有许多绘制等值线的命令，本小节主要介绍以下几个。

1. surfc 命令

surfc 命令用来画出有基本等值线的曲面图，它的使用格式见表 3-21。

表 3-21　surfc 命令的使用格式

调用格式	说　明
surfc(Z)	通过矩阵 **Z** 中的 z 分量在三维着色曲面下创建一个等高线图。高度 Z 是通过几何矩形网格定义的单值函数。Z 指定颜色数据和曲面高度，因此颜色与曲面高度成比例
surfc(Z,C)	绘制高度 Z 并使用矩阵 **C**（假定与 **Z** 大小相同）为曲面着色

（续）

调用格式	说　明
surfc(X,Y,Z)	使用 Z 来代表颜色数据和曲面高度。$\boldsymbol{X}$ 和 $\boldsymbol{Y}$ 是用于定义曲面的 x 和 y 分量的向量或矩阵
surfc(X,Y,Z,C)	使用 C 定义颜色
surfc(…,'PropertyName',PropertyValue)	指定曲面属性以及数据
surfc(axes_handles,…)	将图形绘制到带有句柄 axes_handle 的坐标区中，而不是当前坐标区（gca）中
h = surfc(…)	返回曲面图和等高线对象的句柄

例 3-28：分别用 plot3、surf 和 surfc 画出 $Z = xe - x^2 - y^2$ 函数的曲面图形。

解：在 MATLAB 命令行窗口中输入如下命令。

```
>> close all                              % 关闭当前已打开的文件
>> clear                                  % 清除工作区的变量
>> x = -4:0.25:4;                         % 定义 x 和 y 的取值区间和间隔值
>> y=x;
>> [X,Y] =meshgrid(x,y);                  % 定义网格数据
>> Z=X. * exp(-X.^2-Y.^2);                % 定义函数表达式
>> subplot(2,2,1)                         % 显示图窗分割后的第一个视图
>> plot3(X,Y,Z)                           % 绘制三维线图
>> title('plot3 作图')                    % 添加图形标题
>> subplot(2,2,2)                         % 显示第二个视图
>> surf(X,Y,Z)                            % 绘制三维曲面图
>> title('surf 作图')                     % 添加图形标题
>> subplot(2,2,3)                         % 显示第三个视图
>> surfc(X,Y,Z)                           % 绘制三维曲面图及其下方的等高线图
>> title('surfc 作图')                    % 添加图形标题
>> subplot(2,2,4)                         % 显示第四个视图
>> surfc(X,Y,Z,'EdgeAlpha',0.2)           % 绘制带等高线的三维曲面,并设置曲面轮廓的透明度
>> title('surfc 作图')                    % 添加图形标题
```

运行结果如图 3-28 所示。

2. contour3 命令

contour3 是三维绘图中最常用的绘制等值线的命令，该命令可以生成一个定义在矩形格栅上曲面的三维等值线图，它的使用格式见表 3-22。

表 3-22　contour3 命令的使用格式

调用格式	说　明
contour3(Z)	画出三维空间角度观看矩阵 $\boldsymbol{Z}$ 的等值线图，其中 $\boldsymbol{Z}$ 的元素被认为是距离 XY 平面的高度，矩阵 $\boldsymbol{Z}$ 至少为 2 阶。等值线的条数与高度是自动选择的。若 $[m,n]$ = size(Z)，则 X 轴的范围为 $[1,n]$，Y 轴的范围为 $[1,m]$
contour3(X,Y,Z)	用 $\boldsymbol{X}$ 与 $\boldsymbol{Y}$ 定义 X 轴与 Y 轴的范围。若 $\boldsymbol{X}$ 为矩阵，则 $\boldsymbol{X}(1,:)$ 定义 X 轴的范围；若 $\boldsymbol{Y}$ 为矩阵，则 $\boldsymbol{Y}(:,1)$ 定义 Y 轴的范围；若 $\boldsymbol{X}$ 与 $\boldsymbol{Y}$ 同时为矩阵，则它们必须同型；若 $\boldsymbol{X}$ 或 $\boldsymbol{Y}$ 有不规则的间距，contour3 还是使用规则的间距计算等值线，然后将数据转变给 $\boldsymbol{X}$ 或 $\boldsymbol{Y}$

（续）

调用格式	说　　明
contour3(…,n)	画出由矩阵 **Z** 确定的 n 条等值线的三维图
contour3(…,v)	在参量 **v** 指定的高度上画出三维等值线，等值线条数与向量 **v** 的维数相同。若只想画一条高度为 h 的等值线，则输入 contour3(Z,[h,h]) 即可
contour3(…, LineSpec)	用参量 LineSpec 指定的线型与颜色画等值线
contour3(…,Name,Value)	使用名称-值对组参数指定等高线图的属性
contour3(ax,…)	在 ax 指定的目标坐标区中显示等高线图
[M,h] = contour3(…)	画出图形，同时返回与命令 contourc 中相同的等值线矩阵 **m**，包含所有图形对象的句柄向量 **h**

例 3-29：绘制球面的等值线图。

解：在 MATLAB 命令行窗口中输入如下命令。

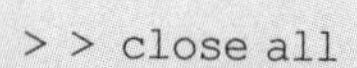

```
>> close all                          % 关闭当前已打开的文件
>> clear                              % 清除工作区的变量
>> [X,Y,Z]=sphere(100);               % 生成包含 100×100 个面的球面,并返回球面的坐标
>> contour3(X,Y,Z)                    % 绘制球面的三维等值线图
>> title('球面等值线图')               % 添加图形标题
```

运行结果如图 3-29 所示。

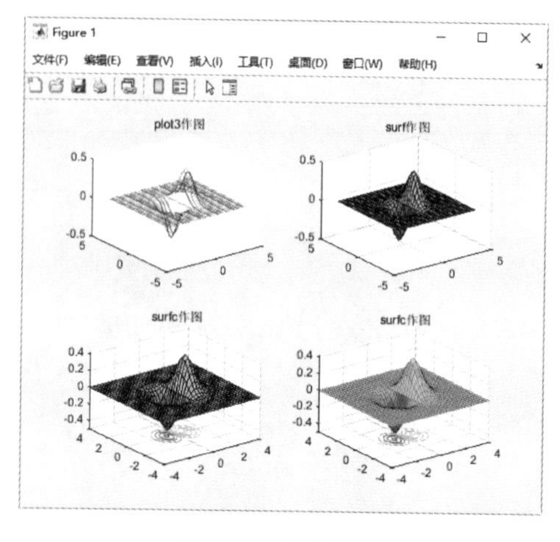

图 3-28　图像比较

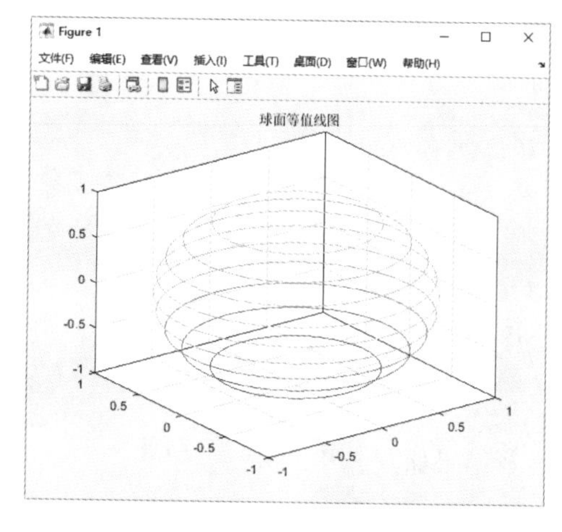

图 3-29　球面等值线

3. contour 命令

contour3 用于绘制二维图时就等价于 contour，后者用来绘制二维等值线，可以看作是一个三维曲面向 XY 平面上的投影，它的使用格式见表 3-23。

表 3-23　contour 命令的使用格式

调用格式	说　　明
contour(Z)	把矩阵 **Z** 中的值作为一个二维函数的值，等值线是一个平面的曲线，平面的高度 v 是 MATLAB 自动选取的
contour(X,Y,Z)	(X,Y) 是平面 $Z=0$ 上点的坐标矩阵，Z 为相应点的高度值矩阵
contour(…,n)	画出 n 条等值线，在 n 个自动选择的层级（高度）上显示等高线

（续）

调用格式	说　明
contour(…,v)	在指定的高度 v 上画出等值线，v 指定为二元素行向量 $[k\ k]$
contour(…,LineSpec)	用参量 LineSpec 指定的线型与颜色画等值线
contour(…,Name,Value)	使用名称-值对组参数指定等高线图的属性
contour(ax,…)	在 ax 指定的目标坐标区中显示等高线图
[C,h] = contour(…)	返回等值矩阵 $\boldsymbol{C}$ 和线句柄或块句柄列向量 $\boldsymbol{h}$，每条线对应一个句柄，句柄中的 userdata 属性包含每条等值线的高度值

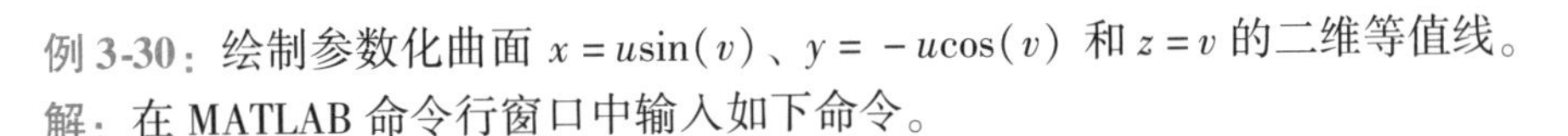

例 3-30：绘制参数化曲面 $x=u\sin(v)$、$y=-u\cos(v)$ 和 $z=v$ 的二维等值线。

解：在 MATLAB 命令行窗口中输入如下命令。

```
>> close all                          % 关闭当前已打开的文件
>> clear                              % 清除工作区的变量
>> [u,v] = meshgrid(-4:0.25:4);       % 通过向量定义网格数据 u、v
>> X = u.* sin(v);                    % 通过网格数据 u、v 定义函数表达式 X
>> Y = -u.* cos(v);                   % 通过网格数据 u、v 定义函数表达式 Y
>> Z = v;                             % 通过网格数据 v 定义函数表达式 Z
>> subplot(1,2,1);                    % 将视图分割为 1 行 2 列两个窗口，显示第一个视图
>> surf(X,Y,Z);                       % 绘制三维曲面
>> title('曲面图像');                  % 添加标题
>> subplot(1,2,2);                    % 显示第二个视图
>> contour(X,Y,Z);                    % 绘制三维曲面的二维等值线图
>> title('二维等值线图')               % 添加标题
```

运行结果如图 3-30 所示。

例 3-31：画出曲面 $z=xe^{\sin y-\cos x}$ 在 $x\in[-2\pi,2\pi]$，$y\in[-2\pi,2\pi]$ 的图像及其在 XY 面的等值线图。

解：在 MATLAB 命令行窗口中输入如下命令。

```
>> close all                          % 关闭当前已打开的文件
>> clear                              % 清除工作区的变量
>> x = linspace(-2*pi,2*pi,100);      % 定义 x 和 y 的取值区间和取值点
>> y = x;
>> [X,Y] = meshgrid(x,y);             % 定义网格数据
>> Z = X.*exp(sin(Y) - cos(X));       % 定义函数表达式
>> subplot(1,3,1);                    % 显示图窗分割后的第一个视图
>> surf(X,Y,Z,'EdgeColor','none');    % 绘制三维曲面图，无轮廓线颜色
>> title('曲面图像');                  % 添加图形标题
>> subplot(1,3,2);                    % 显示第二个视图
>> contour3(X,Y,Z);                   % 绘制曲面的三维等值线
>> title('三维等值线图像');            % 添加图形标题
>> subplot(1,3,3);                    % 显示第三个视图
>> contour(X,Y,Z);                    % 显示曲面的二维等值线
>> title('二维等值线图')               % 添加图形标题
```

运行结果如图 3-31 所示。

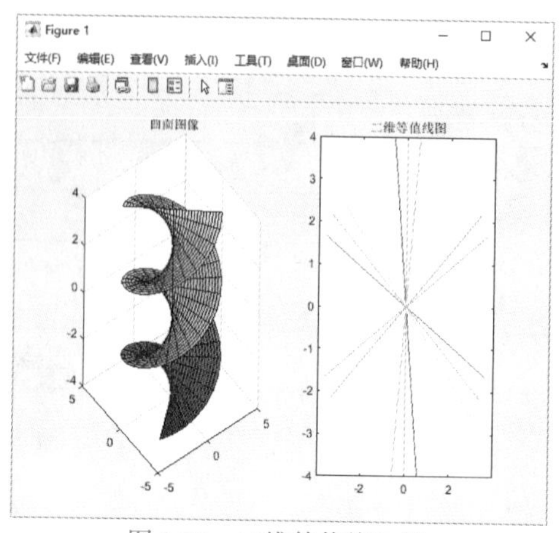

图 3-30 二维等值线比较

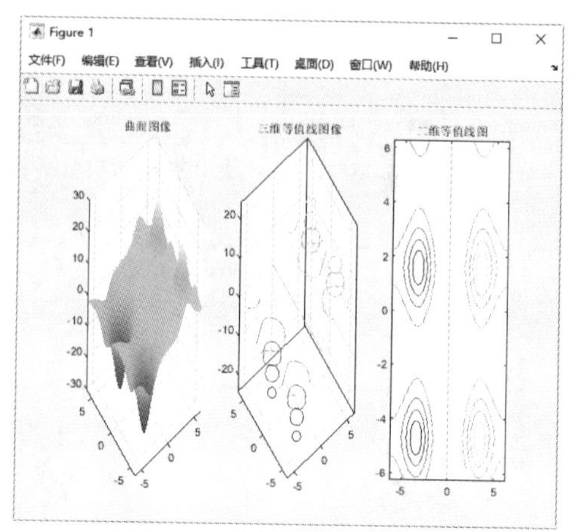

图 3-31 绘制图像及等值线

4. contourf 命令

此命令用来填充二维等值线图，即先画出不同等值线，然后将相邻的等值线之间用同一颜色进行填充，填充用的颜色决定于当前的色图颜色。contourf 命令的使用格式见表 3-24。

表 3-24 contourf 命令的使用格式

调用格式	说明
contourf(Z)	绘制矩阵 **Z** 的等值线图，其中 **Z** 理解成距平面 *XY* 的高度矩阵。**Z** 至少为 2 阶，等值线的条数与高度是自动选择的
contourf(Z,n)	画出矩阵 **Z** 的 *n* 条高度不同的填充等值线
contourf(Z,v)	画出矩阵 **Z** 的由 *v* 指定高度的填充等值线图
contourf(X,Y,Z)	画出矩阵 **Z** 的填充等值线图，其中 **X** 与 **Y** 用于指定 *X* 轴与 *Y* 轴的范围。若 **X** 与 **Y** 为矩阵，则必须与 **Z** 同型；若 **X** 或 **Y** 有不规则的间距，contour3 还是使用规则的间距计算等高线，然后将数据转变给 **X** 或 **Y**
contourf(X,Y,Z,n)	画出矩阵 **Z** 的 *n* 条高度不同的填充等值线，其中 **X**、**Y** 参数同上
contourf(X,Y,Z,v)	画出矩阵 **Z** 的由 *v* 指定高度的填充等值线图，其中 **X**、**Y** 参数同上
contourf(…,LineSpec)	用参量 LineSpec 指定的线型与颜色画等值线
contourf(…,Name,Value)	使用名称-值对组参数指定填充等高线图的属性
contourf(ax,…)	在 ax 指定的目标坐标区中显示填充等高线图
M = contourf(…)	返回等高线矩阵 ***M***，其中包含每个层级的顶点的（*x*，*y*）坐标
[M,C] = contourf(…)	画出图形，同时返回与命令 contourc 中相同的等高线矩阵 ***M***，***M*** 也可被命令 clabel 使用，返回包含 patch 图形对象的句柄向量 ***C***

例 3-32：填充函数的二维等值线图。

解：在 MATLAB 命令行窗口中输入如下命令。

```
>> close all                              % 关闭当前已打开的文件
>> clear                                  % 清除工作区的变量
>> x = linspace(-2*pi,2*pi);              % 定义两个向量,元素个数都为 100
>> y = linspace(0,4*pi);
>> [X,Y] = meshgrid(x,y);                 % 定义网格数据
```

```
>> Z=sin(X)+cos(Y);                % 定义函数表达式
>> contourf(X,Y,Z)                 % 绘制矩阵 Z 的等值线的填充等高线图
>> title('填充二维等值线图')          % 添加标题
```

运行结果如图 3-32 所示。

例 3-33：画出山峰函数的不连续的填充二维等值线图。

解：在 MATLAB 命令行窗口中输入如下命令。

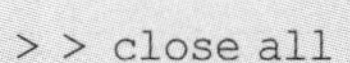

```
>> close all                       % 关闭当前已打开的文件
>> clear                           % 清除工作区的变量
>> Z=peaks;                        % 返回一个 49×49 矩阵
>> Z(20,:)=NaN;                    % 将第 20 行中的所有值替换为 NaN 值
>> Z(:,20)=NaN;                    % 将第 20 列 中的所有值替换为 NaN 值
>> contourf(Z)                     % 绘制矩阵 Z 的等值线的填充等高线图
>> title('不连续二维等值线图')        % 添加图形标题
```

运行结果如图 3-33 所示。

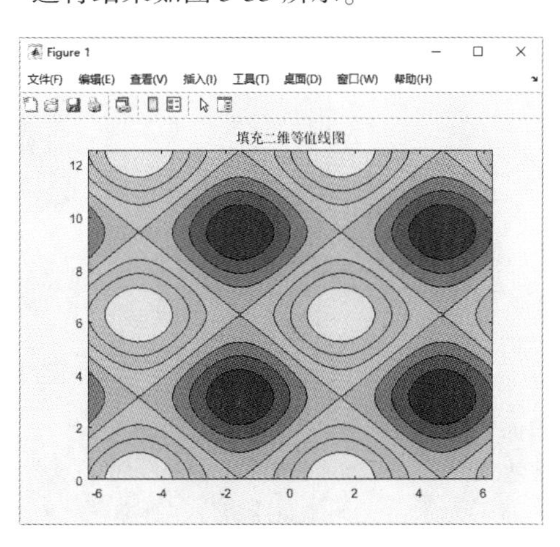

图 3-32　二维等值线图

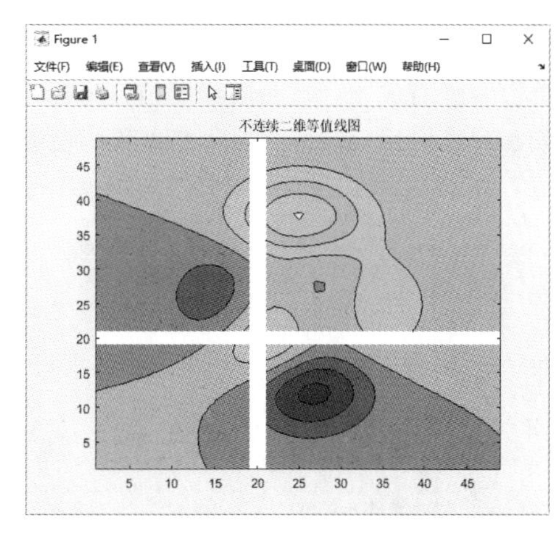

图 3-33　不连续二维等值线图

5. contourc 命令

该命令计算等值线矩阵 **C**，该矩阵可用于命令 contour、contour3 和 contourf 等。矩阵 **Z** 中的数值确定平面上的等值线高度值，等值线的计算结果用由矩阵 Z 维数决定的间隔的宽度。contourc 命令的使用格式见表 3-25。

表 3-25　contourc 命令的使用格式

调用格式	说　明
C = contourc(Z)	从矩阵 **Z** 中计算等值矩阵，其中 **Z** 的维数至少为 2 阶，等值线为矩阵 **Z** 中数值相等的单元，等值线的数目和相应的高度值是自动选择的
C = contourc(Z,n)	在矩阵 **Z** 中计算出 n 个高度的等值线
C = contourc(Z,v)	在矩阵 **Z** 中计算出给定高度向量 v 上的等值线，向量 v 的维数决定了等值线的数目。若只计算一条高度为 a 的等值线，则输入 contourc(Z,[a,a])
C = contourc(X,Y,Z)	在矩阵 **Z** 中，参量 X、Y 确定的坐标轴范围内计算等值线
C = contourc(X,Y,Z,n)	在矩阵 **Z** 中，参量 X、Y 确定的坐标范围内画出 n 条等值线
C = contourc(X,Y,Z,v)	在矩阵 **Z** 中，参量 X、Y 确定的坐标范围内，在 v 指定的高度上画等值线

6. clabel 命令

clabel 命令用于在二维等值线图中添加高度标签，它的使用格式见表 3-26。

表 3-26　clabel 命令的使用格式

调用格式	说　明
clabel(C,h)	把标签旋转到恰当的角度，再插入到等值线中，只有等值线之间有足够的空间时才插入，这取决于等值线的尺度，其中 ***C*** 为等高矩阵
clabel(C,h,v)	在指定的高度 *v* 上显示标签 *h*
clabel(C,h,'manual')	手动设置标签。用户用鼠标左键或空格键在最接近指定的位置上放置标签，用键盘上的〈Enter〉键结束该操作
t = clabel(C,h,'manual')	返回为等高线添加的标签文本对象 *t*
clabel(C)	在用命令 contour 生成的等高矩阵 ***C*** 的位置上添加标签。此时标签的放置位置是随机的
clabel(C,v)	在给定的位置 *v* 上显示标签
clabel(C,'manual')	允许用户通过鼠标来给等高线贴标签
tl = clabel(…)	返回创建的文本和线条对象
clabel(…,Name,Value)	使用一个或多个 Name、Value 对组参数修改标签外观

对表 3-26 中的使用格式，需要说明的一点是，若命令中有 h，则会对标签进行恰当的旋转，否则标签会竖直放置，且在恰当的位置显示一个“+”号。

例 3-34：画出函数的二维等值线图并标注。

解：在 MATLAB 命令行窗口中输入如下命令。

```
>> close all                      % 关闭当前已打开的文件
>> clear                          % 清除工作区的变量
>> x=linspace(-2*pi,2*pi);        % 定义 x 和 y 的取值范围和取值点,元素个数为 100
>> y=linspace(0,4*pi);
>> [X,Y]=meshgrid(x,y);           % 定义网格数据
>> Z=sin(X)+cos(Y);               % 定义函数表达式
>> [C,h]=contour(X,Y,Z);          % 绘制矩阵的等高线图,并返回等高线矩阵和等高线对象
>> clabel(C,h);                   % 自动旋转文本,将高程标签插入每条等值线
>> title('标注二维等值线图')        % 添加图形标题
```

运行结果如图 3-34 所示。

7. fcontour 命令

该命令专门用来绘制符号函数 $f(x,y)$（即 f 是关于 x、y 的数学函数的字符串表示）在默认区间 [-5,5] 的等值线图，它的使用格式见表 3-27。

表 3-27　fcontour 命令的使用格式

调用格式	说　明
fcontour (f)	绘制 f 在系统默认的区域 $x\in(-5,5)$，$y\in(-5,5)$ 上的等值线图
fcontour (f,[a,b])	绘制 f 在区域 $x\in(a,b)$，$y\in(a,b)$ 上的等值线图
fcontour (f,[a,b,c,d])	绘制 f 在区域 $x\in(a,b)$，$y\in(c,d)$ 上的等值线图
fcontour(…,LineSpec)	设置等高线的线型和颜色
fcontour(…,Name,Value)	使用一个或多个名称-值对组参数指定线条属性
fcontour(ax,…)	在 ax 指定的坐标区中绘制等值线图
fc = fcontour (…)	返回 FunctionContour 对象 fc，使用 fc 查询和修改特定 FunctionContour 对象的属性

例 3-35：画出下面函数的等值线图：

$$Z = xe - x^2 - y^2, f(x,y) = \frac{\sin(x^2 + y^2)}{x^2 + y^2} \quad -\pi < x, y < \pi。$$

解：在 MATLAB 命令行窗口中输入如下命令。

```
>> close all                       % 关闭当前已打开的文件
>> clear                           % 清除工作区的变量
>> syms x y                        % 定义符号变量 x 和 y
>> f = x. * exp( - x. ^2-y. ^2);   % 定义函数表达式 f
>> fcontour(f,[ - pi,pi],'LineWidth',3,'LineStyle',':')  % 在指定区间绘制函数 f 的等值
                                                          线,线宽为 3,线形为点线
>> title('符号函数等值线图')        % 添加标题
```

运行结果如图 3-35 所示。

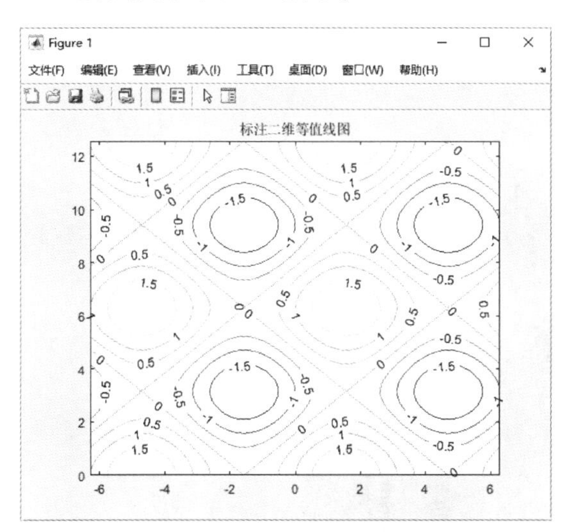

图 3-34　二维等值线图及其标注

图 3-35　绘制函数等值线图

例 3-36：绘制马鞍面函数 $f = z = -x^4 + y^4 - x^2 - y^2 - 2xy$ 的等值线图。

解：在 MATLAB 命令行窗口中输入如下命令。

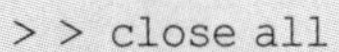

```
>> close all                       % 关闭当前已打开的文件
>> clear                           % 清除工作区的变量
>> syms x y                        % 定义符号变量 x 和 y
>> f = - x. ^4 + y. ^4-x. ^2-y. ^2-2 * x* y; % 定义函数表达式 f
>> fcontour(f,[ - pi,pi],'LineColor','r','LineStyle','-. ')  % 在指定区间绘制函数 f 的
                                                              等值线,颜色为红色,线型
                                                              为点画线
>> title('符号函数等值线图')        % 添加标题
```

运行结果如图 3-36 所示。

8. fsurf 命令

该命令除了可以绘制符号函数的表面图形外，还可以绘制函数 $f(x,y)$ 带等值线的三维表面图，其中函数 f 是一个以字符串形式给出的二元函数。

例 3-37：在区域 $x \in [-\pi,\pi]$，$y \in [-\pi,\pi]$ 上绘制 $f(x,y)=x^2+y^2$ 函数的带等值线的三维表面图。

解：在 MATLAB 命令行窗口中输入如下命令。

```
>> close all                          % 关闭当前已打开的文件
>> clear                              % 清除工作区的变量
>> syms x y                           % 定义符号变量 x 和 y
>> f = x^2 + y^2;                     % 定义以符号变量 x、y 为自变量的二元函数表达式 f
>> subplot(1,2,1);                    % 将视图分割为 1×2 的 2 个窗口,在第 1 个图窗中绘图
>> fsurf(f,[-pi,pi]);                 % 在 x、y 定义的区域内绘制函数 f 的三维曲面图
>> title('三维曲面不显示等值线');     % 为图形添加标题
>> subplot(1,2,2);                    % 激活第 2 个图窗
>> fsurf(f,[-pi,pi],'ShowContours','on'); % 在 x、y 定义的区域内绘制函数的三维曲面图,
                                          并显示曲面图下的等值线
>> title('三维曲面显示等值线')        % 为图形添加标题
```

运行结果如图 3-37 所示。

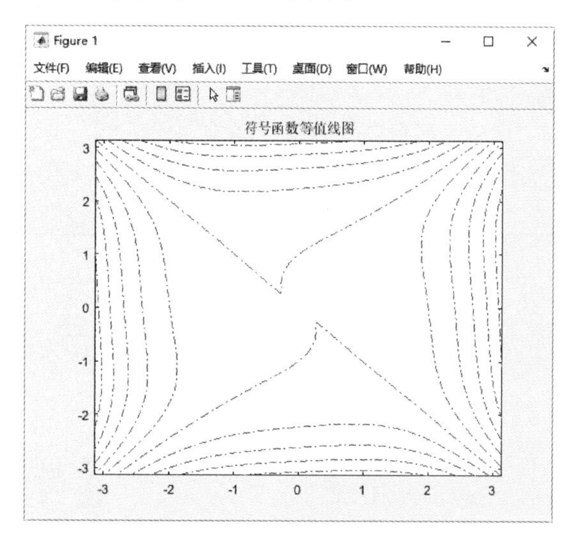

图 3-36　马鞍面等值线图

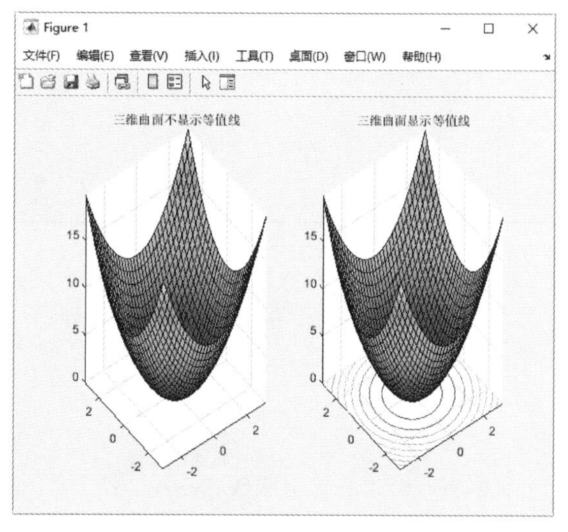

图 3-37　带等值线的三维表面图（一）

例 3-38：在区域 $x \in [-\pi,\pi]$，$y \in [-\pi,\pi]$ 上绘制 $f(x,y)=-e^{\sin(x+y)}$ 函数的带等值线的三维表面图。

解：在 MATLAB 命令行窗口中输入如下命令。

```
>> close all                          % 关闭当前已打开的文件
>> clear                              % 清除工作区的变量
>> syms x y                           % 定义符号变量 x 和 y
>> f = -exp(sin(x + y));              % 定义函数表达式 f
>> fsurf(f,[-pi,pi],'ShowContours','on'); % 绘制函数的三维曲面图,并显示曲面图下的等
                                          值线
>> title('带等值线的表面图');         % 添加图形标题
```

运行结果如图 3-38 所示。

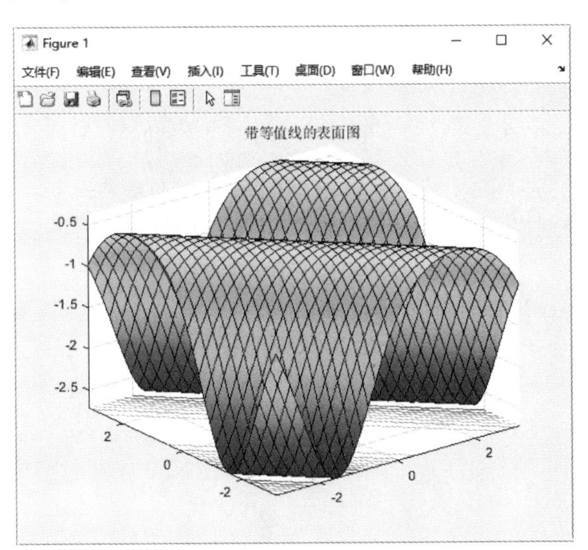

图 3-38 带等值线的三维表面图（二）

第 4 章　图形处理与动画演示

MATLAB 可以进行一些简单的图形处理与动画制作，本章将为读者介绍这些方面的基本操作。图形处理包括图形的网格处理、视角处理、颜色处理与光照处理。图形的动画制作包括动画帧与动画线条。

4.1　三维图形修饰处理

本节主要介绍常用的三维图形修饰处理命令，在第 2 章里已经介绍了二维图形修饰处理命令，这些命令在三维图形里同样适用。本节介绍在三维图形里特有的图形修饰处理命令。

4.1.1 坐标轴处理

坐标轴数据纵横比是沿 X 轴、Y 轴和 Z 轴的数据单位的相对长度。在 MATLAB 中，用 daspect 命令对坐标轴纵横比进行设置，它的使用格式见表 4-1。

表 4-1　daspect 命令的使用格式

调用格式	说　明
daspect(ratio)	设置当前坐标区的数据纵横比。指定 ***ratio*** 为一个由正值组成的三元素向量，这些正值表示沿每个轴的数据单位的相对长度
d = daspect	返回当前坐标区的数据纵横比
daspect auto	设置自动模式，允许坐标区选择数据纵横比。模式必须为自动，才能启用坐标区的伸展填充功能
daspect manual	设置手动模式，并使用 Axes 对象的 DataAspectRatio 属性中存储的纵横比。当模式为手动时，系统会禁用坐标区的伸展填充功能。指定数据纵横比的值会将模式设置为手动
m = daspect('mode')	返回当前模式，即'auto'或'manual'。默认情况下，模式为自动，除非用户指定数据纵横比或将模式设置为手动
… = daspect(ax,…)	使用 ax 指定的坐标区，而不是使用当前坐标区

例 4-1：设置坐标轴纵横比绘制 $z=\sin(x)\sin(y)$ 的三维曲面图。

解：在 MATLAB 命令行窗口中输入如下命令。

```
>> close all                          % 关闭当前已打开的文件
>> clear                              % 清除工作区的变量
>> x=linspace(-2*pi,2*pi);            % 创建取值范围为[-2π,2π]的向量
>> y=linspace(0,4*pi);                % 创建取值范围为[0,4π]的向量
>> [X,Y]=meshgrid(x,y);               % 定义二维网格坐标
>> Z=sin(X).*sin(Y);                  % 定义函数表达式
>> h1=subplot(121);mesh(X,Y,Z);daspect(h1,[1 1 1])   % 绘制网格曲面图,坐标轴在所有
方向上采用相同的数据单位长度
```

```
>> title('三维曲面图 1:1:1')                    % 添加标题
>> h2 = subplot(122);mesh(X,Y,Z);daspect(h2,[1 2 3])   % 绘制网格曲面图,坐标轴沿 x 轴从 0 到 1 的长度等于沿 y 轴从 0 到 2 的长度和沿 z 轴从 0 到 3 的长度。
>> title('三维曲面图 1:2:3')                    % 添加标题
```

运行结果如图 4-1 所示。

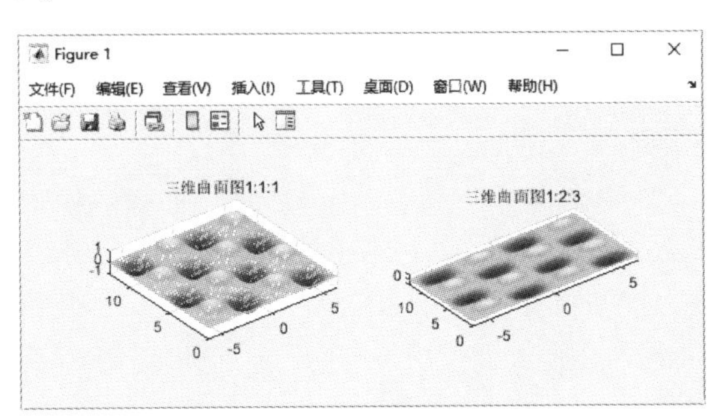

图 4-1 设置坐标轴纵横比

4.1.2 网格处理

对于一个三维网格图，有时用户不想显示背后的网格，这时可以利用 hidden 命令来实现这种要求。它的使用格式非常简单，见表 4-2。

表 4-2 hidden 命令的使用格式

调用格式	说明
hidden on	将网格设为不透明状态
hidden off	将网格设为透明状态
hidden（ax，…）	修改由 ax 指定的坐标区而不是当前坐标区上的曲面对象
hidden	在 on 与 off 之间切换

例 4-2：在 MATLAB 中，提供了一个演示函数 peaks，它是用来产生一个山峰曲面的函数，利用它画两个图，一个不显示其背后的网格，一个显示其背后的网格。

解：在 MATLAB 命令行窗口中输入如下命令。

```
>> close all                     % 关闭已打开的所有文件
>> clear                         % 清空工作区的变量
>> t = -4:0.1:4;                 % 定义取值范围和取值点
>> [X,Y] =meshgrid(t);           % 基于向量 t 中包含的坐标返回方形网格坐标
>> Z =peaks(X,Y);                % 在给定的网格坐标处计算函数值,并返回与 X、Y 大小相同的矩阵
>> subplot(1,2,1)                % 将视图分割为 1 行 2 列两个窗口,显示第一个视图
>> mesh(X,Y,Z),hidden on         % 创建网格曲面图,并消除网格图中的隐线,此时网格后面的线条会
                                 被网格前面的线条遮住
>> title('不显示网格')            % 添加标题
>> subplot(1,2,2)                % 显示第二个视窗
>> mesh(X,Y,Z),hidden off        % 创建网格曲面图,并禁用网格图中的隐线,此时可看见网格后面的
                                 线条
>> title('显示网格')              % 添加标题
```

运行结果如图 4-2 所示。

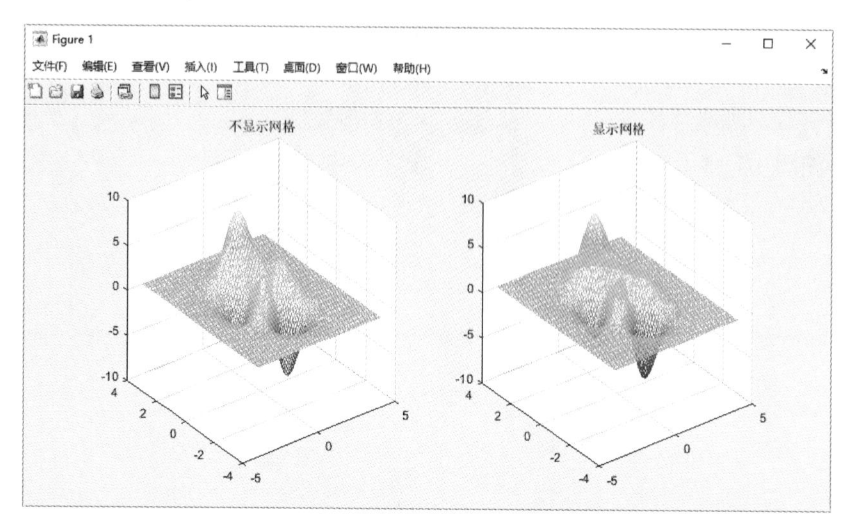

图 4-2 控制网格显示图像

4.1.3 视角处理

在现实空间中，从不同角度或位置观察某一事物会有不同的效果，即会有“横看成岭侧成峰”的感觉。三维图形表现的正是一个空间内的图形，因此在不同视角及位置就会有不同的效果，这在工程实际中也是经常遇到的。MATLAB 提供的 view 命令能够很好地满足这种需要。view 命令用来控制三维图形的观察点和视角，它的使用格式见表 4-3。

表 4-3 view 命令的使用格式

调用格式	说明
view(az,el)	给三维空间图形设置观察点的方位角 *az* 与仰角 *el*
view(v)	根据二元素或三元素数组 *v* 设置视角。二元素数组的值分别是方位角和仰角；三元素数组的值是从图框中心点到照相机位置所形成向量的 *x*、*y* 和 *z* 坐标
view (dim)	对二维（dim 为 2）或三维（dim 为 3）绘图使用默认视线
view(ax,…)	指定目标坐标区的视角
[az,el] = view(…)	返回当前的方位角 *az* 与仰角 *el*

对于命令 view 需要说明的是，方位角 *az* 与仰角 *el* 为两个旋转角度。做一通过视点并和 *Z* 轴平行的平面，与 *XY* 平面有一交线，该交线与 *Y* 轴的反方向的、按逆时针方向（从 *Z* 轴的方向观察）计算的夹角，就是观察点的方位角 az；若角度为负值，则按顺时针方向计算。在通过视点与 *Z* 轴的平面上，用一直线连接视点与坐标原点，该直线与 *XY* 平面的夹角就是观察点的仰角 *el*；若仰角为负值，则观察点转移到曲面下面。

例 4-3：在同一窗口中绘制曲面的不同视角图。

解：在 MATLAB 命令行窗口中输入如下命令。

```
>> close all                          % 关闭已打开的所有文件
>> clear                              % 清空工作区的变量
>> t = linspace(0,20*pi,10000);       % 定义向量 t,元素个数为 10000
```

```
>> t=reshape(t,100,100);% 将向量 t 变形为 100×100 的方阵
>> x=(3+cos(30*t)).*cos(t);% 定义函数表达式
>> y=sin(30*t);
>> z=(3+cos(30*t)).*sin(t);
>> subplot(1,2,1)% 显示图窗分割后的第一个视图
>> surf(x,y,z,'FaceAlpha',0.5,'EdgeColor','none')    % 绘制三维曲面,面的透明度为 0.5,
                                                        无轮廓颜色
>> title('曲面')% 添加标题
>> axis equal % 每个坐标轴使用相同的数据单位长度
>> xlabel('x'),ylabel('y'),zlabel('z')% 添加坐标轴标题
>> subplot(1,2,2)% 显示第二个视图
>> surf(x,y,z,'FaceAlpha',0.5,'EdgeColor','none'),view(10,-60)
% 绘制三维曲面,面的透明度为 0.5,无轮廓颜色,旋转图形,方位角为 10°,仰角为 -60°
>> title('旋转图')% 添加标题
```

运行结果如图 4-3 所示。

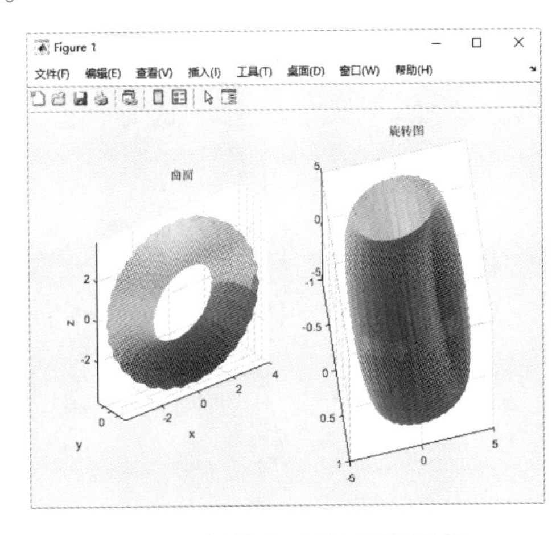

图 4-3 螺旋曲面的不同视角图

4.1.4 颜色处理

在二维绘图中介绍了 colormap 命令的主要用法，本小节针对三维图形介绍几个处理颜色的命令。

1. 颜色图明暗控制命令

MATLAB 中，控制颜色图明暗的命令是 brighten，它的使用格式见表 4-4。

表 4-4 brighten 命令的使用格式

调用格式	说明
brighten(beta)	增强或减小颜色图的色彩强度，若 0<beta<1，则增强颜色图强度；若 -1<beta<0，则减小颜色图强度
brighten(map,beta)	增强或减小指定为 map 的颜色图的色彩强度
newmap = brighten(…)	返回一个比当前颜色图增强或减弱的新的颜色图
brighten(f,beta)	变换为图窗 *f* 指定的颜色图的强度。其他图形对象（如坐标区、坐标区标签和刻度）的颜色也会受到影响

例 4-4：控制函数 $Z=\mathrm{erf}((y+2)^3)-\mathrm{e}^{-0.65[(x-2)^2+(y-2)^2]}$ 得出图形的颜色图明暗。

解：在 MATLAB 命令行窗口中输入如下命令。

```
>> close all                                          % 关闭已打开的所有文件
>> clear                                              % 清空工作区的变量
>> [X,Y]=meshgrid(-5:0.5:5);                          % 定义网格数据
>> Z=erf((Y+2).^3)-exp[-0.65*((X-2).^2+(Y-2).^2)];% 定义函数表达式
>> figure;                                            % 新建一个图窗
>> surf(X,Y,Z);                                       % 绘制三维曲面图
>> title('三维视图');                                  % 添加标题
>> figure,surf(X,Y,Z),brighten(.8);                   % 新建图窗,绘制曲面,增强颜色图强度
>> title('加亮视图');                                  % 添加标题
>> ax=figure;surf(X,Y,Z),                             % 新建图窗,绘制曲面
>> newmap=brighten(summer,-.7);                       % 减小颜色图强度
>> colormap(ax,newmap);                               % 在图窗中应用指定的颜色图
>> title('加深视图');                                  % 添加标题
```

运行结果如图 4-4 所示。

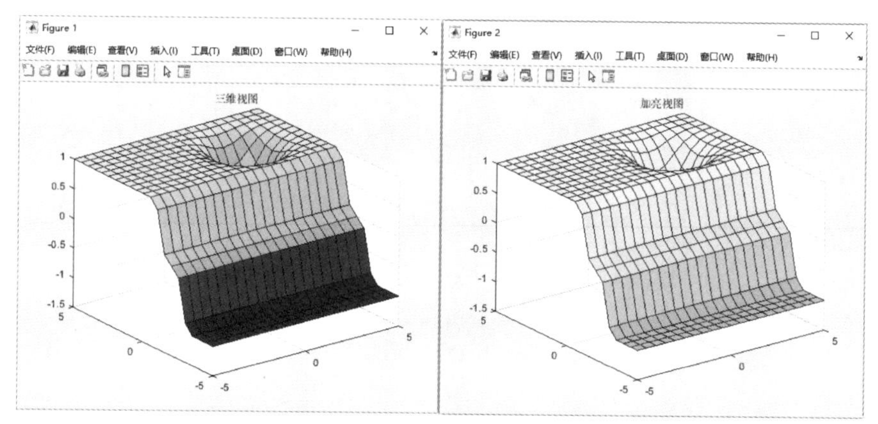

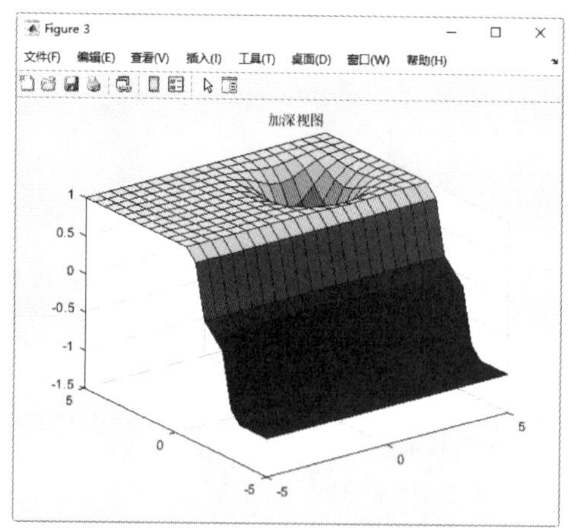

图 4-4 颜色明暗控制图

2. 色轴刻度

caxis 命令控制着对应颜色图的数据值的映射图。它通过将被变址的颜色数据（CData）与颜

色数据映射（CDataMapping）设置为 scaled，影响着任何的表面、块、图像；该命令还改变坐标轴图形对象的属性 Clim 与 ClimMode。caxis 命令的使用格式见表 4-5。

表 4-5　caxis 命令的使用格式

调用格式	说　明
caxis([cmin cmax])	将颜色的刻度范围设置为［cmin,cmax］。数据中小于 cmin 或大于 cmax 的，将分别映射于 cmin 与 cmax；处于 cmin 与 cmax 之间的数据将线性地映射于当前颜色图
caxi('auto')	让系统自动地计算数据的最大值与最小值对应的颜色范围，这是系统的默认状态。数据中的 Inf 对应于最大颜色值；-Inf 对应于最小颜色值；带颜色值设置为 NaN 的面或边界将不显示
caxis('manual')	冻结当前颜色坐标轴的刻度范围。这样，当 hold 设置为 on 时，可使后面的图形命令使用相同的颜色范围
caxis(target,…)	为特定坐标区或图设置颜色图范围
v = caxis	返回一包含当前正在使用的颜色范围的二维向量 $\boldsymbol{v}$ =［cmin cmax］

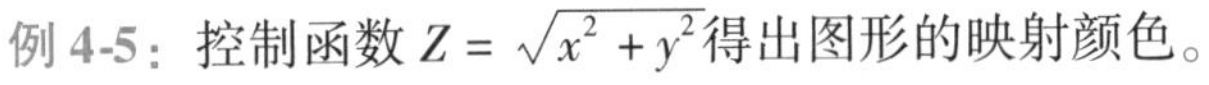

例 4-5：控制函数 $Z=\sqrt{x^2+y^2}$ 得出图形的映射颜色。

解：在 MATLAB 命令行窗口中输入如下命令。

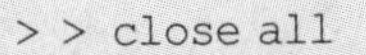

```
>> close all                    % 关闭已打开的所有文件
>> clear                        % 清空工作区的变量
>> syms x y                     % 定义符号变量
>> Z = sqrt(x.^2 + y.^2);       % 定义符号表达式
>> fsurf(Z);                    % 绘制符号曲面
>> caxis('manual')              % 冻结当前颜色坐标轴的刻度范围
>> title('三维视图');            % 添加标题
```

运行结果如图 4-5 所示。

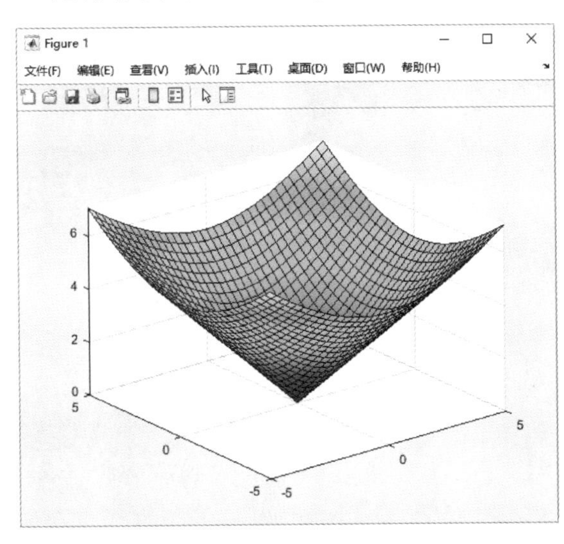

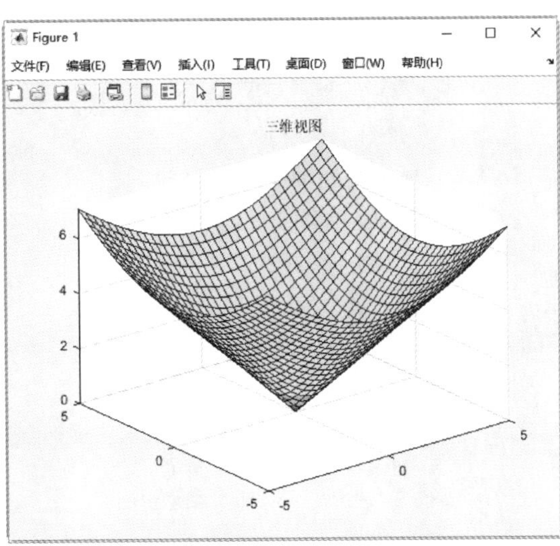

图 4-5　图形映射颜色控制图

3. 颜色渲染设置

shading 命令用来控制曲面与补片等的图形对象的颜色渲染，同时设置当前坐标轴中的所有曲面与补片图形对象的属性 EdgeColor 与 FaceColor。shading 命令的使用格式见表 4-6。

表 4-6 shading 命令的使用格式

调用格式	说　明
shading flat	使网格图上的每一线段与每一小面有一相同颜色，该颜色由线段末端的颜色确定
shading faceted	用重叠的黑色网格线来达到渲染效果。这是默认的渲染模式
shadinginterp	在每一线段与曲面上显示不同的颜色，该颜色为通过在每一线段两边或为不同小曲面之间的颜色图的索引或真颜色进行内插值得到的颜色
shading(axes_handle,…)	将着色类型应用于 axes_handle 指定的坐标区。使用函数形式时，可以使用单引号

例 4-6：针对下面的函数比较上面不同渲染模式得到的图形。

$$z=\sin\sqrt{x^2+y^2}\quad -7.5\leqslant x,y\leqslant 7.5$$

解：在 MATLAB 命令行窗口中输入如下命令。

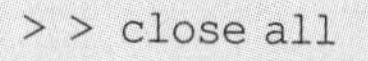

```
>> close all                              % 关闭已打开的所有文件
>> clear                                  % 清空工作区的变量
>> [X,Y]=meshgrid(-7.5:0.5:7.5);          % 基于指定的向量返回二维网格坐标
>> Z=sin(sqrt(X.^2+Y.^2));                % 输入函数表达式
>> subplot(2,2,1);                        % 显示图窗分割后的第一个视图
>> surf(X,Y,Z);                           % 绘制曲面,使用默认的着色模式
>> title('三维视图');                      % 添加标题
>> subplot(2,2,2),surf(X,Y,Z),shading flat;   % 在第二个视图中绘制三维曲面图,每个网
                                              格线段和面具有恒定颜色
>> title('shading flat');                 % 添加标题
>> subplot(2,2,3),surf(X,Y,Z),shading faceted;   % 在第三个视图中绘制三维曲面图,网格
                                                 线使用单一、叠加的黑色,是默认的着
                                                 色模式
>> title('shading faceted');              % 添加标题
>> subplot(2,2,4),surf(X,Y,Z),shadinginterp;   % 在第四个视图中绘制三维曲面图,通过插
                                               值改变线条或面的颜色
>> title('shadinginterp')                 % 添加标题
```

运行结果如图 4-6 所示。

例 4-7：画出曲面的颜色渲染控制图。

解：在 MATLAB 命令行窗口中输入如下命令。

```
>> close all                                     % 关闭已打开的所有文件
>> clear                                         % 清空工作区的变量
>> t=linspace(-2*pi,2*pi,100);                   % 创建 1×100 的向量 t
>> t=reshape(t,10,10);                           % 将向量变维为 10×10 的矩阵
>> X=(3+cos(30*t)).*cos(t);                      % 定义参数化曲面的表达式
>> Y=sin(30*t);
>> Z=(3+cos(30*t)).*sin(t);
>> subplot(131),surf(X,Y,Z),shading flat;        % 颜色渲染图形
>> title('shading flat');                        % 添加标题
>> subplot(132),surf(X,Y,Z),shading faceted;     % 黑色网格渲染图形
>> title('shading faceted');                     % 添加标题
>> subplot(133),surf(X,Y,Z),shadinginterp;       % 插值颜色渲染图形
>> title('shadinginterp')                        % 添加标题
```

运行结果如图 4-7 所示。

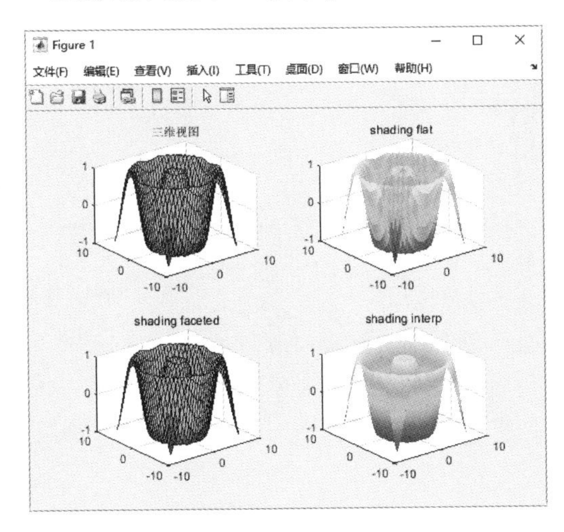

图 4-6　颜色渲染控制图

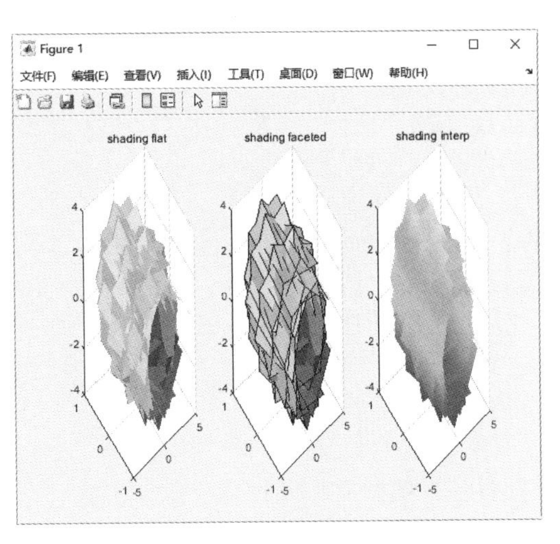

图 4-7　螺旋曲面颜色渲染控制图

4.1.5 光照处理

在 MATLAB 中绘制三维图形时，不仅可以画出带光照模式的曲面，还能在绘图时指定光线的来源。

1. 带光照模式的三维曲面

surfl 命令可用来画一个带光照模式的三维曲面图。该命令显示一个带阴影的曲面，结合了周围的、散射的和镜面反射的光照模式。如想获得较平滑的颜色过渡，则需要使用有线性强度变化的颜色图（如 gray、copper、bone、pink 等）。surfl 命令的使用格式见表 4-7。

表 4-7　surfl 命令的使用格式

调用格式	说　明
surfl(Z)	以向量 **Z** 的元素生成一个三维的带阴影的曲面，其中阴影模式中的默认光源方位为从当前视角开始，逆时针转 45°
surfl(X,Y,Z)	以矩阵 ***X***、***Y***、***Z*** 生成的一个三维的带阴影的曲面，其中阴影模式中的默认光源方位为从当前视角开始，逆时针转 45°
surfl(…,'light')	用一个 MATLAB 光照对象（light object）生成一个带颜色、带光照的曲面，这与用默认光照模式产生的效果不同
surfl(…,s)	指定光源与曲面之间的方位 s，其中 $\boldsymbol{s}$ 为一个二维向量［azimuth,elevation］，或者三维向量［sx sy sz］，默认光源方位为从当前视角开始，逆时针转 45°
surfl(X,Y,Z,s,k)	指定反射常系数 k，其中 k 为一个定义环境光（ambient light）系数（$0 \leqslant k_a \leqslant 1$）、漫反射（diffuse reflection）系数（$0 \leqslant k_b \leqslant 1$）、镜面反射（specular reflection）系数（$0 \leqslant k_s \leqslant 1$）与镜面反射亮度（以相素为单位）等的四维向量［ka，kd，ks，shine］，默认值为 $\boldsymbol{k}$ =［0.55 0.6 0.4 10］
surfl(ax,…)	将图形绘制到 ax 指定的坐标区中，而不是当前坐标区中
h = surfl(…)	返回一个曲面图形句柄向量 $\boldsymbol{h}$

对于命令 surfl 的使用格式需要说明的一点是，参数 X、Y、Z 确定的点定义了参数曲面的“里面”和“外面”，若用户想让曲面的“里面”有光照模式，只要使用 surfl(X′,Y′,Z′) 即可。

例 4-8：绘出函数 $Z = \sin(x) + \cos(y)$ 在有光照情况下的三维图形。

解：在 MATLAB 命令行窗口中输入如下命令。

```
>> close all                              % 关闭已打开的所有文件
>> clear                                  % 清空工作区的变量
>> [X,Y]=meshgrid(-5:0.25:5);             % 定义网格数据
>> Z=sin(X)+cos(Y);                       % 定义函数表达式
>> subplot(1,2,1)                         % 显示图窗分割后的第一个视图
>> surfl(X,Y,Z)                           % 绘制带光照模式的三维曲面图
>> axis equal                             % 每个坐标轴使用相同的数据单位长度
>> title('外面有光照')                     % 添加标题
>> subplot(1,2,2)                         % 显示第二个视图
>> surfl(X',Y',Z')                        % 绘制带光照模式的三维曲面图
>> axis equal                             % 每个坐标轴使用相同的数据单位长度
>> title('里面有光照')                     % 添加标题
```

运行结果如图 4-8 所示。

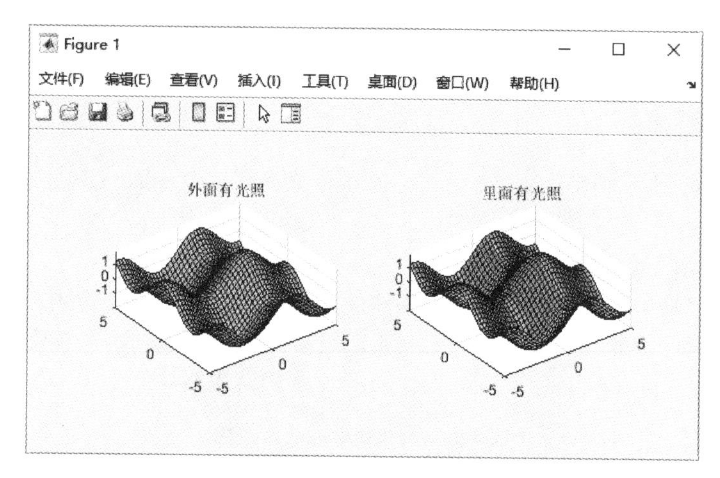

图 4-8 光照控制图比较

2. 光源位置及照明模式

在绘制带光照的三维图像时，可以利用 light 命令与 lightangle 命令来确定光源位置。

（1）light 命令

light 命令用于创建光源对象，它的使用格式见表 4-8。

表 4-8 light 命令的使用格式

调用格式	说明
light('PropertyName',propertyvalue,…)	属性参数值中包括'color'、'style'、'Visible'与'position'，位置可以互换，s1、s2、s3 为相应的可选值。例如，light（'position'，[1 0 0]）表示光源从无穷远处沿 X 轴向原点照射过来
light(ax,…)	将在由 ax 指定的坐标区中而不是在当前坐标区（gca）中创建光源对象
handle = light(…)	返回创建的 Light 对象

（2）lighting 命令

在确定了光源位置后，用户可能还会用到一些照明模式，可以利用 lighting 命令来实现。它主要有四种使用格式，即有四种照明模式，见表 4-9。

表 4-9 lighting 命令的使用格式

调用格式	说明
lighting flat	在对象的每个面上产生均匀分布的光照，可查看分面着色对象
lightinggouraud	计算顶点法向量并在各个面中线性插值，可查看曲面
lighting none	关闭光源
lighting(ax,…)	使用 ax 指定的坐标区，而不是当前坐标区

例 4-9：在同一窗口中绘制下面函数添加不同光源的效果图。

$$x = e^{-|u|/10}\sin(5|v|)$$
$$y = e^{-|u|/10}\cos(5|v|)$$
$$z = u$$

解：在 MATLAB 命令行窗口中输入如下命令。

```
>> close all                               % 关闭已打开的所有文件
>> clear                                   % 清空工作区的变量
>> [u,v] =meshgrid(-5:0.25:5);             % 定义网格坐标
>> x=exp(-abs(u)/10).*sin(5*abs(v));       % 定义函数表达式
>> y=exp(-abs(u)/10).*cos(5*abs(v));
>> z=u;
>> colormap(jet)                           % 设置当前图窗的颜色图
>> subplot(1,3,1);                         % 显示图窗分割后的第一个视图
>> surf(x,y,z),shadinginterp               % 绘制曲面图,每个网格线段和面的颜色通过插值改变
>> light('position',[2,-2,2],'style','local')   % 在坐标[2,-2,2]处创建光源对象
>> lightinggouraud  % 使用高洛德着色法,在各个面中线性插值,为网格表面生成连续的明暗变化
>> axis off                                % 关闭坐标系
>> subplot(1,3,2)                          % 显示第二个视图
>> surf(x,y,z,-z),shading flat             % 使用与 z 相反的颜色图绘制三维曲面图,网格线段和面具
                                             有恒定颜色
>> light,lighting flat                     % 在当前坐标区中创建一个光源,在补片和曲面图对象的每
                                             个面上产生均匀分布的光照
>> light('position',[-1-1-2],'color','y')  % 在指定位置创建黄色光源
>> light('position',[-1,0.5,1],'style','local','color','w')  % 在指定位置创建白色光
                                                                源
>> axis off                                % 关闭坐标系
>> load clown                              % 加载小丑图片
>> C=flipud(X);                            % 上下翻转 X,并将已翻转的图像定义为曲面的颜色数据
>> subplot(1,3,3);                         % 显示第三个视图
>> surface(x,y,z,C,...
   'FaceColor','texturemap',...
   'EdgeColor','none',...
   'CDataMapping','direct')                % 创建一个基本三维曲面图,并沿该曲面图显示图像,无轮廓
                                             色,使用颜色数据作为颜色图的直接索引
```

```
>> axis off              % 关闭坐标系
>> colormap(map)         % 设置当前图窗的颜色图
>> view(3)               % 在三维视图中显示绘图
```

运行结果如图 4-9 所示。

3. 球面坐标系光照

lightangle 命令用于在球面坐标系中创建或定位光源对象，它的使用格式见表 4-10。

表 4-10　lightangle 命令的使用格式

调用格式	说　明
lightangle(az,el)	在由方位角 *az* 和仰角 *el* 确定的位置放置光源
lightangle(ax,az,el)	在 ax 指定的坐标区而不是当前坐标区上创建光源
light_handle = lightangle(az,el)	创建一个光源位置并在 light_handle 里返回 light 的句柄
lightangle(light_handle,az,el)	设置由 light_handle 确定的光源位置
[az,el] = lightangle(light_handle)	返回由 light_handle 确定的光源位置的方位角和仰角

例 4-10：绘出球面坐标系下的三维图形光照。

解：在 MATLAB 命令行窗口中输入如下命令。

```
>> close all                          % 关闭已打开的所有文件
>> clear                              % 清空工作区的变量
>> [x,y,z]=sphere(40);                % 创建 40×40 的球面,并返回球面坐标
>> colormap(jet)                      % 设置当前图窗的颜色图为 jet
>> subplot(1,2,1);                    % 显示第一个视图
>> surf(x,y,z),title('无光照');        % 绘制三维曲面图,添加标题
>> axis  equal                        % 沿每个坐标轴使用相同的数据单位长度
>> subplot(1,2,2)                     % 显示第二个视图
>> surf(x,y,z,z)                      % 绘制三维曲面图,曲面的颜色数据为 z
>> lightangle(30,90),title('球面坐标中创建光源');  % 在球面坐标中方位角为 30°,仰角为
                                                  90°的位置创建光源对象
>> axis  equal                        % 沿每个坐标轴使用相同的数据单位长度
```

运行结果如图 4-10 所示。

图 4-9　曲面图比较

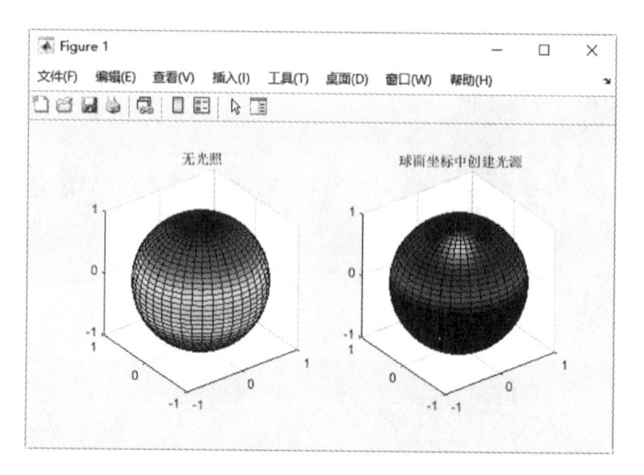

图 4-10　球面坐标系下的光照图

4. 照相机坐标系光照

在 MATLAB 中，camlight 命令用于在照相机坐标系中创建或移动光源对象，它的使用格式见表 4-11。

表 4-11 camlight 命令的使用格式

调用格式	说　明
camlight('headlight')	在照相机位置创建光源
camlight('right') 或 camlight	在照相机右上方创建光源
camlight('left')	在照相机左上方创建光源
camlight(az,el)	在指定方位角（*az*）和仰角（*el*）（相对于照相机位置）处创建光源。照相机目标是旋转中心，*az* 和 *el* 以度为单位
camlight(…,'style')	'style'定义样式参数，包括两种：local（默认值），光源是从该位置向所有方向发射的点源；infinite，光源发射平行光束
camlight(lgt,…)	使用 lgt 指定的光源
camlight(ax,…)	使用 ax 指定的坐标区，而不是使用当前坐标区
lgt = camlight(…)	返回光源对象

例 4-11：绘制参数化曲面图。

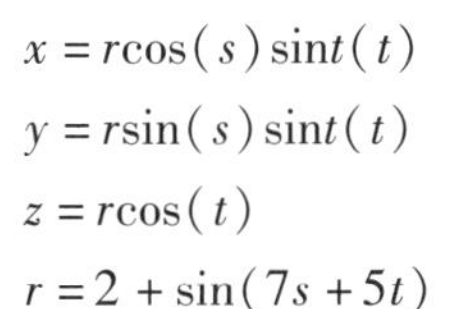

$$x = r\cos(s)\sin t(t)$$
$$y = r\sin(s)\sin t(t)$$
$$z = r\cos(t)$$
$$r = 2 + \sin(7s + 5t)$$

其中 $0 < s < 2\pi$，$0 < t < \pi$。

解：在 MATLAB 命令行窗口中输入如下命令。

```
>> close all                                %关闭已打开的所有文件
>> clear                                    %清空工作区的变量
>> x=0:0.02*pi:2*pi;                        %定义参数的取值范围和间隔值
>> y=0:0.01*pi:pi;
>> [s,t]=meshgrid(x,y);                     %定义二维网格坐标
>> r=2+sin(7.*s+5.*t);                      %定义函数表达式
>> X=r.*cos(s).*sin(t);
>> Y=r.*sin(s).*sin(t);
>> Z=r.*cos(t);
>> subplot(131),surf(X,Y,Z),shading flat    %绘制三维曲面图,每个网格线段和面具有恒定
                                              颜色
>> title('无光源')                           %添加标题
>> xlabel('x-axis'),ylabel('y-axis'),zlabel('z-axis')    %添加坐标轴标题
>> subplot(132),surf(X,Y,Z),shading flat    %创建曲面,渲染图形
>> camlight('headlight','infinite')         %在照相机位置创建光源,光源为平行光束
>> title('在照相机坐标系下创建光源')          %添加标题
>> xlabel('x-axis'),ylabel('y-axis'),zlabel('z-axis')    %添加坐标轴标题
>> subplot(133),surf(X,Y,Z),shading flat    %创建曲面,渲染图形
```

```
>> lightangle(0,90)                % 在球面坐标系下创建光源
>> title('球面坐标系下创建光源')   % 添加标题
>> xlabel('x-axis'),ylabel('y-axis'),zlabel('z-axis')   % 添加坐标轴标题
```

运行结果如图 4-11 所示。

例 4-12：绘出球面坐标系下的三维图形光照。

解：在 MATLAB 命令行窗口中输入如下命令。

```
>> close all                       % 关闭打开的文件
>> [x,y,z]=sphere(40);             % 创建 40×40 的球面,并返回球面坐标
>> colormap(jet)                   % 设置当前图窗的颜色图为 jet
>> subplot(1,2,1);                 % 将视图分割为 1 行 2 列两个窗口,显示第一个视图
>> surf(x,y,z),shadinginterp       % 创建三维曲面图,并通过插值设置线条和面的颜色
>> axis  equal                     % 沿每个坐标轴使用相同的数据单位长度
>> subplot(1,2,2)                  % 显示第二个视图
>> surf(x,y,z,z)                   % 使用颜色图 z 绘制三维曲面图
>> shadinginterp                   % 插值颜色渲染图形
>> camlight('left','infinite')     % 在照相机左上方创建光源,光源为平行光束
>> lightangle(90,90)               % 创建球面坐标下光源
>> axis  equal                     % 沿每个坐标轴使用相同的数据单位长度
```

运行结果如图 4-12 所示。

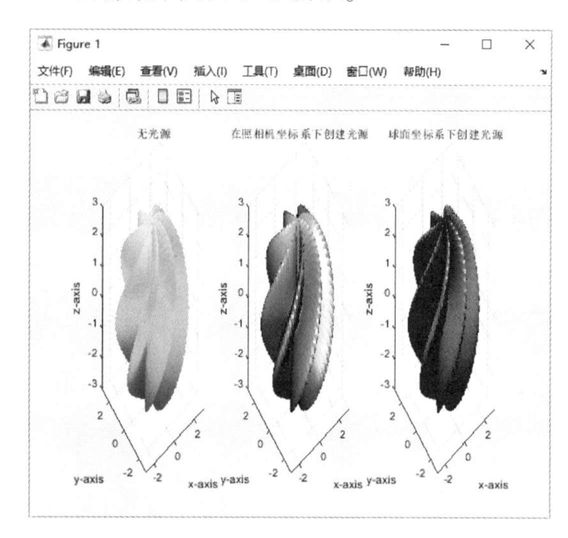

图 4-11 绘制曲面

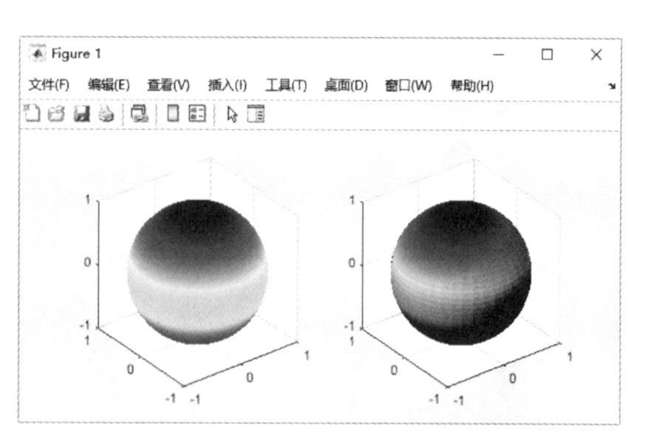

图 4-12 球面坐标下的三维光照图

4.2 动画演示

MATLAB 可以进行一些简单的动画演示，实现这种操作的主要命令是 getframe 以及 movie。动画演示的步骤为：

1）利用 getframe 命令生成每个帧。

2）利用 movie 命令按照指定的速度和次数运行该动画，movie(M,n)可以播放由矩阵 ***M*** 所定义的画面 n 次，默认 n 时只播放一次。

4.2.1 动画帧

以影像的方式预存多个画面，再将这些画面快速地呈现在屏幕上，得到动画的效果，而预存的这些画面，称作动画的帧。

由 getframe 命令抓取图形生成电影帧，每个画面都是一个行向量，具体的使用格式见表 4-12。

表 4-12　getframe 命令的使用格式

命令格式	说　　明
F = getframe	生成当前轴显示的电影帧
F = getframe(ax)	ax 表示指定的轴
F = getframe(fig)	fig 表示指定的图形
F = getframe(…,rect)	在由 rect 定义的矩形内的区域生成帧

例 4-13：创建动画的帧。

解：MATLAB 程序如下。

```
>> close all                        % 关闭已打开的所有文件
>> clear                            % 清空工作区的变量
>> t = linspace(0,10 * pi,200);     % 创建 0 到 10π 的向量 t,元素个数为 200
>> x = sin(t);                      % 定义函数表达式
>> y = cos(t);
>> z = t;
>> a1 = subplot(1,2,1);             % 获取第一个视图的坐标
>> plot3(x,y,z);                    % 绘制三维线图,生成图 4-13 所示的视图 1
>> a2 = subplot(1,2,2);             % 获取第二个视图的坐标
>> plot3(x,y,z);                    % 绘制三维线图
>> zoom(1.2)                        % 整体放大图形,生成图 4-13 所示的视图 2
>> figure                           % 新建一个图窗
>> F = getframe(a1);                % 捕获指定坐标区的图像
>> imshow(F.cdata)                  % 显示捕获的图像数据
```

运行结果如图 4-14 所示。

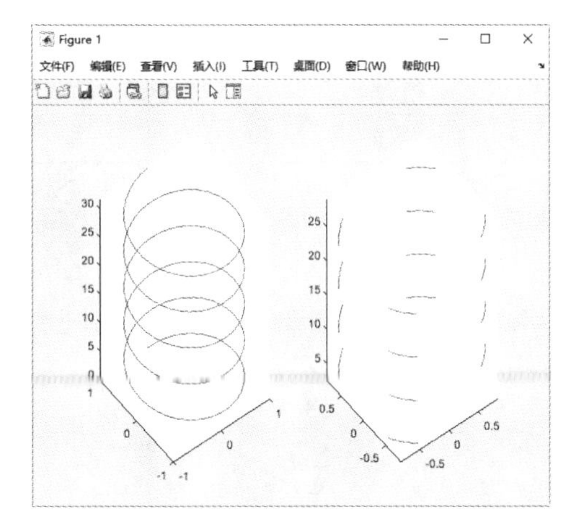

图 4-13　显示图片

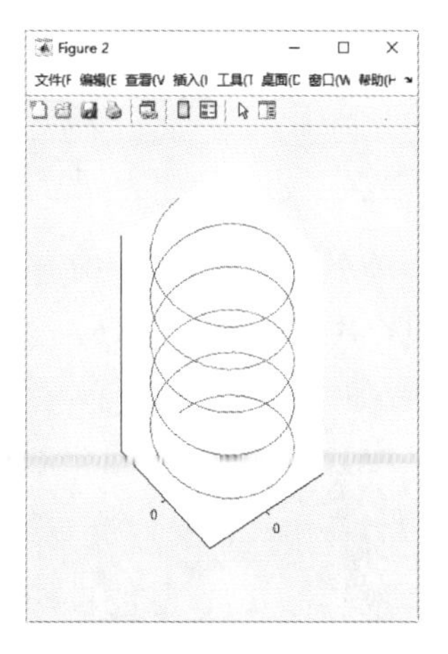

图 4-14　生成帧 1

4.2.2 动画线条

1. 创建动画线条

在 MATLAB 中，创建动画线条的命令是 animatedline，其具体的使用格式见表 4-13。

表 4-13 animatedline 命令的使用格式

命令格式	说明
an = animatedline	创建一根没有任何数据的动画线条并将其添加到当前坐标区中。通过使用 addpoints 函数循环向线条中添加点来创建动画
an = animatedline(x,y)	创建一根包含由 x 和 y 定义的初始数据点的动画线条
an = animatedline(x,y,z)	创建一根包含由 x、y 和 z 定义的初始数据点的动画线条
an = animatedline(…,Name,Value)	使用一个或多个名称-值对组参数指定动画线条属性。例如，'Color'，'r'将线条颜色设置为红色。在前面语法中的任何输入参数组合后使用此选项
an = animatedline(ax,…)	在由 ax 指定的坐标区中，而不是在当前坐标区（gca）中创建线条。选项 ax 可以位于前面的语法中的任何输入参数组合之前

例 4-14：绘制圆锥线条。

解：MATLAB 程序如下。

```
>> close all                % 关闭已打开的所有文件
>> clear                    % 清空工作区的变量
>> x=1:1000;                % 创建线性分隔值向量 x,间隔值为 1
>> y=x.*sin(x);             % 定义函数表达式
>> z=x.*cos(x);
>> animatedline(x,y,z,'Color','r','LineStyle','-.');  % 创建包含由 x、y 和 z 定义的初始数据点的动画线条,颜色为红色,线型为点画线
>> view(3)                  % 在三维视图中显示绘图
```

运行结果如图 4-15 所示。

2. 添加动画点

在 MATLAB 中，向动画线条中添加点的命令是 addpoints，其具体的使用格式见表 4-14。

表 4-14 addpoints 命令的使用格式

命令格式	说明
addpoints(an,x,y)	向 an 指定的动画线条中添加 x 和 y 定义的点
addpoints(an,x,y,z)	向 an 指定的三维动画线条中添加 x、y 和 z 定义的点

例 4-15：绘制螺旋线及其动画点。

解：MATLAB 程序如下。

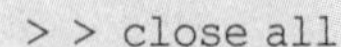

```
>> close all                        % 关闭已打开的所有文件
>> clear                            % 清空工作区的变量
>> t=linspace(0,4*pi,1000);         % 创建 0 到 4π 的向量 t,元素个数为 1000
>> x=exp(-t*0.1).*sin(5*t);
>> y=exp(-t*0.1).*cos(5*t);
>> z=t;
```

```
>> h=animatedline (x,y,z,'Color','r','LineStyle',':','Marker','>','MarkerSize',10,'
MarkerEdgeColor','y','MarkerFaceColor','b');    % 创建螺旋线动画线条
>> view(3)                          % 在三维视图中显示螺旋线
>> for k=1:length(t)                % 在三维动画线条中添加动画点
   addpoints(h,x(k),y(k),z(k));
 end
```

运行结果如图 4-16 所示。

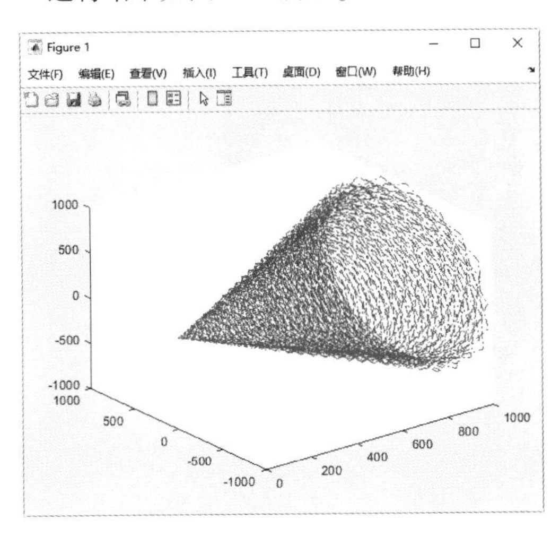

图 4-15 绘制圆锥线条

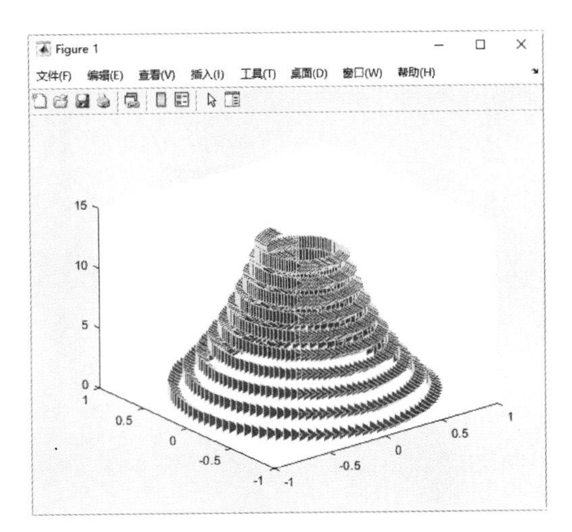

图 4-16 绘制的螺旋线动画点

清除线条中的点可以使用 clearpoints 命令，使用格式为 clearpoints（an），清除由 an 指定的动画线条中的所有点。

3. 控制动画速度

在屏幕上运行动画循环的多个迭代，若使用 drawnow 命令太慢或使用 drawnow limitrate 命令太快时，可以使用秒表计时器来控制动画速度。

使用 tic 命令启动秒表计时器，使用 toc 命令结束秒表计时器。使用 tic 和 toc 命令可跟踪屏幕更新经过的时间。

将动画线条中的点数限制为 100 个。每循环一次向线条中添加一个点，当线条包含 100 个点时，向线条添加新点会删除最旧的点。

例 4-16：控制动画速度。

解：MATLAB 程序如下。

```
>> close all                            % 关闭已打开的所有文件
>> clear                                % 清空工作区的变量
>> h = animatedline (' Marker ',' p ',' MarkerSize ', 15, ' MarkerEdgeColor ', ' r ',
'MarkerFaceColor','y');  % 设置动画线条标记及标记大小、标记轮廓颜色及标记填充颜色
>> axis([0,4*pi,-1,1])                  % 调整坐标轴范围
>> numpoints=100;                       % 定义动画点数
>> x=linspace(0,4*pi,numpoints);        % 定义 0 到 4π 的向量 x
>> y=sin(x);                            % 定义函数表达式
>> z=sin(x).*sin(y);
```

```
>> view(3)                                      % 设置三维视图
>> for k=1:100
addpoints(h,x(k),y(k),z(k));                    % 依次添加动画点
    drawnow                                     % 更新图窗
end
```

运行结果如图 4-17 所示。

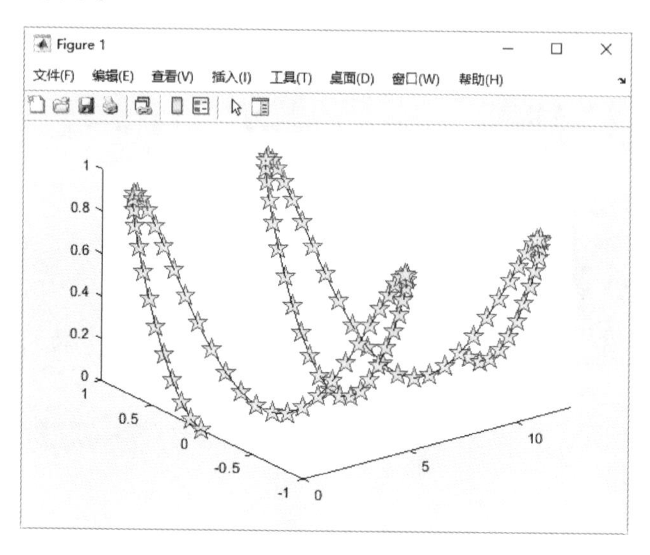

图 4-17　控制动画速度效果

4.2.3 生成动画

在 MATLAB 中，播放动画的命令是 movie，可指定播放重复次数及每秒播放动画数目，movie 命令具体的使用格式见表 4-15。

表 4-15　movie 命令的使用格式

命令格式	说　明
movie(M)	使用当前轴作为默认目标，在矩阵 **M** 中播放动画一次
movie(M,n)	*n* 表示动画播放次数。如果 *n* 为负，则每个周期显示为向前然后向后。如果 ***n*** 是向量，则第一个元素是播放电影的次数，其余元素构成了要在电影中播放的帧列表
movie(M,n,fps)	以每秒 fps 帧播放电影。默认为每秒 12 帧
movie(h,...)	播放以句柄 h 标识的一个或多个图形轴为中心的电影
movie(h,M,n,fps,loc)	loc 是一个四元素位置矢量

如果要在图形中播放动画而不是轴，应指定图形句柄（或 GCF）作为第一个参数：

movie(figure_handle,...)

M 必须是动画帧的矩阵（通常来自 getframe 命令）。

例 4-17：函数

$$\begin{cases} x = \mathrm{e}^{-0.1|t|}\sin 5t \\ y = \mathrm{e}^{-0.1|t|}\cos 5t \quad t \in [0, 20\pi] \\ z = t \end{cases}$$

曲面图形的光照变换动画。

解：MATLAB 程序如下。

```
>> close all                                    % 关闭已打开的所有文件
>> clear                                        % 清空工作区的变量
>> t=linspace(0,20*pi,10000);                   % 创建 0 到 20π 的向量 t,元素个数为 10000
>> t=reshape(t,100,100);                        % 转换向量 t 为 100×100 的矩阵
>> X=exp(-abs(t)*0.1).*sin(5*t);                % 定义函数表达式
>> Y=exp(-abs(t)*0.1).*cos(5*t);
>> Z=t;
>> surf(X,Y,Z);                                 % 绘制三维曲面图
>> F=getframe(gcf);                             % 捕获当前坐标区作为影片帧
>> for i=1:8                                    % 光源数目上限为 8
light('position',[0 0 1+2*i],'color','y')       % 设置光照位置
drawnow                                         % 更新图窗
M(:,i)=getframe;                                % 将图形保存到 M 矩阵
end
>> movie(M,3,5)                                 % 播放画面 3 次,每秒 5 帧
```

图 4-18 所示为动画运行的帧。

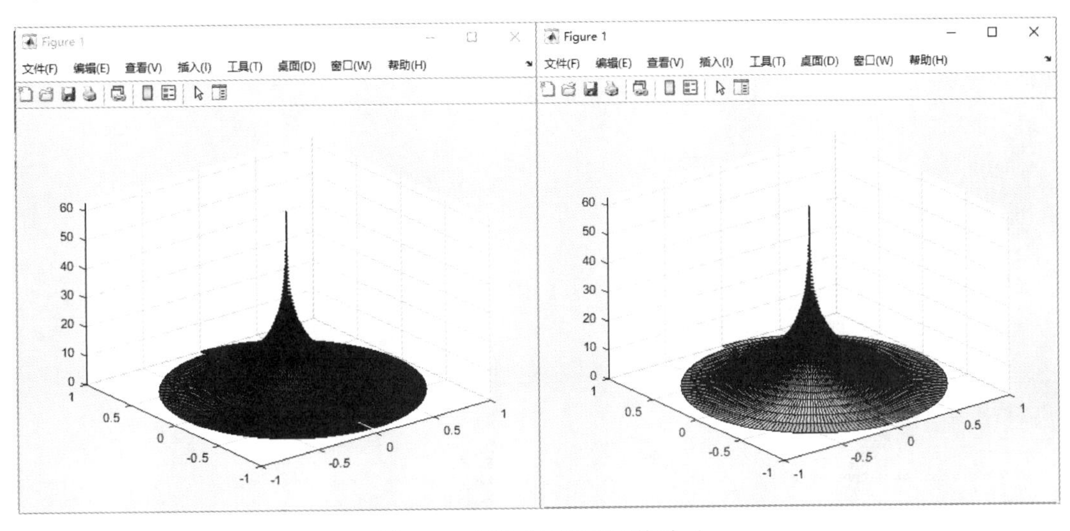

图 4-18 函数曲面光照变换动画

通过使用 XFunction、YFunction 和 ZFunction 属性更改显示的表达式，然后通过使用 drawnow 更新绘图来创建动画。

例 4-18：通过改变变量 i 从 0 到 4π，演示动画的参数曲线。

解：MATLAB 程序如下。

```
>> close all                                    % 关闭已打开的所有文件
>> clear                                        % 清空工作区的变量
>> syms t                                       % 定义符号变量
>> fp=fplot3(t+sin(40*t),-t+cos(40*t),sin(t));  % 返回一个在默认区间绘制的参数化曲线对象
```

```
>> for i=0:pi/10:4*pi
    fp.ZFunction=sin(t+i);                % 依次定义曲线对象 z 坐标的参数化输入
drawnow                                   % 更新图窗
end
```

图 4-19 所示为动画的一帧。

4.2.4 三维彗星图动画

comet3 命令可以显示彗星图的动画图，其中一个圆（彗星头部）跟踪屏幕上的数据点。彗星主体是位于头部之后的尾部，尾巴是跟踪整个函数的实线。

comet3 是三维绘图中最常用的绘制彗星图的命令，该命令生成一个定义在矩形格栅上曲面的三维彗星图，它的使用格式见表 4-16。

表 4-16 comet3 命令的使用格式

调用格式	说明
comet3(z)	显示向量 **z** 的三维彗星图
comet3(x,y,z)	显示经过点 $[x(i),y(i),z(i)]$ 曲线的彗星图
comet3(x,y,z,p)	指定长度为 $p*$length(y) 的彗星主体。p 必须介于 0 和 1 之间
comet3(ax,…)	将图形绘制到 ax 坐标区中，而不是当前坐标区（gca）中

例 4-19：创建参数化函数 $x=\cos(2t)^2\sin(t)$，$y=\sin(2t)^2\cos(t)$，$t\in(0,2\pi)$的三维彗星图。

解：MATLAB 程序如下。

```
>> close all                              % 关闭已打开的所有文件
>> clear                                  % 清空工作区的变量
>> t=-10*pi:pi/250:10*pi;                 % 创建 -10π 到 10π 的向量 t,元素间隔为 pi/250
>> x=(cos(2*t).^2).*sin(t);               % 定义参数化函数
>> y=(sin(2*t).^2).*cos(t);
>> comet3(x,y,t);                         % 绘制三维彗星图
```

运行结果如图 4-20 所示。

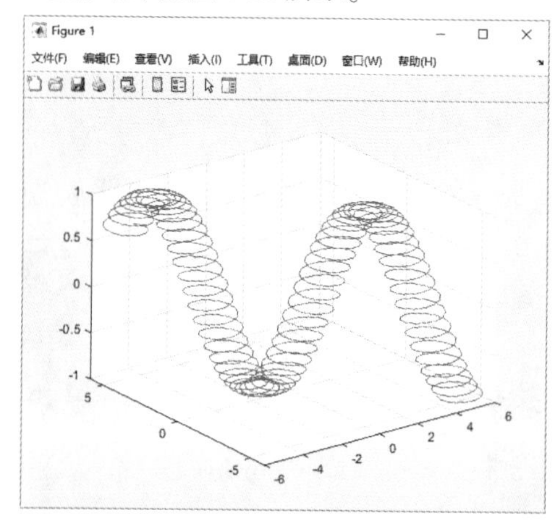

图 4-19 动画演示

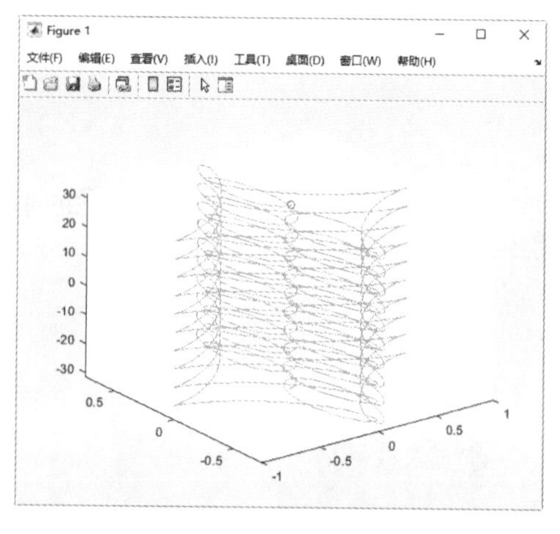

图 4-20 三维彗星图

第 5 章　图像获取与显示

图像获取是图像的数字化过程，图像显示就是将数字图像转化为适合人们使用的形式。

5.1　图像的相关知识

计算机处理的都是数字化的信息，图像必须转化为数字信息以后才能被计算机识别并处理。借助计算机数字图像处理技术，可以在工作区中浏览不同形式的图像，并对它们进行处理，创作出现实世界无法拍摄到的图像。

5.1.1 图像的获取

图像获取也就是图像的数字化过程，即将图像采集到计算机中的过程，主要涉及成像及模/数转换（A/D Converter）技术。这曾经是很昂贵的，一直是挡在普通用户面前的难以逾越的主要障碍之一。随着计算机与微电子，特别是固体成像设备［电耦合设备 CCD（Charge Coupled Devices）］的快速发展，图像获取设备的成本显著降低，因而越来越普及，不久的将来将成为高档微型计算机的内置设备。

以 CCD 技术为核心，目前图像获取设备有黑白摄像机、彩色摄像机、扫描仪、数字相机等，性能与价格主要取决于 CCD 的规格，如尺寸等。除了这些常见的类型外，目前有许多厂商还提供各种其他的专用设备，如显微摄像设备、红外摄像机、高速摄像机、胶片扫描器等。此外，遥感卫星、激光雷达等设备还能提供其他类型的数字图像。

目前，图像的数字化设备可分为两类，一类是基于图像采集卡或图像卡将模拟制式的视频信号（RS170/CCIR 黑白电视信号，PAL/NTSC 彩色电视信号，S-Video 视频信号等）采集到计算机；另一类是摄像机本身带有数字化部件，可以直接将数字图像通过计算机端口（如并口、USB 接口）或标准设备（如磁盘驱动器）传送进计算机。

图像卡仍是目前行业中常用的图像数字化设备。目前低端的图像采集卡一般不具有图像帧存体，而是直接将图像采集到计算机的内存中以供处理，如加拿大 Matrox 公司的 Metero-II 采集卡；高端的图像卡是集采集和处理于一身的昂贵的非标准配件，如 Matrox 公司的 Genesis 图像卡，具有帧存体和数字信号处理器 DSP 及邻域处理加速器 NOA，用于开发高速或实时处理应用。此外，还有一类普及型的多媒体视频采集卡，如宝狮 Boser602，主要用于视频会议、视频邮件等。最后，还应提到的是一类多媒体应用中使用的压缩卡，如 AV8 MPEG 压缩卡，可以将视频压缩成 MPEG-I 格式，主要用于 VCD 制作和视觉保安系统中，也具有图像采集功能。后两种都支持微软的 VFW（Video For Windows）标准。此外，高档的压缩卡（如 RT2000 压缩卡）可以将视频压缩成 MPEG-II 格式等，影视制作行业还有各种高性能的图像及视频编辑设备等。

近年来，数字相机及数字摄像机技术迅猛发展，由于其不需要其他数字化设备的支持，且具有更高的分辨率及编辑、使用方便等特点，有望逐步取代目前模拟摄像机的地位。但目前价格对普通用户而言还相对过高。应该指出的是传统的胶片相机和摄像机仍有其优势，特别是在分辨率上，目前的数码影像采集设备还有相当的差距。例如，传统的 35mm 胶卷数字化需要至少 4000 × 4000 的分辨率以保持原有的信息，目前这种层次的专业级数码相机还较为昂贵，难以普及，更不用说如此巨大的数据量在存储和处理上所面临的挑战。

5.1.2 图像的分类

所谓图像的分类，是指根据图像在图像信息中所反映的不同特征，把不同类别的目标区分开来的图像处理方法。利用计算机对图像进行定量分析，可以把图像或图像中的每个像素或区域划归为若干个类别。

1. 按灰度分类

图像按灰度分类有二值图像和多灰度图像。前者是只有黑色与白色两种像素组成的图像，后者含有从白逐步过渡到黑的中间级灰度。

2. 按色彩分类

图像可以分为单色图像和彩色图像，单色图像只有某一段频谱。彩色图像包括真彩色、假彩色、伪彩色和合成彩色。

图像的颜色数据是由向量或矩阵或 RGB 三元组组成的三维数组，在 MATLAB 中一般使用颜色数据 C 表示。C 为不同的数据类型，表示不同的含义，如图 5-1 所示。

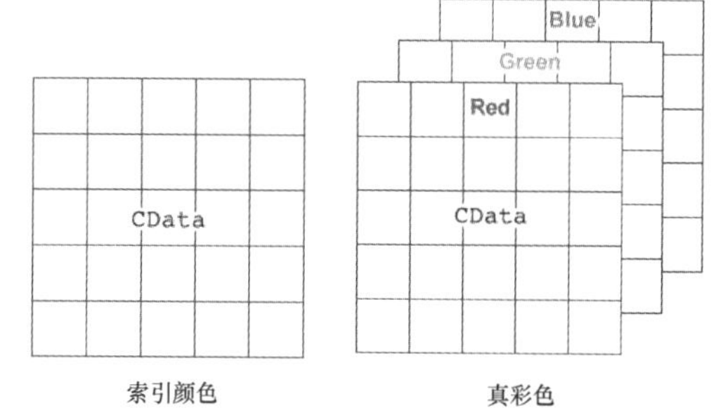

图 5-1 图像的颜色数据

1）向量或矩阵：***C*** 定义索引图像数据。***C*** 的每个元素定义图像的 1 个像素的颜色。例如，***C*** = [1 2 3; 4 5 6; 7 8 9]。***C*** 的元素映射到相关联的坐标区的颜色图中的颜色。CDataMapping 属性控制映射方法。

2）由 RGB 三元组组成的三维数组：RGB 三元值的真彩色图像数据。每个 RGB 三元组定义图像的 1 个像素的颜色。RGB 三元组是三元素向量，指定颜色的红、绿和蓝分量的强度。三维数组的第一页包含红色分量，第二页包含绿色分量，第三页包含蓝色分量。由于图像使用真彩色代替颜色图的颜色，因此 CDataMapping 没有任何作用。

如果 C 为 double 类型，则 RGB 三元组值 [0 0 0] 和 [1 1 1] 分别对应于黑色和白色，如图 5-2 所示。

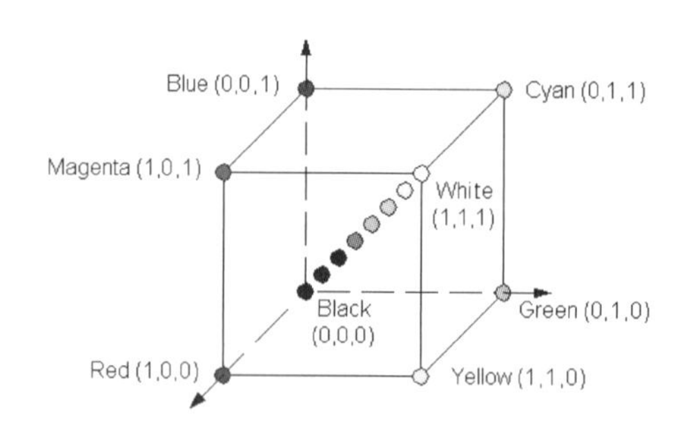

图 5-2 RGB 颜色坐标值

如果 C 为整数类型，则该图像使用完整范围的数据确定颜色。例如，如果 C 为类型 uint8，则 [0 0 0] 和 [255 255 255] 分别对应于黑色和白色。如果 CData 为类型 int8，则 [-128 -128 -128] 和 [127 127 127] 分别对应于黑色和白色。如果 C 为类型 logical，则 [0 0 0] 和 [1 1 1] 分别对应于黑色和白色。

图像数组的数据转换函数有：

- 将图像数组转换为 double 型：im2double( )。
- 将图像数组转换为 uint8 型：im2uint8( )。
- 将图像数组转换为 uin16 型：im2unit16( )。

3. 按运动分类

图像可以分为静态图像和动态图像。静态图像包括静止图像和凝固图像；动态图像包括视频和动画。

4. 按时空分类

图像分为二维图像和三维图像。二维图像为平面图像，三维图像为立体图像。

5.1.3 数字图像

所谓数字图像，即是经过数字化处理后的图像。模拟图像数字化处理后即为数字图像。数字化处理包括两个方面：采样和量化。

所谓采样，就是将模拟图像划分为 $M\times N$ 个网格，模拟图像中每个网格的亮度即代表该网格的亮度，每个网格代表一个像素。图像的采样也要符合采样定律，假设图像的频率 $v<v_1$，则采样频率 $v_s>2v_1$。采样结束后，时间空间离散化为像素，但是采样后的像素值仍为连续量，所以此时就需要量化。

量化是指将采样后每个网格的亮度值转换为特定的数码，数码的种数即为量化的灰度等级。一般灰度等级为 2^n，n 越大，灰度等级越大、分辨微小亮度的能力越强，图像就越清晰和逼真。

一般采用 n 取 8，即采用 256 灰度等级的量化。对于采样得到的灰度值 z，若 $z_i<z<z_j$，则将像素的灰度值用整数 q_i 表示，z 与 q_i 的差为量化误差。一般将灰度量化为 256 等级，即用一个字节量化。

数字图像可分为两大类：矢量图和点阵图。

1. 矢量图

矢量图形，是由称作矢量的数学对象所定义的直线和曲线组成的。矢量根据图形的集合特性进行描述，矢量图要经过大量的数学方程的运算才能生成。矢量图形中的各种景物由数学定义的各种几何图形组成，放在特定位置上并填充特定的颜色。移动、缩放景物或更改景物的颜色不会降低图像的品质，因此，在矢量图中将任何图元进行任意放大或缩小，不会影响图的清晰度和光滑度，也不会影响图的打印质量。矢量图形是文字和粗图形的最佳选择，这些图形在缩放到不同大小时都将保持清晰的线条。图 5-3 所示为矢量图原图和放大 10 倍后的图像对比，可以看出放大后的图像没有质量损失。

a) 原图　b) 放大图

图 5-3　矢量图放大前后对比

2. 点阵图

点阵图即位图，是由许多不同颜色的小方格组成的图像，其中每一个小方格称为像素。由于位图文件在存储时必须记录画面中每一个像素的位置、色彩等信息，因此占用空间较大，可以达到几兆、几十兆甚至上百兆。位图图像与分辨率有关。所谓分辨率，即单位长度上像素的数目，其单位为像素/英寸（pixels/inch）或是像素/厘米（pixels/cm）。相同尺寸的图像，分辨率越高，效果越好，打印时能够显现出更细致的色调变化。但是，点阵图毕竟以像素为基础，一幅图的像素是一定的，当把图放大若干倍后，就可看到方格形状的单色像素，因此位图不宜过分放大。图 5-4 所示为位图原图和放大

a) 原图　b) 放大图

图 5-4　位图放大前后对比

10 倍后的图像对比，可以看出放大后的图像出现明显的像素颗粒。

提示：

矢量图在计算机屏幕上是以像素显示的，因为计算机显示器必须通过在网格上的显示来显示图像。另外，矢量图的色彩不够丰富，而且在各软件之间不易进行转换，这是矢量图的不足之处。

5.1.4 图像文件格式

图像文件格式即一幅图像或一个平面设计作品在计算机上的存储方式。MATLAB 支持的图像文件格式很多，本小节介绍几种常用的文件格式。

1. BMP 格式

BMP 英文全称是 Windows Bitmap，它是微软 Paint 的格式，可以被多种软件所支持，BMP 格式颜色多达 16 位真彩色，质量上没有损失，但这种格式的文件比较大。

BMP 文件的位图数据格式依赖于编码每个像素颜色所用的位数。对于一个 256 色的图像来说，每个像素占用文件中位图数据部分的一个字节。像素的值不是 RGB 颜色值，而是文件中色表的一个索引。所以在色表中如果第一个 R/G/B 值是 255/0/0，那么像素值为 0 表示它是鲜红色，像素值按从左到右的顺序存储，通常从最后一行开始。所以在一个 256 色的文件中，位图数据中第一个字节就是图像左下角的像素的颜色索引，第二个就是它右边的那个像素的颜色索引。如果位图数据中每行的字节数是奇数，就要在每行都加一个附加的字节来调整位图数据边界为 16 位的整数倍。

读者对这个格式应该不陌生，Windows 的壁纸，就需要用到 BMP 格式的文件。

2. GIF 格式

GIF 英文全称是 Graphics Interchange Format，即图像交换格式，这种格式是一种小型化的文件格式，它只用最多 256 色，即索引色彩，但支持动画，多用在网络传输上。

GIF 文件的结构取决于它属于哪一个版本，无论是哪个版本，它都以一个长 13 字节的文件头开始，文件头中包含判定此文件是 GIF 文件的标记、版本号和其他的一些信息。如果这个文件只有一幅图像，文件头后紧跟一个全局色表来定义图像中的颜色。如果含有多幅图像（GIF 和 TIFF 格式一样，允许在一个文件里编码多个图像），那么全局色表就将被各个图像自带的局部色表所替代。

3. TIF 格式

TIF 英文全称是 Tag Image File Format，即标签图像格式。这是一种最佳质量的图像存储方式，它可存储多达 24 个通道的信息。它所包含的有关的图像信息最全，而且几乎所有的专业图形软件都支持这种格式，用户在存储自己的作品时，只要有足够的空间，都应该用这种格式来存储，才能保证作品质量没有损失。

这种格式的文件通常被用来在 Mac 平台和 Windows 平台之间转换，也可用在 3ds 与 Photoshop 之间进行转换。这是平面设计专业领域用得最多的一种存储图像的格式。它的缺点是文件太大。

4. JPG 格式

JPG（JPEG）英文全称是 Joint Photographic Experts Group，这是一种压缩图像存储格式。用这种格式存储的图像会有一定的信息损失，但用 Photoshop 存储时可以通过选择“最佳”“高”“中”和“低”4 种等级来决定存储 JPG 图像的质量。它可以把图片压缩得很小，中等压缩比大约是原 PSD 格式文件的 1/20。一般一幅分辨率为 300dpi 的 5in 图片，用 TIF 存储要用近 10MB 左右的空间，而 JPG 只需要 100KB 左右就可以了。现在几乎所有的数码照相机用的就是这种存储格式。

5. PCX 文件

PCX 是在 PC 上成为位图文件存储标准的第一种图像文件格式。最早出现在 zsoft 公司的 paintbrush 软件包中，在 20 世纪 80 年代早期授权给微软与其产品捆绑发行，而后转变为 Microsoft paintbrush，并成为 Windows 的一部分。

PCX 文件分为三部分，依次为 PCX 文件头、位图数据和一个可选的色表。文件头长达 128 个字节，分为几个域，包括图像的尺寸和每个像素颜色的编码位数。位图数据用一种简单的 RLE 算法压缩，最后的可选色表有 256 个 RGB 值。PCX 格式最初是为 CGA 和 EGA 来设计的，后来经过修改也支持 VGA 和真彩色显示卡，现在 PCX 图像可以用 1、4、8 或 24-bpp 来对颜色数据进行编码。

6. PNG 文件

PNG（Portable Network Graphic）文件格式是作为 GIF 的替代品开发的，它能够避免使用 GIF 文件所遇到的常见问题。它从 GIF 那里继承了许多特征，而且支持真彩色图像。更重要的是，在压缩位图数据时它采用了一种颇受好评的 lz77 算法的一个变种，lz77 则是 lzw 的前身，而且可以免费使用。由于篇幅所限，在这里就不具体讨论 PNG 格式了。

5.1.5 图像颜色模式

目前，在各种图像文件中最常用的颜色模式主要有 RGB、CMYK、Lab、索引颜色模式和双色调模式等。本小节简要介绍各种颜色模式的特点。

1. RGB 模式

又称“真彩色模式”，是美工设计人员最熟悉的色彩模式。RGB 模式是将红（Red）、绿（Green）、蓝（Blue）三种基本颜色进行颜色加法（加色法），配制出绝大部分肉眼能看到的颜色。Photoshop 将 24 位 RGB 图像看作由三个颜色信息通道组成，即红色通道，绿色通道和蓝色通道。其中每个通道使用 8 位颜色信息，每种颜色信息是由 0 ~ 255 的亮度值来表示的。这三个通道通过组合，可以产生 1670 余万种不同的颜色。屏幕的显示基础是 RGB 系统，印刷品无法用 RGB 模式来产生各种颜色，所以 RGB 模式多用于视频、多媒体和网页设计上。图 5-5 所示为 RGB 模式的图像。

2. CMYK 模式

这是一种印刷模式，其中的 4 个字母分别是指青色（Cyan）、洋红（Magenta）、黄色（Yellow）和黑色（Black），这 4 种颜色通过减色法形成 CMYK 颜色模式，其中的黑色是用来增加对比以弥补 CMY 产生黑度的不足。在每一个 CMYK 的图像像素中，都会被分配到 4 种油墨的百分比值。CMYK 模式在本质上与 RGB 模式没有什么区别，只是在产生色彩的原理上有所不同。图 5-6 所示为 CMYK 模式的图像。

图 5-5　RGB 图像

图 5-6　CMYK 图像

提示：

RGB 模式一般用于图像处理，而 CMYK 模式一般只用于印刷。因为 CMYK 模式的文件较大，会占用更多的系统资源，只是在印刷时才将图像转换为 CMYK 模式。

3. Lab 模式

Lab 颜色模式是以一个亮度分量 L（Lightness）以及两个颜色分量 a 与 b 来表示颜色的。a 分量代表由绿色到红色的光谱变化，而 b 分量代表由蓝色到黄色的光谱变化。通常情况下，Lab 模式很少使用。

4. HSB 模式

此模式是利用色相（Hue）、饱和度（Saturation）和亮度（Brightness）三种基本矢量来表示颜色的，往往在制作计算机图像时使用。色彩决定到底哪一种颜色被使用，饱和度决定颜色的深浅，亮度决定颜色的强烈度。

5. YCbCr 模式

YCbCr 中 Y 是指亮度分量，Cb 指蓝色色度分量，Cr 指红色色度分量。人的肉眼对视频的 Y 分量更敏感，因此在通过对色度分量进行子采样来减少色度分量后，肉眼将察觉不到的图像质量的变化。

6. YIQ 模式

美国国家电视系统委员会（NTSC）定义的用光亮度和色度传送信号的格式 YIQ，其中 Y 代表亮度信息，I、Q 为色度值。

7. YUV 模式

欧洲定义了相交替格式（Phase Alternating Line，PAL），使用 YUV 格式。每一个颜色有一个亮度信号 Y 和两个色度信号 U 和 V。亮度信号是强度的感觉，它和色度信号断开，这样强度就可以在不影响颜色的情况下改变。

YUV 使用 RGB 的信息，但它从全彩色图像中产生一个黑白图像，然后提取出三个主要的颜色变成两个额外的信号来描述颜色。把这三个信号组合起来就可以产生一个全彩色图像。

8. 索引模式

索引颜色模式是采用一个颜色表，存放并索引图像中的颜色使用，最多 256 种颜色。

9. 灰度模式

灰度图像中只有灰度颜色而没有彩色，其每个像素都以 8 位、16 位或 32 位表示，介于黑色与白色之间的 256（$2^8=256$）、64K（$2^{16}=64K$）或 4G（$2^{32}=4G$）种灰度中的一种，图 5-7 所示为一幅 8 位的灰度图像。

a) 原图

b) 灰度图

图 5-7　8 位的灰度图像

10. 位图模式

位图模式又称线画稿模式，其图像的每个像素仅以1位表示，即其强度要么为0，要么为1，分别对应颜色的黑与白。要将一幅彩色图像转换为位图图像时，应首先将其转换为256级灰度图像，然后才能将其转换为位图图像。

11. 双色调模式

双色调模式用一种灰色油墨或彩色油墨来渲染一个灰度图像，该模式最多可向灰度图像添加4种颜色。双色调模式采用2~4种彩色油墨混合其色阶来创建双色调（2种颜色）、三色调（3种颜色）、四色调（4种颜色）的图像，在将灰度图像转换为双色调模式图像的过程中，可以对色调进行编辑，产生特殊的效果，如图5-8所示。

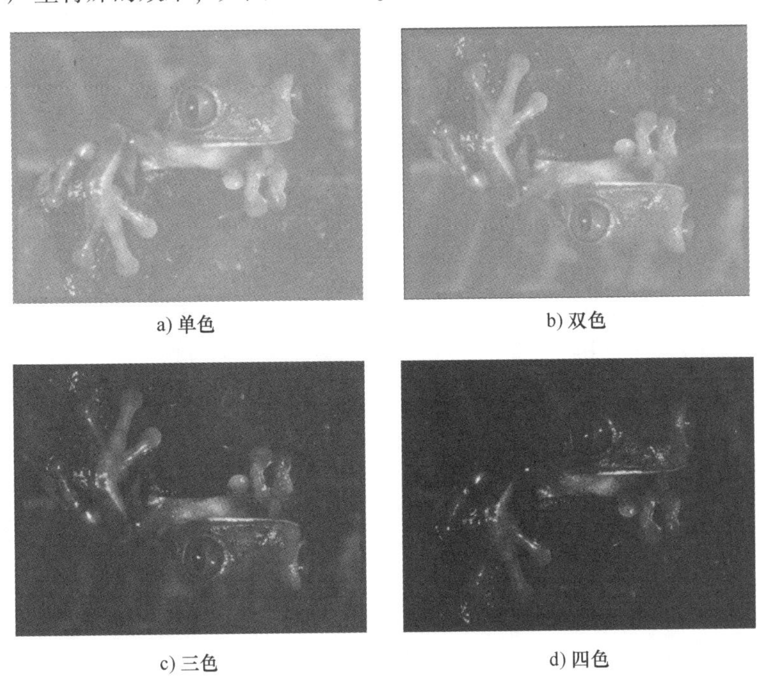

a) 单色 b) 双色

c) 三色 d) 四色

图5-8 双色调模式

5.2 图像的基本操作

在MATLAB中，对图像的操作实质上是对图像矩阵的操作。图像的基本操作包括图像的基本属性、图像的显示、图像的读写及图像的信息查询。

5.2.1 图像的参数属性

通过更改图像的属性值，可以修改该图像的特定方面。在MATLAB中可修改的图形的属性包括颜色和透明度、位置、交互性、回调、回调执行控件、父级/子级和标识符。

图像属性的获取格式如下。

```
im = image(rand(20));              % 获取图像中的数值与属性
C = im.CData;                      % 使用圆点表示法查询和设置属性
im.CDataMapping = 'scaled';
```

图像属性的设置通过名称-值对组参数，可以指定可选的、以逗号分隔的名称-值对组参数。Name 为参数名称，Value 为对应的值。Name 必须放在引号中。可采用任意顺序指定多个名称-值对组参数，例如，Name1，Value1，…，Name*N*，Value*N*。图像属性的设置格式如下。

```
image([1 2 3],'AlphaData',0.5)  % 'AlphaData'设置为 0.5,表示半透明图像
```

1. 颜色和透明度

颜色和透明度名称-值对组参数表见表 5-1。

表 5-1　颜色和透明度名称-值对组参数表

属　性　名	说　　明	参　数　值
CData	图像颜色数据	[1 1 0]
CDataMapping	颜色数据的映射方法，控制 CData 中的颜色数据值到颜色图的映射时，CData 必须是用来定义索引颜色的向量或矩阵。如果 CData 是定义真彩色的三维数组，该属性不起作用	包括'direct'或'scaled'。'direct'将值解释为当前颜色图中的索引，带小数部分的值舍取为最接近的整数；'scaled'表示将值的范围通过标度转换，映射到介于颜色的下限值和上限值之间。坐标区的 CLim 属性包含颜色范围
AlphaData	透明度数据，默认值为 1。值 1 或更大的值表示完全不透明，值 0 或更小的值表示完全透明，介于 0 和 1 之间的值表示半透明。如 im. AlphaData = 0. 5	若输入值为标量，在整个图像中使用一致的透明度。若输入值为大小与 CData 相同的数组，表示对每个图像元素使用不同的透明度值
AlphaDataMapping	AlphaData 值的解释	'none'表示将值解释为透明度值。'scaled'表示将值映射到图窗的 alphamap 中。如果 alpha 范围是 [3,5]，则≤3 的 alpha 数据值映射到 alphamap 中的第一个元素。≥5 的 alpha 数据值映射到颜色图中的最后一个元素。'direct'表示图窗的 alphamap 的索引

2. 位置

图像的位置属性设置包括“XData（沿着 *X* 轴放置）”和“YData（沿着 *Y* 轴放置）”，名称-值对组参数表见表 5-2。

表 5-2　位置属性名称-值对组参数表

属　性　名	说　　明	参　数　值
XData	沿着 *X* 轴放置 如果 XData(1) > XData(2)，则图像左右翻转	若值为标量，以此位置作为 CData（1，1）的中心，并使后面的每个元素相隔一个单位。若值为二元素向量，将第一个元素用作 CData（1，1）的中心位置，将第二个元素用作 CData（m，n）的中心位置，其中 [m，n] = size（CData）。CData 的其余元素的中心均匀分布在这两点之间
YData	沿着 *Y* 轴放置 如果 YData(1) > YData(2)，则图像上下翻转	每个像素的宽度由以下表达式确定： [XData(2)-XData(1)]/[size(CData,2)-1]

3. 交互性

交互性属性名称-值对组参数表见表 5-3。

表 5-3 交互性名称-值对组参数表

属性名	说明	参数值
Visible	图像的可见性	'on'显示对象，'off'隐藏对象而不删除，默认值为'on'
UIContextMenu	右键单击对象时显示上下文菜单。使用 UIContextMenu 函数创建上下文菜单	如果 PickableParts 属性设置为'none'或者 HitTest 属性设置为'off'，该上下文菜单将不显示
Selected	选择状态	'on'表示已选择，'off'表示未选择
SelectionHighlight	是否显示选择句柄	'on'表示在 Selected 属性设置为'on'时显示选择句柄 'off'表示不显示选择句柄，即使 Selected 属性设置为'on'也不显示选择句柄
Clipping	按照坐标区范围裁剪对象	'on'表示不显示对象超出坐标区范围的部分 'off'表示显示整个对象，即使对象的某些部分超出坐标区范围

4. 回调

回调属性名称-值对组参数表见表 5-4。

表 5-4 回调名称-值对组参数表

属性名	说明	参数值
ButtonDownFcn	鼠标单击“回调”按钮，如果 PickableParts 属性设置为'none'或者 HitTest 属性设置为'off'，则不执行此回调	函数句柄（单击的对象表示从回调函数中访问单击的对象的属性；事件数据表示空参数）；元胞数组（包含一个函数句柄和其他参数）；字符向量（有效 MATLAB 命令或函数）
CreateFcn	创建函数	''（默认）；函数句柄；元胞数组；字符向量
DeleteFcn	删除函数，如果不指定 DeleteFcn 属性，则 MATLAB 执行默认的删除函数	''（默认）；函数句柄；元胞数组；字符向量

5. 回调执行控件

回调执行控件属性名称-值对组参数表见表 5-5。

表 5-5 回调执行控件名称-值对组参数表

属性名	说明	参数值
Interruptible	确定是否可以中断运行中回调。回调状态包括两种：运行中回调（当前正在执行的回调）、中断回调（试图中断运行中回调的回调）	'on'允许其他回调中断对象的回调；'off'阻止所有中断尝试；默认值为'on'
BusyAction	决定 MATLAB 如何处理中断回调的执行。	'queue'将中断回调放入队列中，以便在运行中回调执行完毕后进行处理；'cancel'不执行中断回调；默认值为''queue'
PickableParts	捕获鼠标单击的能力	'visible'仅当对象可见时才捕获鼠标单击。Visible 属性必须设置为'on'。HitTest 属性决定是 Image 对象响应单击还是父级响应单击；'none'无法捕获鼠标单击。默认值为'visible'

（续）

属性名	说明	参数值
HitTest	响应捕获的鼠标单击	'on' 触发 Image 对象的 ButtonDownFcn 回调。'off'表示当 HitTest 属性设置为 'on'或 PickableParts 属性所设置的值允许父级捕获鼠标单击时，触发 Image 对象的最近父级的回调
BeingDeleted	删除状态	当 DeleteFcn 回调开始执行时，MATLAB 会将 BeingDeleted 属性设置为 'on'。BeingDeleted 属性将一直保持 'on' 设置状态，直到组件对象不再存在为止。此属性为只读

6. 父级/子级

父级/子级属性名称-值对组参数表见表 5-6。

表 5-6　父级/子级名称-值对组参数表

属性名	说明	参数值
Parent	父级	指定为 Axes、Group 或 Transform 对象
Children-子级	空 GraphicsPlaceholder 数组	对象没有任何子级
HandleVisibility	对象句柄的可见性	'on'对象句柄始终可见 'off'对象句柄始终不可见。'callback'对象句柄在回调或回调所调用的函数中可见，但在从命令行调用的函数中不可见

7. 标识符

标识符属性名称-值对组参数表见表 5-7。

表 5-7　标识符名称-值对组参数表

属性名	说明	参数值
Type	图形对象的类型	以 'image' 形式返回
Tag-	对象标识符，指定为字符向量或字符串标量	''；字符向量；字符串标量；可以指定唯一的 Tag 值作为对象的标识符
UserData	用户数据	指定为任何 MATLAB 数组

5.2.2 图像的显示

图像的显示是将数字图像转化为适合人们使用的形式，便于人们观察和理解。早期的图像处理设备一般都有专门的图像监视器供显示专用，目前一般直接用计算机的图形终端显示图像，图像窗口只是图形用户界面的一个普通的窗口。为方便处理，通常图像都表现为一矩形区域的位图形式（Bitmap Format）。

通过 MATLAB 窗口可以将图像显示出来，MATLAB 中常用的图像显示命令有 image 命令、imagesc 命令以及 imshow 命令。本小节具体介绍这些命令及相应用法。

1. 矩阵转换成的索引图像

image 命令有两种调用格式：一种是通过调用 newplot 命令来确定在什么位置绘制图像，并设置相应轴对象的属性；另一种是不调用任何命令，直接在当前窗口中绘制图像，这种用法的参数列表只能包括属性名称及值对。该命令的使用格式见表 5-8。

表 5-8　image 命令的使用格式

命令格式	说　明
image(C)	将矩阵 **C** 中的值以图像形式显示出来，**C** 的每个元素指定图像的 1 个像素的颜色。低版本格式 image（'CData', C）在很多场合也适用
image(x,y,C)	其中 ***x***、***y*** 为二维向量，分别定义了 *X* 轴与 *Y* 轴的范围，低版本格式 imagesc（'XData', x, 'YData', y, 'CData', C）在很多场合也适用
image(…,Name,Value)	输入参数只有属性名称及相应的值
image(ax,…)	在 ax 指定的轴上而不是在当前轴（GCA）上创建映像
handle = image(…)	返回所生成的图像对象的句柄

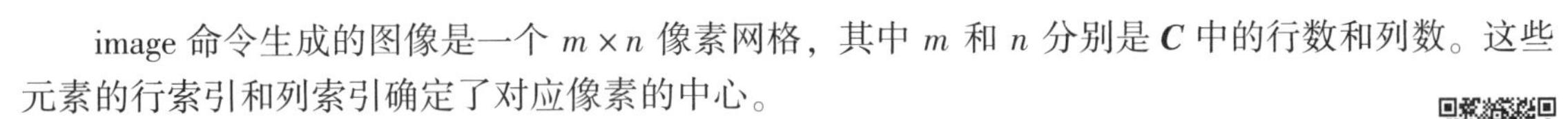

image 命令生成的图像是一个 $m \times n$ 像素网格，其中 m 和 n 分别是 **C** 中的行数和列数。这些元素的行索引和列索引确定了对应像素的中心。

例 5-1：创建 64 位颜色表。

解：MATLAB 程序如下。

```
>> close all                 % 关闭所有打开的文件
>> clear                     % 清除工作区的变量
>> A=0:2:127;                % 创建 0 到 127 的向量 A,间隔值为 2
>> C=reshape(A,8,8);         % 向量 A 转换为 8 阶矩阵 C
>> image(C)                  % 将 C 中的数据显示为一个 8×8 像素网格,即显示 64 位颜色表
```

运行结果如图 5-9 所示。

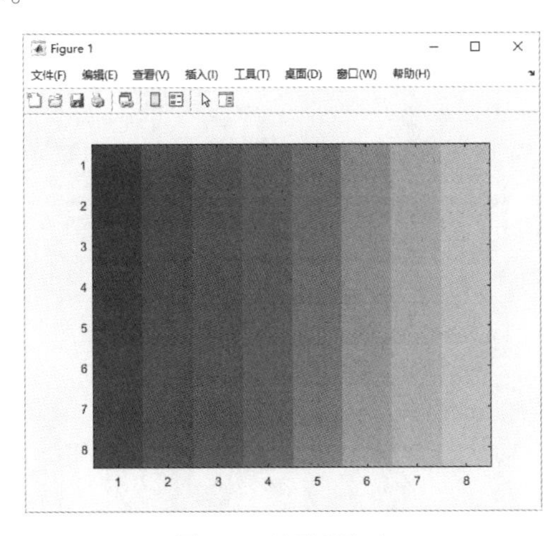

图 5-9　显示颜色表

不管 RGB 数字图像的类型是 double 浮点型，还是 uint8 或 uint16 无符号整数型，MATLAB 都能通过 image 函数将其正确显示出来。

例 5-2：将 uint16 无符号整数型数据转换为图片。

解：MATLAB 程序如下。

```
>> close all                 % 关闭所有打开的文件
>> clear                     % 清除工作区的变量
>> A=linspace(10,210,6);     % 创建一个从 10 开始,到 210 结束,包含 6 个数据元素的向量 A
```

```
>> image(A)                      % 显示颜色矩阵 A 对应的图像,如图 5-10 所示
>> C=typecast(A,'uint16')        % 将数字图像的类型转换为 uint16 无符号整数型
C =
  1×24uint16 行向量
  列 1 至 10
      0      0      0  16420      0      0      0  16457      0      0
  列 11 至 20
  32768  16470      0      0  16384  16480      0      0  16384  16485
  列 21 至 24
      0      0  16384  16490
>> image(C)                      % 显示颜色矩阵 C 对应的图像,如图 5-11 所示
```

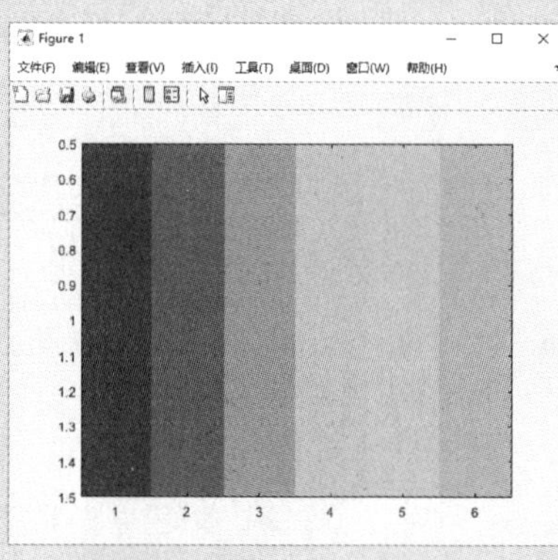

图 5-10　双精度数据图像

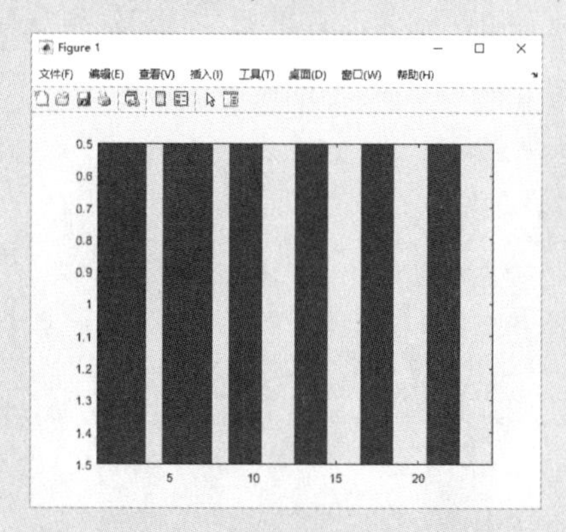

图 5-11　无符号整数型数据图像

```
>> axis off                      % 关闭坐标系,如图 5-12 所示
```

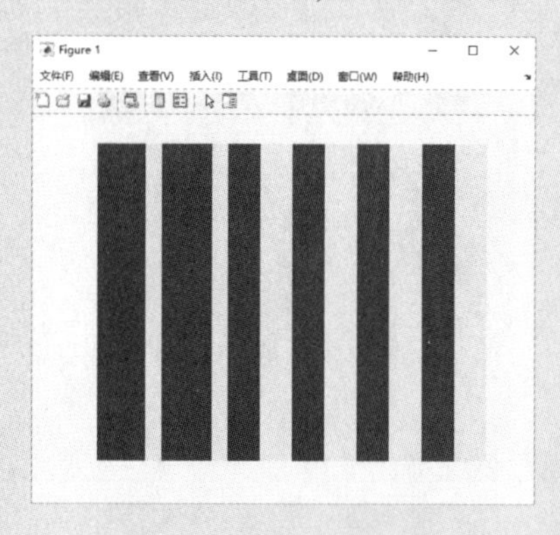

图 5-12　取消坐标系显示

例 5-3：绘制真彩色的图像。其中，C 作为真彩色 RGB 三维数组，每一维分别代表 R、G、B。

解：MATLAB 程序如下。

```
>> close all                % 关闭所有打开的文件
>> clear                    % 清除工作区的变量
>> C=zeros(3,3,3);          % 定义真彩色 RGB 三维矩阵
>> C(:,:,1)=rand(3)         % 三维矩阵 C 的第三维为 3 阶随机矩阵
```

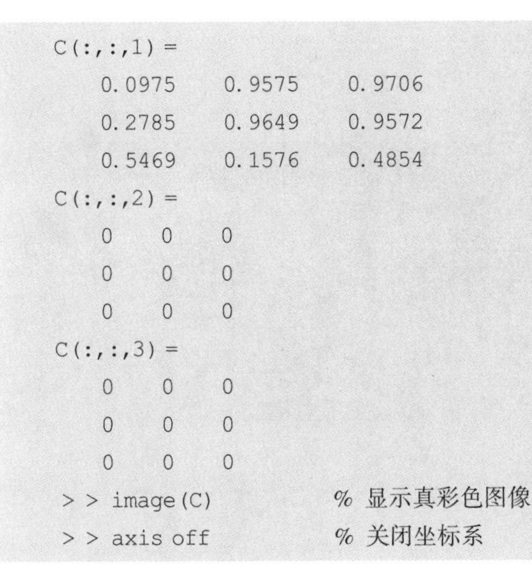

```
C(:,:,1) =
    0.0975    0.9575    0.9706
    0.2785    0.9649    0.9572
    0.5469    0.1576    0.4854
C(:,:,2) =
    0    0    0
    0    0    0
    0    0    0
C(:,:,3) =
    0    0    0
    0    0    0
    0    0    0
>> image(C)              % 显示真彩色图像
>> axis off              % 关闭坐标系
```

运行结果如图 5-13 所示。

2. 显示图片

在实际当中，另一个经常用到的图像显示命令是 imshow 命令，该命令用于将读入的图片显示出来，其常用的使用格式见表 5-9。

表 5-9 imshow 命令的使用格式

命令格式	说明
imshow (I)	显示灰度图像 I，I 为显示的图像矩阵
imshow(I, [low high])	显示灰度图像 I，其值域为 [low,high]。[low,high] 为灰度图像的灰度范围。高于 high 的范围显示为白色，低于 low 的范围显示为黑色。范围内的像素按比例拉伸显示为不同等级的灰色
imshow(RGB)	显示真彩色图像
imshow (I,[ ])	显示灰度图像 I，I 中的最小值显示为黑色，最大值显示为白色
imshow(BW)	显示二值图像
imshow(X,map)	显示索引色图像，*X* 为图像矩阵，map 为调色板
imshow(filename)	显示存储在由 filename 指定的图形文件中的图像
imshow(…,Name,Value)	使用名称-值对组控制运算的各个方面来显示图像
himage = imshow(…)	返回所生成的图像对象的句柄 himage

例 5-4：工作路径下图像的显示。

解：MATLAB 程序如下。

```
>> close all          % 关闭所有打开的文件
>> clear              % 清除工作区的变量
>> imshow('dog.jpg')  % 显示当前工作路径下的图片 dog.jpg,必须将路径与当前图片路径设置一致,否则需要详细显示图片路径
>> imshow('C:\Program Files\Polyspace\R2020a\bin\jg\dog.jpg') % 若软件设置路径与输入图像文件的路径不一致,需要输入图像文件的完整路径
```

运行结果如图 5-14 所示。

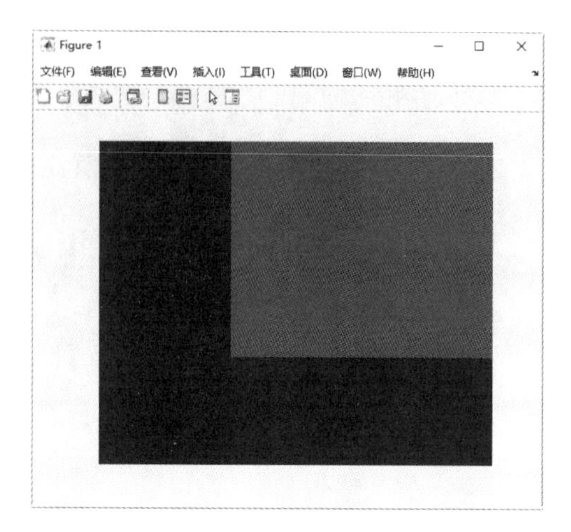

图 5-13　真彩色图像

图 5-14　显示图片（一）

提示：

需要显示的图片必须在工作路径下，否则无法查找到。

例 5-5：系统中图像的显示。

解：MATLAB 程序如下。

```
>> close all                              % 关闭所有打开的文件
>> clear                                  % 清除工作区的变量
>> imshow  mlhdlc_hdr_long.tif            % 显示系统内存中的图像文件
```

运行结果如图 5-15 所示。

例 5-6：将图片 A 水平等分为 3 张图片。

```
>> close all                              % 关闭所有打开的文件
>> clear                                  % 清除工作区的变量
>> [A,map] = imread('corn.tif');          % 显示系统内存中的图像文件
>> [m n] = size(A);                       % 返回 A 各个维度的长度
>> m1 = round(m/3);                       % 注意 m 不是 3 的倍数
>> m2 = m1;                               % 将 m1 赋值给 m2
>> m3 = m-m1-m2;                          % 利用符号表达式定义 m3
>> for i = 1:1:m1;                        % 定义 i 取值范围为 1 到 m1,间隔为 1
for j = 1:1:n;                            % 定义 j 取值范围为 1 到 n,间隔为 1
A1(i,j) = A(i,j);  % 将矩阵 A 的值赋值给矩阵 A1,矩阵 A1 行数取值范围为 1 到 m1,列数取值范围为 1 到 n
end
end
>> for i = m-m3-m2 +1:1:m1 + m2;          % 定义 i 取值范围为 m-m3-m2 +1 到 m1 + m2,间隔为 1
for  j = 1:1:n;                           % 定义 j 取值范围为 1 到 n,间隔为 1
A2(i-m1,j) = A(i,j);     % 将矩阵 A 的值赋值给矩阵 A2,矩阵 A2 行数取值范围 i 为 i-m1 到 m1 + m2,列数取值范围为 1 到 n
end
end
```

```
>> for i=m1+m2+1:1:m1+m2+m3;                % 定义 i 取值范围为 m1+m2+1 到 m1+m2+m3,间
隔为 1
    for  j=1:1:n;                            % 定义 j 取值范围为 1 到 n,间隔为 1
    A3(i-m1-m2,j)=A(i,j);                    % 将矩阵 A 的值赋值给矩阵 A3,矩阵 A2 行数取值
范围 i 为 i-m1-m2 到 m1+m2+m3,列数取值范围为 1 到 n
    end
    end
>> subplot(221),imshow(A,map),title('Total Image')      % 显示完整图像文件
>> subplot(222),imshow(A1,map),title('Top Image')       % 显示分割图像文件 1
>> subplot(223),imshow(A2,map),title('Mid Image')       % 显示分割图像文件 2
>> subplot(224),imshow(A3,map),title('Bottom Image')    % 显示分割图像文件 3
```

运行结果如图 5-16 所示。

图 5-15 显示图片（二）

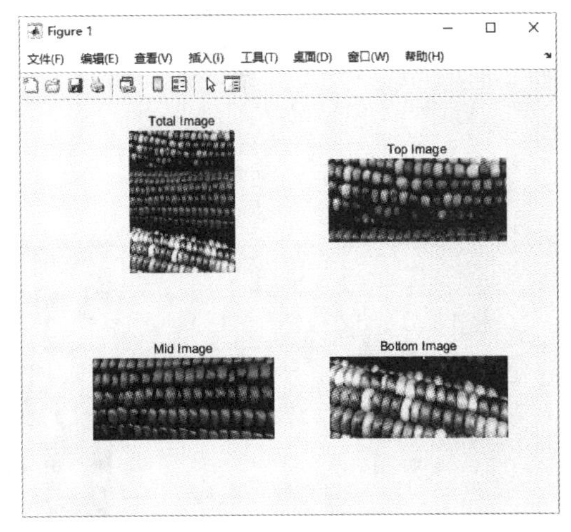

图 5-16 矩阵分割图片

3. 预览图片

在实际当中，实时视频数据预览图像显示命令是 preview，其常用的使用格式见表 5-10。

表 5-10 preview 命令的使用格式

命令格式	说明
preview(obj)	创建一个显示视频输入对象 obj 的实时视频数据的视频预览窗口。窗口还显示每个帧的时间戳和视频分辨率，以及 obj 的当前状态。视频预览窗口显示 100% 放大的视频数据。预览图像的大小由视频输入对象 ROIPosition 属性的值决定
preview(obj,himage)	在句柄 himage 指定的图像对象中显示视频输入对象 obj 的实时视频数据
himage = preview(...)	返回包含预览数据的图像对象句柄 himage

5.2.3 图像的显示设置

1. 图像大小的调整

在 MATLAB 中，truesize 命令用来调整图像显示尺寸，该命令的使用格式见表 5-11。

表 5-11 truesize 命令的使用格式

命令格式	说明
truesize(fig,[mrows ncols])	将 fig 中图像的显示尺寸调整为 [mrows ncols] 的尺寸，单位为像素
truesize(fig)	调整显示尺寸，使每个图像像素覆盖一个屏幕像素。如果未指定图形，truesize 会调整当前图形的显示大小

例 5-7：调整图像大小。

解：MATLAB 程序如下。

```
>> close all                                    % 关闭所有打开的文件
>> clear                                        % 清除工作区的变量
>> A=imread('christ.jpg');                      % 读取图像
>> figure,imshow(A),title('RGB 图像')           % 显示原图,添加标题
>> figure,imshow(A),title('调整图像大小')
>> truesize([200 100]);                         % 调整图像大小
```

运行结果如图 5-17 所示。

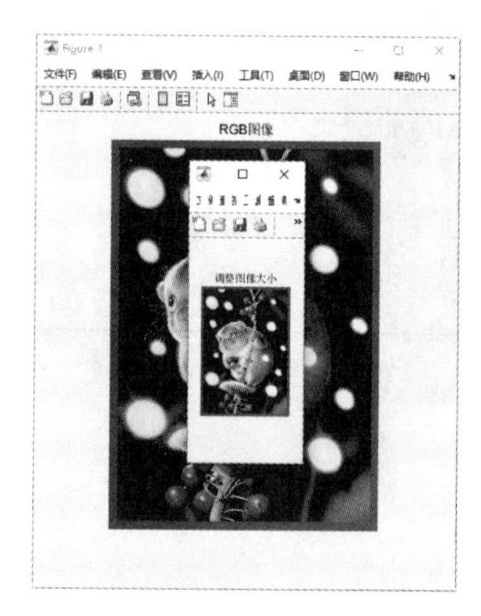

图 5-17 调整图像大小

2. 图像的颜色缩放

imagesc 命令与 image 命令非常相似，主要的不同是前者可以自动调整值域范围。imagesc 命令的使用格式见表 5-12。

表 5-12 imagesc 命令的使用格式

命令格式	说明
imagesc(C)	将矩阵 ***C*** 中的值以图像形式显示出来，低版本格式 imagesc ('CData', C) 在很多场合也适用
imagesc(x,y,C)	其中 ***x***、***y*** 为二维向量，分别定义了 *X* 轴与 *Y* 轴的范围，低版本格式 imagesc ('XData',x, 'YData', y, 'CData', C) 在很多场合也适用
imagesc(…,Name,Value)	输入参数只有属性名称及相应的值
imagesc(…, clims)	其中 ***clims*** 为二维向量，它限制了 ***C*** 中元素的取值范围
imagesc(ax,…)	在 ax 指定的轴上而不是在当前轴 (GCA) 上创建映像
im = imagesc(…)	返回所生成的图像对象的句柄 im，在创建图像后设置图像的属性

例 5-8：将单位矩阵转换为图片。

解：MATLAB 程序如下。

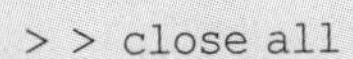

```
>> close all                  % 关闭所有打开的文件
>> clear                      % 清除工作区的变量
>> A=50*eye(3);               % 定义颜色矩阵 A
>> image(A)                   % 显示图像,如图 5-18a 所示
>> imagesc(A)                 % 显示带标识缩放颜色数值后的图像,如图 5-18b 所示
>> axis off                   % 关闭坐标系,如图 5-18c 所示
```

运行结果如图 5-18 所示。

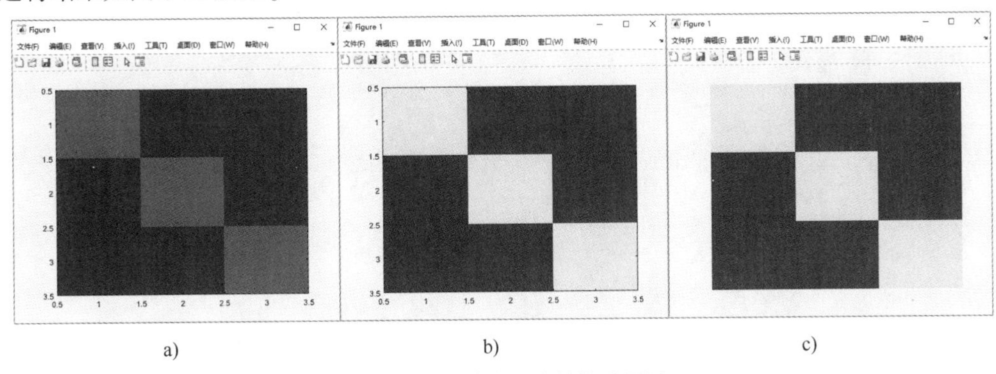

a)　　　b)　　　c)

图 5-18　将单位矩阵转换为图片

使用 imagesc 命令缩放颜色矩阵，与使用 image（C，'CDataMapping'，'scaled'）效果相同。

例 5-9：不同透明度显示图片。

解：MATLAB 程序如下。

```
>> close all                  % 关闭所有打开的文件
>> clear                      % 清除工作区的变量
>> plot(1:3)                  % 绘制直线,如图 5-19a 所示
>> hold on                    % 保留当前图形
>> C=[10 20 30 100; 40 50 60 120; 70 80 90 130];  % 创建颜色矩阵 C
>> im=imagesc(C);             % 绘制颜色图,获取句柄 im, 如图 5-19b 所示
>> im.AlphaData=0.5;          % 使图像半透明,如图 5-19c 所示
>> im.AlphaData=0;            % 使图像透明,显示直线,如图 5-19d 所示
>> im.AlphaData=0.1;          % 使图像透明度为 0.1,显示直线,如图 5-19e 所示
```

运行结果如图 5-19 所示。

3. 颜色图设置

在 MATLAB 中，colormap 命令用于查看并设置当前颜色图，它的使用格式见表 5-13。

表 5-13　colormap 命令的使用格式

命令格式	说　明
colormap map	将当前图窗的颜色图设置为预定义的颜色图之一
colormap(map)	将当前图窗的颜色图设置为 map 指定的颜色图
colormap(target,map)	为 target 指定的图窗、坐标区或图形设置颜色图，而不是为当前图窗设置颜色图
cmap = colormap	返回当前图窗的颜色图，形式为 RGB 三元组组成的三列矩阵，值都在区间［0，1］内
cmap = colormap(target)	返回 target 指定的图窗、坐标区或图形的颜色图

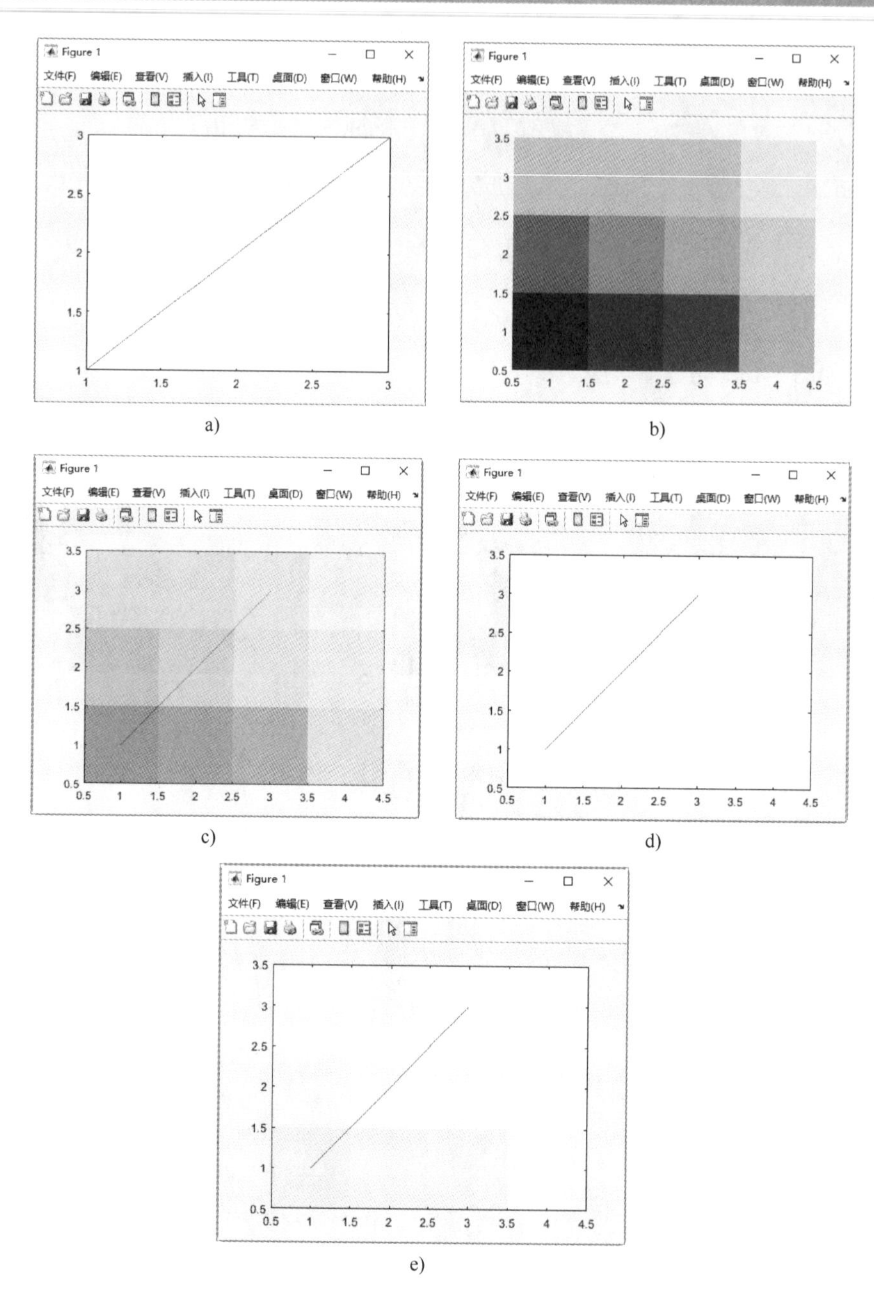

图 5-19　显示不同透明度图像

如果为图窗 Figure 设置了颜色图，图窗中的坐标区和图形将使用相同的颜色图。新颜色图的长度（颜色数）与当前颜色图相同，该命令不能为颜色图指定自定义长度。

在 MATLAB 内建的颜色图除了可以编程指定 MATLAB 内建的颜色图外，还可以使用 Plot Tools 图形用具界面的 Figure Properties 面板中的 Colormap 菜单中的颜色图。

例 5-10：控制颜色图着色。

解：MATLAB 程序如下。

```
>> close all                          % 关闭所有打开的文件
>> clear                              % 清除工作区的变量
```

```
>> [I,map] = imread('corn.tif');          % 读取内存中的图像
>> figure; image(I);colormap bone;        % 创建图窗,显示图像,并设置着色方案为 bone
>> axis off                               % 关闭坐标轴
>> axis image                             % 根据图像大小显示图像
>> figure; image(I);colormap('hot');      % 显示图像,并设置着色方案为 hot
>> axis off                               % 关闭坐标轴
>> axis image                             % 根据图像大小显示图像
```

运行结果如图 5-20 所示。

图 5-20 控制颜色图着色

例 5-11：设置图像颜色图中的颜色。

解：MATLAB 程序如下。

```
>> close all                              % 关闭所有打开的文件
>> clear                                  % 清除工作区的变量
>> [I,map] = imread('kids.tif');          % 读取内存中的图像
>> figure(1),image(I),colormap(map);      % 显示索引图,设置当前颜色图
>> axis off                               % 关闭坐标轴
>> axis image                             % 根据图像大小显示图像
>> figure(2),image(I),colormap(cool);     % 显示索引图,设置当前颜色图从青绿色平滑变化到品红色
>> axis off                               % 关闭坐标轴
>> axis image                             % 根据图像大小显示图像
>> figure(3),image(I),colormap(autumn(5));  % 显示索引图,设置当前颜色图从红色平滑变化到橙色,然后到黄色
>> axis off                               % 关闭坐标轴
>> axis image                             % 根据图像大小显示图像
>> figure(4),image(I),colormap(prism);    % 显示索引图,设置当前颜色图重复红色、橙色、黄色、绿色、蓝色和紫色的光谱交错颜色图
>> axis off                               % 关闭坐标轴
>> axis image                             % 根据图像大小显示图像
```

运行结果如图 5-21 所示。

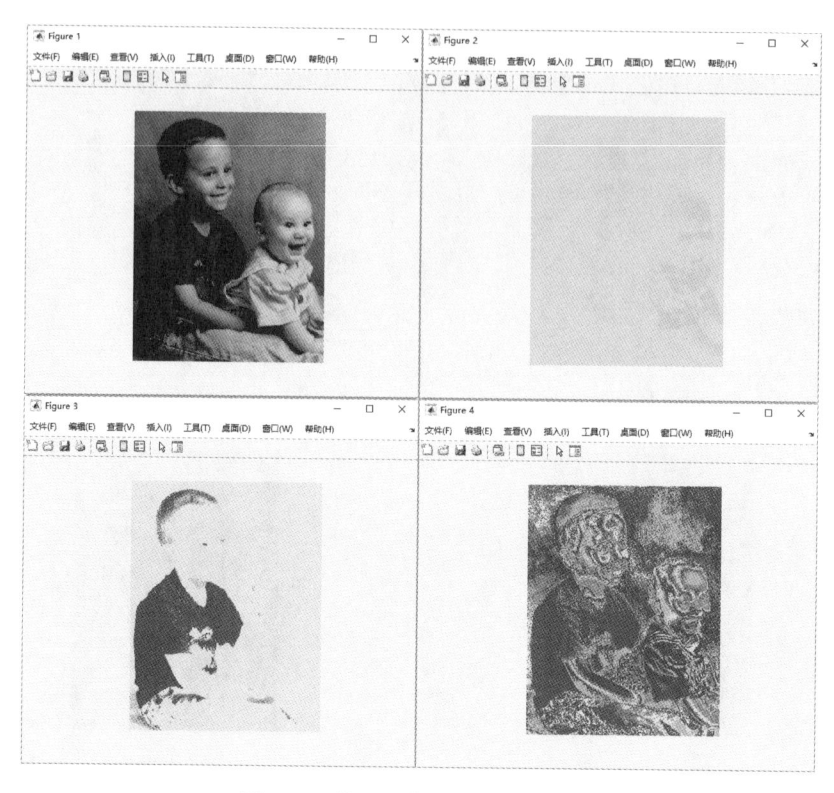

图 5-21 设置图像颜色图中的颜色

4. 控制图片的亮度

在 MATLAB 中，brighten 命令可以在三维图形中用于控制颜色图的明暗，同样地，在图像处理中，可以实现对图片明暗的控制，它的使用格式见表 5-14。

表 5-14 brighten 命令的使用格式

命令格式	说明
brighten(beta)	beta 是一个定义于［-1，1］区间内的数值，其中 beta 在［0，1］范围内的颜色图较亮
brighten(map,beta)	变换指定为 map 的颜色图的强度
newmap = brighten(…)	返回调整后的颜色图
brighten(f,beta)	变换为图窗 *f* 指定的颜色图的强度。其他图形对象（如坐标区、坐标区标签和刻度）的颜色也会受到影响

例 5-12：测试明暗的差别。

解：MATLAB 程序如下。

```
>> close all                          % 关闭所有打开的文件
>> clear                              % 清除工作区的变量
>> [I,map] = imread('moon.tif');      % 读取内存中的图像
>> figure;image(I)                    % 新建图窗,显示图像
>> axis off                           % 关闭坐标轴
>> axis image                         % 根据图像大小显示图像
```

```
>> figure;image(I);colormap bone;brighten(0.5)     % 新建图窗显示图像,增强明度
>> axis off                                         % 关闭坐标轴
>> axis image
>> figure;image(I);colormap bone;brighten(-0.5)    % 新建图窗显示图像,减弱明度
>> axis off                                         % 关闭坐标轴
>> axis image
```

运行结果如图 5-22 所示。

图 5-22　控制图片的明暗

5. 图像色阶显示命令

MATLAB 中利用 colorbar 命令显示图像色阶，直接在当前窗口中绘制图像并显示色阶，该命令的使用格式见表 5-15。

表 5-15　colorbar 命令的使用格式

命令格式	说　明
colorbar	在当前轴或图表的右侧显示垂直色阶
colorbar(location)	在特定位置显示颜色栏，默认位置为'eastoutside'（坐标区的右侧），其他参数见表 5-16。colorbar（'Location'，'northoutside'）与 colorbar（'northoutside'）相同
colorbar(…,Name,Value)	使用一个或多个名称-值对组参数修改色阶外观
colorbar(target,…)	向目标指定的坐标区或图上添加颜色条
c = colorbar(…)	返回色阶对象。创建色阶后，可以使用此对象设置属性
colorbar('off')	删除与当前轴或图表相关联的色阶
colorbar(target,'off')	删除与 target 指定的轴或图表相关联的色阶

表 5-16　色阶位置

值	表示的位置	表示的方向
'north'	坐标区的顶部	水平
'south'	坐标区的底部	水平
'east'	坐标区的右侧	垂直

（续）

值	表示的位置	表示的方向
'west'	坐标区的左侧	垂直
'northoutside'	坐标区的顶部外侧	水平
'southoutside'	坐标区的底部外侧	水平
'eastoutside'	坐标区的右外侧（默认值）	垂直
'westoutside'	坐标区的左外侧	垂直

例 5-13：添加等值线图的色阶。

解：MATLAB 程序如下。

```
>> close all                        % 关闭所有打开的文件
>> clear                            % 清除工作区的变量
>> contourf(sphere)                 % 绘制球体填充二维等值线图
>> colorbar('southoutside')         % 在坐标区的底部外侧放置水平色阶
```

运行结果如图 5-23 所示。

例 5-14：绘制伪彩色图，并添加色阶。

解：MATLAB 程序如下。

```
>> close all                        % 关闭所有打开的文件
>> clear                            % 清除工作区的变量
>> [X,Y]=meshgrid(-3:6/17:3);       % 创建矩阵 X 和 Y
>> XX=2*X.*Y;
>> YY=X.^2-Y.^2;                    % 定义矩阵 XX 和 YY
>> A=[1:18;18:-1:1];                % 创建 2×18 矩阵 A
>> C=repmat(A,9,1);  % 重组矩阵 A,将 A 重复到 9×1 块排列中,创建 18×18 颜色矩阵 C
>> pcolor(XX,YY,C);                 % 绘制伪彩色图
>> C=colorbar                       % 添加色阶
>> c.Label.String='MyColorbar Label';  % 添加色阶标签
>> c.Label.FontSize=12;             % 更改字体大小
```

运行结果如图 5-24 所示。

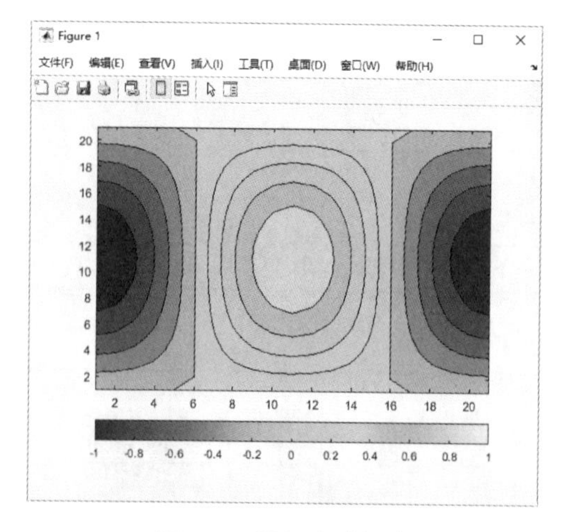

图 5-23　添加水平色阶

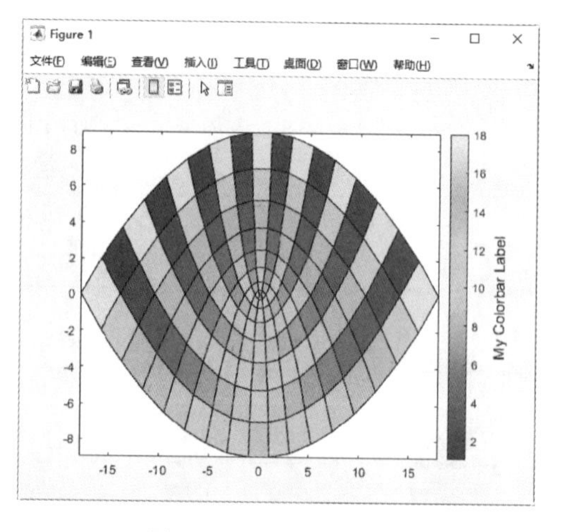

图 5-24　添加图片色阶

6. 创建棋盘图像

在 MATLAB 中，用 checkerboard 命令创建棋盘图像，它的使用格式见表 5-17。

表 5-17 checkerboard 命令的使用格式

命令格式	说明
I = checkerboard	默认 8×8 的棋盘图像
I = checkerboard(n)	指定棋盘图像中每个单元边长的像素
I = checkerboard(n,p,q)	创建 $2p\times2q$ 个单元棋盘图像，每个单元边长为 n 个像素

例 5-15：创建棋盘图像。

解：MATLAB 程序如下。

```
>> close all                          % 关闭所有打开的文件
>> clear                              % 清除工作区的变量
>> K = checkerboard;                  % 创建默认棋盘图像矩阵
>> imshow(K)                          % 显示图像
>> I = checkerboard(10);              % 创建棋盘图像矩阵,每个单元边长的像素为 10
>> figure,imshow(I)                   % 新建图窗显示图像
>> J = checkerboard(10,5,10);         % 创建棋盘图像矩阵,10×20 个单元
>> figure                             % 新建图窗
>> imshow(J)                          % 显示图像
```

运行结果如图 5-25 所示。

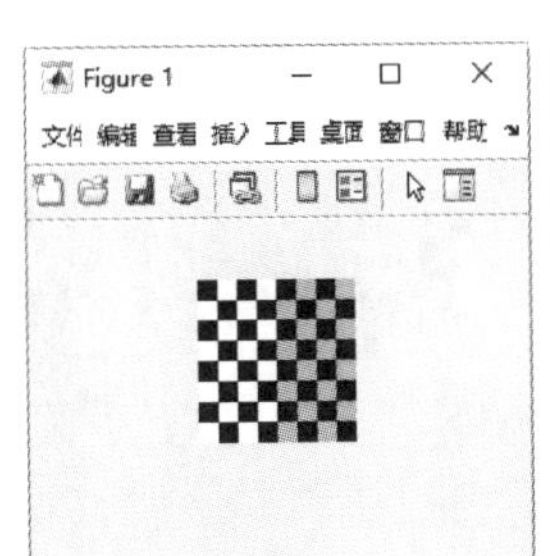

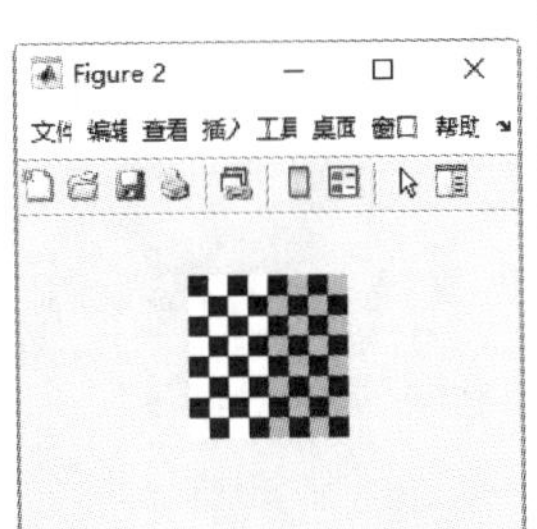

图 5-25 创建棋盘图像

5.2.4 图像的数据存储

数据存储是一个用于读取单个文件或者数据集合的对象，它相当于一个存储库，用来存储具有相同结构和格式的数据。对于 MATLAB 支持的图像文件，MATLAB 提供了相应的数据存储命令，本小节简单介绍这些命令的基本用法。

1. 大型数据集合存储

在 MATLAB 中，datastore 命令为大型数据集合创建数据存储，它的使用格式见表 5-18。

表 5-18 datastore 命令的使用格式

命令格式	说明
ds = datastore(location)	根据 location 指定的数据集合创建一个数据存储，创建 ds 后，可以读取并处理数据

（续）

命令格式	说　明
ds = datastore(location,Name,Value)	使用一个或多个名称-值对组参数为 ds 指定其他参数。例如，名称值-对组 'Type'，'image' 为图像文件创建数据存储。名称-值对组参数见表 5-19

表 5-19　datastore 命令名称-值对组参数表

属性名	说　明	参数值
'Type'	数据存储类型	'tabulartext'、'image'、'spreadsheet'、'keyvalue'、'file'、'tall'、'parquet'、'database'
'IncludeSubfolders'	包括文件夹内的子文件夹	true 或 false；0 或 1
'FileExtensions'	文件的扩展名	字符向量、字符向量元胞数组、字符串标量、字符串数组
'AlternateFileSystemRoots'	备用文件系统根路径	字符串向量、元胞数组
'TextType'	文本变量的输出数据类型	'char'（默认）、'string'
'DatetimeType'	导入的日期和时间数据的类型	'datetime'（默认）、'text'
'DurationType'	持续时间数据的输出数据类型	'duration'（默认）、'text'

例 5-16：创建一个数据存储。

解：MATLAB 程序如下。

```
>> close all                          % 关闭所有打开的文件
>> clear                              % 清除工作区的变量
>> ds = datastore('mapredout.mat')    % 根据指定的数据集合创建一个数据存储
ds =
KeyValueDatastore-属性:
                    Files: {
                           'C:\Program Files\Polyspace\R2020a\toolbox\matlab\demos
                           \mapredout.mat'
                           }
                 ReadSize: 1 键-值对组
                 FileType: 'mat'
   AlternateFileSystemRoots: {}
```

2. 数据存储查询

在 MATLAB 中，数据存储前需要确定路径下是否有数据可读取，才可以进行存储。可以用 hasdata 命令确定是否有数据可读取，它的使用格式见表 5-20。

表 5-20　hasdata 命令的使用格式

命令格式	说　明
tf = hasdata(ds)	有可从 ds 指定的数据存储中读取的数据，返回逻辑值 1（true）。否则，将返回逻辑值 0（false）

例 5-17：检查 MATLAB 路径及其子文件夹中是否有数据存储。

解：MATLAB 程序如下。

```
>> close all                    % 关闭所有打开的文件
>> clear                        % 清除工作区的变量
>> imds = datastore(fullfile(matlabroot,'toolbox','matlab'),...
'IncludeSubfolders', true,'FileExtensions','.tif','Type','image')     % 创建 MATLAB
路径及其子文件夹中的一个数据存储
imds =
ImageDatastore-属性:
                          Files: {
                                 'C:\Program Files\Polyspace\R2020a\toolbox\matlab\demos
                                 \example.tif';
                                 'C:\Program Files\Polyspace\R2020a\toolbox\matlab\imag-
                                 esci\corn.tif'
                                 }
                        Folders: {
                                 'C:\Program Files\Polyspace\R2020a\toolbox\matlab'
                                 }
    AlternateFileSystemRoots: {}
                        ReadSize: 1
                          Labels: {}
      SupportedOutputFormats: ["png"    "jpg"    "jpeg"    "tif"    "tiff"]
          DefaultOutputFormat: "png"
                        ReadFcn: @ readDatastoreImage
>> hasdata(imds)              % 检查是否有读取的数据
ans =
  logical
  1
```

3. 图像数据存储命令

如果一个图像文件集合中的每个图像可以单独放入内存，但整个集合不一定能放入内存，则可以使用 imageDatastore 对象来管理。

在 MATLAB 中，使用 imageDatastore 命令创建 imageDatastore 对象，指定其属性，然后使用对象函数导入和处理数据。imageDatastore 命令用来存储指定的图像数据，它的使用格式见表 5-21。

表 5-21 imageDatastore 命令的使用格式

命令格式	说明
imds = imageDatastore(location)	根据 location 指定的图像数据集合创建一个数据存储 imds
imds = imageDatastore(location,Name,Value)	使用一个或多个名称-值对组参数为 imds 指定其他参数和属性，见表 5-22

表 5-22 imageDatastore 命令名称-值对组参数表

属性名	说明	参数值
location	要包括在数据存储中的文件或文件夹	路径、DsFileSet 对象
'IncludeSubfolders'	子文件夹包含标记	false（默认）、true
'FileExtensions'	图像文件扩展名	字符向量、字符向量元胞数组、字符串标量、字符串数组
'AlternateFileSystemRoots'	备用文件系统根路径	字符串向量、元胞数组
'LabelSource'	提供标签数据的源	'none'（默认）、'foldernames'

例 5-18：显示内存中的图像。

解：MATLAB 程序如下。

```
>> close all                        % 关闭所有打开的文件
>> clear                            % 清除工作区的变量
>> imds = imageDatastore({'cloudCombined.jpg'})  % 创建一个包含图像的 image-
Datastore 对象
imds =
ImageDatastore-属性:
                      Files: {
                              '...\Program Files\Polyspace\R2020a\toolbox\matlab\de-
mos\cloudCombined.jpg'
                              }
                    Folders: {
                              'C:\Program Files\Polyspace\R2020a\toolbox\matlab\demos'
                              }
   AlternateFileSystemRoots: {}
                   ReadSize: 1
                     Labels: {}
     SupportedOutputFormats: ["png"    "jpg"    "jpeg"    "tif"    "tiff"]
DefaultOutputFormat: "png"
                    ReadFcn: @readDatastoreImage
>> imshow(preview(imds));    % 显示图像的预览图
```

运行结果如图 5-26 所示。

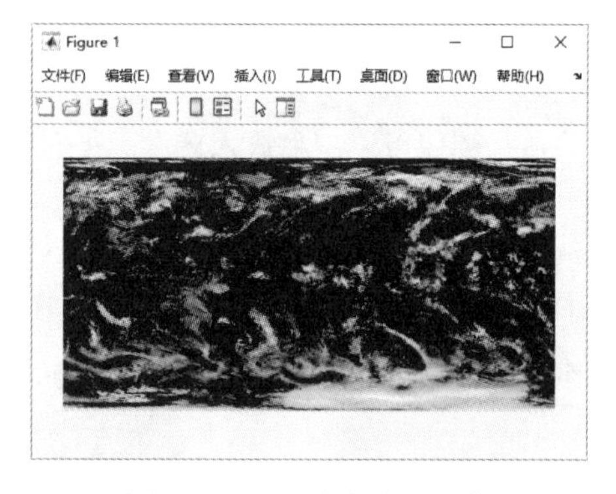

图 5-26 显示内存中的图像

4. 图像数据存储文件计数命令

counteachlabel 命令用于对 imageDatastore 标签中的文件进行计数，它的使用格式见表 5-23。

表 5-23 counteachlabel 命令的使用格式

命令格式	说明
T = countEachLabel(imds)	返回 imds 中的标签汇总表以及与每个标签关联的文件数

例 5-19：标签计数。

解：MATLAB 程序如下。

```
>> close all                    % 关闭所有打开的文件
>> clear                        % 清除工作区的变量
>> imds = imageDatastore(fullfile(matlabroot,'toolbox','matlab',{'demos','images-
ci'}),...
'LabelSource','foldernames','FileExtensions',{'.jpg','.png','.tif'})   % 创建一个
imageDatastore 对象,并根据每个图像所在的文件夹为其添加标签
imds =
ImageDatastore-属性:
                    Files: {
                           '...\Program Files\Polyspace\R2020a\toolbox\matlab\de-
                           mos\cloudCombined.jpg';
                           'C:\Program Files\Polyspace\R2020a\toolbox\matlab\demos
                           \example.tif';
                           'C:\Program Files\Polyspace\R2020a\toolbox\matlab\demos
                           \landOcean.jpg'
                           ...and 5 more
                           }
                  Folders: {
                         'C:\Program Files\Polyspace\R2020a\toolbox\matlab\demos';
                         'C:\Program Files\Polyspace\R2020a\toolbox\matlab\imagesci'
                           }
                   Labels: [demos; demos; demos ... and 5 more categorical]
   AlternateFileSystemRoots: {}
ReadSize: 1
    SupportedOutputFormats: ["png"    "jpg"    "jpeg"    "tif"    "tiff"]
DefaultOutputFormat: "png"
ReadFcn: @ readDatastoreImage
>> T = countEachLabel(imds)      % 列出每个标签的文件计数
T =
  2×2 table
   Label      Count
   ________   _____
   demos        6
   imagesci     2
```

图像的数据存储命令还包括数据存储合并命令 combine、划分数据存储命令 partition、数据转换命令 transform 等。

5.2.5 图像的读写

对于 MATLAB 支持的图像文件，MATLAB 提供了相应的读写命令，本小节简单介绍这些命令的基本用法。

1. 从数据存储读入图像命令

在 MATLAB 中，readimage 命令用来从数据存储读取指定的图像。与 read 命令相比，该命令不能读取数据存储之外的图像，除非将图像复制到数据存储路径下，它的使用格式见表5-24。

表5-24 readimage命令的使用格式

命令格式	说明
img = readimage(imds,I)	从数据存储imds读取第I个图像文件并返回图像数据img
[img,fileinfo] = readimage(imds,I)	返回一个结构体fileinfo，其中包含两个文件信息字段：Filename从中读取图像的文件的名称；FileSize文件大小（以字节为单位）

例5-20：显示内存中的图像。

解：MATLAB程序如下。

```
>> close all                     % 关闭所有打开的文件
>> clear                         % 清除工作区的变量
>> imds = imageDatastore({'landOcean.jpg','corn.tif'})  % 创建一个包含2个图像的 imageDatastore 对象
imds =
ImageDatastore-属性:
Files: {
              'C:\Program Files\Polyspace\R2020a\toolbox\matlab\demos\landOcean.jpg';
              'C:\Program Files\Polyspace\R2020a\toolbox\matlab\imagesci\corn.tif'
              }
           Folders: {
              'C:\Program Files\Polyspace\R2020a\toolbox\matlab\demos';
              'C:\Program Files\Polyspace\R2020a\toolbox\matlab\imagesci'
              }
AlternateFileSystemRoots: {}
ReadSize: 1
           Labels: {}
SupportedOutputFormats: ["png"    "jpg"    "jpeg"    "tif"    "tiff"]
DefaultOutputFormat: "png"
ReadFcn: @readDatastoreImage
>> img = readimage(imds,1);  % 读取imageDatastore对象中的第一个图形
>> imshow(img)               % 显示图像1
>> img = readimage(imds,2);  % 读取imageDatastore对象中的第二个图形
>> imshow(img)               % 显示图像2
```

运行结果如图5-27所示。

2. 图像读入命令

在MATLAB中，imread命令用来读入各种图像文件，将图片以矩阵的形式存储。图片需要在MATLAB路径下，可存储于数据存储内或数据存储外，它的使用格式见表5-25。

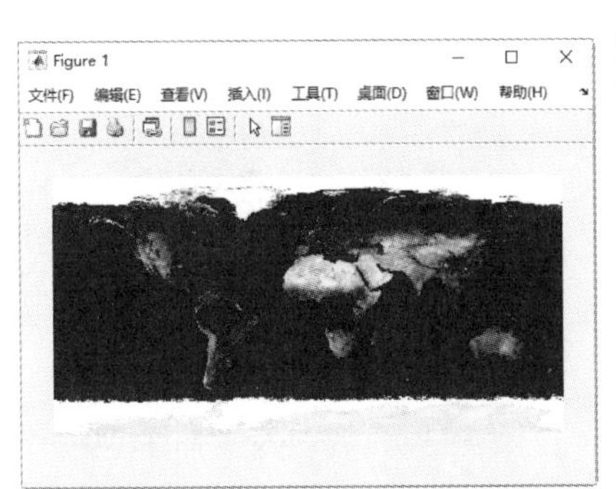

图 5-27 显示内存中图像

表 5-25 imread 命令的使用格式

命令格式	说明
A = imread(filename)	从 filename 指定的文件中读取图像，如果 filename 为多图像文件，则 imread 读取该文件中的第一个图像
A = imread(filename, fmt)	其中参数 fmt 用来指定图像的格式，图像格式可以与文件名写在一起，默认的文件目录为当前工作目录
A = imread(…, idx)	读取多帧图像文件中的一帧，idx 为帧号。仅适用于 GIF、PGM、PBM、PPM、CUR、ICO、TIF 和 HDF4 文件
A = imread(…, Name,Value)	使用一个或多个名称-值对组参数以及前面语法中的任何输入参数指定特定于格式的选项，见表 5-26
[A, map] = imread(…)	将 filename 中的索引图像读入 A，并将其关联的颜色图读入 map。图像文件中的颜色图值会自动重新调整到范围 [0, 1] 内
[A, map, alpha] = imread(…)	在[A, map] = imread(…)的基础上还返回图像透明度，仅适用于 PNG、CUR 和 ICO 文件。对于 PNG 文件，返回 alpha 通道（如果存在）

对于图像数据 A，以数组的形式返回。

- 如果文件包含灰度图像，则 A 为 $m \times n$ 数组。
- 如果文件包含索引图像，则 A 为 $m \times n$ 数组，其中的索引值对应于 map 中该索引处的颜色。
- 如果文件包含真彩色图像，则 A 为 $m \times n \times 3$ 数组。
- 如果文件是一个包含使用 CMYK 颜色空间的彩色图像的 TIFF 文件，则 A 为 $m \times n \times 4$ 数组。

表 5-26 名称-值对组参数表

属性名	说明	参数值
'Frames'	要读取的帧（GIF 文件）	一个正整数、整数向量或 'all'。如果指定值 3，将读取文件中的第三个帧。指定 'all'，则读取所有帧并按其在文件中显示的顺序返回这些帧

（续）

属性名	说明	参数值
'PixelRegion'	要读取的子图像（JPEG 2000 文件）	指定为包含'PixelRegion'和{rows，cols}形式的元胞数组的逗号分隔对组
'ReductionLevel'	降低图像分辨率（JPEG 2000 文件）	0（默认）和 非负整数
'BackgroundColor'	背景色（PNG 文件）	'none'、整数或三元素整数向量。如果输入图像为索引图像，BackgroundColor 的值必须为［1，P］范围中的一个整数，其中 P 是颜色图长度 如果输入图像为灰度，则 BackgroundColor 的值必须为［0，1］范围中的整数 如果输入图像为 RGB，则 BackgroundColor 的值必须为三元素向量，其中的值介于［0，1］范围内
'Index'	要读取的图像（TIFF 文件）	包含'Index'和正整数的逗号分隔对组
'Info'	图像的相关信息（TIFF 文件）	包含'Info'和 imfinfo 函数返回的结构体数组的逗号分隔对组
'PixelRegion'	区域边界（TIFF 文件）	{rows,cols}形式的元胞数组

例 5-21：显示路径下的餐厅图片。

解：MATLAB 程序如下。

```
>> close all                    % 关闭所有打开的文件
>> clear                        % 清除工作区的变量
>> A=imread('office_5.jpg');    % 读取当前路径下的图片
>> imshow(A)                    % 显示图片
```

运行结果如图 5-28 所示。

3. 从坐标轴取得图像数据

在 MATLAB 中，getimage 命令用于从坐标轴取得图像数据。该命令的使用格式见表 5-27。

表 5-27 getimage 命令的使用格式

命令格式	说明
I = getimage(h)	返回图形对象 h 中包含的第一个图像数据
[x,y,I] = getimage(h)	返回 x 和 y 方向上的图像范围
[…,flag] = getimage(h)	返回指定 h 包含的图像类型的标志
[…] = getimage	返回当前轴对象的信息

例 5-22：查看图像大小。

解：MATLAB 程序如下。

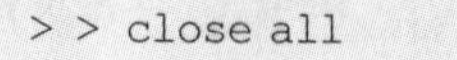

```
>> close all           % 关闭所有打开的文件
>> clear               % 清除工作区的变量
>> imshow tire.tif     % 显示内存中的 tire.tif 文件
>> I=getimage;         % 创建一个包含图像数据的变量 I
>> size(I)             % 查看变量各个维度的大小
ans =
  205   232
```

运行结果如图 5-29 所示。

图 5-28　显示餐厅图片

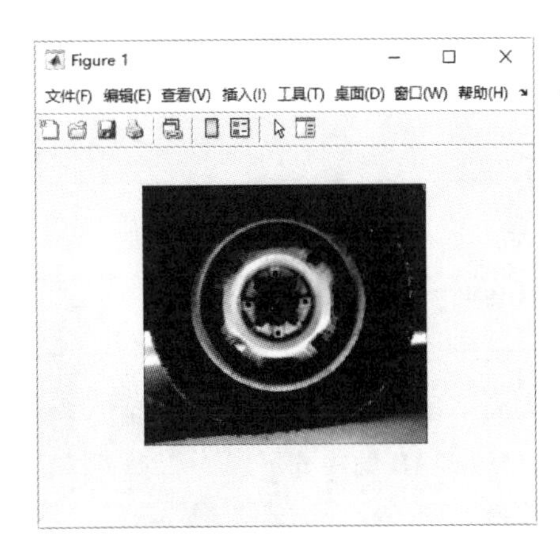

图 5-29　图片显示

4. 图像读入命令

在 MATLAB 中，read 命令用来读入数据存储中的数据，它的使用格式见表 5-28。

表 5-28　read 命令的使用格式

命令格式	说　明
data = read(ds)	返回数据存储中的数据
[data，info] = read (ds)	有关 info 中提取的数据的信息，包括元数据

例 5-23：显示内存中的图像。

解：MATLAB 程序如下。

```
>> close all                    % 关闭所有打开的文件
>> clear                        % 清除工作区的变量
>> imds = imageDatastore({'liftingbody.png','corn.tif'});  % 创建一个包含 2 个图像的imageDatastore 对象
>> img = read(imds);            % 读取 imageDatastore 对象中的图形
>> imshow(img)                  % 显示 imageDatastore 对象中的图像
```

运行结果如图 5-30 所示。

图 5-30　显示内存中图像

5. 图像全部读入命令

在 MATLAB 中，readall 命令用来读入数据存储内或数据存储外的各种图像文件，它的使用格式见表 5-29。

表 5-29 readall 命令的使用格式

命令格式	说明
data = readall(ds)	返回 ds 指定的数据存储中的所有数据。如果数据存储中的数据不能全部载入内存，readall 将返回“错误”

例 5-24：读取内存中的图像数据。

解：MATLAB 程序如下。

```
>> close all                                  %关闭所有打开的文件
>> clear                                      % 清除工作区的变量
>> ds = datastore({'onion.png','corn.tif'})  % 创建一个包含 2 个图像的 ImageDatastore
对象
ds =
ImageDatastore-属性:
                         Files: {
                                 'C:\Program Files\Polyspace\R2020a\toolbox\images\imda-
ta\onion.png';
                                 'C:\Program Files\Polyspace\R2020a\toolbox\matlab\imag-
esci\corn.tif'
                                 }
                       Folders: {
                               'C:\Program Files\Polyspace\R2020a\toolbox\images\imdata';
                               'C:\Program Files\Polyspace\R2020a\toolbox\matlab\imagesci'
                                 }
    AlternateFileSystemRoots: {}
    ReadSize: 1
                        Labels: {}
      SupportedOutputFormats: ["png"    "jpg"    "jpeg"    "tif"    "tiff"]
DefaultOutputFormat: "png"
ReadFcn: @readDatastoreImage
>> img = readall(ds)  % 获取图形数据存储中的所有数据
img =
  2×1 cell 数组
    {135×198×3uint8}
    {415×312uint8}
```

6. 图像写入命令

MATLAB 支持的图像格式有 *.bmp、*.cur、*.gif、*.hdf、*.ico、*.jpg、*.pbm、*.pcx、*.pgm、*.png、*.ppm、*.ras、*.tiff 以及 *.xwd。

在 MATLAB 中，imwrite 命令用来写入各种图像文件，它的使用格式见表 5-30。

表 5-30 imwrite 命令的使用格式

命令格式	说 明
imwrite(A, filenamet)	将图像的数据 A 写入到文件 filename 中，从扩展名推断出文件格式，在当前文件夹中创建新文件
imwrite(A,map,filename)	将索引矩阵 ***A*** 以及颜色映像矩阵 ***map*** 写入到文件 filename 中
imwrite(…, fmt)	以 fmt 的格式写入到文件中，无论 filename 中的文件扩展名如何。在输入参数之后指定 fmt
imwrite(…, Name,Value)	可以让用户控制 GIF、HDF、JPEG、PBM、PGM、PNG、PPM 和 TIFF 等图像文件的输出

当利用 imwrite 命令保存图像时，如果 A 属于数据类型 uint8，则 imwrite 输出 8 位值。

- 如果 A 属于数据类型 uint16 且输出文件格式支持 16 位数据（JPEG、PNG 和 TIFF），则 imwrite 将输出 16 位的值。如果输出文件格式不支持 16 位数据，则 imwrite 返回“错误”。
- 如果 A 是灰度图像或者属于数据类型 double 或 single 的 RGB 彩色图像，则 imwrite 假设动态范围是 [0, 1]，并在将其作为 8 位值写入文件之前自动按 255 缩放数据。如果 A 中的数据是 single，则在将其写入 GIF 或 TIFF 文件之前将 A 转换为 double。
- 如果 A 属于 logical 数据类型，则 imwrite 会假定数据为二值图像并将数据写入位深度为 1 的文件（如果格式允许）。BMP、PNG 或 TIFF 格式以输入数组形式接受二值图像。

例 5-25：读取图片并转换图片格式。

解：MATLAB 程序如下。

```
>> close all                                    % 关闭所有打开的文件
>> clear                                        % 清除工作区的变量
>> A = imread('squirrel.png');                  % 读取一个 24 位 PNG 图像
>> imshow(A)                                    % 显示图像
>> imwrite(A,'squirrel.bmp','bmp');             % 将图像另存为 squirrel.bmp,保存在当前路径下
>> imwrite(A,'squirrel_grayscale.bmp','bmp');   % 将图像另存为 squirrel_grayscale.bmp,保存在当前路径下
```

运行结果如图 5-31 所示。

例 5-26：创建不同格式图像。

解：MATLAB 程序如下。

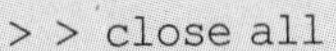

```
>> close all                                    % 关闭所有打开的文件
>> clear                                        % 清除工作区的变量
>> [X,map] = imread('canoe.tif');               % 读取 tif 图像文件
>> subplot(221),imshow(X,map),title('原图')      % 显示 tif 图像
>> A = imread('canoe.tif','PixelRegion',{[1 2],[3 4]});  % 读取 tif 图像数据的第 1 和第 2 行以及第 3 和第 4 列界定的区域
>> subplot(222),imshow(A)                       % 显示图像部分区域
>> imwrite(X,map,'canoe.jpg','Quality',25);     % 将 tif 图像转换为 jpg 图像格式,增大压缩文件的质量
>> B = imread('canoe.jpg');                     % 读取 jpg 图像
```

```
>> subplot(223),imshow(B)                % 显示 bmp 图像
>> imwrite(X,map,'canoe.gif','BackgroundColor',5);    % 将图像转换为 gif 图像格式,降
                                                        低图像分辨率,指定背景色
>> C=imread('canoe.gif');               % 读取图像数据
>> subplot(224),imshow(C)                % 显示图像
```

运行结果如图 5-32 所示。

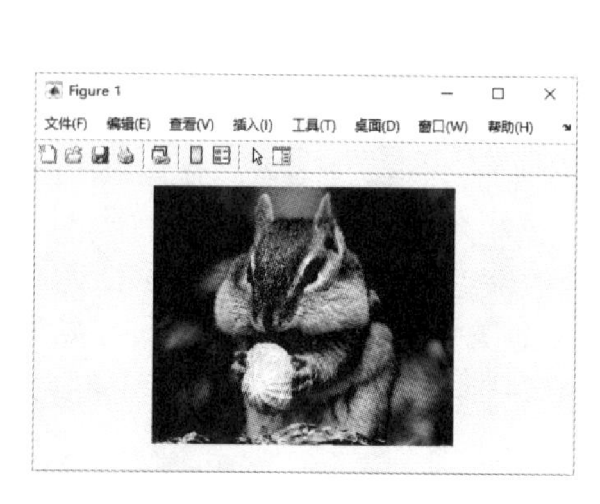

图 5-31　读取并转换图片格式

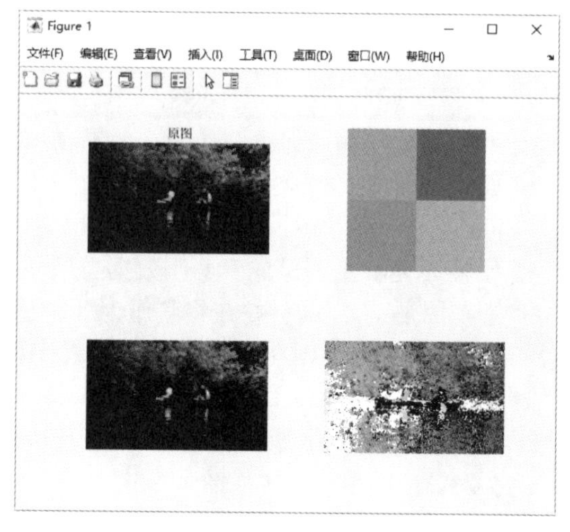

图 5-32　创建不同格式图像

5.2.6 图像信息查询

在利用 MATLAB 进行图像处理时，可以利用 imfinfo 命令查询图像文件的相关信息。这些信息包括文件名、文件最后一次修改的时间、文件大小、文件格式、文件格式的版本号、图像的宽度与高度、每个像素的位数以及图像类型等。该命令具体的使用格式见表 5-31。

表 5-31　imfinfo 命令的使用格式

命令格式	说明
info = imfinfo(filename,fmt)	查询图像文件 filename 的信息，fmt 为文件格式
info = imfinfo(filename)	查询图像文件 filename 的信息

例 5-27：图片的缩放与信息显示。

解：MATLAB 程序如下。

```
>> close all                            % 关闭所有打开的文件
>> clear                                % 清除工作区的变量
>> subplot(1,3,1)                       % 显示图窗分割后的第一个视图
>> I=imread('sunflower.jpg');           % 读取图像文件,返回图像数据
>> imshow(I,[0 80])   % 显示灰度图像 I,小于等于 0 的值显示为黑色,大于等于 80 的值显示为白色
>> subplot(1,3,2)                       % 显示第二个视图
>> imshow('sunflower.jpg');             % 显示图像
```

```
>> zoom(2)                              % 将图像整体放大 2 倍
>> subplot(1,3,3)                       % 显示第三个视图
>> imshow('sunflower.jpg')              % 显示图像
>> zoom(4)                              % 将图像整体放大 4 倍
>> info = imfinfo('sunflower.jpg')      % 查询图像信息
info =
     包含以下字段的 struct:
                  Filename: 'C:\Program Files\Polyspace\R2020a\bin\jg\sunflower.jpg'
               FileModDate: '18-Nov-2019 13:37:10'
                  FileSize: 534521
                    Format: 'jpg'
             FormatVersion: ''
                     Width: 800
                    Height: 600
                  BitDepth: 24
                 ColorType: 'truecolor'
           FormatSignature: ''
           NumberOfSamples: 3
              CodingMethod: 'Huffman'
             CodingProcess: 'Progressive'
                   Comment: {}
             BitsPerSample: [8 8 8]
 PhotometricInterpretation: 'RGB'
               Orientation: 1
SamplesPerPixel: 3
    XResolution: 96
    YResolution: 96
 ResolutionUnit: 'Inch'
       Software: 'Adobe Photoshop CS6 (Windows)'
       DateTime: '2019:11:18 13:37:09'
  DigitalCamera: [1×1 struct]
  ExifThumbnail: [1×1 struct]
```

运行结果如图 5-33 所示。

图 5-33 缩放图片

5.3 图像文件的转换

由于图形只保存算法和相关控制点即可，因此图形文件所占用的存储空间一般较小，但在进行屏幕显示时，由于需要扫描转换的计算过程，因此显示速度相对于图像来说显得略慢一些，但输出质量较好。不同的图像文件存储信息不同，在 MATLAB 中，根据需要，可以转换图像的颜色空间、图像类型、颜色模式、数据类型，本小节介绍常用的图像文件转换命令。

5.3.1 颜色空间转换

RGB、Lab、YUV 和 YCbCr 都是人为规定的彩色模型或颜色空间（也称彩色系统或彩色空间）。它的用途是在某些标准下用通常可接受的方式对彩色加以说明。本质上，彩色模型是坐标系统和子空间的阐述。

根据用途不同，MATLAB 提供了查看图像的颜色空间或要在各种颜色空间之间进行转换的命令，下面介绍具体命令。

1. YUV 与 RGB 转换

RGB（红绿蓝）是依据人眼识别的颜色定义的空间，可表示大部分颜色。但在科学研究中一般不采用 RGB 颜色空间，因为它的细节难以进行数字化的调整。RGB 将色调、亮度、饱和度三个量放在一起表示，很难分开，是最通用的面向硬件的彩色模型。该模型用于彩色监视器和一大类彩色视频摄像。

YCbCr 是在计算机系统中应用最多的颜色空间，其应用领域很广泛，JPEG、MPEG 均采用此格式。一般人们所讲的 YUV 大多是指 YCbCr。

在 MATLAB 中，ycbcr2rgb 命令用来将 YcbCr 值转化为 RGB 颜色空间，它的使用格式见表 5-32。

表 5-32　ycbcr2rgb 命令的使用格式

命令格式	说　明
rgbmap = ycbcr2rgb(ycbcrmap)	将 ycbcrmap 中的 YCbCr 颜色空间值转换为 RGB 颜色空间。***ycbcrmap*** 是一个 *c*x3 矩阵，包含 YCbCr 亮度（Y）和色度（Cb 和 Cr）颜色值作为列。rgbmap 表示其中的每一行与 ycbcrmap 中相应行的颜色相同
RGB = ycbcr2rgb(YCBCR)	将 YCBCR 图像转换为等效的真彩色图像 RGB

在 MATLAB 中，rgb2ycbcr 命令用来将 RGB 的值转换为 YCbCr 颜色空间，它的使用格式见表 5-33。

表 5-33　rgb2ycbcr 命令的使用格式

命令格式	说　明
ycbcrmap = rgb2ycbcr(rgbmap)	将 rgbmap 中的 RGB 颜色空间值转换为 YCbCr 颜色空间
YCBCR = rgb2ycbcr(RGB)	将真彩色图像 RGB 转换为 YCBCR 颜色空间中的等效图像

例 5-28：RGB 空间图像转换显示。

解：MATLAB 程序如下。

```
>> close all                          % 关闭所有打开的文件
>> clear                              % 清除工作区的变量
>> I = imread('onion.png');           % 读取图像文件,返回图像数据
```

```
>> subplot(1,3,1),imshow(I),title('RGB Image')% 在第一个视图中显示图像
>> J=rgb2ycbcr(I);     % 将图像从 RGB 颜色空间转换为 YUV 颜色空间
>> subplot(1,3,2),imshow(J),title('YUV Image')  % 显示转换颜色空间后的图像
>> K=ycbcr2rgb (J);   % 将图像从 YUV 颜色空间转换为 RGB 颜色空间
>> subplot(1,3,3),imshow(K),title('RGB Reverse Image')  % 显示转换颜色空间后的图像
```

运行结果如图 5-34 所示。

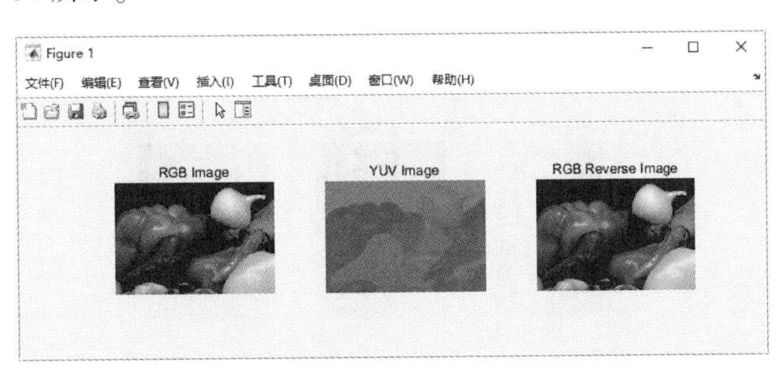

图 5-34　RGB 空间图像转换显示

2. RGB 与 NTSC 转换

NTSC 指的是 NTSC 标准下的颜色的总和。NTSC 比 RGB 覆盖的色彩空间略大一点，一般来说 100% sRGB 约等于 72% NTSC。

在 MATLAB 中，ntsc2rgb 命令用来转换色域值，将 NTSC 的值转换为 sRGB，将图像的颜色空间从 NTSC 转换为 RGB 颜色空间，它的使用格式见表 5-34。

表 5-34　ntsc2rgb 命令的使用格式

命令格式	说　明
RGB = ntsc2rgb（YIQ）	将 NTSC 图像的亮度（Y）和色度（I 和 Q）值转换为 RGB 图像的红色、绿色和蓝色值
rgbmap = ntsc2rgb（yiqmap）	将 NTSC 颜色映射转换为 RGB 颜色映射

在 MATLAB 中，rgb2ntsc 命令用来将 RGB 的值转换为 NTSC 颜色空间，它的使用格式见表 5-35。

表 5-35　rgb2ntsc 命令的使用格式

命令格式	说　明
YIQ = rgb2ntsc(RGB)	将 RGB 图像的红色、绿色和蓝色值转换为 NTSC 图像的亮度（Y）和色度（I 和 Q）值
yiqmap = rgb2ntsc(rgbmap)	将 RGB 颜色映射转换为 NTSC 颜色映射

例 5-29：RGB 与 NTSC 图像转换显示。

解：MATLAB 程序如下：

```
>> close all                           % 关闭所有打开的文件
>> clear                               % 清除工作区的变量
>> I=imread('yellowlily.jpg');         % 读取图像文件,返回图像数据
>> subplot(1,3,1),imshow(I),title('RGB Image')  % 在第一个视图中显示图像
>> J=rgb2ntsc(I);                      % 将图像的颜色空间从 RGB 转换为 NTSC 颜色空间
```

```
>> subplot(1,3,2),imshow(J),title('NTSC Image')  % 显示转换颜色空间后的图像
>> K=ntsc2rgb(J);                                % 将图像的颜色空间从 NTSC 转换为 RGB 颜色空间
>> subplot(1,3,3),imshow(K),title('RGB Reverse Image')  % 显示转换颜色空间后的图像
```

运行结果如图 5-35 所示。

图 5-35　图像转换显示（一）

3. RGB 与 HSV 转换

HSV、HSI 两个颜色空间都是为了更好地数字化处理颜色而提出来的。有许多种 HSX 颜色空间，其中的 X 可能是 V，也可能是 I，依据具体使用而 X 含义不同。H 是色调，S 是饱和度，I 是强度。

在 MATLAB 中，rgb2hsv 命令用来转换色域值，将 sRGB 值转化为 HSV 颜色空间，它的使用格式见表 5-36。

表 5-36　rgb2hsv 命令的使用格式

命令格式	说　明
HSV = rgb2hsv(RGB)	将 RGB 图像的红色、绿色和蓝色值转换为 HSV 图像的色调、饱和度和强度（HSV）值
hsvmap = rgb2hsv(rgbmap)	将 RGB 颜色图转换为 HSV 颜色图

在 MATLAB 中，hsv2rgb 命令用来将 HSV 的值转换为 sRGB 值，将图像的颜色模式转换为 RGB 颜色空间，它的使用格式见表 5-37。

表 5-37　hsv2rgb 命令的使用格式

命令格式	说　明
RGB = hsv2rgb(HSV)	将 HSV 图像的色调、饱和度和强度值转换为 RGB 图像的红色、绿色和蓝色值
rgbmap = hsv2rgb(hsvmap)	将 HSV 颜色图转换为 RGB 颜色图

例 5-30：RGB 与 HSV 图像转换显示。

解：MATLAB 程序如下。

```
>> close all                     % 关闭所有打开的文件
>> clear                         % 清除工作区的变量
>> I=imread('heart.jpg');        % 读取图像文件,并返回图像数据
```

```
>> subplot(1,3,1),imshow(I),title('RGB Image')      % 在第一个视图中显示图像
>> J=rgb2hsv(I);                                     % 将图像的颜色空间从 RGB 转换为 HSV
>> subplot(1,3,2),imshow(J),title('HSV Image')      % 显示转换颜色空间后的图像
>> K=hsv2rgb(J);                                     % 将图像的颜色空间从 HSV 转换为 RGB
>> subplot(1,3,3),imshow(K),title('RGB Reverse Image')  % 显示转换颜色空间后的图像
```

运行结果如图 5-36 所示。

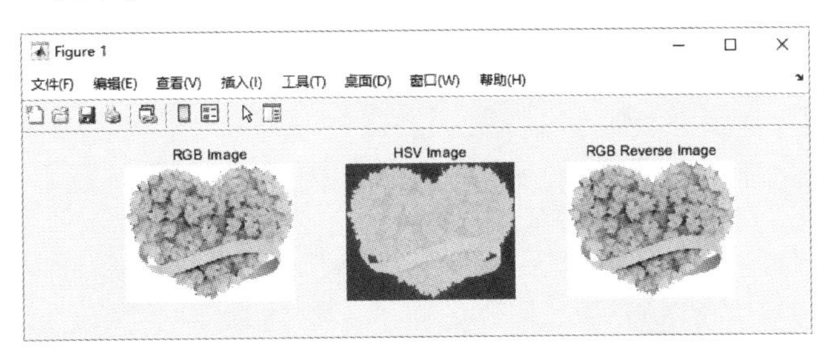

图 5-36 图像转换显示（二）

4. RGB 与 Lab 转换

Lab 颜色空间用于计算机色调调整和彩色校正。它是一种与设备无关的颜色系统，用 3 个颜色分量 L、a、b 描述人的视觉感应。

在 MATLAB 中，rgb2lab 命令用来将 RGB 图像转换为 Lab 图像，它的使用格式见表 5-38。

表 5-38 rgb2lab 命令的使用格式

命令格式	说明
lab = rgb2lab(rgb)	将 RGB 颜色空间中的 sRGB 值转换为 CIE 1976 L*a*b* 值，图像转换为 Lab 颜色空间
lab = rgb2lab(rgb,Name,Value)	使用一个或多个名称-值对组参数指定其他转换选项

在 MATLAB 中，lab2rgb 命令用来将 Lab 图像转换为 RGB 图像，它的使用格式见表 5-39。

表 5-39 lab2rgb 命令的使用格式

命令格式	说明
rgb = lab2rgb(lab)	将 Lab 颜色空间中的 L*a*b* 值转换为 sRGB 值，图像转换为 RGB 颜色空间
rgb = lab2rgb(lab,Name,Value)	使用一个或多个名称-值对组参数指定其他转换选项

例 5-31：RGB 与 LAB 图像转换显示。

解：MATLAB 程序如下。

```
>> close all                         % 关闭所有打开的文件
>> clear                             % 清除工作区的变量
>> I=imread('tu.jpg');               % 读取图像文件,返回图像数据
>> subplot(1,3,1),imshow(I),title('RGB Image')   % 在第一个视图中显示图像
>> J=rgb2lab(I);                     % 将颜色空间从 RGB 转换为 LAB
>> subplot(1,3,2),imshow(J),title('LAB Image')   % 显示转换颜色空间后的图像
>> K=lab2rgb(J);                     % 将颜色空间从 LAB 转换为 RGB
>> subplot(1,3,3),imshow(K),title('RGB Reverse Image')  % 显示转换颜色空间后的图像
```

运行结果如图 5-37 所示。

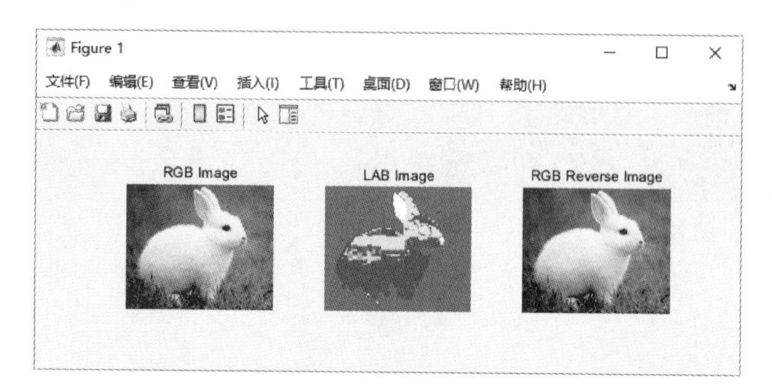

图 5-37 图像转换显示（三）

5. RGB 与 XYZ 转换

XYZ 表色系统即 1931CIE-XYZ 系统，是在 RGB 系统的基础上，用数学方法选用三个理想的原色来代替实际的三原色，从而将 CIE-RGB 系统中的光谱三刺激值和色度坐标 R、G、B 均变为正值。

在 MATLAB 中，rgb2xyz 命令用来将 RGB 颜色空间转换为 XYZ 颜色空间，它的使用格式见表 5-40。

表 5-40 rgb2xyz 命令的使用格式

命令格式	说明
xyz = rgb2xyz(rgb)	将 sRGB 值转换为 CIE 1931 XYZ 值
xyz = rgb2xyz(rgb,Name,Value)	使用一个或多个名称-值对组参数指定附加转换选项

在 MATLAB 中，xyz2rgb 命令用来将 XYZ 颜色空间转换为 RGB 颜色空间，它的使用格式见表 5-41。

表 5-41 xyz2rgb 命令的使用格式

命令格式	说明
rgb = xyz2rgb(xyz)	将 CIE 1931 XYZ 值转换为 sRGB 值
rgb = xyz2rgb(xyz,Name,Value)	使用一个或多个名称-值对组参数指定附加转换选项，见表 5-42

LAB 颜色空间与 XYZ 颜色空间转换命令为 xyz2lab 与 lab2xyz，方法与上面讲解的命令类似，这里不再赘述。

表 5-42 名称-值对组参数表

属性名	说明	参数值
'ColorSpace'	输出 RGB 值的颜色空间	'srgb'（默认）、'adobe-rgb-1998'、'linear-rgb'
'WhitePoint'	参考点	'd65'（默认）、'a'、'c'、'e'、'd50'、'd55'、'icc'、1-by-3 vector
'OutputType'	返回 RGB 值的数据类型	'double'、'single'、'uint8'、'uint16'

例 5-32：RGB 空间图像转换显示。

解：MATLAB 程序如下。

```
>> close all                                  % 关闭所有打开的文件
>> clear                                      % 清除工作区的变量
>> I = imread('qiuye.jpg');                   % 读取图像文件,返回图像数据
>> subplot(2,3,1),imshow(I),title('RGB Image')  % 在第一个视图中显示图像
```

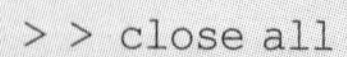

```
>> J = rgb2ycbcr(I);                    % 将图像从 RGB 颜色空间转换为 YUV 颜色空间
>> subplot(2,3,2),imshow(J),title('YUV Image')
>> J1 = rgb2ntsc(I);                    % 将图像从 RGB 颜色空间转换为 NTSC 颜色空间
>> subplot(2,3,3),imshow(J1),title('NTSC Image')
>> J2 = rgb2hsv(I);                     % 将图像从 RGB 颜色空间转换为 HSV 颜色空间
>> subplot(2,3,4),imshow(J2),title('HSV Image')
>> J3 = rgb2lab (I);                    % 将图像从 RGB 颜色空间转换为 LAB 颜色空间
>> subplot(2,3,5),imshow(J3),title('LAB Image')
>> J4 = rgb2xyz (I);                    % 将图像从 RGB 颜色空间转换为 XYZ 颜色空间
>> subplot(2,3,6),imshow(J4),title('XYZ Image')
```

运行结果如图 5-38 所示。

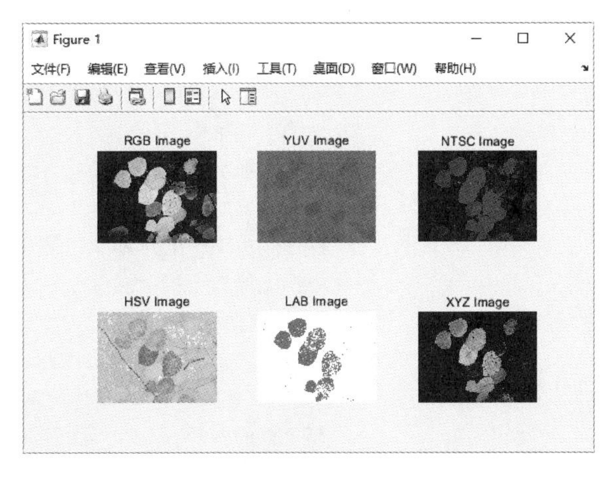

图 5-38 图像转换显示（四）

5.3.2 图像类型转换

图像类型包括索引图像、灰度图像、二值图像和 RGB 真彩色图像，不同的图像类型转换，实质上是颜色图像数组转换。在 MATLAB 中提供了将图像在不同图像类型之间转换的命令。

1. 索引与 RGB 图像的转换

在 MATLAB 中，rgb2ind 命令用来将 RGB 图像转换为索引图像，它的使用格式见表 5-43。

表 5-43 rgb2ind 命令的使用格式

命令格式	说明
[X,cmap] = rgb2ind(RGB,Q)	使用具有 Q 种量化颜色的最小方差量化法并加入抖动，将 RGB 图像转换为索引图像 X，Q 指定为≤65536 的正整数。cmap 为由范围 [0, 1] 内的值组成的 $c \times 3$ 矩阵。cmap 的每行都是一个三元素 RGB，指定颜色图的单种颜色的红、绿和蓝分量。该颜色图最多有 65536 种颜色
X = rgb2ind(RGB,inmap)	使用反色映射算法和抖动将 RGB 图像转换为带有色映射的索引图像 X。指定的颜色图为 inmap
[X,cmap] = rgb2ind(RGB, tol)	使用均匀量化和抖动将 RGB 图像转换为索引图像 X，容差为 tol，指定为范围 [0, 1] 内的数字
[⋯] = rgb2ind(⋯,dithering)	启用或禁用抖动。执行抖动'dither'或不执行抖动'nodither'。抖动以损失空间分辨率为代价来提高颜色分辨率

注意：

合成图像 X 中的值是色彩映射图的索引，不应用于数学处理，如过滤操作。

在 MATLAB 中，ind2rgb 命令用来将索引图像转换为 RGB 图像，它的使用格式见表 5-44。

表 5-44 ind2rgb 命令的使用格式

命令格式	说明
RGB = ind2rgb(X,map)	将索引图像 X 和对应的颜色图 map 转换为 RGB（真彩色）格式

索引图像 X 是整数的 $m \times n$ 数组。颜色图 map 是一个三列值数组，范围为［0,1］。颜色图的每一行都是一个 RGB 三元数组，它指定了彩色地图单一颜色的红色、绿色和蓝色成分。

例 5-33：缩放并索引图片。

解：MATLAB 程序如下。

```
>> close all                          % 关闭所有打开的文件
>> clear                              % 清除工作区的变量
>> RGB = imread('fruit.jpg');         % 读取并显示星云的真彩色 uint 8 JPEG 图像
>> figure                             % 新建图窗
>> imagesc(RGB)                       % 使用颜色图中的全部颜色显示图像
>> axis image                         % 根据图像大小显示图像
>> axis off                           % 关闭坐标系,显示如图 5-39 所示的真彩色图片
>> zoom(2)                            % 图像放大 2 倍,显示如图 5-40 所示的真彩色图片
>> [IND,map] = rgb2ind(RGB,32);       % 将 RGB 转换为 32 种颜色的索引图片
>> imagesc(IND)                       % 显示索引图片,如图 5-41 所示
```

运行结果如图 5-39 ~ 5-41 所示。

图 5-39 真彩色图片

图 5-40 放大后的图片

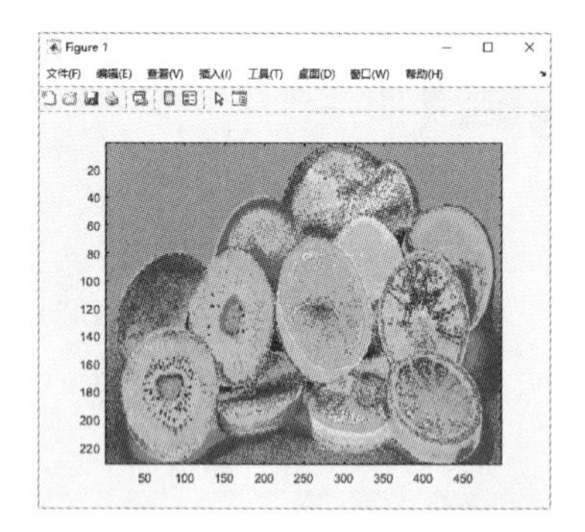

图 5-41 索引图片

例 5-34：绘制二维正弦曲线，并录制视角转换过程动画。

解：MATLAB 程序如下。

```
>> close all                          % 关闭所有打开的文件
>> clear                              % 清除工作区的变量
>> filename = 'xuanzhuan.gif';        % 指定文件名称
>> x = linspace(0,10 * pi,100);       % 创建一个行向量,元素个数为 100
>> y = sin(x);                        % 定义函数表达式
>> plot(x,y,'linewidth',2);           % 绘制函数曲线,线宽为 2
```

```
>> hold on                                    % 保留当前图窗中的绘图
>> h=plot(0,0,'.','MarkerSize',40);           % 在指定位置绘制圆点标记,并设置标记大小
>> xlabel('X'); ylabel('Y');                  % 添加坐标轴标签
>> axis([0 25-2 2]);                          % 设置坐标轴范围
>> for i=1:length(x)
set(h,'xdata',x(i),'ydata',y(i));             % 设置圆点标记的路径
drawnow;                                      % 开始绘制标记
pause(0.05)                                   % 暂停 0.05 秒
f=getframe(gcf);                              % 捕获当前坐标区中的图形作为影片帧
imind=frame2im(f);                            % 返回影片帧的图像数据
[imind,cm]=rgb2ind(imind,256);                % 将 RGB 图像转换为索引图像
if i==1
imwrite(imind,cm,filename,'gif');             % 写入 gif 文件
else
imwrite(imind,cm,filename,'gif','WriteMode','append');
end
end
```

图 5-42 所示为动画的一帧。

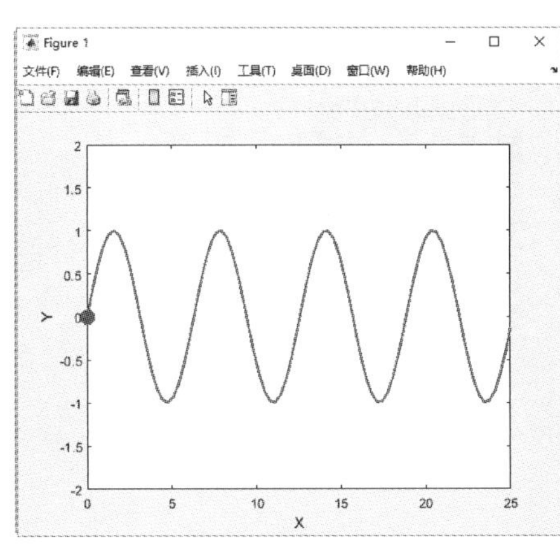

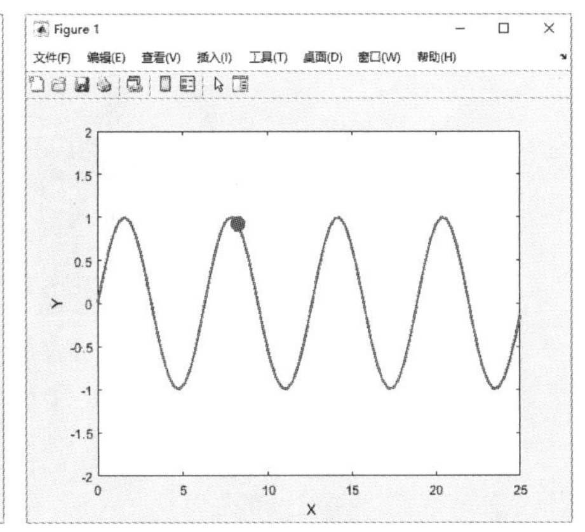

图 5-42 动画录制

2. RGB 图像与灰度图像的转换

提示:

通过消除图像色调和饱和度信息，同时保留亮度，将 RGB 图像或彩色图转换为灰度图像，即灰度化处理的功能。

在 MATLAB 中，rgb2gray 命令用来将 RGB 图像或颜色映像表转换为灰度图像，它的使用格式见表 5-45。

表 5-45 rgb2gray 命令的使用格式

命令格式	说明
I = rgb2gray(RGB)	将真彩色图像 RGB 转换为灰度图像 I。rgb2gray 命令通过消除色调和饱和度信息，同时保留亮度，将 RGB 图像转换为灰度图

（续）

命令格式	说明
newmap = rgb2gray(map)	返回 map 的灰度颜色图。map 是颜色图，指定为由范围［0，1］内的值组成的 $c\times3$ 数值矩阵。map 的每行都是一个三元素 RGB，指定颜色图的单种颜色的红、绿和蓝分量

例 5-35：图像灰度化。

解：MATLAB 程序如下。

```
>> close all                                          % 关闭所有打开的文件
>> clear                                              % 清除工作区的变量
>> A=imread('mao.jpg');                               % 读取图像
>> B=rgb2gray(A);                                     % 转换 RGB 图像为灰度图像
>> subplot(1,2,1),imshow(A), title('Original Image')  % 显示原图
>> subplot(1,2,2),imshow(B),title('Gray Image')       % 显示灰度图像
>> imwrite(B,'mao_gray.jpg','jpg');                   % 写入转换的灰度图像
```

运行结果如图 5-43 所示。

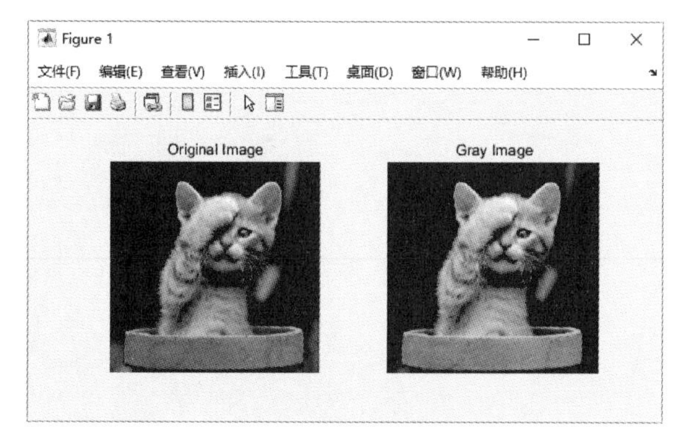

图 5-43　灰度化图像

3. 索引图像与灰度图像的转换

在 MATLAB 中，gray2ind 命令用来将灰度图像转换为索引图像，它的使用格式见表 5-46。

表 5-46　gray2ind 命令的使用格式

命令格式	说明
[X,cmap] = gray2ind(I,c)	将灰度图像转换为索引图像。矩阵 ***I*** 表示任意维度的灰度图数字数组。*C* 是颜色映射颜色数，如果输入图像是灰色的，那么 *C* 默认值为 64。如果输入图像是二进制的，则 *C* 默认为 2
[X,cmap] = gray2ind(BW,c)	将二值图像带宽转换为索引图像。BW 是任意维度二值数字数组图像

在 MATLAB 中，ind2gray 命令用来将索引图像转换为灰度图像，它的使用格式见表 5-47。

表 5-47　ind2gray 命令的使用格式

命令格式	说明
I = ind2gray (X,cmap)	将带有色彩映射 cmap 的索引图像转换为灰度图像，从输入图像中移除色调和饱和度信息，同时保持亮度

例 5-36：判断彩色图像和灰度图像。

解：MATLAB 程序如下。

```
>> close all                          % 关闭所有打开的文件
>> clear                              % 清除工作区的变量
>> I = imread('yinghua.jpg');         % 读取当前路径下的图像文件,返回图像数据
>> imshow(I)                          % 显示读取的图像文件
>> I_size = size(I);                  % 获取图像矩阵的行列数
>> dimension = numel(I_size);         % 计算矩阵元素的数目
>> if dimension = =2
       fprintf('% s','灰度图像');
end
if dimension = =3
       fprintf('% s','彩色图像');
end
彩色图像>>                             % 运行结果显示为彩色图像
```

运行结果如图 5-44 所示。

5.3.3 图像二值化

1. 二值化图像的形成

二值图像的每一个像素点取值只能是黑色或白色，把其他图像转化为二值图像时，要设定一个阈值。当原始图像的某个像素的数值大于这个阈值时，把像素变成白色（颜色分量为 255），当某个像素的数值小于这个阈值的时，把像素变成黑色（颜色分量为 0），这样就形成了二值化图像。

2. imbinarize 命令

二值化图像在 MATLAB 中是一个二维像素矩阵，第一维代表图像的 x 坐标，第二维代表图像的 y 坐标。imbinarize 命令用来通过阈值化将图像转化为二值图像，它的使用格式见表 5-48。

表 5-48　imbinarize 命令的使用格式

命令格式	说明
BW = imbinarize(I)	将高于全局确定阈值的所有值设置为 1，将其他值设置为 0，从二维或三维灰度图像 I 创建二值图像
BW = imbinarize(I,method)	使用方法'global'或'adaptive'（“全局”或“自适应”）指定的阈值从图像 I 创建二值图像
BW = imbinarize(I,T)	使用阈值 T 从图像 I 创建二值图像。T 可以是指定的范围为［0,1］标量亮度值的全局图像阈值，或者指定为亮度值矩阵的局部自适应阈值
BW = imbinarize(I,'adaptive',Name,Value)	使用名称–值对从图像 I 创建二值图像，以控制自适应阈值的各个方面

3. imbinarize 命令举例

imbinarize 命令只能处理二维数组，即两种颜色的图像，将灰度图像转变成二值图像。当输入图像不是灰度图像时，imbinarize 命令先将图像转换为灰度图像，再将图像通过灰度阈值转换为二值图像。

例 5-37：获得图像的二值灰度图像。

解：MATLAB 程序如下。

```
>> close all                              % 关闭所有打开的文件
>> clear                                  % 清除工作区的变量
>> I=imread('waite.jpg');                 % 读取图像,将其读取到工作区
>> I=rgb2gray(I);                         % 把 RGB 图像转化成灰度图像
>> BW1=imbinarize (I);                    % 将图像转化为二值图像
>> BW2=imbinarize (I,0.3);                % 将图像转化为二值图像,设置阈值为 0.3
>> BW3=imbinarize (I,0.6);                % 将图像转化为二值图像,设置阈值为 0.6
>> subplot(2,2,1),imshow(I);title('original');       % 显示灰度图
>> subplot(2,2,2),imshow(BW1);title('\default');     % 显示二值图像
>> subplot(2,2,3),imshow(BW2);title('level=0.3');    % 显示不同阈值的二值图像
>> subplot(2,2,4),imshow(BW3);title('level=0.6');
```

运行结果如图 5-45 所示。

图 5-44　判断图像

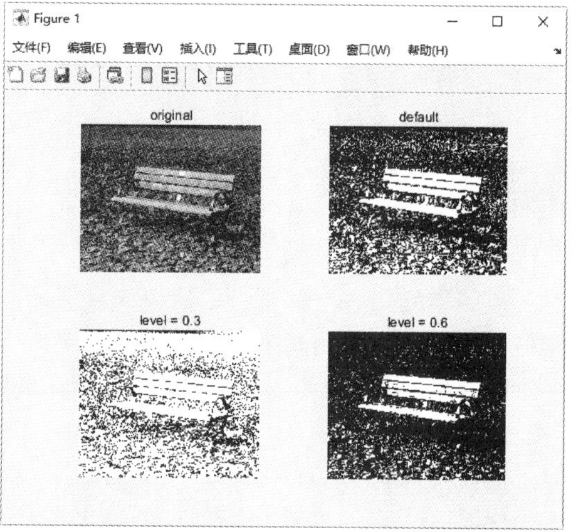

图 5-45　二值灰度图像

例 5-38：图像之间的转化。

解：MATLAB 程序如下。

```
>> close all                                         % 关闭所有打开的文件
>> clear                                             % 清除工作区的变量
>> I=imread('bianhua.jpg');                          % 读取图像,并显示
>> subplot(221),imshow(I),title('原始 RGB 图像')      % 显示原图
>> J=rgb2gray(I);                                    % 把 RGB 图像转化成灰度图像
>> subplot(222),imshow(J),title('转化为灰度图像')     % 显示灰度图像
>> M=imbinarize(J,'adaptive');                       % 自适应转化为二值灰度图
>> subplot(223),imshow(M),title('转化为自适应二值化图像')
>> Q=imbinarize(J,0.3);                              % 设置阈值为 0.6,转换为二值灰度图
>> subplot(224),imshow(Q);title('转化为阈值为 0.6 的二值化图像')
```

运行结果如图 5-46 所示。

例 5-39：图像之间的转化。

解：MATLAB 程序如下。

```
>> close all                                        % 关闭所有打开的文件
>> clear                                            % 清除工作区的变量
>> I = imread('tomatoes.jpg');                      % 读取图像,返回图像数据
>> subplot(221),imshow(I),title('原始 RGB 图像')     % 显示原始图像
>> J = rgb2gray(I);                                 % 把 RGB 图像转化成灰度图像
>> subplot(222),imshow(J),title('转化为灰度图像')    % 显示灰度图像
>> M = imbinarize(J,'adaptive','ForegroundPolarity','dark');
                                                    % 通过自适应阈值将灰度图二值化,使
                                                    用前景极性参数 ForegroundPolar-
                                                    ity 指示前景比背景暗
>> subplot(223),imshow(M),title('前景比背景暗的二值化图像')
>> Q = imbinarize(J,'adaptive','ForegroundPolarity','bright','Sensitivity',0.3);%
通过自适应阈值将灰度图二值化,前景比背景亮,自适应阈值的敏感度因子为 0.3
>> subplot(224),imshow(Q),title('前景比背景亮的二值化图像')
```

运行结果如图 5-47 所示。

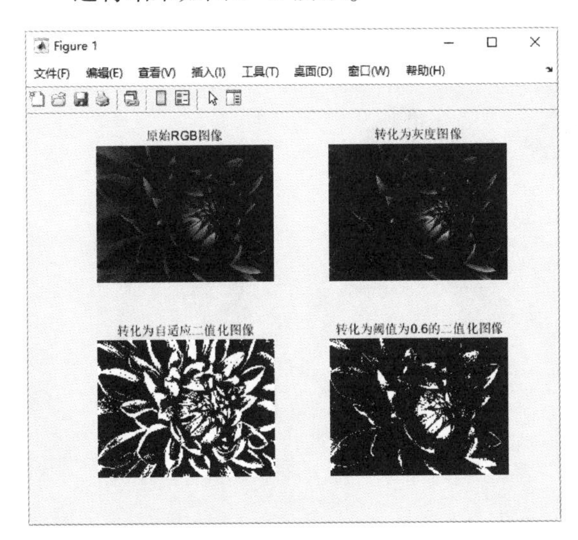

图 5-46 图像转换（一）

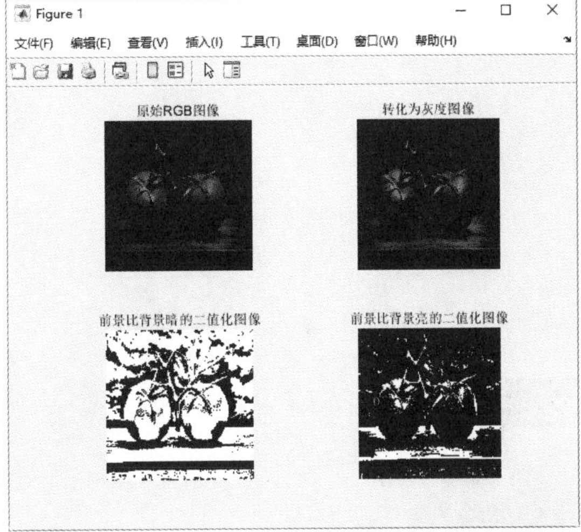

图 5-47 图像转换（二）

4. 获取阈值

在 MATLAB 中，最大类间方差法是一种自适应的阈值确定的方法，又称大津法，简称 OTSU。它是按图像的灰度特性，将图像分成背景和目标两部分。在使用 imbinarize 命令将灰度图像转换为二值图像时，需要设定一个阈值，graythresh 命令用于获得一个合适的阈值，利用该阈值通常比人为设定的阈值能更好地把一张灰度图像转换为二值图像。它的使用格式见表 5-49。

表 5-49 graythresh 命令的使用格式

命令格式	说明
T = graythresh(I)	使用 OTSU（最大类间方差法）从灰度图像 I 计算全局阈值 T
[T,EM] = graythresh(I)	返回有效性度量 EM

例 5-40：将 RGB 图像转换为二值图像。

解：MATLAB 程序如下：

```
>> close all                        % 关闭所有打开的文件
>> clear                            % 清除工作区的变量
>> I=imread('vase.jpg');            % 读取图像文件,返回图像数据
>> subplot(1,3,1),imshow(I),title('原图');  % 显示原图
>> I=rgb2gray(I);                   % 把 RGB 图像转化成灰度图像
>> J=imbinarize(I); % 当输入图像不是灰度图像时,先将图像转换为灰度图像,将图像通过灰度阈值转换为二值图像
>> subplot(1,3,2),imshow(J),title('二值图像');  % 显示二值图像
>> T=graythresh(I);                 % 根据灰度图像 I 计算全局阈值 T
>> M=imbinarize(I,T);               % 使用阈值 T 从图像 I 创建二值图像
>> subplot(1,3,3),imshow(M),title('计算阈值后得到二值图像');  % 显示通过灰度阈值转换后的二值图像
```

运行结果如图 5-48 所示。

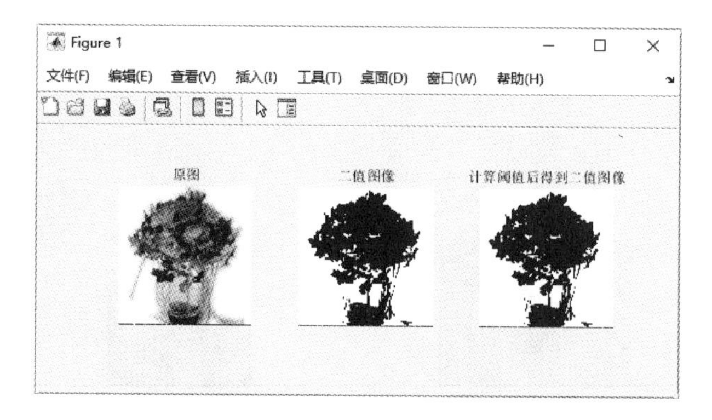

图 5-48 图像转换（三）

5.3.4 索引图像处理

MATLAB 中提供了查看索引图像的颜色模式及转换处理的命令，本小节介绍具体命令。

1. 转换为索引图像

在 MATLAB 中，imapprox 命令通过减少颜色数量来近似处理索引图像，它的使用格式见表 5-50。

表 5-50 imapprox 命令的使用格式

命令格式	说明
[Y,newmap] = imapprox(X,map,Q)	使用具有 Q 种量化颜色的最小方差量化法来近似表示索引图像 X 和关联颜色图 map 中的颜色。imapprox 返回索引图像 Y 和颜色图 newmap
[Y,newmap] = imapprox(X,map,tol)	使用容差为 tol 的均匀量化法来近似表示索引图像 X 和关联颜色图 map 中的颜色
Y = imapprox(X,map,inmap)	使用基于颜色图 inmap 的逆颜色图映射法来近似表示索引图像 X 和关联颜色图 map 中的颜色。逆颜色图算法会在 inmap 中查找与 map 中的颜色最匹配的颜色
… = imapprox(…,dithering)	启用或禁用抖动

例 5-41：将 RGB 图像转换为索引图像。

解：MATLAB 程序如下。

```
>> close all                    % 关闭所有打开的文件
>> clear                        % 清除工作区的变量
>> load cape; % 将内存的图像读取到工作区中,数据显示为 double 二维矩阵 X 与颜色图 double 二维矩阵 map,还包括图像标题矩阵 caption
>> subplot(1,2,1),imshow(X,map),title('原图');% 使用关联的颜色图 map 显示 RGB 图像 X
>> [J,newmap] = imapprox(X,map,'nodither');  % 通过减少图像颜色数量生成具有较少颜色的索引图像 J 及颜色图 newmap,选择 'nodither',不执行抖动,将原始图像中的每种颜色映射为新颜色图中最接近的颜色
>> subplot(1,2,2), image(J),colormap(newmap),title('索引图');% 使用减少颜色数量生成的新颜色图 newmap 显示索引图像 J
>> axis off                     % 关闭坐标系
>> axis image                   % 图形区域紧贴图像数据
```

运行结果如图 5-49 所示。

图 5-49 图像转换（四）

提示：

image 函数只用于索引图像的显示，imshow 函数用于所有格式图像的显示。

在 MATLAB 中，cmpermute 命令将灰度或真彩色图像转换为索引图像，重新排列颜色图中的颜色，它的使用格式见表 5-51。

表 5-51 cmpermute 命令的使用格式

命令格式	说明
[Y,newmap] = cmpermute(X,map)	随机对颜色图 map 中的颜色重新排序以生成一个新的颜色图 newmap。图像 Y 和关联的颜色图 newmap 生成与 X 和 map 相同的图像
[Y,newmap] = cmpermute(X,map,index)	使用排序矩阵（如 sort 的第二个输出）在新颜色图中定义颜色的顺序

例 5-42：重排图像颜色图中的颜色。

解：MATLAB 程序如下：

```
>> close all        % 关闭所有打开的文件
>> clear            % 清除工作区的变量
>> load cape        % 将内存的图像读取到工作区中,数据显示为 double 二维矩阵 X 与颜色图
                      double 二维矩阵 map,还包括图像标题矩阵 caption
```

```
>> tiledlayout(1,2),ax1 = nexttile;  % 创建一个 1×2 平铺图布局,创建坐标区对象 ax1
>> image(X),colormap(ax1,map),title('原图');  % 使用图像自带的颜色图显示图像
>> axis off                  % 关闭坐标系
>> axis image                % 图形区域紧贴图像数据
>> ntsc = rgb2ntsc(map);  % 将 RGB 转换为 NTSC
>> [dum,index] = sort(ntsc(:,1));  % 对图像数据进行排序
>> [J,newmap] = cmpermute(X,map,index);  % 使用排序矩阵对颜色图 map 中的颜色重新排序,
                                           生成一个新的颜色图 newmap
>> ax2 = nexttile; image(X),colormap(ax2,newmap),title('重排颜色后的图');  % 显示
                             重排颜色后的图像
>> axis off                  % 关闭坐标系
>> axis image                % 图形区域紧贴图像数据
```

运行结果如图 5-50 所示。

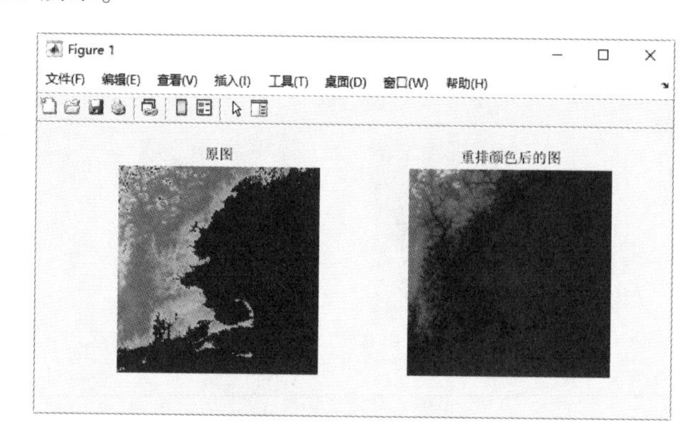

图 5-50 重排图像颜色

在 MATLAB 中，cmunique 命令将灰度或真彩色图像转换为索引图像，消除颜色图中的重复颜色，它的使用格式见表 5-52。

表 5-52 cmunique 命令的使用格式

命令格式	说明
[Y,newmap] = cmunique(X,map)	从颜色图 map 中删除重复的行以生成新颜色图 newmap
[Y,newmap] = cmunique(RGB)	将真彩色图像 RGB 转换为索引图像 Y 及其关联的颜色图 newmap。返回的颜色图是图像的可能的最小颜色图
[Y,newmap] = cmunique(I)	将灰度图像 I 转换为索引图像 Y 及其关联的颜色图 newmap

例 5-43：消除图像颜色图中的重复颜色。

解：MATLAB 程序如下。

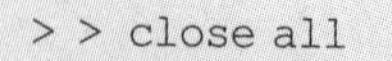

```
>> close all        % 关闭所有打开的文件
>> clear            % 清除工作区的变量
>> load earth       % 将内存的图像读取到工作区中,数据显示为 double 二维矩阵 X 与颜色图
                      double 二维矩阵 map
>> ax1 = subplot(121);image(X),colormap(ax1,map),title('原图');  % 显示原始图像
>> axis off         % 关闭坐标系
```

```
>> axis image                 % 图形区域紧贴图像数据
>> [Y,newmap] = cmunique (X,map);  % 从颜色图 map 中删除重复的行以生成新颜色图 newmap
>> ax2 = subplot(122);image(X),colormap(ax2,newmap),title('消除颜色图中的重复颜色');
                              % 使用消除了重复颜色的新颜色图显示图像
>> axis off                   % 关闭坐标系
>> axis image                 % 图形区域紧贴图像数据
```

运行结果如图 5-51 所示。

图 5-51　消除重复颜色

2. 图像转换

在 MATLAB 中，dither 命令可以通过抖动提高表观颜色分辨率，转换为索引图像或二值图像，它的使用格式见表 5-53。

表 5-53　dither 命令的使用格式

命令格式	说明
X = dither(RGB,map)	通过抖动颜色图 map 中的颜色创建 RGB 图像的索引图像近似值
X = dither(RGB,map,Qm,Qe)	指定要沿每个颜色轴为逆向颜色图使用的量化位数 Qm，以及用于颜色空间误差计算的量化位数 Qe
BW = dither(I)	通过抖动将灰度图像 I 转换为二值（黑白）图像 BW

例 5-44：将灰度图像转换为二值图像。

解：MATLAB 程序如下。

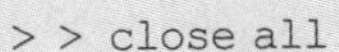

```
>> close all                                  % 关闭所有打开的文件
>> clear                                      % 清除工作区的变量
>> I = imread('coins.png');                   % 将文件中的灰度图像读取到工作区中
>> subplot(121),imshow(I),title('灰度图');    % 显示灰度图像
>> J = dither(I);                             % 将图像转换为二值图像
>> subplot(122),imshow(J),title('二值图');    % 显示二值图
```

运行结果如图 5-52 所示。

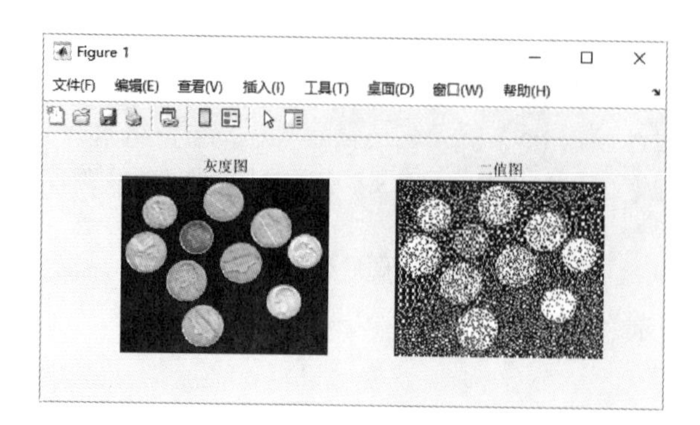

图 5-52 图像转换（五）

3. 线性化伽马校正的 RGB 值

在 MATLAB 中，rgb2lin 命令利用线性化伽马校正图像的 RGB 值，它的使用格式见表 5-54。

表 5-54 rgb2lin 命令的使用格式

命令格式	说明
B = rgb2lin(A)	撤销图像 A 中 sRGB 值的伽马校正，使图像 B 包含线性 RGB 值
B = rgb2lin(A,Name,Value)	使用名称-值对撤销伽马校正，以控制其他选项

例 5-45：将 RGB 图像转换为线性图像。

解：MATLAB 程序如下。

```
>> close all                                   % 关闭所有打开的文件
>> clear                                       % 清除工作区的变量
>> I = imread('wanma.jpg');                    % 将文件中的 RGB 图像读取到工作区中
>> subplot(121),imshow(I),title('RGB 图');     % 显示 RGB 图像
>> J = rgb2lin(I,'OutputType','double');       % 取消伽马校正,将图像转换为线性图像
>> subplot(122),imshow(J),title('线性图');     % 显示线性图
```

运行结果如图 5-53 所示。

图 5-53 图像转换（六）

5.3.5 数据类型转换

图像使用数据矩阵表示，图像数据矩阵可能是 double、uint8 或 uint16 等类型。输入图像矩阵默认使用 *I* 表示，可以指定为数值标量、向量、矩阵或多维数组。如果 I 是灰度或真彩色（RGB）

图像，它可以是 uint8、uint16、double、logical、single 或 int16。如果 I 为索引图像，它可以是 uint8、uint16、double 或 logical。如果 I 为二值图像，它必须是 logical。

为满足不同的要求，对于这些格式的图像文件，MATLAB 提供了将图像矩阵转换为相应的数据格式命令，本小节简单介绍这些命令的基本用法。

在 MATLAB 中，im2double 命令用来转换图像矩阵为双精度浮点型，它的使用格式见表 5-55。

表 5-55 im2double 命令的使用格式

命令格式	说明
I2 = im2double(I)	将图像 I 转换为双精度。I 可以是灰度强度图像、真彩色图像或二值图像。转换后将整数数据类型的输出重新缩放到范围 [0, 1]
I2 = im2double(I,'indexed')	将索引图像 I 转换为双精度。在整数数据类型的输出中增加大小为 1 的偏移量。'indexed'表示设置偏移量

数值类型除双精度、单精度外，还包括无符号整型、有符号整型，将图像矩阵存储为 8 位或 16 位无符号整数类型，可以降低内存要求。图像矩阵其余数值类型转换命令见表 5-56。

表 5-56 数值类型转换命令格式

调用格式	说明
im2uint8	转换图像阵列为 8 位无符号整型
im2uint16	转换图像阵列为 16 位无符号整型
im2int16	转换图像阵列为 16 位有符号整型
im2single	转换图像阵列为单精度浮点类型

第 6 章　图像的基本运算

图像运算是指通过改变像素的值来得到图像增强效果的操作，它通常以图像为单位进行。具体的运算主要包括算术、逻辑运算和几何运算。

6.1　图像基本运算的概述

1. 图像基本运算分类

图像运算是指以图像为单位进行的操作，按照图像处理的数学特征。图像基本运算可分为点运算、算术运算、逻辑运算和几何运算。

（1）点运算

点运算是指对图像每个像素的灰度值进行计算的方法，仅仅取决于输入图像中相对应像素的灰度值。

（2）算术运算

算术运算是指对两幅或两幅以上的输入图像中对应像素的灰度值作加、减、乘或除等运算后，将运算结果作为输出图像相应像素的灰度值。

（3）逻辑运算

逻辑运算是指对两幅或两幅以上的输入图像中对应像素的灰度值作布尔运算后，将运算结果作为输出图像相应像素的灰度值。算术和逻辑运算中每次只涉及一个空间像素的位置。

（4）几何运算

图像的几何运算是指引起图像几何形状发生改变的变换。与点运算不同的是，几何运算可以看成是像素在图像内的移动过程，该移动过程可以改变图像中物体对象之间的空间关系。

2. 图像基本运算常用处理方法

图像基本运算以图像为单位进行操作，运算的结果是一幅新的图像，常用于图像高级处理（如图像分割、目标的检测和识别等）过程的前期处理。图像的运算处理方法在许多领域得到突破性进展。

（1）模式识别

寻找物体边缘通常是通向物体自动识别的第一步，人眼和脑有非凡的识别能力，可以很好地从物体的粗略轮廓识别物体。要使计算机具有类似的能力，必须研究自动识别的算法并编成计算机程序。通常在边缘检测之后，因为边缘检测获得的边缘经常断断续续，边缘像素过少，所以需要经过膨胀（Dilation）和侵蚀（Erosion）等步骤，帮助产生计算机可以辨明的物体边界。

建立物体的清晰边界之后，就可以考虑进行物体的鉴别、分类与识别了。在车站、机场等处对行李进行透视检测的设备就是从事此类工作的。利用目标物体集合中目标物的特征有助于考察该目标。

（2）图像频谱与应用

图像信号也具有频谱，一般来说，图像频谱的低频部分是指那些灰度缓慢变化的部分，而高频部分意味着快速变化，往往是图像中物体的边缘。

从二维信号获得的频谱，包含着两个方向的频率数据。一个沿着图像的行，一个沿着图像的列，因此，幅度和相位必须用第三维表示。一般在二维图上用不同的颜色强度表示这些量大小，或在三维图中用高度表示。二维 DFT 是首先沿图像的行作一维 DFT，然后再沿中间结果数据的列作一维 DFT。

6.2 图像的点运算

点运算是指输入输出图像像素的灰度值运算，点运算也被称为灰度变换。点运算的结果是改变了图像像素的灰度值，也就可能改变了整幅图像的灰度统计分布，在图像的灰度直方图上反映出来。

6.2.1 灰度变换函数

灰度值的点运算包括函数变换与直方图变换，本节介绍灰度值点运算中的函数变换，灰度函数变换如图 6-1 所示。

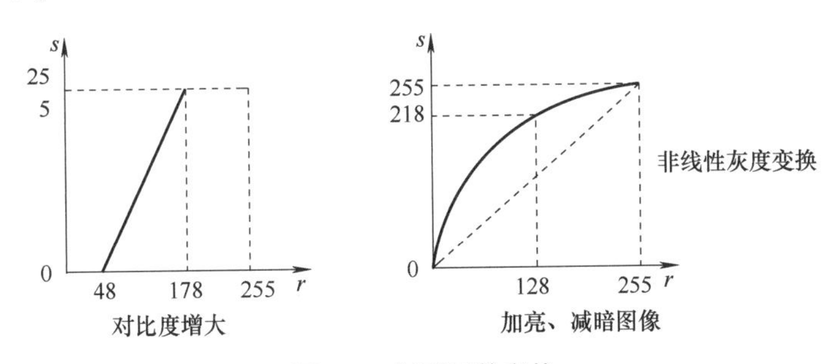

图 6-1 灰度函数变换

设输入图像的灰度为 $f(x,y)$，输出图像的灰度为 $g(x,y)$，则点运算可以表示为

$$g(x,y)=T[f(x,y)]$$

其中，$T[\quad]$是对 f 在（x,y）点值的一种数学运算，即点运算是一种像素的逐点运算，是灰度到灰度的映射过程，故称 $T[\quad]$为灰度变换函数。

若令 $f(x,y)$ 和 $g(x,y)$ 在任意点 (x,y) 的灰度级分别为 r 和 s，则灰度变换函数可简化表示为 $s=T[r]$。

点运算可以改变图像数据所占据的灰度值范围，从而改善图像显示效果。

点运算又称为“对比度增强”“对比度拉伸”和“灰度变换”等，按灰度变换函数$T[\quad]$的性质，可将点运算分类，如图 6-2 所示：

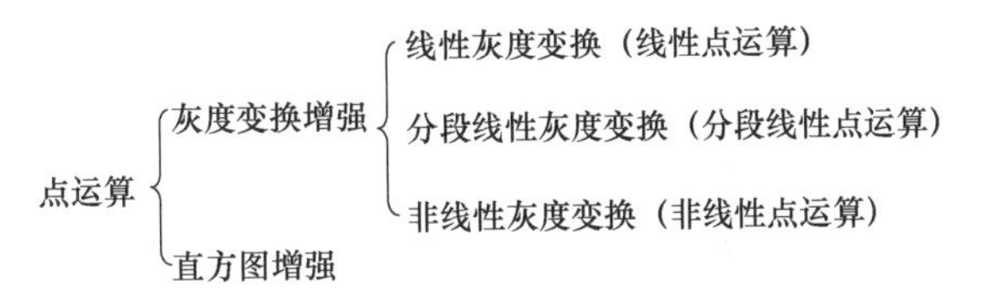

图 6-2 点运算分类

6.2.2 线性灰度变换

对原灰度图像每个像素点进行线性操作，即 X_new = $aX+b$。

$a=1$，$b=0$ 时，输出灰度不变；$b>=0$ 时，所有灰度值上移，增加亮度；$b<=0$ 时，所有

灰度值下移，减小亮度；$a>1$ 时，输出灰度扩展，对比度上升；$0<a<1$ 时，输出灰度压缩，对比度减小；$a<0$ 时暗区变亮，亮区变暗，图像求补。

灰度图像线性变换实质上是对图像矩阵的像素进行线性操作，具体步骤包括使用 imread 命令读取图像数据，利用矩阵的算术运算符加减乘除计算 $Y=aX+b$。

例 6-1：图片的灰度线性变化。

解：MATLAB 程序如下。

```
>> clear                                  % 清除工作区的变量
>> close all                              % 关闭所有打开的文件
>> I = imread('moon.jpg');                % 读取图片
>> axis off                               % 关闭坐标系
>> subplot(2,2,1)                         % 分割图窗,显示第一个视图,RGB 图
>> imshow(I),title('RGB 图')               % 显示真彩色 RGB 图
>> subplot(2,2,2)                         % 显示第二个视图
>> gray_I = rgb2gray(I);                  % 将图片转换为灰度图
>> imshow(gray_I),title('灰度图');          % 显示第二个视图,灰度图
>> subplot(2,2,3)                         % 显示第三个视图
>> gray_I1 = gray_I + 5;                  % 对灰度图进行线性操作
>> imshow(gray_I1),title('gray_I1 = gray_I + 5');   % 显示线性变化的灰度图,灰度值上移,
                                                     图像变亮
>> subplot(2,2,4)                         % 显示第四个视图
>> gray_I2 = 0.5* gray_I1;                % 对灰度图进行线性操作
>> imshow(gray_I2),title('gray_I2 = 0.5* gray_I1')   % 显示线性变化的灰度图,对比度减
                                                       小,明暗对比程度减小
```

运行结果如图 6-3 所示。

6.2.3 非线性灰度变换

通过非线性关系：

$$g(x,y)=\begin{cases}\dfrac{M_g-d}{M_f-b}[f(x,y)-b]+d & b\leqslant f(x,y)\leqslant M_f\\[2ex] \dfrac{d-c}{b-a}[f(x,y)-a]+c & a\leqslant f(x,y)<b\\[2ex] \dfrac{c}{a}f(x,y) & 0\leqslant f(x,y)<a\end{cases}$$

对图像进行灰度处理。设 $f(x,y)$ 灰度范围为 $[0,M_f]$，$g(x,y)$ 灰度范围为 $[0,M_g]$，f 非线性灰度运算的输入灰度级与输出灰度级呈非线性关系。

非线性拉伸不是对图像的整个灰度范围进行扩展，而是有选择地对某一灰度值范围进行扩展，其他范围的灰度值则有可能被压缩。非线性灰度变换主要包括对数变换、指数变换、分段函数变换。

1. 指数变换

指数变换的一般形式为 $S=cr^{\gamma}$，其中 c 和 γ 为正常数。

指数变换可以将部分灰度区域映射到更宽的区域中，当 $\gamma=1$ 时，指数变换转变为线性变换。当 $\gamma<1$ 时，扩展低灰度级，压缩高灰度级，使图像变亮。当 $\gamma>1$ 时，扩展高灰度级，压缩低灰

度级，使图像变暗，如图 6-4 所示。

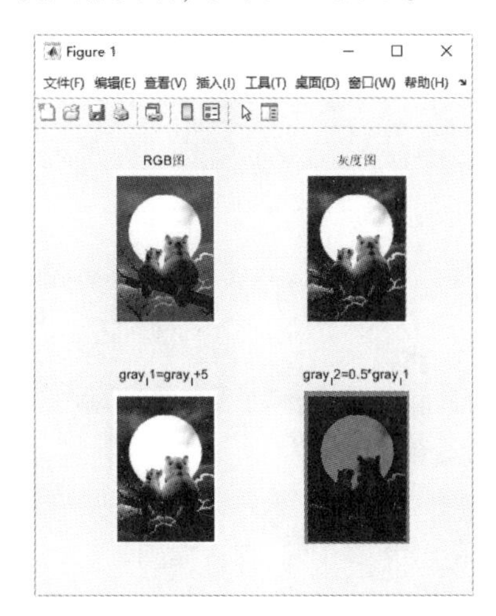

图 6-3　图片灰度变化

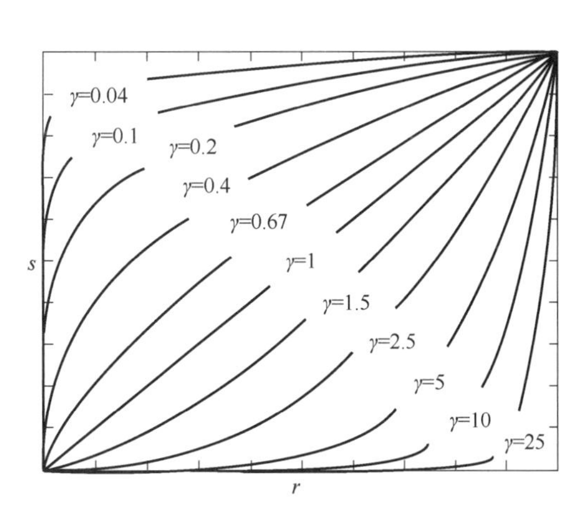

图 6-4　指数变换

2. 对数变换

对数变换的一般表达形式为 $s = c\log(1+r)$，其中 c 是一个常数。

图像像素经过对数变换后，低灰度区扩展，高灰度区压缩，图像相应加亮、减暗。对数曲线图如图 6-5 所示。

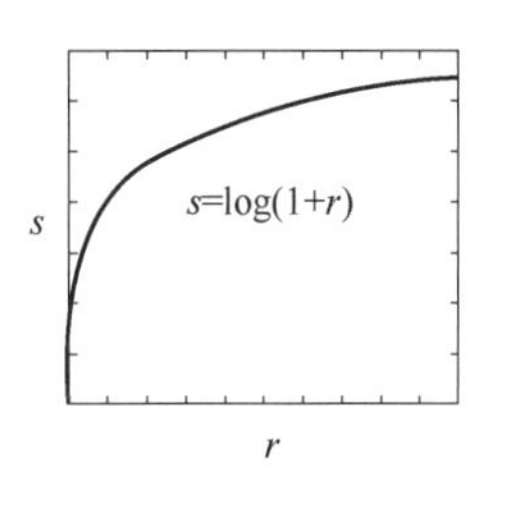

图 6-5　对数曲线图

在 MATLAB 中，对数变换、指数变换命令使用格式见表 6-1。

表 6-1　命令的使用格式

命令格式	说　　明
L = log(A)	用于数字图像的对数变换，计算 A 的矩阵对数。此种变换使一窄带灰度输入图映射为一宽带输出值
C = A.^B C = power（A，B）	用于数字图像的指数变换，计算 A.^B

例 6-2：图像幂次变换。

解：MATLAB 程序如下。

```
>> clear                                      % 清除工作区的变量
>> close all                                  % 关闭所有打开的文件
>> I = imread('sunflower.jpg');               % 读取图片
>> axis off                                   % 关闭坐标系
>> subplot(2,2,1)                             % 分割视图,显示第一个视图
>> imshow(I),title('RGB 图')                  % 显示真彩色 RGB 图
>> subplot(2,2,2)                             % 显示第二个视图
>> gray_I = rgb2gray(I);                      % 将图片转换为灰度图
>> imshow(gray_I),title('灰度图');            % 显示灰度图
>> subplot(2,2,3)                             % 显示第三个视图
>> gray_Y = im2double(gray_I).^5;             % 灰度图幂变换,幂数为 5
```

```
>> imshow(gray_Y),title('灰度图幂变换');          % 显示幂变换后的灰度图
>> subplot(2,2,4)                                   % 显示第四个视图
>> gray_Y1=power(im2double(gray_I),0.5);           % 灰度图幂变换,幂数为 0.5
>> imshow(gray_Y1),title('灰度图幂变换');         % 显示幂变换后的灰度图
```

运行结果如图 6-6 所示。

例 6-3：图像对数变换。

解：MATLAB 程序如下。

```
>> clear                                  %清除工作区的变量
>> close all                              % 关闭所有打开的文件
>> I=imread('bianhua.jpg');               % 读取图片,返回图像文件
>> axis off                               % 关闭坐标系
>> subplot(2,2,1)                         % 分割视图,显示第一个视图
>> imshow(I),title('RGB 图')              % 显示真彩色 RGB 图
>> subplot(2,2,2)                         % 显示第二个视图
>> gray_I=rgb2gray(I);                    % 将图片转换为灰度图
>> imshow(gray_I),title('灰度图');        % 显示灰度图
>> gray_I=im2double(gray_I);              % 将灰度图像矩阵转换为双精度,方便进行对数变换
>> subplot(2,2,3)                         % 显示第三个视图
>> gray_Y=0.3* log(gray_I+1);             % 灰度图对数变换,图像变暗
>> imshow(gray_Y),title('灰度图对数变换');   % 显示对数变换后的灰度图
>> subplot(2,2,4)                         % 显示第四个视图
>> gray_Y1=3* log(gray_I+1);              % 灰度图对数变换,图像变亮
>> imshow(gray_Y1),title('灰度图对数变换');   % 显示对数变换后的灰度图
```

运行结果如图 6-7 所示。

图 6-6　图像幂次变换

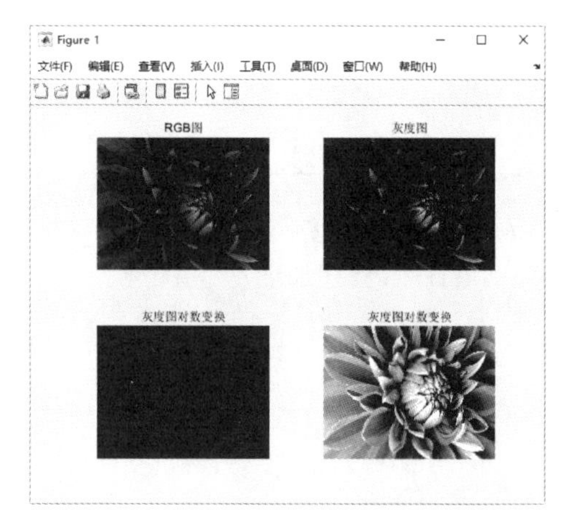

图 6-7　图像对数变换

3. 分段函数变换

分段函数变换使图像亮的地方更亮，暗的地方更暗，从而增加图像的可视细节，可以使用如下对比度拉伸变换公式，进行动态范围的压缩。

对图像灰度进行拉伸所用数学式为

$$s=\frac{1}{1+(m/r)^{E}} \quad r\in[0,1]$$

即函数格式为 $s=T(r)=1/[1+(m/r)\hat{}E]$。

为方便操作转换为

$$s=\frac{1}{1+\left(\frac{m}{r+\mathrm{eps}}\right)^{E}}$$

其中，eps 是极小值，可避免图像数据的灰度值 I 出现溢出情况，即函数格式为 $g=1./[1+(m./(\mathrm{double}(I)+\mathrm{eps})).\hat{}E]$。其中 m 为图像灰度级数，可取图像灰度分布的中央值，选择图像 I 最大灰度值与最小灰度值的平均值，即：

$$m=\frac{1}{2}[\min(r)+\max(r)]$$

图像的拉伸程度 E 可以控制图像灰度曲线的斜率 [0,1]，调整图像灰度拉伸的程度，E 直接取图像灰度曲线最大值与最小值，一般取 0.05、0.95。

$$E_1=\log_{\frac{m}{\min(r)}}\left(\frac{1}{0.05}-1\right)$$

$$E_1=\log_{\frac{m}{\max(r)}}\left(\frac{1}{0.95}-1\right)$$

$$E_1=\mathrm{ceil}(\min\{E_1,E_2\})$$

例 6-4：对图像进行灰度拉伸。

解：MATLAB 程序如下。

```
>> clear                                      %清除工作区的变量
>> close all                                  % 关闭所有打开的文件
>> I=imread('hua.jpg');                       % 读取图像文件,返回图像数据
>> J=mat2gray(I,[0 255]);                     % 彩色图像转化为灰度图像
>> [M,N]=size(J);                             % 返回灰度图像的大小
>> g=zeros(M,N);                              % 定义与灰度图像大小相同的图像矩阵 g
>> Min_J=min(min(J));                         % 求灰度图灰度最小值
>> Max_J=max(max(J));                         % 求灰度图灰度最大值
>> m=(Min_J+Max_J)/2;                         % 求灰度图灰度最大值、最小值的平均值
>> E_1=log(1/0.05-1)./log(m./(Min_J+eps));    % 计算灰度拉伸斜率
>> E_2=log(1/0.95-1)./log(m./(Max_J+eps));    % 计算灰度拉伸斜率
>> E=ceil(min(E_1,E_2)-1);                    % 朝正无穷方向取整
>> K=1./(1+(m./(double(J)+eps)).^E);          % 对比度拉伸
>> subplot(121),imshow(I);                    % 显示原图
>> subplot(122),imshow(K)                     % 显示对比度拉伸后的图像
```

运行结果如图 6-8 所示。

6.2.4 灰度变换

对图像进行操作，实际上是将图像看成许多个像素点，对每个像素点进行操作。在计算机系统中，灰度图片被看成是许多个由值在 0～255 之间的像素点组成的图像，255 表示白色，0 表示黑色，黑白之间存在 256 个灰度级，如图 6-9 所示。

将像素点 0 变成 255，255 变成 0 成为图像的负片。在 MATLAB 中，imadjust 命令将原灰度图白色的地方变成黑色，黑色的地方变成白色，将图像变为负片，它的使用格式见表 6-2。

图 6-8 图像灰度拉伸

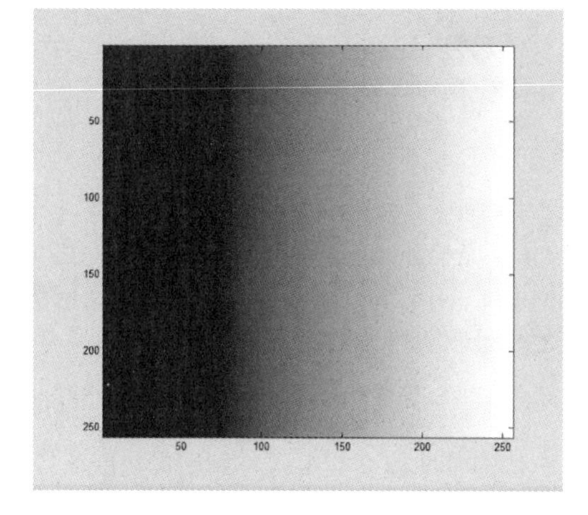

图 6-9 灰度级

表 6-2 imadjust 命令的使用格式

命令格式	说明
J = imadjust(I)	将灰度图像 I 中的亮度值映射到 J 中的新值，并对所有像素值中最低的 1% 和最高的 1% 进行饱和处理，以增强输出图像 J 的对比度
J = imadjust(I,[low_in high_in])	将 I 中的强度值映射到 J 中的新值，使得 low_ in 和 high_ in 之间的值映射到 0 和 1 之间的值
J = imadjust(I,[low_in high_in],[low_out high_out])	将图像 I 中的亮度值映射到 J 中的新值，即将 low_in 至 high_in 之间的值映射到 low_out 至 high_out 之间的值。删除 low_in 以下与 high_in 以上的值，low_in 以下的值映射到 low_out，high_in 以上的值映射到 high_out。可以使用空的矩阵 [ ]，默认值是 [0 1]
J = imadjust(I,[low_in high_in],[low_out high_out],gamma)	gamma 为校正量 r，[low high] 为原数字图像中要变换的灰度范围，[bottom top] 指定了变换后的灰度范围
J = imadjust(RGB,[low_in high_in],…)	对 RGB 图像 RGB1 的红、绿、蓝调色板分别进行调整。随着颜色矩阵的调整，每一个调色板都有唯一的映射值
newmap = imadjust(cmap,[low_in high_in],…)	调整索引色数字图像的调色板 map。此时若 [low high] 和 [bottom top] 都为 2×3 的矩阵，则分别调整 R、G、B 3 个分量

若是想将图片转换为负片，那么将 [low_in high_in] 设置为 [0,1]，将 [low_out high_out] 设置为 [1,0]。即原来输入为 0 的地方变成 1 输出，输入为 1 的地方变成 0 输出。

例 6-5：图像负片变换。

解：MATLAB 程序如下。

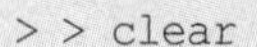

```
>> clear                                  % 清除工作区的变量
>> close all                              % 关闭所有打开的文件
>> A = imread('sunflower.jpg');           % 读取图片,返回图像数据
>> imshow(A)                              % 显示原图
>> A1 = imadjust(A,[0,1],[1,0]);          % 将灰度级对调
>> imshow(A1)                             % 显示图像负片
```

运行结果如图 6-10 所示。

a) 原图

b) 负片图

图 6-10　图像负片变换

在 MATLAB 中，非线性灰度变换（包括伽马变换）主要用于图像的校正，将漂白的图片或者是过黑的图片进行修正。伽马变换也常用于显示屏的校正，这是一个非常常用的变换。和对数变换一样，伽马变换可以强调图像的某个部分。

例 6-6：图像伽马变换。

解：MATLAB 程序如下。

```
>> clear                                        %清除工作区的变量
>> close all                                    % 关闭所有打开的文件
>> I = imread('cameraman.tif');                 % 读入图像
>> J = im2double(I);                            % 转换图像数据为双精度
>> P1 =1 * (J.^1.5);                            % 对图像进行伽马变换
>> P2 =2 * (J.^1.5);
>> P3 =1 * (J.^2);
>> P4 =2 * (J.^2);
>> P5 =3 * (J.^2);
>> subplot(2,3,1);imshow(I),title('原始图像');   % 显示原图
>> subplot(2,3,2);imshow(P1),title('伽马变换:c=1,γ=1.5')   % 显示进行伽马变换后的图像
>> subplot(2,3,3);imshow(P2),title('伽马变换:c=2,γ=1.5')
>> subplot(2,3,4);imshow(P3),title('伽马变换:c=1,γ=2.0')
>> subplot(2,3,5);imshow(P4),title('伽马变换:c=2,γ=2.0')
>> subplot(2,3,6);imshow(P5),title('伽马变换:c=3,γ=2.0')
```

运行结果如图 6-11 所示。

图 6-11　图像伽马变换

6.3 图像的算术运算

图像的算数运算是指两幅或多幅图像之间进行点对点的加减乘除运算，得到新图像的过程。若输入图像为 $A(x,y)$ 和 $B(x,y)$，输出图像为 $C(x,y)$，则代数运算有如下四种形式。

$$C(x,y)=A(x,y)+B(x,y)$$
$$C(x,y)=A(x,y)-B(x,y)$$
$$C(x,y)=A(x,y)\times B(x,y)$$
$$C(x,y)=A(x,y)\div B(x,y)$$

6.3.1 图像的加运算

图像的加运算是指两幅图像对应像素的灰度值或彩色分量进行相加。主要有两种用途：一种是消除图像的随机噪声，主要是将同一场景的图像进行相加后再取平均；另一种是用来做特效，把多幅图像叠加在一起，再进一步进行处理。

在 MATLAB 中，imadd 命令可以将一幅图像的内容加到另一幅图像上，它的使用格式见表 6-3。

表 6-3　imadd 命令的使用格式

命令格式	说　明
Z = imadd(X,Y)	添加两个图像或向图像添加常数

对于灰度图像，因为只有单通道，所以直接进行相应位置的像素加法即可，对于彩色图像，则应该将对应的颜色的分量 R、G、B 分别进行相加。

例 6-7：将两幅图像叠加在一起。

解：MATLAB 程序如下。

```
>> clear                              % 清除工作区的变量
>> close all                          % 关闭所有打开的文件
>> I = imread('diban.bmp');           % 读取图像
>> J = imread('fire.bmp');            % 两幅或多幅相加的图像的大小和尺寸应该相同
>> K = imadd(I, J,'uint8');           % 将两幅图像叠加,防止像素超过 255,将结果存成 8 位
>> imshow(I),title('显示图像 1');
>> figure,imshow(J),title('显示图像 2');
>> figure,imshow(K,[]),title('显示叠加图像');    % 使用[],使像素压缩至 0 ~255
```

运行结果如图 6-12 所示。

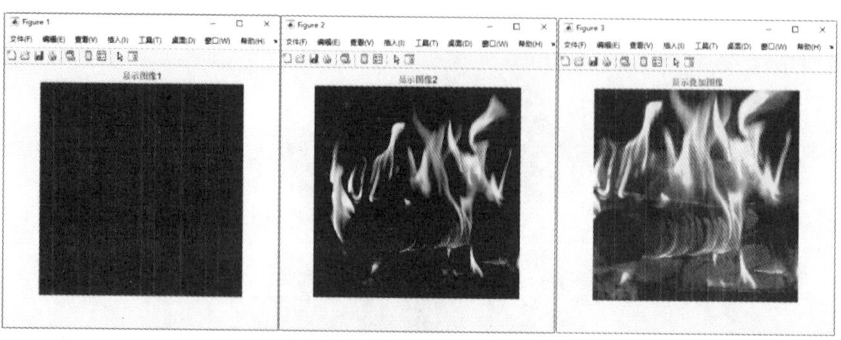

a) 图像1　　b) 图像2　　c) 叠加图形

图 6-12　两幅图像叠加

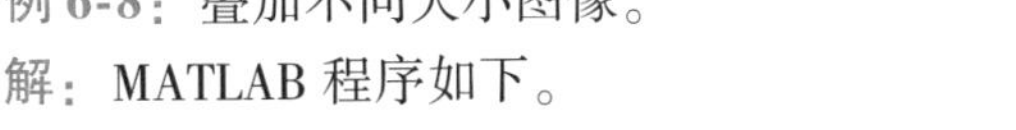

例 6-8：叠加不同大小图像。

解：MATLAB 程序如下。

```
>> clear                                          % 清除工作区的变量
>> close all                                      % 关闭所有打开的文件
>> I=imread('shanshui1.jpg');                     % 读取大图像 1
>> J=imread('yu.jpg');                            % 读取小图像 2
>> subplot(1,3,1),imshow(I);                      % 分别在两个视图中显示两张图像
>> subplot(1,3,2),imshow(J);
>> [m1,n1,l1]=size(I);                            % 获取图像 1 的行列信息
>> [m2,n2,l2]=size(J);                            % 获取图像 2 的行列信息
>> t=uint8(zeros(m1,n1,l1));                      % 定义与图像 1 大小相同的图像矩阵 t
>> t((m1/2-m2/2+1):(m1/2+m2/2),(n1/2-n2/2+1):(n1/2+n2/2),:)=J;
                                                  % 小图像居中
>> C=imadd(0.5*t,I);                              % 设置图像 1 的透明度
>> C((m1/2-m2/2+1):(m1/2+m2/2),(n1/2-n2/2+1):(n1/2+n2/2),:)=C((m1/2-m2/2
+1):(m1/2+m2/2),(n1/2-n2/2+1):(n1/2+n2/2),:)-I((m1/2-m2/2+1):(m1/2+m2/2),
(n1/2-n2/2+1):(n1/2+n2/2),:).*0.5;   % 补偿图像
>> subplot(1,3,3),imshow(C);                      % 显示叠加的不同大小的两个图像
```

运行结果如图 6-13 所示。

图 6-13　不同大小图像叠加

在 MATLAB 中，imlincomb 命令可以将一幅图像的内容加到另一幅图像上，进行图像线性组合，它的使用格式见表 6-4。

表 6-4　imlincomb 命令的使用格式

命令格式	说　明
Z = imlincomb(K1,A1,K2,A2,...,Kn,An)	计算图像 $A1$，$A2$，…，An 的线性组合，其中 $Z=K1*A1+K2*A2+\cdots+Kn*An$
Z = imlincomb(K1,A1,K2,A2,...,Kn,An,K)	计算图像 $A1$，$A2$，…，An 的线性组合，其中 $Z=K1*A1+K2*A2+...+Kn*An+K$，偏移量为 K
Z = imlincomb(…,outputClass)	指定 Z 的输出类型

例 6-9：线性组合图像叠加。

解：MATLAB 程序如下。

```
>> clear                        % 清除工作区的变量
>> close all                    % 关闭所有打开的文件
>> I=imread('leaf.jpg');        % 读取图像
```

```
>> J=imread('qiuye.jpg');          % 两幅或多幅相加的图像的大小和尺寸应该相同
>> K=imlincomb(1.5,I,0.5,J,'uint8');  % 将两幅图像叠加,防止像素超过 255,将结果存成
                                        8 位
>> imshow(I);                        % 显示第一幅图像
>> title('图像 1')                    % 为图形添加标题
>> figure,imshow(J);                 % 显示第二幅图像
>> title('图像 2')                    % 为图形添加标题
>> figure,imshow(K,[])               % 使用[],使像素压缩至 0~255
>> title('图像 1+图像 2')             % 为图形添加标题
```

运行结果如图 6-14 所示。

a) 图像1

b) 图像2

c) 叠加图形

图 6-14　线性图像叠加

6.3.2 图像的减运算

减法运算是指两幅图像之间对应像素的灰度值或彩色分量进行相减，它可以用于目标检测。

在 MATLAB 中，imsubtract 命令可以从一幅图像中减去另一幅图像或从图像中减去常数，用于检测图像变化，它的使用格式见表 6-5。

表 6-5　imsubtract 命令的使用格式

命令格式	说　明
Z = imsubtract(X,Y)	从数组 *X* 中相应的元素中减去数组 *Y* 中的每个元素，并返回输出数组 *Z* 中相应元素的差值

例 6-10：降低图像背景。

解：MATLAB 程序如下。

```
>> clear                           % 清除工作区的变量
>> close all                       % 关闭所有打开的文件
>> I=imread('mifeng.jpg');         % 读取图像
>> J=imsubtract(I,50);             % 从图像中减去数值 50
>> K=imsubtract(I,100);            % 从图像中减去数值 100
>> subplot(1,3,1),imshow(I);
>> subplot(1,3,2),imshow(J);
>> subplot(1,3,3),imshow(K);       % 分别在三个视图中显示原图和减去常数的图像
```

运行结果如图 6-15 所示。

在 MATLAB 中，imabsdiff 命令用来显示两幅图像的绝对差，可以显示一张经过邻域处理的图像与原图的差别，它的使用格式见表 6-6。

表 6-6 imabsdiff 命令的使用格式

命令格式	说明
Z = imabsdiff(X,Y)	*X*、*Y* 为大小相同的两个图像矩阵 *Z* 为 *X*、*Y* 两个矩阵分别做减法并对每一个元素分别取相应差的绝对值的结果矩阵。

例 6-11：显示经过邻域处理的图像与原图的差别。

解：MATLAB 程序如下。

```
>> clear                                          % 清除工作区的变量
>> close all                                      % 关闭所有打开的文件
>> I=imread('m83.tif');                           % 读取图像
>> myf=@(I)mean(I);                               % 求图像矩阵均值
>> J=uint8(colfilt(I,[10,10],'sliding',myf));     % 邻域处理
>> K=imabsdiff(I,J);                              % 求原图与邻域处理的图像绝对值
>> M=imsubtract(I,J);                             % 求原图与邻域处理的图像差值
>> subplot(221);imshow(I);title('原图')
>> subplot(222);imshow(J);title('邻域处理')
>> subplot(223);imshow(K);title('绝对差值图像')
>> subplot(224);imshow(M);title('差值图像')
```

运行结果如图 6-16 所示。

图 6-15 降低图像背景

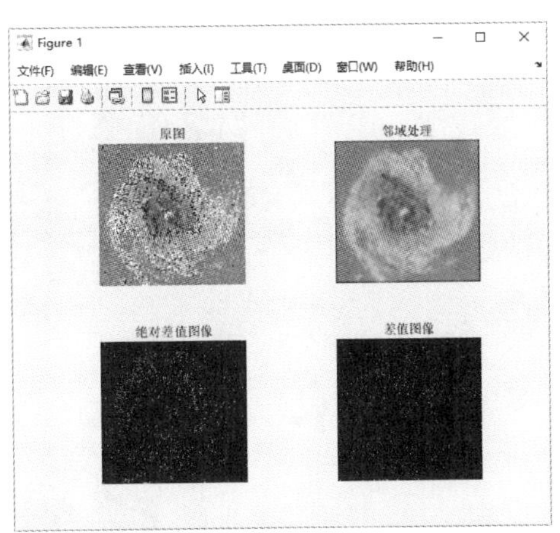

图 6-16 图像的绝对差运算

6.3.3 图像的乘运算

图像的乘法运算是指将两幅图像之间对应像素的灰度值或彩色分量进行相乘。乘运算的主要作用是抑制图像的某些区域，掩膜值 mast 置为 1，否则置为 0。乘运算有时也被用来实现卷积或相关的运算。

在 MATLAB 中，immultiply 命令可将两幅图像相乘或将一幅图像与一个常数相乘，常用于掩膜操作（去掉图像中某些部分）或图像灰度增强，它的使用格式见表 6-7。

表 6-7 immultiply 命令的使用格式

命令格式	说　明
Z = immultiply(X,Y)	将数组 *X* 中的每个元素乘以数组 *Y* 中的相应元素，并返回输出数组 *Z* 中相应元素的乘积，将两幅图像相乘或将图像乘以常数

在执行乘法之前，immultiply 命令会将图像的类别从 uint8 转换为 uint16，防止像素超过 255，以避免截断结果。

例 6-12：图像叠加。

解：MATLAB 程序如下。

```
>> clear                          % 清除工作区的变量
>> close all                      % 关闭所有打开的文件
>> I=imread('zhuzi.bmp');         % 读取图像
>> J=imread('meng.jpg');          % 相加或相乘的两幅或多幅图像的大小和尺寸应该相同
>> K=imadd(I, J,'uint8');         % 两幅图像相加,防止像素超过 255,将结果存成 8 位
>> Q=immultiply (I,J);            % 图像相乘
>> imshow(I);                     % 显示原图 1
>> figure,imshow(J);              % 显示原图 2
>> figure,imshow(K);              % 显示图像相加的结果
>> figure,imshow(Q);              % 显示图像相乘的结果
```

运行结果如图 6-17 所示。

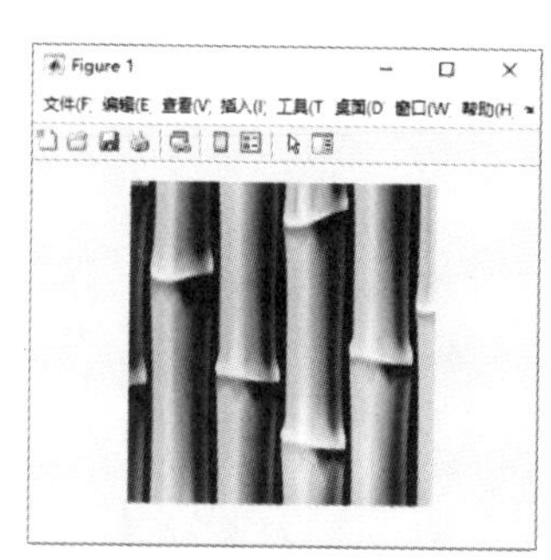

a) 图像1

b) 图像2

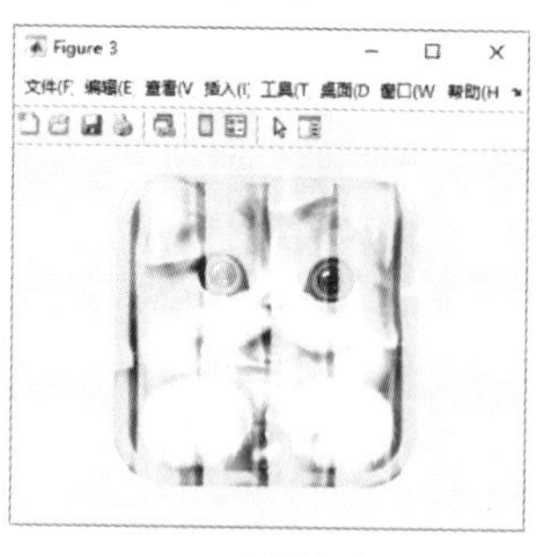

c) 图形相加

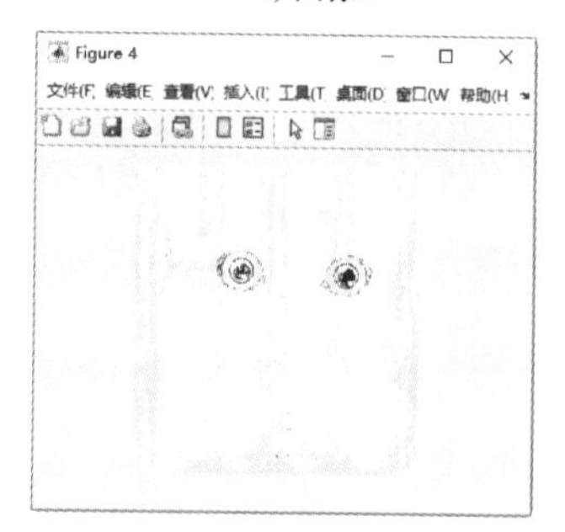

d) 图像相乘

图 6-17 图像的不同叠加对比

6.3.4 图像的除运算

图像除运算是指两幅图像对应像素的灰度值或彩色分量进行相除。简单的除运算可以用于改

变图像的灰度级。

在 MATLAB 中，imdivide 命令可将一幅图像分割成另一幅图像或用常数分割图像，显示像素值的相对变化比率，而非绝对差异，它的使用格式见表 6-8。

表 6-8 imdivide 命令的使用格式

命令格式	说　明
Z = imdivide(X,Y)	用数组 *Y* 中的相应元素除数组 *X* 中的每个元素，并返回输出数组 *Z* 中相应元素的结果

例 6-13：图像背景的去除。

解：MATLAB 程序如下。

```
>> clear                                           % 清除工作区的变量
>> close all                                       % 关闭所有打开的文件
>> I = imread('bianhua.jpg');                      % 读取图像
>> background = imopen(I,strel('disk',20));        % 估计背景
>> J = imsubtract(I,background);                   % 从图像中减去背景
>> K = imdivide(I,background);                     % 从图像中除去背景
>> M = imdivide(I,2);                              % 用矩阵 I 中的相应元素除以 2
>> subplot(221);imshow(I);title('原图')
>> subplot(222);imshow(J);title('减去背景')
>> subplot(223);imshow(K);title('除去背景')
>> subplot(224);imshow(M);title('图像÷2')
```

运行结果如图 6-18 所示。

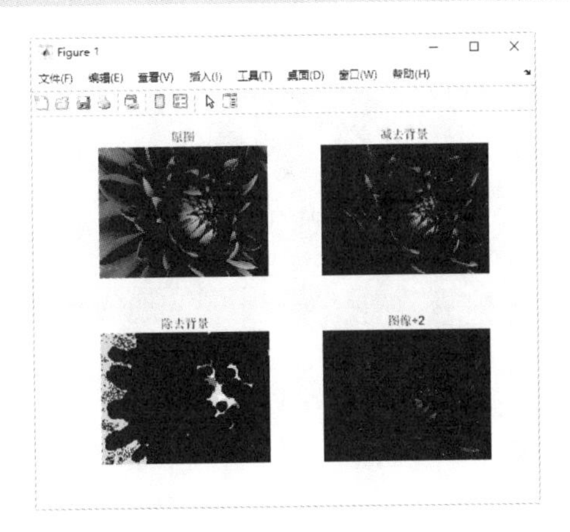

图 6-18 显示图像背景去除

6.3.5 图像的求补运算

一个原色与另两个原色合成的间色互称为补色。24 色相环的基本色相为黄、橙、红、紫、蓝、蓝绿、绿、黄绿 8 个主要色相，每个基本色相又分为 3 个部分，组成 24 个分割的色相环，从 1 号排列到 24 号。正对 120°角的是补色。

在 MATLAB 中，imcomplement 命令用来计算图像矩阵的补码，输出图像的补色，它的使用格式见表 6-9。

表 6-9 imcomplement 命令的使用格式

命令格式	说　明
J = imcomplement(I)	计算图像 I 的补码并以 J 返回结果。输出的补图 J 与 I 具有相同的图像大小和图像类型

例 6-14：创建彩色图像的补色。

解：MATLAB 程序如下。

```
>> clear                          % 清除工作区的变量
>> close all                      % 关闭所有打开的文件
>> I = imread('hate.jpg');        % 读取图像,将彩色图像读入工作区,放置到矩阵 I 中
```

```
>> imshow(I)                      % 显示图片
>> C=imcomplement(I);             % 计算图像 I 的补色
>> figure,imshow(C)               % 显示补色后的图像
```

运行结果如图 6-19 所示。

a) 原图

b) 补色

图 6-19　图像补色

例 6-15：彩色图像的补色与扩展颜色。

解：MATLAB 程序如下。

```
>> clear                          % 清除工作区的变量
>> close all                      % 关闭所有打开的文件
>> I=imread('DistortedImage.png');% 读取系统图像,将彩色图像读入工作区,放置到矩阵 I 中
>> J=imadjust(I,[.1 .3 0;.5 .7 1],[])% 调整图像的灰度
>> K=imcomplement(I);             % 计算图像 I 的补色
>> subplot(131),imshow(I),title('原图');
>> subplot(132),imshow(J),title('对比度图');
>> subplot(133),imshow(K),title('补色图')          % 显示补色后的图像
```

运行结果如图 6-20 所示。

图 6-20　图像的补色与颜色扩展

6.4　图像的逻辑运算

逻辑运算是指将两幅或多幅图像通过对应像素之间的与、或、非逻辑运算得到输出图像的方

法。“与”“或”逻辑运算可以从一幅图像中提取子图像。

MATLAB 语言进行逻辑判断时，所有非零数值均被认为真，而零为假。在逻辑判断结果中，判断为真时输出 1，判断为假时输出 0。

提示：

这里输出的 0，1 与数值 0，1 不同，前者是逻辑类型真假的代号，属于逻辑类型，后者是整型数值。

MATLAB 语言的逻辑运算符见表 6-10。

表 6-10 MATLAB 语言的逻辑运算符

运算符	定义
& 或 and	逻辑与。两个操作数同时为逻辑值 1 时，结果为 1，否则为 0
| 或 or	逻辑或。两个操作数同时为逻辑值 0 时，结果为 0，否则为 1
~ 或 not	逻辑非。当操作数为逻辑值 0 时，结果为 1，否则为 0
xor	逻辑异或。两个操作数相同时，结果为 0，否则为 1

在算术、关系、逻辑三种运算符中，算术运算符优先级最高，关系运算符次之，而逻辑运算符优先级最低。在逻辑运算符中，“非”的优先级最高，“与”和“或”有相同的优先级。

例 6-16： 图像的非与、异或运算（一）。

解： MATLAB 程序如下。

```
>> clear                                   % 清除工作区的变量
>> close all                               % 关闭所有打开的文件
>> I = imread('text.png');                 % 读取图像,将彩色图像读入工作区,放置到矩阵 I 中
>> J = imread('circles.png');              % 读取图像
>> I1 = and(~I, ~J);                       % 将两个图像数据进行非运算后,再进行与运算
>> subplot(221),imshow(I);title('原图 1');  % 分别在两个视图中显示原图
>> subplot(222),imshow(J);title('原图 2')
>> I2 = xor(I,J);                          % 两个图像数据进行异或运算
>> subplot(223),imshow(I1);title('非与运算');
>> subplot(224),imshow(I2);title('异或运算')  % 分别在两个视图中显示非与运算、异或运算的结果图像
```

运行结果如图 6-21 所示。

例 6-17： 图像的非与、异或运算（二）。

解： MATLAB 程序如下。

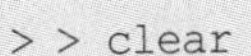

```
>> clear                             % 清除工作区的变量
>> close all                         % 关闭所有打开的文件
>> I = imread('circle1.jpg');        % 读取图像,将彩色图像读入工作区,放置到矩阵 I 中
>> J = imread('circle2.jpg');        % 读取图像
>> K = imread('rectange1.png');      % 读取图像,将彩色图像读入工作区,放置到矩阵 K 中
>> M = imread('rectange2.jpg');      % 读取图像
>> I = rgb2gray(I);                  % 将 RGB 图像转换为灰度图
```

```
>> J=rgb2gray(J);
>> K=rgb2gray(K);
>> M=rgb2gray(M);
>> bw_I=imbinarize(I);                    % 将图像二值化
>> bw_J=imbinarize(J);
>> bw_K=imbinarize(K);
>> bw_M=imbinarize(M);
>> A1=and(bw_J,bw_M);                     % 图像与运算
>> A2=xor(bw_I,bw_J);                     % 图像异或运算
>> A3=and(~bw_K,bw_M);                    % 非与运算
>> A4=xor(~bw_I,~bw_M);                   % 非异或运算
>> subplot(241),imshow(I);title('大圆');
>> subplot(242),imshow(J);title('小圆')
>> subplot(243),imshow(K);title('大矩形')
>> subplot(244),imshow(M);title('小矩形')
>> subplot(245),imshow(A1);title('小圆小矩形与运算');
>> subplot(246),imshow(A2);title('大圆小圆异或运算')
>> subplot(247),imshow(A3);title('大矩形小矩形非与运算');
>> subplot(248),imshow(A4);title('大圆小矩形非异或运算')
```

运行结果如图 6-22 所示。

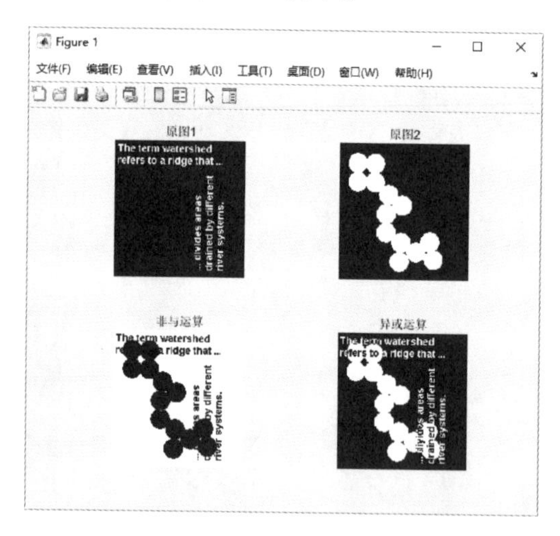

图 6-21 图像运算（一）

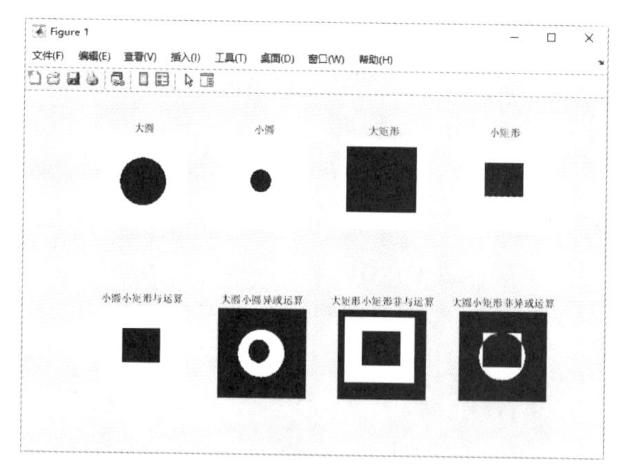

图 6-22 图像运算（二）

6.5 图像的几何运算

几何运算是指改变图像中物体对象之间的空间关系。从变换性质来分，几何变换可以分为图像位置变换、形状变换及复合变换。

图像几何运算的一般定义为

$$g(x,y)=f(u,v)=f[p(x,y),q(x,y)]$$

式中，$u=p(x,y)$，$v=q(x,y)$唯一地描述了空间变换，即将输入图像$f(u,v)$从 U-V 坐标系变换为

X-Y 坐标系的输出图像 $g(x,y)$。

图像形状变换包括图像的放大与缩小，图像位置变换包括图像的平移、镜像、旋转。

对图像进行几何变换时，像素坐标将发生改变，需进行插值操作，即利用已知位置的像素值生成未知位置的像素点的像素值。常见的插值方法有：最近邻插值（'nearest'），线性插值（'linear'），三次插值（'cublic'），双线性插值（'bilinear'）和双三次插值（'bicubic'）。

6.5.1 图像缩放

在 MATLAB 中，imresize 命令用来调整图像大小，它的使用格式见表 6-11。

表 6-11 imresize 命令的使用格式

命令格式	说明
B = imresize(A,scale)	将图像 A 的长宽大小缩放 scale 倍之后，返回图像 B。如果 scale 在 [0,1] 范围内，则 B 比 A 小。如果 scale > 1，则 B 比 A 大
B = imresize(A,[numrows numcols])	返回图像 B，其行数和列数由二元素向量 [numrows numcols] 指定
[Y,newmap] = imresize(X,map,…)	调整索引图像 X 的大小，其中 map 是与该图像关联的颜色图。返回经过优化的新颜色图（newmap）和已调整大小的图像
… = imresize(…,method)	指定使用的插值方法 method。默认情况下，使用双三次插值
… = imresize(…,Name,Value)	返回调整大小后的图像，其中 Name、Value 对组控制大小调整操作的各个方面。名称-值对组参数表见表 6-12

表 6-12 imresize 命令名称-值对组参数表

属性名	说明	参数值
'Antialiasing'	缩小图像时消除锯齿	true、false
'Colormap'	返回优化的颜色图	'optimized'（默认）、'original'
'Dither'	执行颜色抖动	true（默认）、false
'Method'	插值方法	'bicubic'（默认）、字符向量、元胞数组
'OutputSize'	输出图像的大小	二元素数值向量
'Scale'	大小调整缩放因子	正数值标量、由正值组成的二元素向量

例 6-18：将图像的长宽缩小二分之一、四分之一。

解：在 MATLAB 命令窗口中输入如下命令。

```
>> clear                              % 清除工作区的变量
>> close all                          % 关闭所有打开的文件
>> I = imread('dongwucheng.jpg');     % 将图像加载到工作区
>> J = imresize(I,0.5);               % 将图像的长宽缩小二分之一
>> K = imresize(I,0.25);              % 将图像的长宽缩小四分之一
>> figure,imshow(I);figure,imshow(J);figure,imshow(K)   % 显示原始图像和调整大小后的图像
```

运行结果如图 6-23 所示。

例 6-19：将大小不同的图像合成为一幅图片。图像 1 尺寸为 $256 \times 256 \times 3$，图像 2 尺寸为 $800 \times 600 \times 3$，生成图像 c = [a;b]。

解：在 MATLAB 命令窗口中输入如下命令。

a) 原图

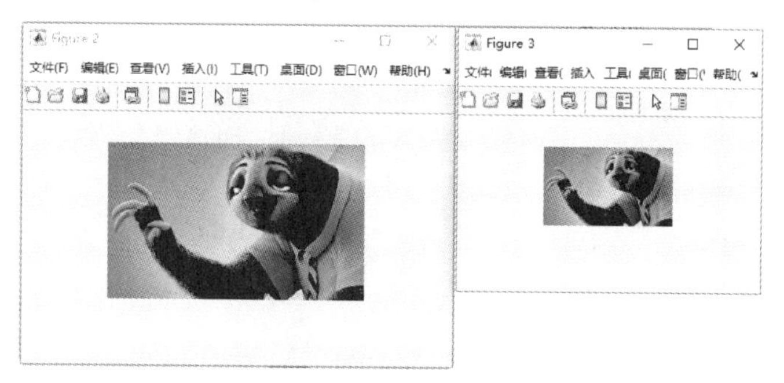

b) 缩小二分之一　　c) 缩小四分之一

图 6-23　图像缩小

```
>> clear                              % 清除工作区的变量
>> close all                          % 关闭所有打开的文件
>> I=imread('book.jpg');              % 将图像 1 加载到工作区
>> size(I)                            % 显示图像 1 的大小
ans =
  256  256    3
>> J=imread('sunflower.jpg');         % 将图像 2 加载到工作区
>> size(J)                            % 显示图像 2 的大小
ans =
  600  800    3
>> J=imresize(J,[NaN 256]);           % 调整图像大小,将其中一幅图像缩小或放大,让两幅图像大
                                        小相等,或者列数相等
>> K=[I;J];                           % 生成图像数据
>> size(K)                            % 显示合成的大小
ans =
  448  256    3
>> imshow(K)                          % 显示图像
```

运行结果如图 6-24 所示。

6.5.2 剪切图像

在 MATLAB 中，imcrop 命令用来裁剪图像，显示部分图像，它的使用格式见表 6-13。

表 6-13 imcrop 命令的使用格式

命令格式	说明
J = imcrop	创建与显示的图像关联的交互式裁剪图像工具，返回裁剪后的图像 J
J = imcrop(I)	在图形窗口中显示图像 I，并创建与图像关联的交互式裁剪图像工具
J = imcrop(X,cmap)	使用 colormap cmap 在图形中显示索引图像 X，并创建与该图像关联的交互式裁剪图像工具，返回裁剪后的索引图像 J
J = imcrop(h)	创建与句柄 h 指定的图像相关联的交互式裁剪图像工具
J = imcrop(I,rect)	根据裁剪矩形 rect 或 images、spatialref、rectangle 对象中指定的位置和尺寸裁剪图像 I
C2 = imcrop(C,rect)	根据裁剪矩形 rect 中指定的位置和尺寸裁剪分类图像 C，返回裁剪后的分类图像 C2
X2 = imcrop(X,cmap,rect)	根据裁剪矩形 rect 中指定的位置和尺寸，使用 colormap cmap 裁剪索引图像 X。返回裁剪后的索引图像 X2
J = imcrop(x,y,…)	使用指定坐标系裁剪输入图像，其中 x 和 y 指定世界坐标系中的图像限制
[J,rect2] = imcrop(…)	返回 rect2 中裁剪矩形的位置
[x2,y2,…] = imcrop(…)	返回指定坐标系 $x2$ 和 $y2$

在 MATLAB 中，imcrop3 命令用来裁剪三维图像，它的使用格式见表 6-14。

表 6-14 imcrop3 命令的使用格式

命令格式	说明
Vout = imcrop3(V,cuboid)	根据长方体裁剪图像体积 V，长方体指定裁剪窗口在空间坐标中的大小和位置

例 6-20：裁剪图像。

解：在 MATLAB 命令行窗口中输入如下命令。

```
>> clear                                   % 清除工作区的变量
>> close all                               % 关闭所有打开的文件
>> I = imread('runman.bmp');               % 将图像加载到工作区
>> I2 = imcrop(I,[275 268 430 412]);       % 裁剪图像,指定裁剪矩形
>> subplot(1,2,1),imshow(I), title('Original Image')  % 显示原图
>> subplot(1,2,2),imshow(I2),title('Cropped Image')  % 显示裁剪后的图像
```

运行结果如图 6-25 所示。

图 6-24 图像合成

图 6-25 裁剪图像

6.5.3 图像平移

在 MATLAB 中，translate 命令用来平移图像，它的使用格式见表 6-15。

表 6-15 translate 命令的使用格式

命令格式	说明
SE2 = translate(SE,v)	在 N-D 空间中转换结构元素 SE。*v* 是一个 *N* 元素向量，包含每个维度中所需平移的偏移量

例 6-21：移动图像。

解：在 MATLAB 命令行窗口中输入如下命令。

```
>> clear                                   % 清除工作区的变量
>> close all                               % 关闭所有打开的文件
>> I = imread('christ.jpg');               % 将图像读入工作区
>> se = translate(strel(1), [50 50]);      % 创建一个结构元素并将其向下和向右平移 50 像素
>> J = imdilate(I,se);                     % 使用转换后的结构元素放大图像
>> subplot(1,2,1),imshow(I), title('Original')
>> subplot(1,2,2),imshow(J), title('Translate')  % 显示原始图像和平移后的图像
```

运行结果如图 6-26 所示。

图 6-26 移动图像

6.5.4 图像旋转

在 MATLAB 中，imrotate 命令用来旋转图像，它的使用格式见表 6-16。

表 6-16 imrotate 命令的使用格式

命令格式	说明
J = imrotate(I,angle)	围绕图像的中心点逆时针旋转图像 angle 角度。默认为逆时针旋转，若要顺时针旋转图像，应为角度指定负值。使用最近邻插值，将旋转图像外部的像素值设置为 0（零）
J = imrotate(I,angle,method)	使用 method 方法指定的插值方法旋转图像。插值方法见表 6-17
J = imrotate(I,angle,method,bbox)	旋转图像 I，其中 bbox 指定输出图像的大小。如果指定'crop'（裁剪），输出图像与输入图像大小相同。如果指定'loose'（松散），输出图像足够大，以包含整个旋转图像

表 6-17 method 插值方法表

属 性 名	名 称	说 明
nearest	最近邻插值	输出像素为该点所在像素的值
bilinear	双线性插值	输出像素值是最近的 2×2 邻域中像素的加权平均值
bicubic	双三次插值	输出像素值是最近的 4×4 邻域中像素的加权平均值

例 6-22：对称旋转图像。

解：在 MATLAB 命令行窗口中输入如下命令。

```
>> clear                                                    % 清除工作区的变量
>> close all                                                % 关闭所有打开的文件
>> I = imread('heart.jpg');                                 % 读取图像文件,返回图像数据
>> J = imrotate(I,30,'bilinear','loose');                   % 双线性插值法旋转图像,不裁剪图像
>> K = imrotate(I, -30,'bilinear','loose');                 % 双线性插值法旋转图像,不裁剪图像
>> subplot(131),imshow(I),title('原图');                     % 显示原图和旋转图像
>> subplot(132),imshow(J),title('旋转图像 30^{o},不剪切图像');
>> subplot(133),imshow(K),title('旋转图像-30^{o},不剪切图像');
```

运行结果如图 6-27 所示。

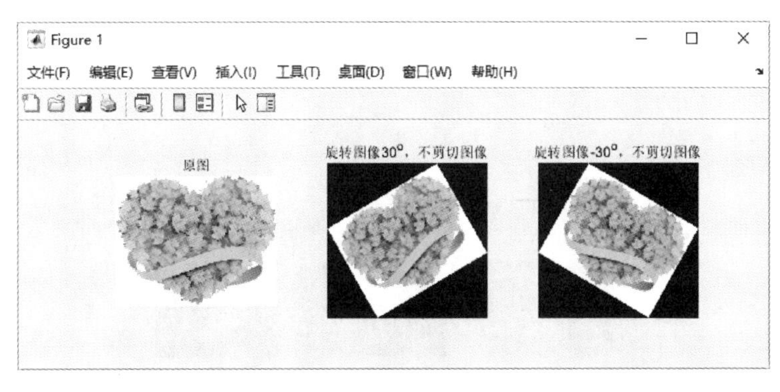

图 6-27 旋转图像

6.5.5 图像镜像

在 MATLAB 中，flip、fliplr、flipud 命令用来对图像矩阵进行左右镜像、上下镜像，显示部分图像，它的使用格式见表 6-18。

表 6-18 镜像命令的使用格式

命 令 格 式	说 明
B = fliplr(A)	围绕垂直轴按左右方向镜像其各列
B = flipud(A)	围绕水平轴按上下方向镜像其各行
B = flip(A) B = flip(A,dim)	沿维度 dim 反转 A 中元素的顺序。flip(A,1) 将反转每一列中的元素，flip(A,2) 将反转每一行中的元素

例 6-23：镜像图像。

解：在 MATLAB 命令行窗口中输入如下命令。

```
>> clear                                                  % 清除工作区的变量
>> close all                                              % 关闭所有打开的文件
>> I = imread('cat.jpg');                                 % 读取图像到工作区
>> Flip1 = fliplr(I);                                     % 将矩阵 I 左右反转
>> subplot(131);imshow(I);title('原图');                   % 显示原始图像
>> subplot(132);imshow(Flip1);title('水平镜像');            % 显示水平翻转后的图像
>> Flip2 = flipud(I);                                     % 将矩阵 I 垂直反转
>> subplot(133);imshow(Flip2);title('竖直镜像');            % 显示垂直翻转后的图像
```

运行结果如图 6-28 所示。

例 6-24：行列镜像图像。

解：在 MATLAB 命令行窗口中输入如下命令。

```
>> clear                                   % 清除工作区的变量
>> close all                               % 关闭所有打开的文件
>> I = imread('mao.jpg');                  % 读取图像文件,返回图像数据
>> Flip1 = flip (I,1);                     % 反转矩阵 I 的列元素,垂直镜像
>> Flip2 = flip (I,2);                     % 反转矩阵 I 的行元素,水平镜像
>> subplot(131);imshow(I);title('原图');    % 分别显示原图和镜像图像
>> subplot(132);imshow(Flip1);title('垂直镜像');
>> subplot(133);imshow(Flip2);title('水平镜像');
```

运行结果如图 6-29 所示。

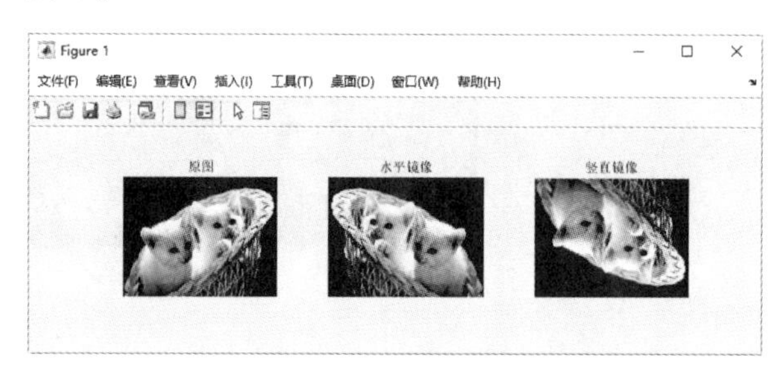

图 6-28　镜像图像

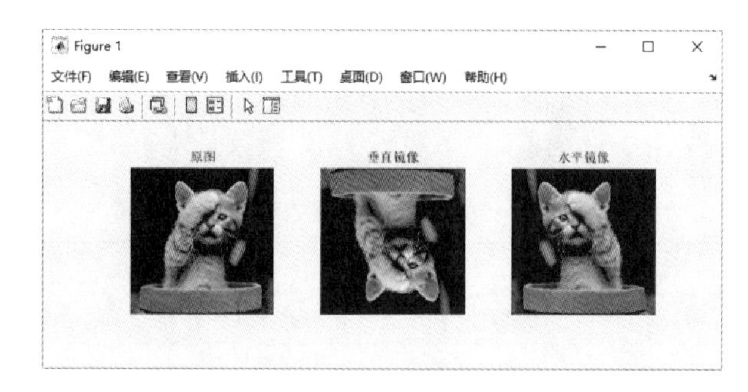

图 6-29　行列镜像图像

6.5.6 图像置换

在 MATLAB 中，permute 命令用来置换图像矩阵，它的使用格式见表 6-19。

表 6-19 permute 命令的使用格式

命令格式	说明
B = permute(A,dimorder)	按照向量 dimorder 指定的顺序重新排列数组的维度

例 6-25：置换图像。

解：在 MATLAB 命令行窗口中输入如下命令。

```
>> clear                                              % 清除工作区的变量
>> close all                                          % 关闭所有打开的文件
>> I=imread('birds.jpg');                             % 读取图像文件,返回图像数据
>> subplot(121),imshow(I),title('原图');               % 显示原图
>> J=permute(I,[2 1 3]);                              % 交换矩阵 I 的行和列维度
>> subplot(122),imshow(J), title('置换图');            % 显示置换后的图像
```

运行结果如图 6-30 所示。

图 6-30 图像置换

第 7 章　图像的效果

图像是人类视觉的基础，是自然景物的客观反映，是人类认识世界和人类本身的重要源泉。通过不同的方法对图像进行混合变换，显示不同的视觉效果，可达到不同的目的。

7.1　图像的仿射变换

图像的变换是指根据待匹配图像与背景图像之间几何畸变的情况，选择能最佳拟合两幅图像之间变化的几何变换模型。可采用的变换模型有刚性变换、仿射变换、透视变换和非线性变换等几种，如图 7-1 所示。

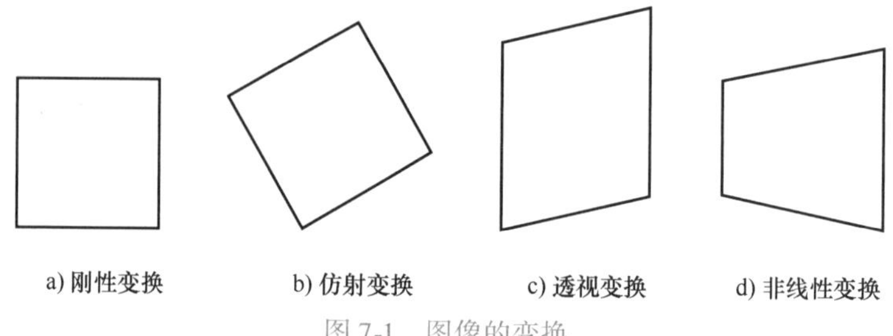

图 7-1　图像的变换

图像的仿射变换是指将一个平面的点映射到另一个平面的二维投影，保持二维图像的“平直性”和“平行性”。仿射变换允许图像任意倾斜，允许图像在另一个方向上的任意倾斜变换，如图 7-2 所示。

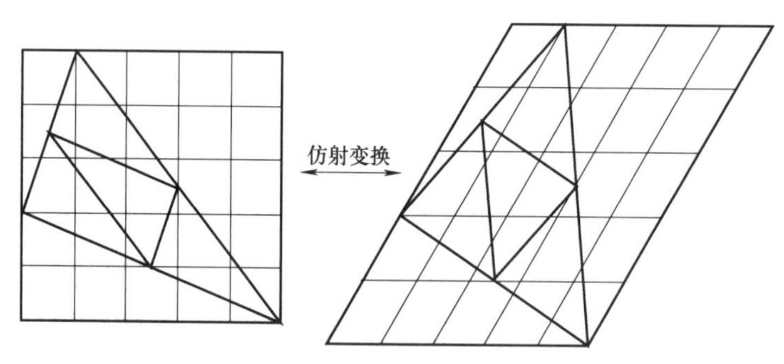

图 7-2　图像的仿射变换

仿射变换可以通过一系列的变换的复合来实现，包括平移（Translation）、缩放（Scale）、翻转（Flip）、旋转（Rotation）和剪切（Shear）。

仿射变换可以用下面公式表示：

$$\begin{bmatrix} x' \\ y' \\ 1 \end{bmatrix} = \begin{bmatrix} a_1 & a_2 & t_x \\ a_3 & a_4 & t_y \\ 0 & 0 & 1 \end{bmatrix} \begin{bmatrix} x \\ y \\ 1 \end{bmatrix}$$

其中(t_x,t_y)表示平移量，参数 a_i 则反映了图像旋转、缩放等变化。将参数 t_x，t_y，$a_i(i=1\sim4)$计算出，即可得到两幅图像的坐标变换关系。

7.1.1 仿射变换对象

将一个集合 XX 进行仿射变换：$f(x)=\boldsymbol{A}x+\boldsymbol{b}$，$x\in X$。仿射变换包括对图像进行缩放、平移、旋转、反射（镜像）、错切（倒影）。

图像矩阵经过仿射变换后，坐标显示如图 7-3 所示。

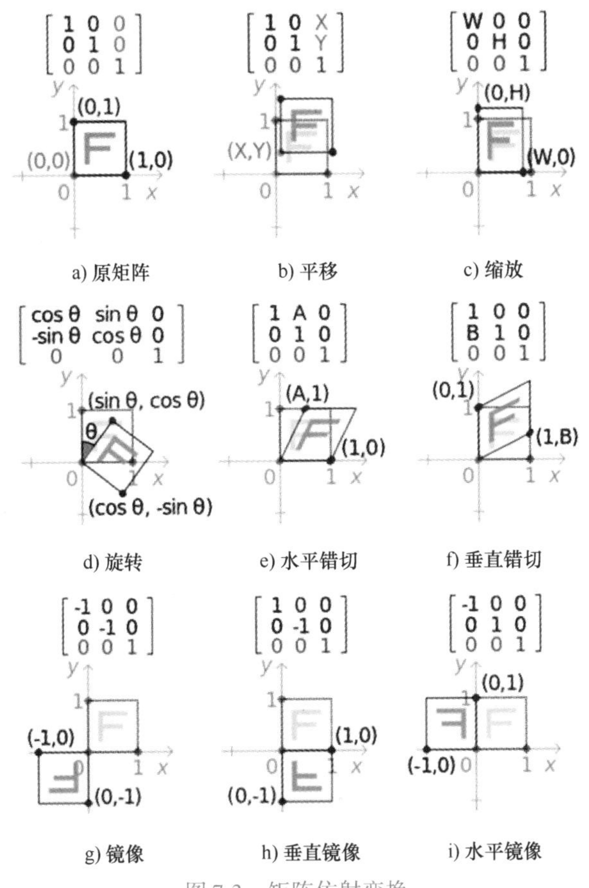

图 7-3 矩阵仿射变换

在 MATLAB 中，tform 表示几何变换对象，包括仿射 2d、仿射 3d 或投影 2d 等。Invtform 是反几何变换对象。

在 MATLAB 中，affine2d 命令用来对图像进行二维仿射几何变换，它的使用格式见表 7-1。

表 7-1 affine2d 命令的使用格式

命令格式	说明
tform = affine2d	创建仿射 2d 对象
tform = affine2d（A）	用非奇异矩阵 $\boldsymbol{A}$ 定义的有效仿射变换设置属性 T

在 MATLAB 中，affine3d 命令用来对图像进行三维仿射几何变换，它的使用格式见表 7-2。

表 7-2 affine3d 命令的使用格式

命令格式	说明
tform = affine3d	创建仿射 3d 对象
tform = affine3d(A)	用非奇异矩阵 $\boldsymbol{A}$ 定义的有效仿射变换设置属性 T

在 MATLAB 中，projective2d 命令用来对图像进行二维投影几何变换，它的使用格式见表 7-3。

表 7-3 projective2d 命令的使用格式

命令格式	说明
tform = projective2d	创建二维投影几何变换对象
tform = projective2d(A)	用非奇异矩阵 ***A*** 定义的二维投影几何变换设置属性 *T*

其余图像的仿射对象的创建方法函数格式见表 7-4。

表 7-4 函数格式

调用格式	说明
transformPointsForward	正向几何变换
transformPointsInverse	反向几何变换
imregtform	相似性优化估计，将运动图像映射到固定图像的几何变换
imregcorr	相位相关估计几何变换，将运动图像映射到固定图像上
fitgeotrans	控制点对的几何变换拟合，估计一个几何变换，该变换映射两个图像之间的控制点对
randomAffine2d	创建随机化二维仿射变换

在 MATLAB 中，makerefmat 命令用来构造仿射空间参考矩阵，它的使用格式见表 7-5。

表 7-5 makerefmat 命令的使用格式

命令格式	说明
R = makerefmat(x11, y11, dx, dy)	使用 *dx* 和 *dy* 构造一个引用矩阵，将图像或数据网格行与 *x* 对齐，将列与 *y* 对齐。x11 和 y11 指定图像中第一个（1,1）像素的中心或数据网格的第一个元素的映射位置
R = makerefmat(lon11, lat11, dlon, dlat)	构造一个用于坐标的引用矩阵
R = makerefmat(param1, val1, param2, val2, ...)	使用参数-名称-值对组为引用坐标系及与之对齐的图像或光栅栅格构建参考矩阵。不能有旋转或倾斜

例 7-1：点的空间变换。

解：MATLAB 程序如下。

```
>> clear                          % 清除工作区变量
>> close all                      % 关闭所有打开的文件
>> i=10;                          % 定义变量并赋值
>> t=affine2d([cosd(i) sind(i) 0; -sind(i)cosd(i) 0; 0 0 1])  % 创建矩阵定义的有效
                                                               仿射变换对象 t
t =
  affine2d-属性:
                 T: [3×3 double]
    Dimensionality: 2
>> [x,y]=transformPointsForward(t,10,10)  % 将正向几何变换应用于点(10,10)
x =                               % 转换后的 x 轴坐标点
   8.1116
```

```
y =                                   % 转换后的 y 轴坐标点
  11.5846
>> plot(10,0,'b^',x,y,'r*')           % 绘制原始点(蓝色向上三角形)和转换点(红色星号)
>> axis([0 12 0 12]); axis square;    % 设置坐标系
```

运行结果如图 7-4 所示。

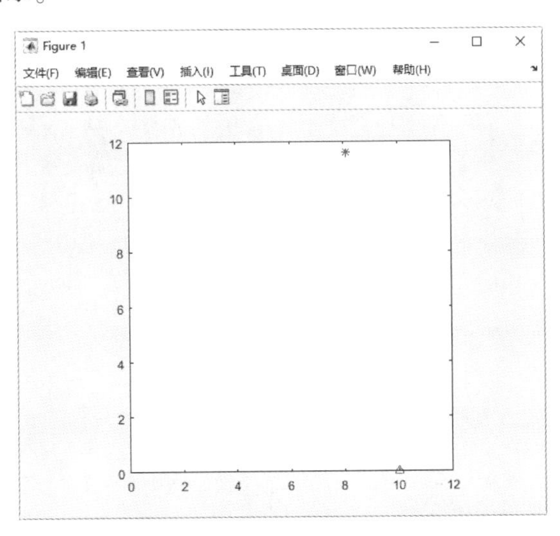

图 7-4　点的空间变换

7.1.2 图像的仿射变换

在 MATLAB 中，imwarp 命令用来对图像进行水平方向、垂直方向变形，控制图像大小和纵横比，它的使用格式见表 7-6。

表 7-6　imwarp 命令的使用格式

命令格式	说　明
B = imwarp(A,tform)	根据几何变换 tform 变换图像 A，返回转换图像 B
B = imwarp(A,D)	根据位移场 D 变换图像 A
[B,RB] = imwarp(A,RA,tform)	变换由图像数据 A 和关联的空间参考对象 RA 指定的空间参考图像
B = imwarp(…,interp)	指定要使用的插值类型
[B,RB] = imwarp(…,Name,Value)	指定名称-值对组参数，以控制几何变换的各个方面。名称-值对组参数表见表 7-7

表 7-7　imwarp 命令名称-值对组参数表

属性名	说　明	参数值
'OutputView'	输出图像在世界坐标系中的大小和位置	imref2d 或 imref3d 空间参照对象
'FillValues'	输入图像边界之外的输出像素的填充值	数值、矩阵
'SmoothEdges'	填充图像并创建平滑边缘	逻辑值 true 或 false

例 7-2：图像缩放。

解：MATLAB 程序如下。

```
>> close all                      % 关闭所有打开的文件
>> clear                          % 清除工作区变量
>> A=imread('meng.jpg');          % 读取图像
>> t1=affine2d([0.5 0 0;0 1 0;0 0 1]);     % 创建矩阵定义的有效仿射变换对象 t1
>> B=imwarp(A,t1);                % 图像水平缩放
>> t2=affine2d([1 0 0;0 0.5 0;0 0 1]);  % 创建矩阵定义的有效仿射变换对象 t2
>> C=imwarp(A,t2);                % 图像垂直缩放
>> subplot(1,3,1),imshow(A), axis on,title('Original Image')
                                  % 在各个子图中分别显示原图、水平缩放和垂直缩放的图像
>> subplot(1,3,2), imshow(B),axis on,title('X Sale Image')
>> subplot(1,3,3), imshow(C),axis on,title('Y Sale Image')
```

运行结果如图 7-5 所示。

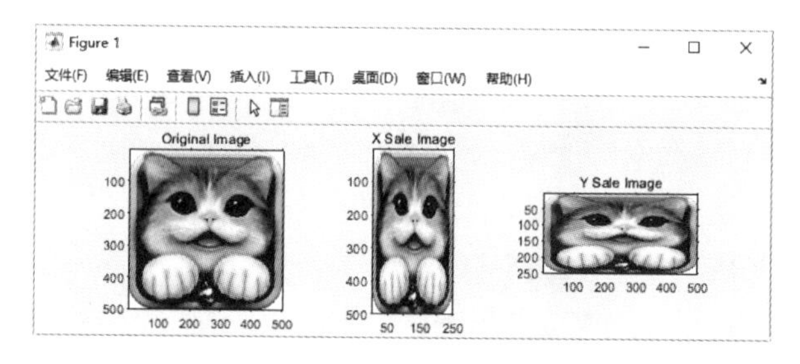

图 7-5　图像缩放

例 7-3：图像水平错切。

解：MATLAB 程序如下。

```
>> close all                                    % 关闭所有打开的文件
>> clear                                        % 清除工作区变量
>> A=imread('haixing.tif');                     % 读取图像
>> t=affine2d([1 0.5 0;0 1 0;0 0 1]);           % 创建矩阵定义的有效仿射变换对象 t
>> B=imwarp(A,t);                               % 图像错切
>> subplot(1,2,1),imshow(A), title('Original Image')  % 显示原图
>> subplot(1,2,2),imshow(B),title('Imwaped Image')  % 显示水平错切图像
```

运行结果如图 7-6 所示。

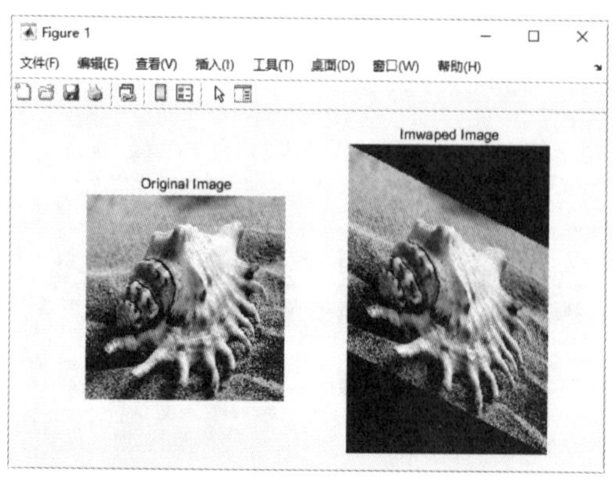

图 7-6　图像水平错切

7.2 图像的空间变换

图像空间变换主要是保持图像中曲线的连续性和物体的连通性，通常采用数学函数形式来描述输出图像相应像素间的空间关系，也有依赖实际图像而不易用函数形式描述的复杂变换，是一种非常有用的图像处理技术。

7.2.1 图像空间结构

在 MATLAB 中，makeresampler 命令用来创建重采样结构，对所有图像进行变换。它的使用格式见表 7-8。

表 7-8 makeresampler 命令的使用格式

命令格式	说明
R = makeresampler(interpolant,padmethod)	创建可分离重采样器结构。插值参数指定可分离重采样器使用的插值内核
R = makeresampler(Name,Value,...)	使用参数值对创建一个用户编写的重采样器结构

在 MATLAB 中，maketform 命令用来创建空间转换结构，对所有图像进行变换。它的使用格式见表 7-9。

表 7-9 maketform 命令的使用格式

命令格式	说明
T = maketform('affine',A)	为 N 维仿射变换创建多维空间变换结构
T = maketform('affine',U,X)	为二维仿射变换创建一个 TFORM 结构 T，该变换将 $\boldsymbol{U}$ 的每一行映射到 $\boldsymbol{X}$ 的相应行
T = maketform ('projective', A)	为 N 维投影变换创建 TFORM 结构 T
T = maketform ('projective', U, X)	为二维投影变换创建一个 TFORM 结构 T，该变换将 $\boldsymbol{U}$ 的每一行映射到 $\boldsymbol{X}$ 的相应行
T = maketform ('custom', NDIMS_ IN, NDIMS_ OUT, FORWARD_ FCN, INVERSE_ FCN, TDATA)	基于用户提供的函数句柄和参数创建自定义 TFORM 结构 T
T = maketform ('box', tsize, LOW, HIGH)	建立 N 维仿射 TFORM 结构 T。tsize 参数是正整数的 N 元素向量。LOW 和 HIGH 也是 N 元素向量
T = maketform ('box', INBOUNDS, OUTBOUNDS)	进行仿射变换。将由对角点（1，N）和 tsize 定义的输入框，或由角点 INBOUNDS（1,:）和 INBOUND（2,:）定义的输入框映射到由对角点 LOW 和 HIGH 或 OUTBOUNDS（1,:）和 OUTBOUNDS（2,:）定义的输出框
T = maketform ('composite', T1, T2, ..., TL) 或 T = maketform ('composite', [T1 T2 ... TL])	构造一个 TFORM 结构 T，它的正、反函数由 T1，T2，…，TL 的正、反函数的函数组成

其余图像的空间结构变换的创建方法函数格式见表 7-10。

表 7-10 函数格式

调用格式	说明
tformfwd	正向空间变换
tforminv	反向几何变换

在 MATLAB 中，fliptform 命令用来翻转空间转换结构，它的使用格式见表 7-11。

表 7-11 fliptform 命令的使用格式

命令格式	说明
tflip = fliptform(T)	翻转现有 T 结构中的输入和输出，创建新的 T 空间转换结构

7.2.2 图像空间变换

图像空间变换决定输出图像的像素值是否把新位置映射回输入图像的相应位置。在平移变换中，由于图像的大小和旋转角度没有变，所以是一一映射；对于其他类型的变换，如缩放、旋转，图像的大小和旋转角度均发生变换。

空间结构变换与仿射几何变换中矩阵的变换是一致的。

1）平移变换，将每一点移动到 $(x+t_x, y+t_y)$，变换矩阵为 $\begin{bmatrix} 1 & 0 & t_x \\ 0 & 1 & t_y \\ 0 & 0 & 1 \end{bmatrix}$。

2）缩放变换，将每一点的横坐标放大（缩小）至 s_x 倍，纵坐标放大（缩小）至 s_y 倍，变换矩阵为 $\begin{bmatrix} s_x & 0 & 0 \\ 0 & s_y & 0 \\ 0 & 0 & 1 \end{bmatrix}$。

3）剪切变换，变换矩阵为 $\begin{bmatrix} 1 & sh_x & 0 \\ sh_y & 1 & 0 \\ 0 & 0 & 1 \end{bmatrix}$，相当于一个横向剪切与一个纵向剪切的复合 $\begin{bmatrix} 1 & 0 & 0 \\ sh_y & 1 & 0 \\ 0 & 0 & 1 \end{bmatrix}\begin{bmatrix} 1 & sh_x & 0 \\ 0 & 1 & 0 \\ 0 & 0 & 1 \end{bmatrix}$。

4）旋转变换，目标图形围绕原点顺时针旋转 *theta* 弧度，变换矩阵为

$$\begin{bmatrix} \cos(theta) & -\sin(theta) & 0 \\ \sin(theta) & \cos(theta) & 0 \\ 0 & 0 & 1 \end{bmatrix}$$

在 MATLAB 中，imtransform 命令用来对图像进行二维空间变换，它的使用格式见表 7-12。

表 7-12 imtransform 命令的使用格式

命令格式	说明
B = imtransform(A,tform)	根据空间变换 tform 变换图像 A，返回转换图像 B
B = imtransform(A,tform,interp)	指定要使用的插值变换图像 A
B = imtransform(⋯,Name,Value)	使用名称-值对组来控制空间转换的各个方面
[B,xdata,ydata] = imtransform(⋯)	返回输出图像 B 在输出 X-Y 空间中的范围

例 7-4：图像空间变换与几何变换。

解：MATLAB 程序如下。

```
>> clear                                    % 清空工作区的变量
>> close all                                % 关闭所有打开的文件
```

```
>> I=imread('shu.jpg');                                      % 图像读入工作区
>> T=maketform('affine',[0.2 0 0;0.2 1 0;0 0 1]);          % 创建空间结构数据 T
>> T2=fliptform(T);                                          % 翻转空间结构 T2
>> J=imtransform(I,T);                                       % 图像空间变换
>> K=imtransform(I,T2);                                      % 图像空间变换翻转
>> subplot(1,3,1),imshow(I),title('Original Image')         % 显示原图
>> subplot(1,3,2),imshow(J),axis square,title('Transform Image')  % 显示空间图像
>> subplot(1,3,3),imshow(K),axis square,title('Flip Image') % 显示翻转空间变形图像
```

运行结果如图7-7所示。

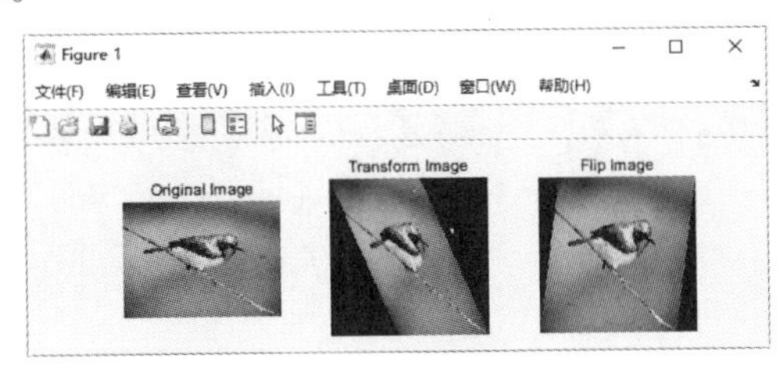

图7-7 图像空间与几何变换

例7-5：图像多边形变换。

解：MATLAB程序如下。

```
>> clear                                   % 清空工作区的变量
>> close all                               % 关闭所有打开的文件
>> I=imread('bobbles.jpg');                % 读取图像,返回图像数据
>> imshow(I)                               % 显示图像
>> udata=[0 1];vdata=[0 1];
>> tform=maketform('projective',[0 0;1 0;1 1;0 1],[-4 2;-10 -1;-3 -6;7 3]);% 根据四个点求得变换矩阵
>> [J xdata ydata]=imtransform(I,tform,'bicubic','udata',udata,'vdata',vdata,'size',size(I),'fillvalues',64);% 根据 tform 定义的二维空间变换来变换图像 I,插值方法为三次插值,指定图像 I 在 U-V 输入空间中的空间范围,变换后的图像大小与原图像相同,图像边界之外输出像素的填充值为 64。返回变换后的图像,以及 X-Y 输出空间中的水平范围和垂直范围
>> subplot(1,2,1),imshow(I),title('Original Image')% 显示原图
>> subplot(1,2,2),imshow(J),axis square,title('Polygon Image')   % 显示变换后的多边形图像
```

运行结果如图7-8所示。

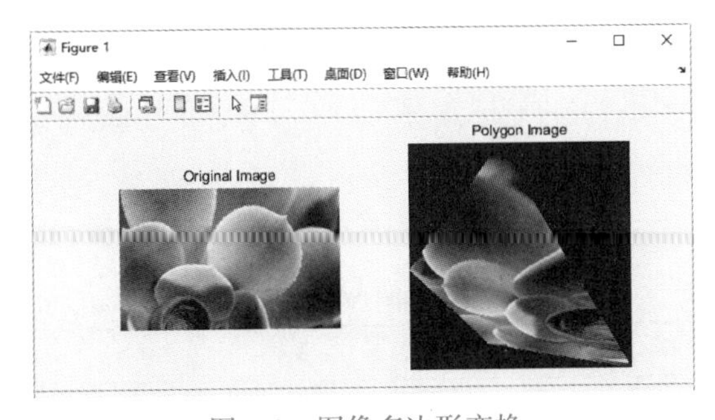

图7-8 图像多边形变换

例 7-6：图像镜像转置。

解：MATLAB 程序如下。

```
>> clear                                    %清空工作区的变量
>> close all                                % 关闭所有打开的文件
>> I=imread('santa.jpg');                   % 读取图像文件
>> subplot(2,2,1);imshow(I)                 % 显示原图
>> [height,width,dim]=size(I);              % 获取图像大小
>> tform=maketform('affine',[-1 0 0; 0 1 0;width 0 1]);   % 创建空间转换结构
>> B=imtransform(I,tform,'nearest');   % 根据 tform 定义的二维空间变换来变换图像 I,插
                                          值方法为最近邻插值,返回变换后的图像 B
>> subplot(2,2,2);imshow(B)                 % 水平镜像
>> tform2=maketform('affine',[1 0 0; 0-1 0; height 0 1]);   % 创建空间转换结构
>> C=imtransform(I,tform2,'nearest');   % 根据 tform 定义的二维空间变换来变换图像 I,插
                                          值方法为最近邻插值,返回变换后的图像 C
>> subplot(2,2,3);imshow(C)                 % 垂直镜像
>> tform3=maketform('affine',[0 1 0; 1 0 0;0 0 1]);   % 创建空间转换结构
>> D=imtransform(I,tform,'nearest');   % 根据 tform 定义的二维空间变换来变换图像 I,插
                                          值方法为最近邻插值,返回变换后的图像 D
>> subplot(2,2,4);imshow(D)                 % 图像转置
```

运行结果如图 7-9 所示。

图 7-9　图像镜像转置

7.2.3 图像空间阵列

在 MATLAB 中，tformarray 命令用来显示图像三维空间阵列变换，它的使用格式见表 7-13。

表 7-13　tformarray 命令的使用格式

命令格式	说　明
B = tformarray(A,T,R,tdims_A,tdims_B,tsize_B,tmap_B,F)	应用空间变换，将矩阵 ***A*** 转换为矩阵 ***B***

例 7-7：图像空间阵列变换。

解：MATLAB 程序如下。

```
>> clear                          % 清空工作区的变量
>> close all                      % 关闭所有打开的文件
>> I=imread('ball.tif');          % 读取图像文件
>> I=im2double(I);                % 将图像矩阵由 uint8 转换为双精度格式
>> T=maketform('projective',[1 1; 41 1; 41 41;1 41],...
              [5 5; 40 5; 35 30; -10 30]); % 用投影变换棋盘。首先创建一个空间转换结构
>> R=makeresampler('cubic','circular'); % 创建重采样器。创建重采样器时使用 pad 方法"circular",以便输出看起来是无限棋盘的透视图
>> J=tformarray(I,T,R,[1 2],[2 1],[400 400],[],[]);   % 执行转换,指定转换结构和重采样器
>> subplot(1,2,1),imshow(I),title('Original Image')% 显示原图
>> subplot(1,2,2),imshow(J),axis square,title('Array Image')    % 显示空间阵列图像
```

运行结果如图 7-10 所示。

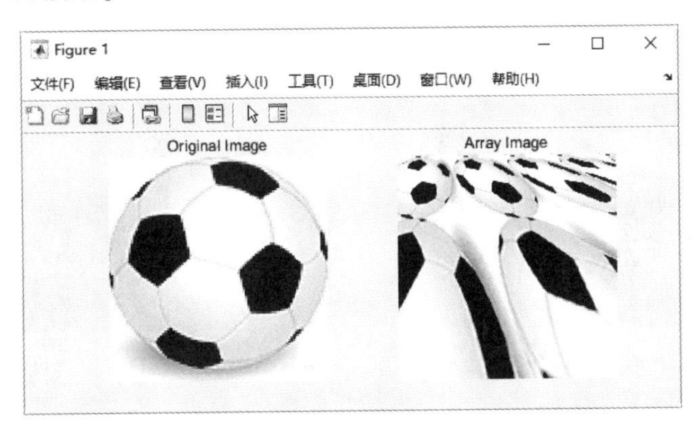

图 7-10　图像空间阵列变换

7.3　图像可视化效果

图像可视化是指利用计算机图形学和图像处理技术，将数据转换成图形或图像在屏幕上显示出来，再进行交互处理的理论、方法和技术。在 MATLAB 中，图像可视化效果包括图像的混合、填充、合成和扭曲。

7.3.1 图像基本效果

图像的基本效果分为以下几种。

- 50% 阈值：由灰度值 128 一分为二，高于 128 为白色，低于 128 为黑色，此时产生黑白分明的图像轮廓。50% 阈值效果如图 7-11 所示。
- 图案仿色：通过叠加一些几何图形来显示灰度，产生较丰富的层次感。图案仿色效果如图 7-12 所示。

图 7-11　50% 阈值效果图

图 7-12　图案仿色效果图

- 扩散仿色：从图像左上角的第一个像素开始对灰度值求偏差，高于 128 为白色，低于 128 为黑色。这种算法能较好地保持源图像信息。扩散仿色效果如图 7-13 所示。
- 半调网屏：以半色调网点的方式产生黑白图像，用户可选择频率、角度、网眼形状来进行转换。半调网屏效果如图 7-14 所示。

图 7-13　扩散仿色效果图

图 7-14　半调网屏效果图

- 自定图案：以自定义的底纹在黑白图像中模拟灰度成分。选择图案进行变换，如图 7-15 所示，感觉似乎在一面暗墙上画有一只金钱豹。这样，可以利用设定的图案制作各种各样特殊的效果。

图 7-15　自定义图案（砖墙）效果图

7.3.2 图像混合

在 MATLAB 中，imshowpair 命令用来比较图像的不同，成对显示图像，创建一个复合 RGB 图像，它的使用格式见表 7-14。

表 7-14　imshowpair 命令的使用格式

命令格式	说　明
obj = imshowpair(A,B)	创建一个复合 RGB 图像，显示覆盖在不同色带中的 A 和 B，要选择两个图像的另一种可视化类型
obj = imshowpair(A,RA,B,RB)	使用 RA 和 RB 中提供的空间参考信息显示图像 A 和 B 之间的差异，RA 和 RB 是空间参照对象

（续）

命令格式	说明
obj = imshowpair(…,method)	使用 method 指定的可视化方法创建一个复合 RGB 图像，method 可取值为 'falsecolor'（默认）、'blend'、'diff'、'montage'，其具体参数选项见表 7-15
obj = imshowpair(…,Name,Value)	指定具有一个或多个 Name、Value 对组参数的附加选项

表 7-15 重叠图像的可视化方法

值	说明
'falsecolor'	创建一个复合 RGB 图像，伪彩色，显示覆盖在不同色带中的 A 和 B 合成图像中的灰色区域，显示两个图像具有相同强度的位置洋红色和绿色区域，显示强度不同的地方，这是默认方法。把两幅图像的差异用色彩来表示，这是默认的参数
'blend'	使用 alpha 混合覆盖 A 和 B，是一种混合透明处理类型
'checkerboard'	从 A 和 B 创建一个图像与交替矩形区域
'diff'	用灰度信息来表示亮度图像之间的差异
'montage'	将 A 和 B 放在同一张图像中的相邻位置

例 7-8：剪辑图像。

解：MATLAB 程序如下。

```
>> clear                                              % 清空工作区的变量
>> close all                                          % 关闭所有打开的文件
>> I=imread('vase.jpg');                              % 图像读入工作区
>> tform=affine2d ([0.5 0.5 0; -0.5 0.5 0;0 0 1]);    % 旋转图像数据
>> J=imwarp(I,tform);                                 % 图像几何变换
>> subplot(1,2,1),imshow(I), title('Original Image')  % 显示原图
>> subplot(1,2,2),imshowpair(I,J,'blend'),axis square,title('Add Image')
                                                      % 显示混合图像
```

运行结果如图 7-16 所示。

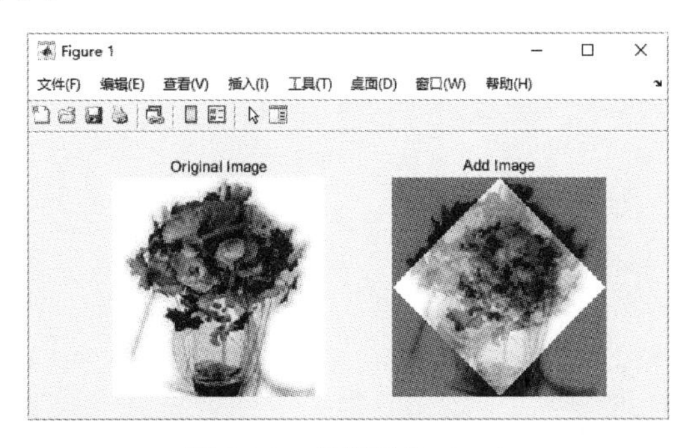

图 7-16 剪辑图像（一）

例 7-9：显示彩色图像的混合模式。

解：MATLAB 程序如下。

```
>> clear                        % 清空工作区的变量
>> close all                    % 关闭所有打开的文件
>> A=imread('bird.jpg');        % 读取图像
```

```
>> imshow(A),title('原图')                          % 显示原图
>> B = imrotate(A,5,'bicubic','crop');              % 旋转图像
>> figure                                           % 创建图窗
>> imshowpair(A,B,'montage'),title('比较原图与旋转图')   % 对比旋转前后的图像
>> figure                                           % 创建图窗
>> imshowpair(A,B,'blend','Scaling','joint'),title('旋转前后的混合图')
                                                    % 显示旋转前与旋转后图像的混合图像
```

运行结果如图 7-17 所示。

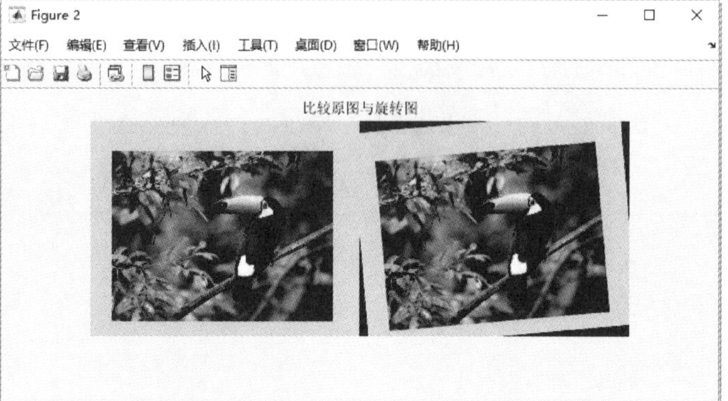

图 7-17　显示图像的混合模式

例 7-10：剪辑图像。

解：MATLAB 程序如下。

```
>> clear                                            % 清空工作区的变量
>> close all                                        % 关闭所有打开的文件
>> I   = imread('rose.jpg');                        % 图像读入工作区
>>   J = fliplr(I);                                 % 矩阵 I 左右反转
>> subplot(1,2,1),imshow(I), title('Original Image')   % 显示原图
>> subplot(1,2,2),imshowpair(I,J,'montage'),axis square,title('Mirror Image')
                                                    % 显示剪辑图像
```

运行结果如图 7-18 所示。

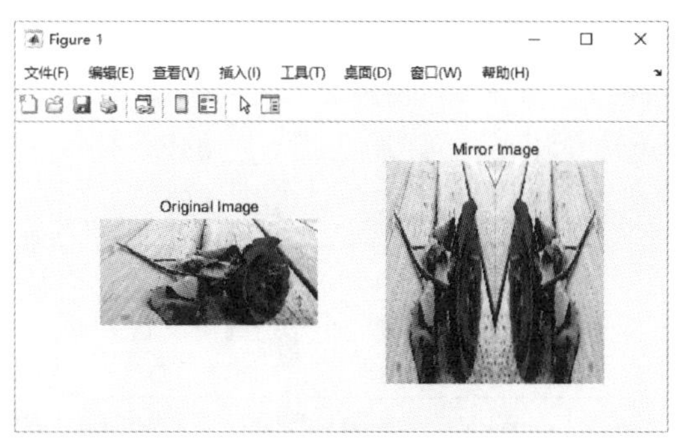

图 7-18　剪辑图像（二）

7.3.3 图像合成

在 MATLAB 中，imfuse 命令用来合成两幅图像，它的使用格式见表 7-16。

表 7-16　imfuse 命令的使用格式

命令格式	说　明
C = imfuse(A,B)	从两个图像 A 和 B 创建合成图像。如果 A 和 B 的大小不同，合成之前在较小的维度上填充零，创建两个图像的大小相同。输出 C 是包含图像 A 和 B 的融合图像的数字矩阵
[C RC] = imfuse(A,RA,B,RB)	使用 RA 和 RB 中提供的空间参考信息，从两个图像 A 和 B 创建合成图像
C = imfuse(…,method)	method 显示图像合成方法
C = imfuse(…,Name,Value)	使用名称-值对组参数设置图像属性

例 7-11：合成旋转图像。

解：MATLAB 程序如下。

```
>> clear                                   % 清空工作区的变量
>> close all                               % 关闭所有打开的文件
>> A = imread('birds.jpg');                % 读取图像
>> B = imrotate(A,5,'bicubic','crop');     % 旋转图像
>> C = imfuse(A,B,'falsecolor','Scaling','joint','ColorChannels',[1 2 0]);  % 创建
合成图像,对图像 A 使用红色,对图像 B 使用绿色,对两幅图像之间强度相似的区域使用黄色
>> subplot(1,3,1),imshow(A), title('Original Image')  % 显示原图
>> subplot(1,3,2),imshow(B),title('Rotate Image')     % 显示旋转图像
>> subplot(1,3,3),imshow(C), title('Compose Image')   % 显示合成后的图像
>> imwrite(C,'my_birds.png');              % 保存合成后的图像
```

运行结果如图 7-19 所示。

图 7-19　合成旋转图像

7.3.4 图像填充

在 MATLAB 中，padarray 命令用来填充图像边界，它的使用格式见表 7-17。

表 7-17 padarray 命令的使用格式

命令格式	说明
B = padarray(A,padsize)	A 为输入图像，B 为填充后的图像，padsize 给出了填充的行数和列数，通常用［r c］来表示
B = padarray(A,padsize,padval)	padval：'symmetric'表示图像大小通过围绕边界进行镜像反射来扩展；'replicate'表示图像大小通过复制外边界中的值来扩展；'circular'表示图像大小通过将图像看成是一个二维周期函数的一个周期来进行扩展
B = padarray(…,direction)	direction：'pre'表示在每一维的第一个元素前填充；'post'表示在每一维的最后一个元素后填充；'both'表示在每一维的第一个元素前和最后一个元素后填充，此项为默认值

padval 和 direction 分别表示填充方法和方向。若参量中不包括 direction，则默认值为'both'。若参量中不包含 padval，则默认用零来填充。若参量中不包括任何参数，则默认填充为零且方向为'both'。在计算结束时，图像会被修剪成原始大小。

例 7-12：填充图像边界。

解：MATLAB 程序如下。

```
>> clear                                              % 清空工作区的变量
>> close all                                          % 关闭所有打开的文件
>> A=imread('mao.jpg');                               % 读取图像
>> B=padarray(A,[100 100]);                           % 扩充图像边界
>> C=padarray(A,[100 100],'replicate');               % 复制外边界中的值扩充图像边界
>> subplot(1,3,1),imshow(A), title('Original Image')  % 显示原图
>> subplot(1,3,2),imshow(B),title('Expand Image')     % 显示扩展图像
>> subplot(1,3,3),imshow(C), title('Expand Image')    % 显示扩展原图
```

运行结果如图 7-20 所示。

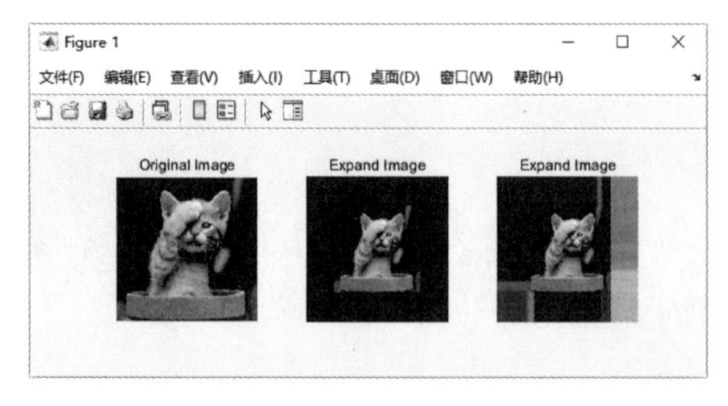

图 7-20 填充图像边界

7.3.5 图像扭曲

纹理特征也是图像的重要特征之一，其本质是刻画像素的邻域灰度空间分布规律。由于它在模式识别和计算机视觉等领域已经取得了丰富的研究成果，因此可以借用到图像分类中。

在 MATLAB 中，warp 命令用来将图像显示到纹理映射表面，扭曲图像，它的使用格式见表 7-18。

表 7-18 warp 命令的使用格式

命令格式	说明
warp(X,map)	在矩形表面上以纹理贴图的形式显示带有颜色贴图的索引图像
warp(I,n)	将具有 n 个级别的强度图像 I 显示为图像的纹理贴图
warp(BW)	将二值图像 BW 显示为图像的纹理贴图
warp(RGB)	将真彩色图像 RGB 显示为图像的纹理贴图
warp(Z,…)	在曲面 Z 上显示图像的纹理贴图
warp(X,Y,Z,…)	在曲面（X,Y,Z）上显示图像的纹理贴图，坐标矩阵的大小不需要与图像的大小相匹配
h = warp(…)	返回纹理映射表面的句柄

例 7-13：图像填充曲面。

解：MATLAB 程序如下。

```
>> clear                                          % 清空工作区的变量
>> close all                                      % 关闭所有打开的文件
>> [I,map] = imread('trees.tif');                 % 读取图像
>> [X,Y] = meshgrid(-100:100, -80:80);            % 创建二维网格坐标
>> Z = - (X.^2 + Y.^2);                           % 定义曲面的高度 Z
>> subplot(1,3,1),imshow(I,map), title('Original Image')  % 显示原图
>> subplot(1,3,2),surf(X,Y,Z),title('Plot Image')    % 显示三维曲面
>> subplot(1,3,3),warp(X,Y,Z,I,map); title('Warp Image')  % 将图像扭曲到由坐标(X,Y,
                                                          Z)定义的表面上
```

运行结果如图 7-21 所示。

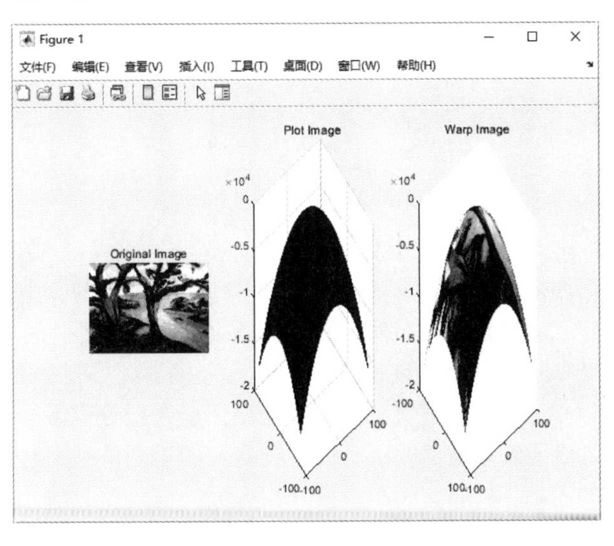

图 7-21 图像填充曲面

例 7-14：基于亮度的扭曲灰度图像。

解：MATLAB 程序如下。

```
>> clear                                          % 清空工作区的变量
>> close all                                      % 关闭所有打开的文件
>> I=imread('moon.tif');                          % 读取图像
>> subplot(1,2,1),imshow(I), title('Original Image')   % 显示原图
>> subplot(1,2,2), warp(I,I,128); title('Warp Image')  % 在高度等于图像强度的表面上扭
                                                         曲图像
```

运行结果如图 7-22 所示。

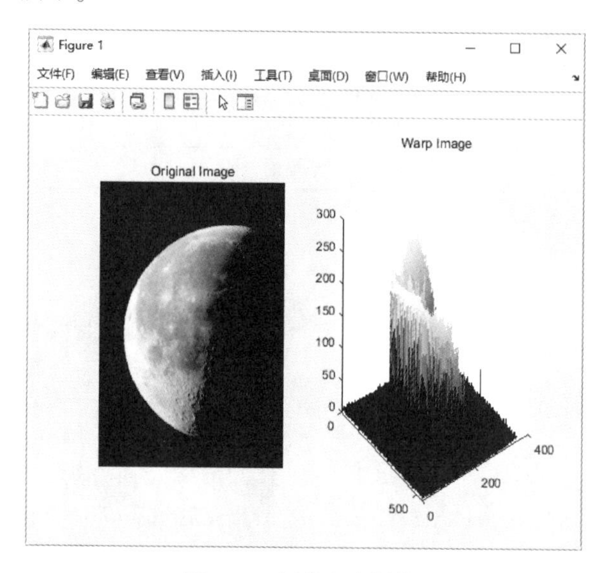

图 7-22 扭曲灰度图像

7.4 图像帧制作动画

动画制作实际上就是改变连续帧的内容的过程。帧代表时刻，不同的帧就是不同的时刻，画面随着时间的变化而变化，就形成了动画。

7.4.1 帧的基础知识

1. 帧

帧就是在动画最小时间内出现的画面。动画是以时间轴为基础的，由先后排列的一系列帧组成。帧的数量和帧频决定了动画播放的时间，同时帧还决定了动画的时间与动作之间的关系。

2. 动画

动画可以是物体的移动、旋转、缩放，也可以是变色、变形等效果。在逐帧动画中，需要在每一帧上创建一个不同的画面，连续的帧组合成连续变化的动画。利用这种方法制作动画，工作量非常大，如果要制作的动画比较长，则需要投入相当大的精力和时间。不过这种方法制作出来的动画效果非常好，因为对每一帧都进行绘制，所以动画变化的过程非常准确、细腻。

3. 帧频

帧频即帧速率。帧频过低，动画播放时会有明显的停顿现象；帧频过高，则播放太快，动画细节会一晃而过。因此，只有设置合适的帧频，才能使动画播放取得最佳效果。

im2frame 命令可将图像转换为电影帧，具体的使用格式见表 7-19。

表 7-19 im2frame 命令的使用格式

命令格式	说明
f = im2frame(RGB)	将真彩色图像 RGB 转换为电影帧 f
f = im2frame(X,map)	将索引图像 X 和相关联的颜色图 map 转换成电影帧 f
f = im2frame(X)	将索引图像 X 转换成电影帧 f

例 7-15：将图像显示为动画帧。

解：MATLAB 程序如下。

```
>> clear                              % 清空工作区的变量
>> close all                          % 关闭所有打开的文件
>> [x,map] = imread('shu.jpg');       % 读取当前路径下的图像
>> f = im2frame(x,map);               % 将图像作为动画帧
>> figure                             % 创建图窗
>> imshow(f.cdata)                    % 显示帧
```

运行结果如图 7-23 所示。

图 7-23 显示帧

7.4.2 图像帧的拼贴

Montage（法语音译蒙太奇）在电影中是指通过镜头的有机组合，使之产生连贯性以及镜头组合起来所产生的新的意境效果的剪辑手法。多个镜头通过不同的组合可以产生不同的意境，产生不同的结果，所以运用蒙太奇的手段可以表达不同的故事内容，使故事更有逻辑性、思想性和节奏性，而不是简单的排列组合。

蒙太奇一般包括画面剪辑和画面合成两方面。画面合成指由许多画面或图样并列或叠加而成的一个统一图画作品。画面剪辑指制作这种艺术组合的方式或过程是将电影中一系列在不同地点、从不同距离和角度、以不同方法拍摄的镜头排列组合起来，叙述情节，刻画人物。

在 MATLAB 中，montage 命令用来在矩形框中同时显示多幅图像，将多个图像帧显示为矩形蒙太奇，重新进行拼贴，它的使用格式见表 7-20。

表 7-20 montage 命令的使用格式

命令格式	说明
montage(I)	显示多帧图像数组 I 的所有帧。默认情况下，将图像排列成大致的正方形
montage(imagelist)	显示单元格数组 imagelist 中指定的图像，组合图像可以是不同类型和大小
montage(filenames)	显示图像的蒙太奇
montage(imds)	显示在图像数据存储 imds 中指定的图像的矩形蒙太奇
montage(…,map)	将所有灰度图像和二值图像（使用前面的任何语法指定）视为索引图像，并使用指定的颜色映射图显示它们。如果使用文件名或图像数据存储指定图像，则映射将覆盖图像文件中存在的任何内部颜色映射，重新排列组合不会修改 RGB 图像的颜色映射
montage(…,Name,Value)	使用名称-值对组参数自定义图像矩形蒙太奇
img = montage(…)	返回包含所有显示帧的单个图像对象的句柄

montage 命令名称-值对组参数表见表 7-21。

表 7-21 montage 命令名称-值对组参数表

属性名	说明	参数值
'BackgroundColor'	背景颜色，指定为 MATLAB 颜色规范。蒙太奇函数用这种颜色填充所有空格	'black'（默认）、[R G B]、短名称、长名称
'BorderSize'	每个缩略图周围的填充边框	[0 0]（默认）、非负整数、1×2 非负整数向量
'DisplayRange'	显示范围	1×2 向量
'Indices'	要显示的帧	正整数数组
'Interpolation'	插值方法	'nearest'（默认）、'bilinear'
'Parent'	图像对象的父级	轴
'Size'	图像的行数和列数	二元向量
'ThumbnailSize'	缩略图的大小	第一个图像的完整大小（默认）、二元素向量

例 7-16：不同图像矩形蒙太奇。

解：MATLAB 程序如下。

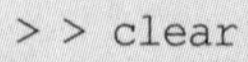

```
>> clear                                   % 清空工作区的变量
>> close all                               % 关闭所有打开的文件
>> img1 = imread('s1.tif');                % 读取图像文件
>> img2 = imread('s2.tif');
>> img3 = imread('s3.tif');
>> img4 = imread('s4.tif');
>> montage({img1,img2,img3,img4,'blossom.png','christ.jpg','frog.jpg'})
                                           % 将多帧图像数组的所有帧排列成大致的正方形
```

运行结果如图 7-24 所示。

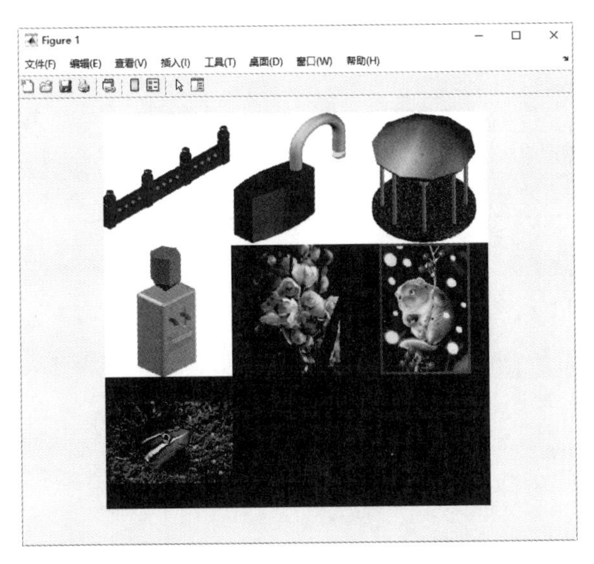

图 7-24 图像蒙太奇展示

7.4.3 图像帧的组合块

在 MATLAB 中，imtile 命令用来将多个图像帧组合为一个矩形图块图像，它的使用格式见表 7-22。

表 7-22 imtile 命令的使用格式

命令格式	说明
out = imtile(filenames)	返回包含 filenames 中指定的图像的图块图像。如果该文件不在当前文件夹或路径下的文件夹中，需指定完整路径名。filenames 是 $n\times1$ 或 $1\times n$ 字符串数组、字符向量或字符向量元胞数组
out = imtile(I)	返回包含多帧图像数组 I 的所有帧的图块图像
out = imtile(images)	返回包含元胞数组 images 中指定的图像的图块图像
out = imtile(imds)	返回包含 ImageDatastore 对象 imds 中指定的图像的图块图像
out = imtile(X,map)	将 X 中的所有灰度图像视为索引图像，并将指定的颜色图 map 应用于所有帧
out = imtile(…,Name,Value)	根据可选参数名称-值对组的值返回一个自定义图块图像

默认情况下，imtile 命令将图像大致排成一个方阵，也可以使用可选参数进行形状更改，图像可以具有不同大小和类型。若输入空数组元素，则显示空白图块。

- 如果指定索引图像，则将文件中存在的颜色图转换为 RGB。
- 如果图像之间存在数据类型不匹配，需要进行数据类型转换，使用 im2double 命令将所有图像重新转换为 double。

imtile 命令名称-值对组参数表见表 7-23。

表 7-23 imtile 命令名称-值对组参数表

属性名	说明	参数值
'BackgroundColor'	背景颜色	'black'（默认）、MATLABColorSpec
'BorderSize'	每个缩略图周围的填充边框	[0 0]（默认）、数值标量或 1×2 向量

（续）

属 性 名	说 明	参 数 值
'Frames'	包含的帧	图像总数（默认）、数值数组、逻辑值
'GridSize'	缩略图的行数和列数	图像网格形成正方形（默认）、二元素向量
'ThumbnailSize'	缩略图的大小	第一个图像的完整大小（默认）、二元素向量

例 7-17：图像排列。

解：MATLAB 程序如下。

```
>> clear                    % 清空工作区的变量
>> close all                % 关闭所有打开的文件
>> iout = imtile({'feather.bmp','hate.jpg'});    % 从文件中将多个图像读取到工作区中，
                                                   并创建一个包含这些图像的图块图像
>> imshow(iout);            % 显示该图块图像
>> out = imtile(iout,'Frames',[true true true],'BorderSize',10,'BackgroundColor','
b');                        % 创建包含前三个图像帧的图块图像，添加蓝色边框
>> figure;                  % 创建图窗
>> imshow(out);             % 显示排列后的图像
```

运行结果如图 7-25 所示。

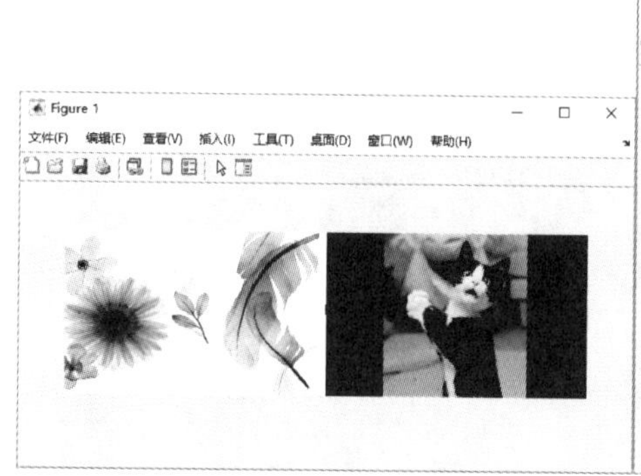

图 7-25 图像排列

7.4.4 图像制作电影

在 MATLAB 中，immovie 命令用来将多个图像帧制作电影，它的使用格式见表 7-24。

表 7-24 immovie 命令的使用格式

命令格式	说 明
mov = immovie(X,cmap)	从多帧索引图像 X 中的图像返回电影结构数组 mov
mov = immovie(RGB)	从多帧真彩色图像 RGB 中的图像返回电影结构数组 mov

例 7-18：制作电影。

解：MATLAB 程序如下。

```
>> clear                    % 清空工作区的变量
>> close all                % 关闭所有打开的文件
```

```
>> RGB = imread('swmoxing.tif');   % 读取当前路径下的图像
>> mov = immovie(RGB);   % 返回多帧彩色图像 RGB 中的图像,创建电影结构数组 mov
>> implay(mov)                     % 打开视频查看器播放电影结构数组 mov 中的图像序列
```

运行结果如图 7-26 所示。

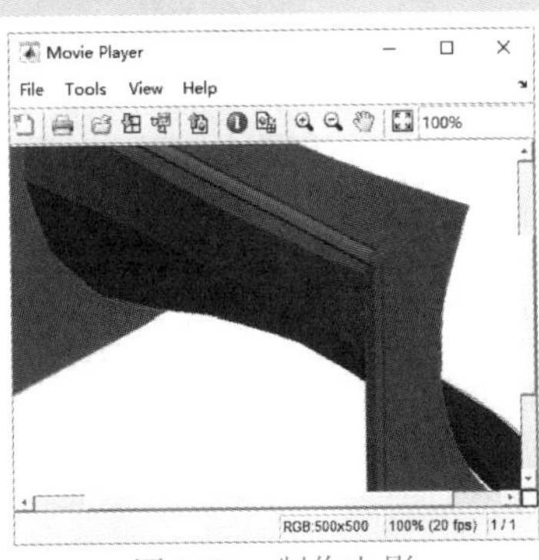

图 7-26 制作电影

7.4.5 播放图像电影

在 MATLAB 中，implay 命令用来打开视频查看器，在该应用程序中播放电影、视频或图像序列。可以选择要播放的电影或图像序列、跳到序列中的特定帧、更改显示的帧速率或执行其他查看活动，也可以打开多个视频查看器以同时查看不同的电影。该命令的使用格式见表 7-25。

表 7-25 implay 命令的使用格式

命令格式	说明
implay	打开视频查看器应用程序，选择要播放的电影或图像序列
implay (filename)	打开视频查看器应用程序，显示文件名指定的文件内容，该文件可以是音频视频交错 (AVI) 文件。视频查看器一次读取一帧，在播放期间节省内存。视频查看器不播放音频曲目
implay(I)	打开视频查看器应用程序，显示 I 指定的多帧图像中的第一帧
implay(…,fps)	按指定的帧速率 fps 查看电影或图像序列

例 7-19：播放视频。

解：MATLAB 程序如下。

```
>> clear                  % 清空工作区的变量
>> close all              % 关闭所有打开的文件
>> implay('rhinos.avi')   % 演示当前目录下的 AVI 文件
```

运行结果如图 7-27 所示。

图 7-27 播放视频

第 8 章　图像的增强

在进行图像处理的过程中，获取原始图像后，首先需要对图像进行预处理，因为在获取图像的过程中，往往会发生图像失真，使所得图像与原图像有某种程度上的差别。在许多情况下，人们难以确切了解引起图像降质的具体物理过程及其数学模型，但却能估计出使图像降质的一些可能原因，针对这些原因可以采取简单易行的方法，改善图像质量。

图像增强是图像模式识别中非常重要的图像预处理过程。图像增强按实现方法不同可分为点增强、空域增强和频域增强。

8.1　像素及其统计特性

图像用数字任意描述像素点、强度和颜色。描述信息文件存储量较大，所描述对象在缩放过程中会损失细节或产生锯齿。在显示方面图像是将对象以一定的分辨率分辨以后将每个点的色彩信息以数字化方式呈现，可直接快速在屏幕上显示。

8.1.1 图像像素

对于灰度图像而言，一个采样点的值即可代表该像素的值 $f(x_i, y_i)$。对于 RGB 图像而言，$[f_r(x_i,y_i),\ f_g(x_i,y_i),\ f_b(x_i,y_i)]$ 三个值代表一个像素的亮度。

分辨率和灰度是影响图像显示的主要参数。图像适用于表现含有大量细节（如明暗变化、场景复杂、轮廓色彩丰富）的对象，如照片、绘图等，通过软件可进行复杂图像的处理以得到更清晰的图像或产生特殊效果。

例 8-1：像素控制图像显示。

解：MATLAB 程序如下。

```
>> close all                        % 关闭打开的文件
>> clear                            % 清除工作区的变量
>> I = imread('xshu.jpg');          % 读取当前路径下的图像,其中,工作区中显示数据为 uint8 三
                                      维矩阵 I
>> subplot(121),imshow(I)           % 显示原图像
>> [row column] = size(I);          % 获取矩阵 I 的行数 row 与列数 column
>> for p = 1:row                    % p 取值范围为 I 的行数
    for q = 1:column                % q 取值范围为 I 的列数
        if I(p,q) >= 100            % 若 I 中元素值≥100,执行下面的命令
            I(p,q) = 255;           % 元素值≥100 的元素赋值 255
else
            I(p,q) = 0;             % 元素值<100 的元素赋值 0
end
end
end
>> subplot(122),imshow(I)           % 显示像素控制图像
```

运行结果如图 8-1 所示。

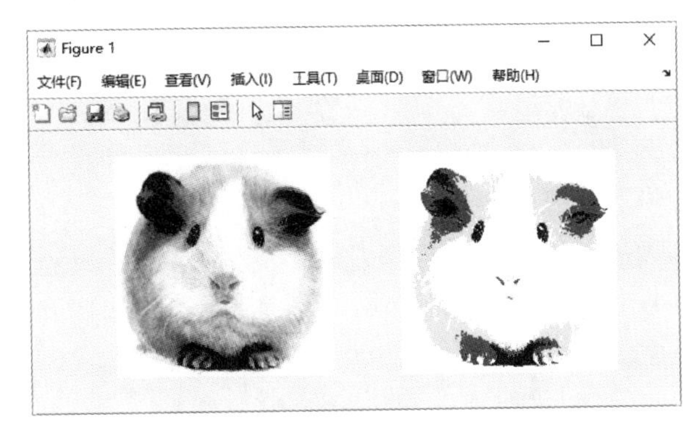

图 8-1 像素控制图像显示

8.1.2 像素值统计

在 MATLAB 中，impixel 命令用来返回指定的图像像素的 RGB 颜色值，它的使用格式见表 8-1。

表 8-1 impixel 命令的使用格式

命令格式	说明
P = impixel	在当前使用的图像中，使用鼠标左键单击来选择像素，可以在不同位置单击来选择多个像素。按〈Backspace〉键或〈Delete〉键删除先前选择的像素。按住〈Shift〉键单击鼠标左键，单击鼠标右键或者双击鼠标左键，都可以添加最后一个像素并结束选择，显示结果；按〈Enter〉键可以结束选择并且不添加像素
P = impixel(I)	返回图像 I 中的像素值
P = impixel(X,map)	返回索引图像 X 中的像素值以及相应的颜色映射 map
P = impixel(I,c,r)	返回图像 I 中指定像素的值。*c* 和 *r* 指定采样像素的列和行坐标
P = impixel(X,map,c,r)	返回索引图像 X 中指定像素的值
P = impixel(x,y,I,xi,yi)	使用 *x* 和 *y* 指定图像限制的非默认坐标系，返回指定图像 I 中的像素值
P = impixel(x,y,X,map,xi,yi)	使用非默认坐标系返回指定索引图像中的像素值，X 带有相应的颜色映射 map
[xi2,yi2,P] = impixel(…)	返回所选像素的坐标

例 8-2：统计图像像素值。

解：MATLAB 程序如下。

```
>> close all                              % 关闭打开的文件
>> clear                                  % 清除工作区的变量
>> RGB1 = imread('heart.jpg');            % 读取图像 1
>> RGB2 = imread('bianhua.jpg');          % 读取图像 2
>> subplot(121),imshow(RGB1)              % 显示图像 1
>> subplot(122),imshow(RGB2)              % 显示图像 2
>> c = [12 146 410];                      % 采样点像素的 x 坐标
>> r = [104 156 129];                     % 采样点像素的 y 坐标
>> pixels1 = impixel(RGB1,c,r)            % 显示图像 1 像素值
pixels1 =
```

```
   255   253   255
    76   126     0
   NaN   NaN   NaN
 >> pixels2 = impixel(RGB2,c,r)          % 显示图像 2 像素值
200     0     31
  184     11     31
  111     26     57
```

运行结果如图 8-2 所示。

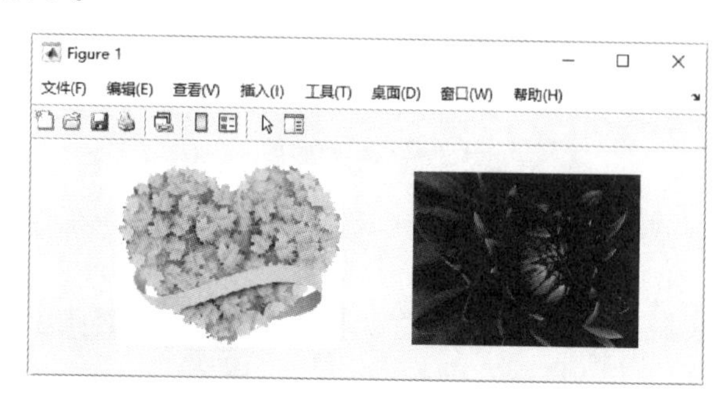

图 8-2　统计图像像素值

8.1.3 检索图像像素

在 MATLAB 中，improfile 命令用来检索各种图像中沿线或多线路径的像素的强度值，并显示强度值的绘图，它的使用格式见表 8-2。

表 8-2　improfile 命令的使用格式

命令格式	说明
improfile	检索强度值
improfile(n)	检索强度值，其中 *n* 指定要包括的点数
improfile(I,xi,yi)	检索像素强度值，其中 I 指定图像，而 ***xi*** 和 ***yi*** 是等长向量，指定线段端点的空间坐标
improfile(I,xi,yi,n)	返回像素亮度值，其中 *n* 指定要包括的点数
c = improfile(…)	返回强度值句柄 c
[cx,cy,c] = improfile(I,xi,yi,n)	返回长度为 *n* 的像素 *cx* 和 *cy* 的空间坐标
[cx,cy,c,xi,yi] = improfile(I,xi,yi,n)	返回两个等长向量，指定线段端点 *xi* 和 *yi* 的空间坐标
[…] = improfile(x,y,I,xi,yi)	使用非默认坐标系检索像素亮度值，其中 *x* 和 *y* 指定图像 XData 和 YData
[…] = improfile(x,y,I,xi,yi,n)	定义了一个非默认空间坐标系，并指定了要包含的点数 *n*
[…] = improfile(…,method)	指定插值方法

例 8-3：显示二值图像像素值的三维图。

解：MATLAB 程序如下。

```
>> close all                              % 关闭打开的文件
>> clear                                  % 清除工作区的变量
>> I = imread('plane.jpg');               % 读取图像文件
```

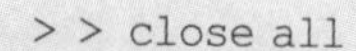

```
>> subplot(121),imshow(I)                        % 显示图像
>> x=[19 427 416 77];
>> y=[96 462 37 33];                             % 指定定义连接线段的 x 坐标和 y 坐标
>> subplot(122),improfile(I,x,y),grid on;        % 显示线段的像素值的三维图
```

运行结果如图 8-3 所示。

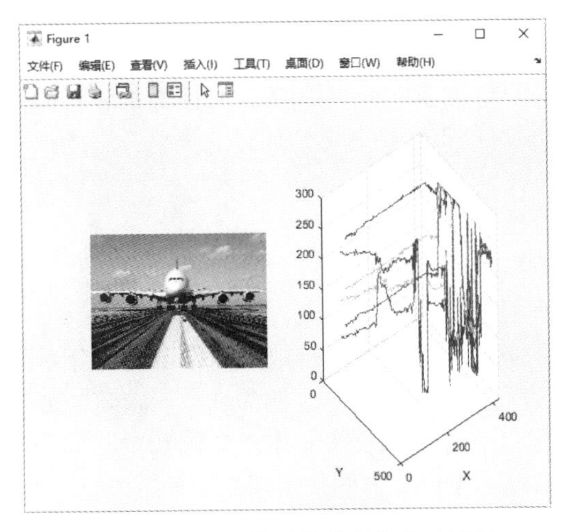

图 8-3 显示二值图像像素值的三维图

8.2 点增强

点增强主要指图像灰度变换和几何变换。灰度变换使数字图像的灰度能够更真实地反映图像的物理特性；增强和扩展对比度，显示确定的标定和轮廓线（阈值化）。前面章节介绍了点运算中的函数变换，本节介绍灰度值的直方图变换。

8.2.1 图像直方图概述

直方图广泛应用于很多计算机视觉当中，通过标记帧与帧之间显著的边缘和颜色的统计变化来检测视频中场景的变化。在每个关键点设置一个有相近特征的直方图所构成“标签”，用以确定图像中的关键点。边缘、色彩、角度等直方图构成了可以被传递给目标识别分类器的一个通用特征类型。色彩和边缘的直方图序列还可以用来识别网络视频是否被复制。

直方图是对数据进行统计的一种方法，直方图显示图像数据时会以左暗右亮的分布曲线形式呈现出来，而不是显示原图像数据，并且可以通过算法来对图像按比例缩小，且具有图像平移、旋转、缩放不变形等众多优点。直方图中的数值是从数据中计算出的特征统计量，这里的数据不仅仅指的是灰度值，还可能是任何有效描述图像的特征，这些数据可以是梯度、方向、色彩或任何其他特征。直方图获得的是数据分布的统计图。通常直方图的维数要低于原始数据。

1. 直方图的性质

直方图的性质如下。

- 所有的空间信息全部丢失。
- 每一灰度值对应的像素个数可直接得到。
- 任何一幅图像具有唯一对应的直方图；但任何一个直方图可能对应多幅图像。

- 一幅图像各子区的直方图之和等于该全图的直方图。

2. 直方图的用途

(1) 数字化参数

直方图给出了一个简单可见的指示，可用来判断一幅图像是否合理地利用了全部被允许的灰度级范围。一般一幅图应该利用全部或几乎全部可能的灰度级，否则等于增加了量化间隔，丢失的信息将不能恢复。

(2) 边界阈值选取

假设某图像的灰度直方图具有二峰性，则表明这个图像的较亮的区域和较暗的区域可以较好地分离，取这一点为阈值点，可以得到好的二值处理的效果。

3. 直方图的意义

直方图的意义如下。

- 直方图是图像中像素强度分布的图形表达方式。
- 它统计了每一个强度值所具有的像素个数。

图像直方图（Image Histogram）是用以表示数字图像中亮度分布的直方图，描绘了图像中每个亮度值的像素数。这种直方图中，横坐标的左侧为纯黑、较暗的区域，而右侧为较亮、纯白的区域。因此一张较暗图片的直方图中的数据多集中于左侧和中间部分，而整体明亮、只有少量阴影的图像则相反。CV 领域常借助图像直方图来实现图像的二值化。

8.2.2 灰度直方图

在数字图像处理中，灰度直方图是简单且最有用的工具，是最直观的表现方式。图像的二维灰度直方图是指由像素的灰度值分布及其邻域的平均灰度值分布所构成的直方图。为了显示图像灰度的分布情况，还需要绘制灰度直方图。

灰度直方图描述了一副图像的灰度级统计信息，主要应用于图像分割和图像灰度变换等处理过程中。从数学角度来说，图像直方图描述了图像各个灰度级的统计特性，它是图像灰度值的函数，统计了一幅图像中各个灰度级出现的次数或概率。归一化直方图可以直接反映不同灰度级出现的比率。横坐标为图像中各个像素点的灰度级别，纵坐标表示具有各个灰度级别的像素在图像中出现的次数或概率。

在 MATLAB 中，imhist 命令用来计算和显示数字图像的色彩直方图，它的使用格式见表 8-3。

表 8-3 imhist 命令的使用格式

命令格式	说明
[counts,binLocations] = imhist(I)	计算灰度图像的直方图。返回直方图计数 counts 和以二进制位置为单位的二进制位置 binLocations
[counts,binLocations] = imhist(I,n)	n 为指定的灰度级数，默认值为 256
[counts,binLocations] = imhist(X,map)	计算和显示索引数字图像 X 的直方图，map 为调色板
imhist(…)	显示直方图。如果输入图像是索引图像，则直方图显示颜色映射图的颜色条上方的像素值分布

表 8-3 中的图像 I 不能是一个 RGB 图像，只能是一幅灰度图像或者二值化图像，且存储的图像数据是二维数据。

例 8-4：图像的直方图显示。

解：MATLAB 程序如下。

```
>> close all                                             % 关闭打开的文件
>> clear                                                 % 清除工作区的变量
>> I=imread('mandi.tif');                                % 读取图像文件,返回图像数据
>> subplot(131),imshow(I),title('Origion Image')         % 显示图像
>> subplot(132), imhist(I),title('Gray Histogram Image1')   % 显示图像的灰度直方图
>> subplot(133), imhist(I,64),title('Gray Histogram Image2')
                                                         % 调整灰度级,显示图像的灰度直方图
```

运行结果如图 8-4 所示。

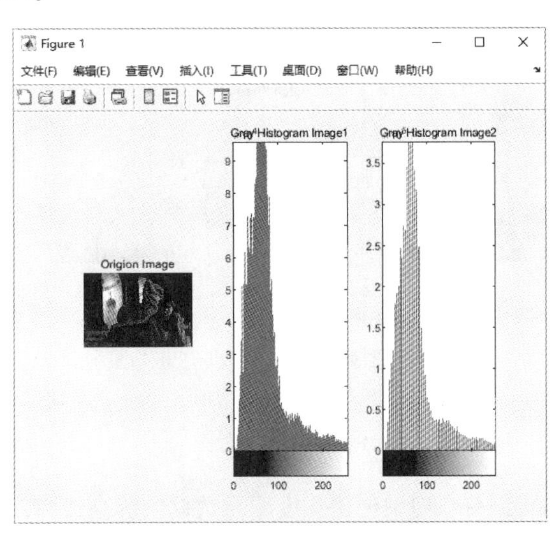

图 8-4　图像的直方图显示

例 8-5：图像叠加后的灰度直方图显示。

解：MATLAB 程序如下。

```
>> close all                            % 关闭打开的文件
>> clear                                % 清除工作区的变量
>> I=imread('zhou.jpg');                % 将当前路径下的图像读取到工作区中
>> I=rgb2gray (I);                      % 将 RGB 图像转换为二灰度图像
>> J=imread('xiyang.jpg');              % 将当前路径下的图像读取到工作区中,两幅图像的大小
                                          和尺寸应该相同
>> J=rgb2gray (J);                      % 将 RGB 图像转换为灰度图像
>> K=imadd(I, J,'uint8');               % 将两幅图像叠加,防止像素超过 255,将结果存成 8 位
>> subplot(231),imshow(I),title('Origion Image1')        % 显示图像 I
>> subplot(232), imhist(I),title('Gray Histogram Image1')   % 显示图像 I 的灰度直方图
>> subplot(233),imshow(J),title('Origion Image2')        % 显示图像 J
>> subplot(234), imhist(J),title('Gray Histogram Image2')   % 显示图像 J 的灰度直方图
>> subplot(235),imshow(K,[]),title('Origion Image3')     % 显示叠加图像
>> subplot(236), imhist(K),title('Gray Histogram Image3')   % 显示叠加图像的灰度直方
                                                           图
```

运行结果如图 8-5 所示。

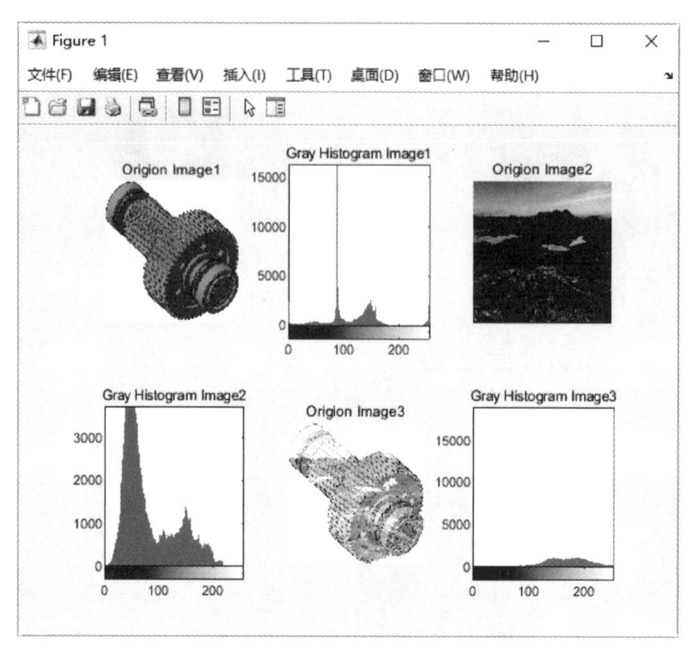

图 8-5 图像叠加后的灰度直方图显示

8.2.3 灰度等高线

在 MATLAB 中，imcontour 命令用来创建灰度图像数据的等高线图，它的使用格式见表 8-4。

表 8-4 imcontour 命令的使用格式

命令格式	说明
imcontour(I)	绘制灰度图像 I 的等高线图
imcontour(I,levels)	指定绘图中等距等高线的数量、级别
imcontour(I,V)	在矢量 **V** 中指定的数据值处绘制等高线。等高线层数等于长度（V）。**V** 是由用户指定所选的等灰度级向量
imcontour(x,y,…)	使用向量 **x** 和 **y** 来指定图像的 x 和 y 坐标
imcontour(…,LineSpec)	使用 LineSpec 指定的线型和颜色绘制等高线
[C,h] = imcontour(…)	将轮廓矩阵 **C** 和句柄 h 返回并绘制到当前轴上的轮廓上

例 8-6：创建图像等高线。

解：在 MATLAB 命令行窗口中输入如下命令。

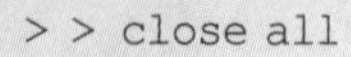

```
> > close all                                        % 关闭打开的文件
> > clear                                            % 清除工作区的变量
> > I = imread('trees.tif');                         % 读取内存中的图像
> > subplot(121),imshow(I),title('原图');            % 显示原图
> > subplot(122),imcontour(I,3),title('等高线')      % 显示图像的等高线图
```

运行结果如图 8-6 所示。

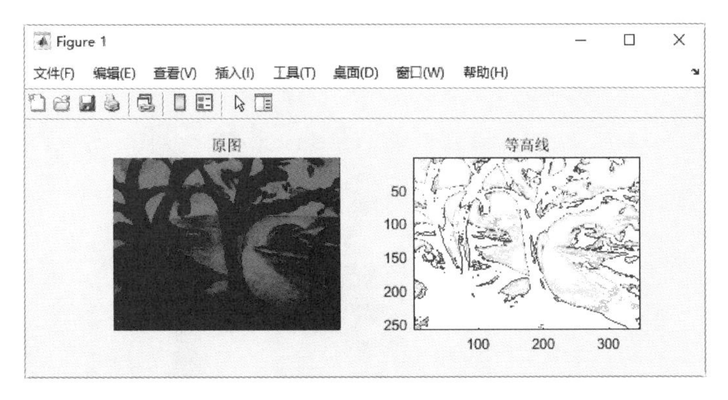

图 8-6 创建图像等高线

8.2.4 归一化灰度直方图

图像易受光照、视角、方位、噪声等的影响，使得同一类图像的不同变形体之间的差距有时大于该类图像与另一类图像之间的差距，影响图像识别、分类。图像归一化就是将图像转换到唯一的标准形式以抵抗各种变换，从而消除同类图像不同变形体之间的外观差异，也称为图像灰度归一化。

灰度直方图是一个离散函数。横坐标是灰度级 g，纵坐标是 N_g，如果总的像素是 N，灰度级为 L，$P_g = N_g/N$。那么 $N_g - g$ 构成灰度直方图，$P_g - g$ 构成归一化灰度直方图。

1. 矩阵归一化

对于灰度图像（或彩色通道的每个颜色分量）进行灰度归一化，使其像素的灰度值分布在 0 ~ 255 之间，避免图像对比度不足（图像像素亮度分布不平衡）对后续处理带来干扰。

在做某些变换的时候，图像的灰度可能会导致溢出（超出 0 ~ 255），直接使用 mat2gray 命令可以将其压缩回 0 ~ 255，将图像矩阵归一化为灰度图像矩阵。

在 MATLAB 中，mat2gray 命令用来将矩阵转换为灰度图像，它的使用格式见表 8-5。

表 8-5 mat2gray 命令的使用格式

命令格式	说明
I = mat2gray(A,[amin amax])	将矩阵 ***A*** 转换为强度图像 I，该图像包含 0（黑色）到 1（白色）范围内的值。amin 和 amax 是 A 中对应于 I 中 0 和 1 的值。小于 amin 的值变为 0，大于 amax 的值变为 1。I = (A - amin)/(amax - amin)
I = mat2gray(A)	将图像矩阵 ***A*** 归一化为图像矩阵 ***I***，归一化后矩阵中每个元素的值都在 0 到 1 范围内（包括 0 和 1）

例 8-7：显示山峰函数灰度图图像。

解：MATLAB 程序如下。

```
>> close all                % 关闭打开的文件
>> clear                    % 清除工作区的变量
>> C=peaks;                 % 定义灰度图矩阵 C
>> I=mat2gray(C,[2 5]);     % 将矩阵 C 转换强度图像 I,矩阵 C 中≤2 的值映射为强度图像
                              I 中的值 0,≥5 的值映射为 I 中的 1
>> imshow (I)               % 显示灰度图图像
```

运行结果如图 8-7 所示。

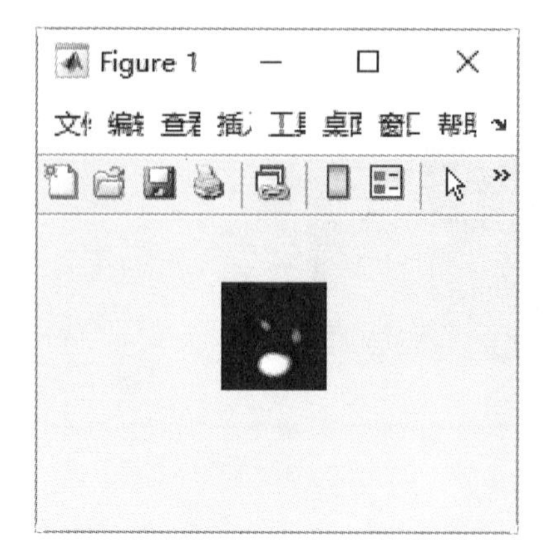

图 8-7　显示山峰函数灰度图图像

例 8-8：图像灰度变换。

解：MATLAB 程序如下。

```
>> close all                    % 关闭打开的文件
>> clear                        % 清除工作区的变量
>> I=imread('violet.jpg');      % 读取图像,返回图像数据矩阵 I
>> I=mat2gray(I,[0 255]);       % 将矩阵转换为强度图像,矩阵 I 中≤0 的值映射为 0,≥255 的
                                  值映射为 1
>> C=1;                         % 定义变量并赋值
>> Gamma=0.4;
>> r=5;
>> J=C* (I.^Gamma);             % 伽马变换
>> K=C* log(I+1);               % 对数变换
>> subplot(1,3,1);imshow(I,[0 1]);xlabel('a).Original Image');   % 显示灰度图
>> subplot(1,3,2);imshow(J,[0 1]);xlabel('b).Gamma Transformations \gamma=0.4');
                                % 显示伽马变换后的图
>> subplot(1,3,3);imshow(K,[0 1]);xlabel('c).Log Transformations');
                                % 显示对数变换后的图
```

运行结果如图 8-8 所示。

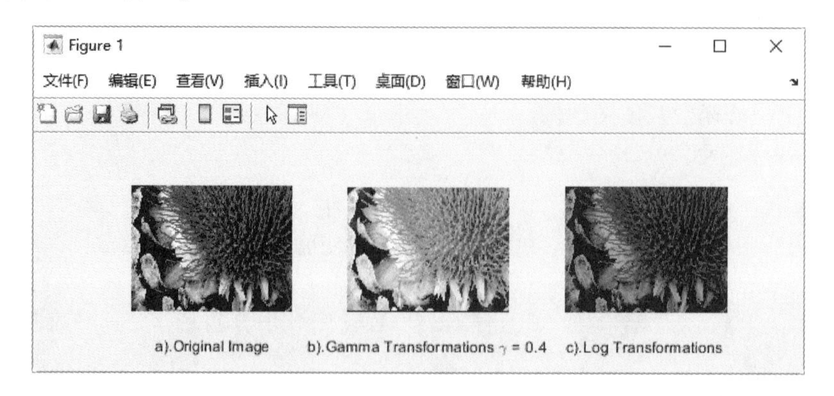

图 8-8　图像灰度变换

2. 归一化的直方图

分析图像的灰度直方图往往可以得到很多有效的信息，可以很直观地看出图像的亮度和对比度特征。直方图的峰值位置说明了图像总体上的亮暗。如果图像较亮，则直方图的峰值出现在直方图的较右部分；如果图像较暗，则直方图的峰值出现在直方图的较左部分，从而使暗部细节难以分辨。如果直方图中只有中间某一小段非零值，则这张图像的对比度较低；反之，如果直方图的非零值分布很宽而且比较均匀，则图像的对比度较高。

在 MATLAB 中，通过灰度直方图保存图像像素，counts 命令计算落入每个区间的像素的个数，counts1/m/n 处理像素的归一化，通过 stem 函数计算 counts 与图像中像素总数的商，可以得到归一化的直方图，使用 stem（x，counts）同样可以显示直方图。

例 8-9：显示灰度图归一化直方图。

解：MATLAB 程序如下。

```
>> close all                              % 关闭打开的文件
>> clear                                  % 清除工作区的变量
>> I=imread('xiyang.jpg');                % 将当前路径下的图像读取到工作区中
>> J=mat2gray(I,[60 100]);                % 压缩灰度图像素
>> subplot(221), imshow(I);               % 显示 RGB 图像
>> subplot(222), imshow(J);               % 显示灰度图像
>>   [m,n]=size(I);                       % 获取图像矩阵的行列数
>> [counts1, x]=imhist(J,16);             % 保存落入每个灰度区间内的像素个数
>> subplot(223), imhist(J);               % 绘制灰度图直方图
>> counts2=counts1/m/n;                   % 归一化
>> subplot(224), stem(x, counts2);        % 绘制灰度图归一化针状图
```

运行结果如图 8-9 所示。

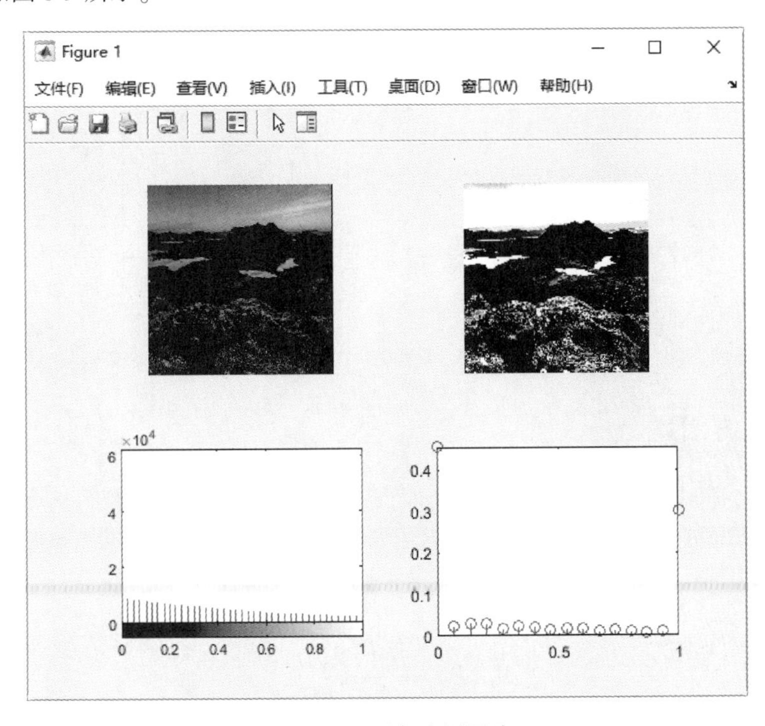

图 8-9 显示灰度图图片

例 8-10：绘制归一化直方图。

解：MATLAB 程序如下。

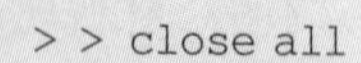

```
>> close all                                % 关闭打开的文件
>> clear                                    % 清除工作区的变量
>> I=imread('aiji.jpg');                    % 读取 RGB 图像
>> J=rgb2gray(I);                           % 彩色图像转化为灰度图像
>> subplot(221), imshow(I);                 % 显示 RGB 图像
>> subplot(222), imshow(J);                 % 显示灰度图像
>>   [m,n]=size(I);                         % 获取图像矩阵的行列数
>> [counts1, x]=imhist(I,32);               % counts1 保存落入每个灰度区间内的像素个数．用
                                              counts1 除以图像中像素的总数就得到出现的概率
>> subplot(223), stem(x, counts1);          % 绘制针状图
>> counts2=counts1/m/n;                     % 归一化
>> subplot(224), stem(x, counts2);          % 绘制归一化针状图
```

运行结果如图 8-10 所示。

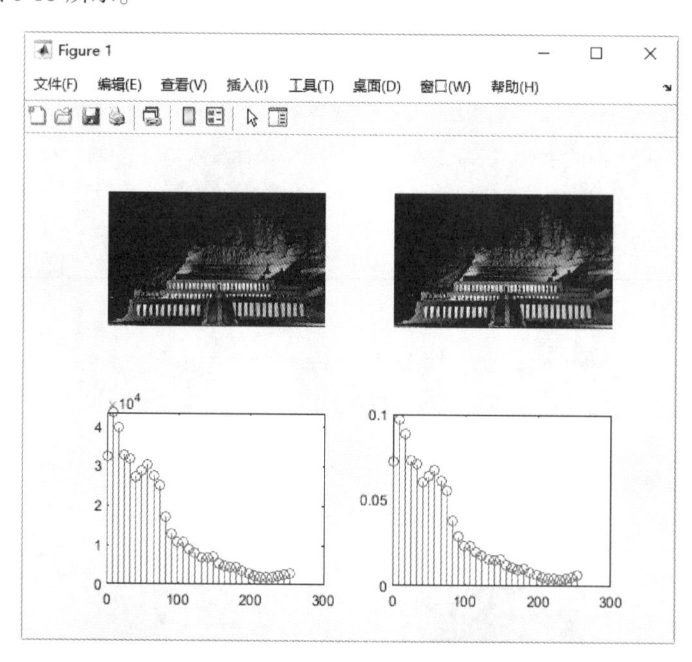

图 8-10 绘制归一化直方图

8.2.5 灰度直方图均衡

直方图均衡化（HE）是一种很常用的处理直方图的方法，通过图像的灰度分布直方图确定一条映射曲线，用来对图像进行灰度变换，以达到提高图像对比度的目的。该映射曲线其实就是图像的累计分布直方图（CDF）（严格来说是呈正比例关系）。通过直方图变换公式可以实现灰度直方图的均衡：

$$H_B(D)=\frac{H_A[f^{-1}(D)]}{f'[f^{-1}(D)]}$$

直方图均衡的步骤如下。

1) $\dfrac{A_0}{D_m}=\dfrac{H_A[f^{-1}(D)]}{f'[f^{-1}(D)]}$。

2) $f'=\dfrac{D_m}{A_0}H(D)$。

3) $f(D)=\dfrac{D_m}{A_0}\int_0^D H(u)\mathrm{d}u$。

4) $\mathrm{CDF}(D)=\dfrac{1}{A_0}\int_0^D H(u)\mathrm{d}u$。

5) $f(D)=D_m\times \mathrm{CDF}(D)$。

经过均衡化后的图像在每一级灰度上像素点的数量相差不大，对应的灰度直方图的每一级高度也相差不大，是增强图像的有效手段之一。

直方图均衡化不改变灰度出现的次数，所改变的是出现次数所对应的灰度级。因此不改变图像的信息结构。

在 MATLAB 中，histeq 命令可通过灰度直方图均衡像素，它的使用格式见表 8-6。

表 8-6 histeq 命令的使用格式

命令格式	说明
J = histeq(I,hgram)	实现所谓"直方图规定化"，即将原始图像 I 的直方图变换成用户指定的向量 ***hgram***。***hgram*** 中的每一个元素都在 [0, 1] 中
J = histeq(I,n)	指定均衡化后的灰度级数 n，默认值为 64
[J,T] = histeq(I)	将数字图像 I 的灰度直方图变换成数字图像
newmap = histeq(X,map)	变换颜色映射 map 中的值，使得索引图像 X 的灰度分量的直方图近似平坦
newmap = histeq(X,map,hgram)	变换与索引图像 X 相关联的颜色映射，使得索引图像（X，newmap）的灰度分量的直方图近似匹配目标直方图 hgram
[newmap,T] = histeq(X,…)	返回将颜色映射的灰度分量及新颜色映射的灰度分量的灰度变换。针对索引色数字图像调色板的直方图均衡

例 8-11：调整图像对比度。

解：MATLAB 程序如下。

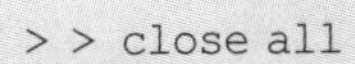

```
>> close all                                        % 关闭打开的文件
>> clear                                            % 清除工作区的变量
>> I = imread('mifeng.jpg');                        % 将当前路径下的图像读取到工作区中
>> M = rgb2gray(I);                                 % 将 RGB 图像转换为灰度图像
>> J = imadd(M,50);                                 % 调亮图像亮度
>> K = histeq(M);                                   % 对图像进行灰度均衡
>> subplot(221),imshow(I);title('RGB');             % 显示原图
>> subplot(222),imshow(M);title('Gray');            % 显示灰度图像
>> subplot(223),imshow(J); title('Light');          % 获得高亮图像
>> subplot(224),imshow(K);title('low contrast');    % 获得均衡图像
```

运行结果如图 8-11 所示。

图 8-11 调整图像对比度

例 8-12：调整彩色图像对比度的直方图。

解：MATLAB 程序如下。

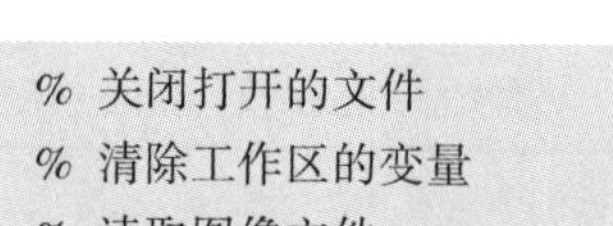

```
>> close all                          % 关闭打开的文件
>> clear                              % 清除工作区的变量
>> I=imread('haibian.jpg');           % 读取图像文件
>> J=rgb2gray(I);                     % 彩色图像转化为灰度图像
>> K=histeq(J);                       % 对图像进行灰度均衡
>> subplot(231),imshow(I),title('RGB Image1')    % 显示 RGB 图像
>> subplot(232),imshow(J),title('Gray Image')    % 显示图像的灰度图
>> subplot(2,3,3),imshow (K); title('Constrant Image1')    % 显示图像的灰度均衡图
>> subplot(2,3,4),imhist(J); title('Gray Histogram Image1')
                                      % 显示图像的灰度直方图
>> subplot(2,3,5),imhist(J,64); title('Gray Histogram Image2')
                                      % 调整灰度等级,显示图像的灰度直方图
>> subplot(2,3,6),imhist(K,64); title('Gray Histogram Image3')
                                      % 调整灰度等级,显示图像的均衡灰度直方图
```

运行结果如图 8-12 所示。

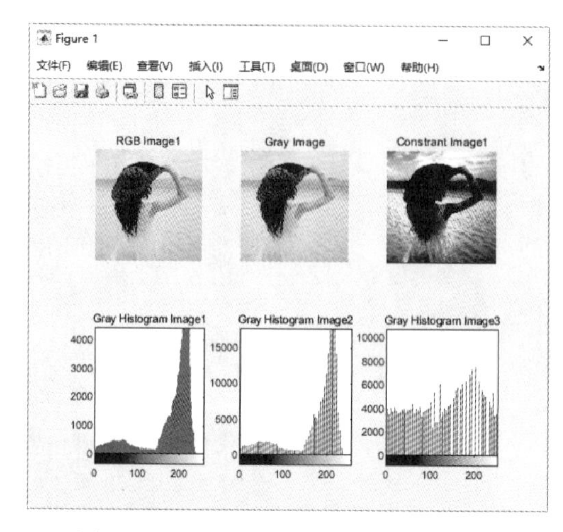

图 8-12 调整彩色图像对比度的直方图

8.2.6 有限对比度自适应直方图均衡化

在原有直方图均衡化的基础上，研究了局部对比度自适应直方图均衡化，改进了原来的整体灰度变化，对感兴趣的局部图像进行均衡化处理。对比不同的算法，可以看到局部对比度自适应直方图均衡化算法对雾天图像增强处理有很好的效果。

自适应直方图均衡化（AHE）是指用来提升图像的对比度的一种计算机图像处理技术。和普通的直方图均衡算法不同，AHE 算法通过计算图像的局部直方图，然后重新分布亮度来改变图像对比度。因此，该算法更适合于改进图像的局部对比度以及获得更多的图像细节。

CLAHE（Contrast Limited Adaptivehistgram Equalization，CLAHE），即对比度受限的自适应直方图均衡，同普通的自适应直方图均衡不同的地方主要是其对比度限幅，这个特性也可以应用到全局直方图均衡化中。在 CLAHE 中，对于每个小区域都必须使用对比度限幅。CLAHE 通过在计算 CDF 前用预先定义的阈值来裁剪直方图以达到限制放大幅度的目的。CLAHE 主要用来解决 AHE 的过度放大噪声的问题。CLAHE 算法很多时候比直接的直方图均衡化算法的效果要好很多。

在 MATLAB 中，adapthisteq 命令用于对比度受限的自适应直方图均衡化，它的使用格式见表 8-7。

表 8-7 adapthisteq 命令的使用格式

命令格式	说明
J = adapthisteq(I)	使用对比度受限的自适应直方图均衡化变换值来增强灰度图像 I 的对比度
J = adapthisteq(I,Name,Value)	指定附加的名称-值对组（见表 8-8）

表 8-8 adapthisteq 命令名称-值对组参数表

参数	含义
NumTile	指定切片横向和纵向的切片数目，为二元向量［M N］，其中 M 和 N 要≥2。切片的数目为 $M\times N$，默认值为［8 8］
ClipLimit	设定对比度增强值，为正实数，范围为［0,1］。默认值为 0.01
Nbins	指定直方图的矩形数目，为正整数。默认值为 256
Range	指定输出图像数据范围。取值为 original（输入图像的范围）、full（输出图像数据类型的范围）。默认值为 full
Distribution	指定分布类型。取值为 uniform（均匀分布）、rayleigh（瑞利分布）、exponential（指数分布）。默认值为 uniform
Alpha	表示分布参数，为正实数。仅当 Distribution 为 rayleigh 或 exponential 时使用。默认值为 0.4

例 8-13：CLAHE 对雾天图像处理。

解：MATLAB 程序如下。

```
>> close all                              % 关闭打开的文件
>> clear                                  % 清除工作区的变量
>> K=imread('smog.jpg');
>> I=rgb2gray(K);                         % 彩色图像转化为灰度图像
>> J=adapthisteq(I,'clipLimit',0.01,'Distribution','rayleigh','Alpha',0.8);
                                          % 增强图像对比度,指数分布
>> imshowpair(I,J,'montage');             % 使用蒙太奇方式并排比较处理前后的图像
>> title('Original Image (left) and Contrast Enhanced Image (right)')% 添加标题
```

运行结果如图 8-13 所示。

图 8-13 对雾天图像处理

例 8-14：均衡彩色图像的对比度。

解：MATLAB 程序如下。

```
>> close all                          % 关闭打开的文件
>> clear                              % 清除工作区的变量
>> K=imread('lei.jpg');
>> I=rgb2gray(K);                     % 彩色图像转化为灰度图像
>> J=adapthisteq(I,'clipLimit',0.05,'Distribution','exponential');
                                      % 增强图像对比度,指数分布
>> imshowpair(I,J,'montage'); % 使用蒙太奇方式并排比较处理前后的图像
>> title('Original Image (left) and Contrast Enhanced Image (right)')% 添加标题
```

运行结果如图 8-14 所示。

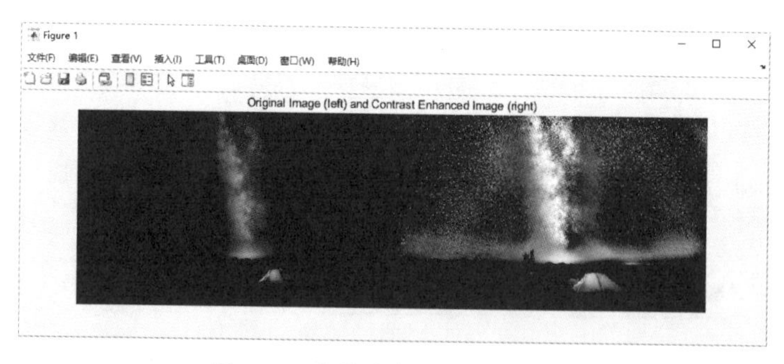

图 8-14 均衡彩色图像的对比度

对于彩色图像，可以采用两种方式增强对比度：一种是各通道分开处理；另一种是每个通道都放在一起。RGB 三通道处理分开处理会导致严重的偏色，故可以将其进行颜色空间转换（如 RGB 转为 Lab 或 HSV），然后仅对亮度分量做处理，再反变换回 RGB 颜色空间。

例 8-15：增强图像对比度。

解：MATLAB 程序如下。

```
>> close all                          % 关闭打开的文件
>> clear                              % 清除工作区的变量
>> I=imread('bear_s.tif');            % 将当前路径下的图像读取到工作区中
```

```
>> LAB = rgb2lab (I);                % 将 RGB 图像转化为 Lab 图像
>> J = histeq(I);                    % 对图像进行灰度均衡
>> L = LAB(:,:,1)/100;               % 将 Lab 颜色模式下的亮度值 L 缩放到[0,1]范围
>> L = adapthisteq(L,'NumTiles',[8 8],'ClipLimit',0.005);
                                     % 执行 CLAHE,设置图像对比度为 0.005,设置图像切片数为[8 8]
>> LAB(:,:,1) = L*100;               % 缩放 Lab 颜色模式下的亮度值 L,返回 L*a*b*颜色空间使用
                                       的范围
>> K = lab2rgb(LAB);                 % 将 Lab 图像转化为 RGB 图像
>> subplot(221),imshow(I),title('RGB Image')          % 显示 RGB 图像
>> subplot(222),imshow(LAB),title('LAB Image')        % 显示 Lab 图
>> subplot(2,2,3),imshow (J); title('Constrant Image')    % 显示图像的灰度均衡图
>> subplot(2,2,4),imshow(K); title('Contrast Enhanced Image') % 显示对比度受限的自适
应直方图均衡化后的图像,增强图像中的阴影看起来更暗,高光看起来更亮。整体对比度得到改善
```

运行结果如图 8-15 所示。

图 8-15 增强图像对比度

8.2.7 灰度拉伸

如果一幅图像的灰度集中在较暗的区域而导致图像偏暗，可以用灰度拉伸功能来拉伸（斜率 >1）物体灰度区间以改善图像；同样如果图像灰度集中在较亮的区域而导致图像偏亮，也可以用对比度拉伸功能来压缩（斜率 <1）物体灰度区间以改善图像质量。

在 MATLAB 中，stretchlim 命令用于对比度扩展图像，生成一个二元素向量，由一个低限和一个高限组成。它的使用格式见表 8-9。

表 8-9 stretchlim 命令的使用格式

命令格式	说明
LOW_HIGH = stretchlim(src, tol)	tol = [LOW_FRACT HIGH_FRACT]，指定图像低像素值和高像素值饱和度的百分比。如果 tol 是一个标量，tol = LOW_FRACT、HIGH_FRACT = 1-LOW_FRACT，如果在参数中忽略 tol，那么饱和度水平为 2%，tol 的默认值为[0.01,0.99]。如果选择 tol = 0，LOW_HIGH = [min(I(:)); max(I(:))]，饱和度等于低像素值和高像素值的百分比
Stretchlim( )	计算灰度图像的最佳输入区间，即函数 imadjust(I,[low_in;high_in],[low_out;high_out])中的第二个参数，以此来实现图像增强

例 8-16：图像的灰度扩展。

解：MATLAB 程序如下。

```
>> close all                                    % 关闭打开的文件
>> clear                                        % 清除工作区的变量
>> I0 = imread('jianzhu.jpg');                  % 读取图像,将彩色图像读入工作区,放置到矩阵 I 中
>> I = rgb2gray(I0);                            % 将 RGB 图像转换为灰度图像
>> I1 = imbinarize(I);                          % 将 RGB 图像转换为二值图像
>> J = imadjust(I);                             % 调整图像的对比度
>> subplot(331),imshow(I0),title('RGB图');          % 显示原图
>> subplot(332),imshow(I),title('Gray图');          % 显示灰度图
>> subplot(333),imshow(I1),title('Binary图');       % 显示二值图
>> subplot(334), imshow(J),title('灰度变换图');      % 显示灰度变换图
>> K1 = imadjust(I,[0.5 0.75],[0 1]);   % 将 I 中介于 0.5 到 0.75 的强度值映射到 J 中 0 到
                                          1 之间的值
>> subplot(335),imshow(K1),title('灰度扩展')        % 显示调整图像强度值之后的图像
>> K2 = imadjust(I,[0.5 0.75 ],[0 1], 2);  % 根据图像低像素值和高像素值饱和度的百分比
                                             进行灰度拉伸
>> subplot(336),imshow(K2),title('亮度调整')        % 显示调整亮度后的图
>> K3 = imadjust(I,[],[]);                          % 压缩低端和扩展高端
>> subplot(337),imshow(K3),title('增加色调')
>> Low_High = stretchlim(I);                        % 生成低、高受限的两元素向量
>> K4 = imadjust(I,Low_High,[]);                    % 图像增强
>> subplot(338),imshow(K4),title('对比度拉伸')
>> g = log(1 + im2double(I));                       % 对数变换
>> K5 = im2uint8(mat2gray(g));   % 先二值化 g 中的数据,然后将图像转换为 8 位无符号整数,
                                   图像灰度范围[0,255]
>> subplot(339),imshow(K5),title('对数对比度扩展变换')
```

运行结果如图 8-16 所示。

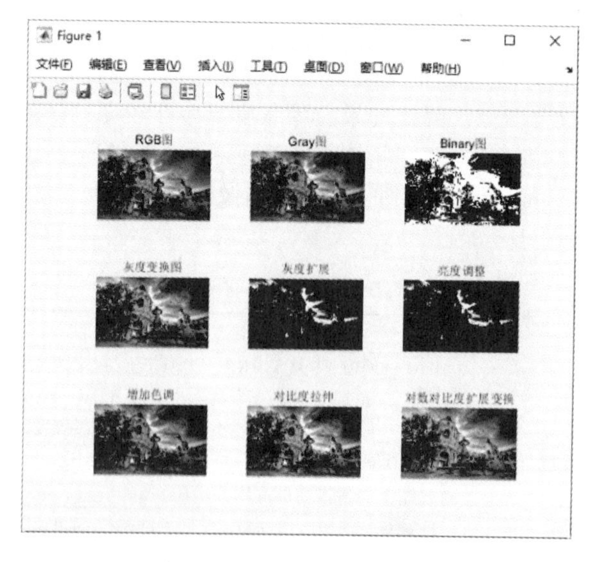

图 8-16　图像的灰度扩展

8.2.8 去相关拉伸

去相关拉伸是增强图像颜色差异的一种方法。在 MATLAB 中，decorrstretch 命令用来在多通道图像中去相关拉伸，它的使用格式见表 8-10。

表 8-10 decorrstretch 命令的使用格式

命令格式	说明
S = decorrstretch(A)	将去相关拉伸应用于 RGB 或多光谱图像 A，并以 S 为单位返回结果。S 的每个频带中的平均值和方差与 A 中的相同 去相关拉伸的主要目的是视觉增强
S = decorrstretch(A,Name,Value)	使用名称-值对组来控制去相关拉伸的各个方面

例 8-17：对图像进行去相关拉伸。

解：MATLAB 程序如下。

```
>> close all                                  % 关闭打开的文件
>> clear                                      % 清除工作区的变量
>> I=imread('protect.jpg');                   % 读取图像,返回图像数据矩阵 I
>> K=decorrstretch(I,'tol',0.01);             % 增强图像差异,加入线性对比度拉伸的效果
>> imshowpair(I,K,'montage');                 % 蒙太奇剪辑显示处理前后的图像
>> title('Original Image (left) and Decorrstretch Image (right)')
```

运行结果如图 8-17 所示。

图 8-17 去相关拉伸

8.3 空间域增强

图像的空间信息可以反映图像中物体的位置、形状、大小等特征，而这些特征可以通过一定的物理模式来描述。空间域增强主要是对图像中的各像素点进行操作。

8.3.1 基本原理

空间域又称图像空间（Image Space），由图像像素组成的空间。在图像空间中以长度（距离）为自变量直接对像素值进行处理称为空间域处理。以时间作为变量所进行的研究就是时域，

以频率作为变量所进行的研究就是频域，以空间坐标作为变量进行的研究就是空间域，以波数作为变量所进行的研究称为波数域。

图像滤波，即在尽量保留图像细节特征的条件下对目标图像的噪声进行抑制，是图像预处理中不可缺少的操作，其处理效果的好坏将直接影响到后续图像处理、分析的有效性和可靠性。

空间域滤波是指在图像空间中借助模板对图像领域进行操作，处理图像每一个像素值。根据功能可分为平滑滤波器和锐化滤波器。平滑可通过低通来实现。平滑的目的有两类：一是模糊，目的是在提取较大的目标前去除太小的细节或将目标内的小尖端连接起来；二是去噪。锐化则可用高通滤波来实现，锐化的目的是为了增强被模糊的细节。

空间域滤波有很多类型，如均值、中值、索贝尔、高斯、拉普拉斯、高斯-拉普拉斯等。

1）均值滤波：用均值滤波模板对图像进行滤除，使掩膜中心逐个滑过图像的每个像素，输出为模板限定的相应邻域像素与滤波器系数乘积结果的累加和。均值滤波器的效果使每个点的像素都平均到邻域，噪声明显减少，效果较好。下面介绍均值滤波器的类型：

- 算术均值滤波器：

$$\hat{f}(x,y)=\frac{1}{mn}\sum_{(s,t)\in S}g(s,t)$$

- 几何均值滤波器：

$$\hat{f}(x,y)=\left[\prod_{(s,t)\in S_{xy}}g(s,t)\right]^{\frac{1}{mn}}$$

- 谐波均值滤波器：

$$\hat{f}(x,y)=\frac{mn}{\sum_{(s,t)\in S_{xy}}\frac{1}{g(s,t)}}$$

- 逆谐波均值滤波器：

$$\hat{f}(x,y)=\frac{\sum_{(s,t)\in S_{xy}}g(s,t)^{Q+1}}{\sum_{(s,t)\in S_{xy}}g(s,t)^{Q}}$$

2）索贝尔滤波：近似计算垂直梯度，在图像的任何一点使用 sobel 算子，将会产生对应的梯度矢量或是其法矢量。用 sobel 算子近似计算导数的缺点是精度比较低，这种不精确性用于试图估计图像的方向导数（使用 y/x 滤波器响应的反正切得到图像梯度的方向）。由滤波效果可见到图像的边缘凸显了出来，sobel 算子主要用于边缘检测。

3）高斯滤波：高斯滤波器是平滑线性滤波器的一种。线性滤波很适用于去除高斯噪声。而非线性滤波则很适用于去除脉冲噪声，中值滤波就是非线性滤波的一种。高斯滤波就是对整幅图像进行加权平均的过程，每一个像素点的值，都由其本身和邻域内的其他像素值经过加权平均后得到。高斯滤波是带有权重的平均值，即加权平均，中心的权重比邻近像素的权重更大，这样就可以克服边界效应了。

4）拉普拉斯滤波：拉普拉斯算子是 n 维欧式空间的一个二阶微分算子。拉普拉斯算子会突出像素值快速变化的区域，因此常用于边缘检测。由效果可见图像的边界得到了增强。

5）中值滤波：中值滤波法是一种非线性平滑技术，它将每一像素点的灰度值设置为该点某邻域窗口内的所有像素点灰度值的中值。中值滤波是一种基于排序统计理论的能有效抑制噪声的非线性信号处理技术。中值滤波的基本原理是把数字图像或数字序列中一点的值用该点的一个邻域中各点值的中值代替，让周围的像素值接近真实值，从而消除孤立的噪声点。方法是用某种结构的二维滑动模板，将板内像素按照像素值的大小进行排序，生成单调上升（或下降）的为二维数据序列。

各种滤波器各有优劣，适用情况也不尽相同，线性滤波很适用于去除高斯噪声，非线性滤波则很适用于去除脉冲噪声，而中值滤波很适合去除椒盐噪声。使用时要视具体实际情况而定。

8.3.2 平滑滤波

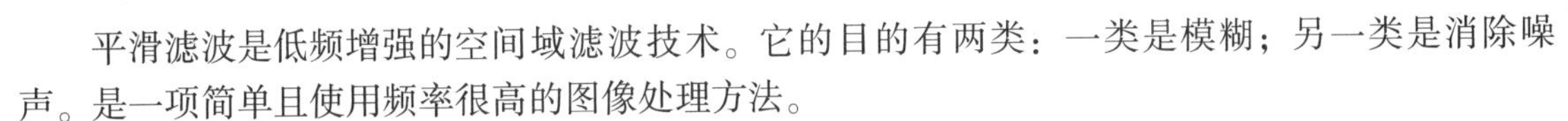

平滑滤波是低频增强的空间域滤波技术。它的目的有两类：一类是模糊；另一类是消除噪声。是一项简单且使用频率很高的图像处理方法。

1. 设计 Savitzky-Golay 滤波器

Savitzky-Golay 滤波器（通常简称为 S-G 滤波器）被广泛地应用是一种在时域内基于局域多项式最小二乘法拟合的滤波方法，用于数据流平滑除噪，最大的特点是在滤除噪声的同时可以确保信号的形状、宽度不变。

在 MATLAB 中，sgolay 命令用来定义 Savitzky-Golay 滤波器，它的使用格式见表 8-11。

表 8-11 sgolay 命令的使用格式

命令格式	说明
b = sgolay（order,framelen）	设计了一种多项式 Savitzky-Golay FIR 平滑滤波器，阶和帧长为 order，framelen
b = sgolay（order,framelen,weights）	指定权重向量 weights，其中包含最小二乘最小化期间要使用的实正值权重
[b,g] = sgolay(…)	返回微分滤波器的矩阵 ***g***

2. 平滑处理

平滑处理的用途有很多，最常见的是用来减少图像上的噪点或者失真。在涉及降低图像分辨率时，平滑处理是非常好用的方法。

在 MATLAB 中，sgolayfilt 命令用来在图像中使用 Savitzky-Golay 滤波器进行平滑滤波，它的使用格式见表 8-12。

表 8-12 sgolayfilt 命令的使用格式

命令格式	说明
y = sgolayfilt(x,order,framelen)	将多项式 Savitzky-Golay 有限脉冲响应平滑滤波器应用于向量 ***x*** 中的数据
y = sgolayfilt(x,order,framelen,weights)	指定最小二乘最小化期间要使用的加权向量
y = sgolayfilt(x,order,framelen,weights,dim)	指定过滤器的操作大小

例 8-18：对噪声图像进行平滑过滤。

解：MATLAB 程序如下。

```
>> close all                                    % 关闭打开的文件
>> clear                                        % 清除工作区的变量
>> I=imread('restaurant.jpg');                  % 读取图像文件,返回图像数据矩阵 I
>> I=rgb2gray(I);                               % 将 RGB 图像转换为灰度图像
>> I=im2double(I);                              % 将图像 I 转换为双精度
>> J=imnoise(I,'salt & pepper',0.02);           % 添加椒盐噪声
>> subplot(131),imshow(I);title('原始图像')      % 显示转换为双精度的图像
>> subplot(132),imshow(J);title('噪声图像')
>> K=sgolayfilt(J,3,11);% 对噪声图像进行平滑处理。指定多项式阶数为 3,帧长度为 11
>> subplot(133),imshow(K);title('平滑滤波后图像')
```

运行结果如图 8-18 所示。

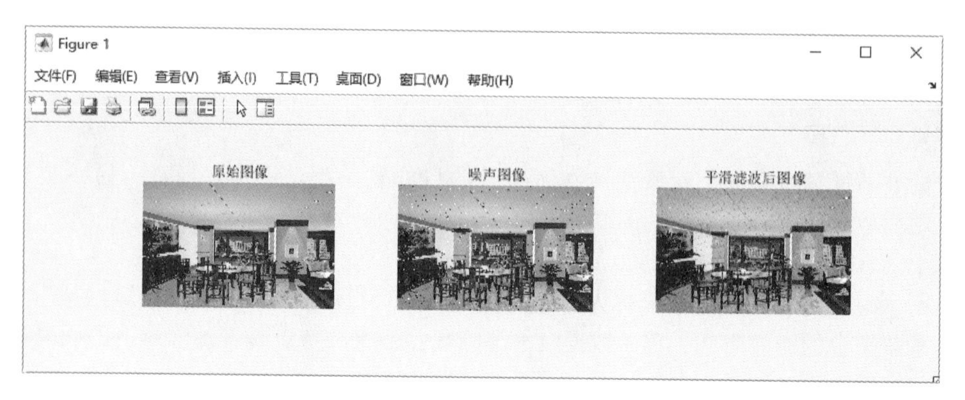

图 8-18 平滑过滤

8.3.3 锐化滤波

通常图像的主要能量集中在低频部分，噪声和边缘往往集中在高频部分。所以平滑滤波不仅使噪声减少，也会损失图像的边缘信息，图像的边缘会变得模糊。为了减少这种不利的效果，通常利用图像锐化来使边缘变得清晰。锐化处理的主要目的是突出图像中的细节或增强被模糊了的细节。

在 MATLAB 中，imfilter 命令用于图像的线性空间滤波，它的使用格式见表 8-13。

表 8-13 imfilter 命令的使用格式

命令格式	说明
B = imfilter(A,h)	***A*** 为输入图像矩阵，用多维过滤器 h 过滤多维数组，并以 ***B*** 返回结果
B = imfilter(A,h,options,...)	根据一个或多个指定选项 options 执行多维过滤，具体参数选项见表 8-14

filtering_mode 用于指定在滤波过程中是使用“相关”还是“卷积”。boundary_options 用于处理边界充零问题，边界的大小 size_options 由滤波器的大小确定。

表 8-14 选项 options 参数表

选项	描述	
filtering_mode	'corr'	通过使用“相关”选项来完成，该值为默认
	'conv'	通过使用“卷积”选项来完成
boundary_options	'X'	输入图像的边界，用值 X（无引号）来填充扩展，其默认值为 0
	'replicate'	图像大小通过复制外边界的值来扩展
	'symmetric'	图像大小通过镜像反射其边界来扩展
	'circular'	图像大小通过将图像看成是一个二维周期函数的一个周期来扩展
size_options	'full'	输出图像的大小与被扩展图像的大小相同
	'same'	输出图像的大小与输入图像的大小相同。这可通过将滤波掩膜中心点的偏移限制到原图像中实现

例 8-19：图像滤波。

解：在 MATLAB 命令行窗口中输入如下命令。

```
> > close all                                        % 关闭打开的文件
> > clear                                            % 清除工作区的变量
> > I = imread('ball.tif');                          % 将图像加载到工作区
> > h = [ -1 0.5 1];                                 % 创建过滤器
> > H = imfilter(I,h);                               % 将图像应用过滤器,创建模糊的图像
> > subplot(1,2,1),imshow(I), title('Original Image')  % 显示源图
> > subplot(1,2,2),imshow(H),title('Filter Image')  % 显示滤波后的模糊图像
```

运行结果如图 8-19 所示。

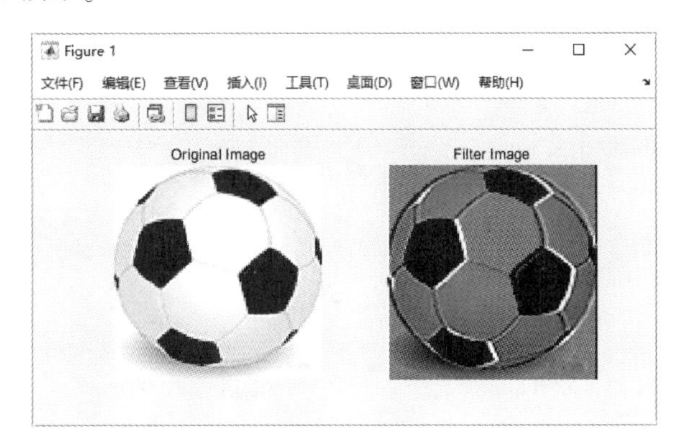

图 8-19 图像滤波

1. 滤波器类型

在 MATLAB 中，fspecial 命令用于创建预定义的二维过滤器，可对图像进行二维滤波，它的使用格式见表 8-15。

表 8-15 fspecial 命令的使用格式

命令格式	说明
h = fspecial(type)	创建指定类型的二维过滤器 h。type 指定算子的类型
h = fspecial('average',hsize)	'average'为均值滤波，hsize 代表模板尺寸，默认值为 [3，3]
h = fspecial('disk',radius)	返回大小为 2 × radius + 1 的方形矩阵内的圆形平均滤波器（pillbox）。'disk'为圆形区域均值滤波，参数 radius 代表区域半径，默认值为 5
h = fspecial('gaussian',hsize,sigma)	'gaussian'为高斯低通滤波，有两个参数：hsize 表示模板尺寸，默认值为 [3 3]；sigma 为滤波器的标准值，单位为像素，默认值为 0.5
h = fspecial('laplacian',alpha)	'laplacian'为拉普拉斯算子，参数 alpha 用于控制算子形状，取值范围为 [0，1]，默认值为 0.2
h = fspecial('log',hsize,sigma)	'log'为拉普拉斯-高斯算子，有两个参数：hsize 表示模板尺寸，默认值为 [3 3]；sigma 为滤波器的标准差，单位为像素，默认值为 0.5
h = fspecial('motion',len,theta)	'motion'为运动模糊算子，有两个参数，表示摄像物体逆时针方向以 theta 角度运动了 len 个像素，len 的默认值为 9，theta 的默认值为 0
h = fspecial('prewitt')	'prewitt'用于边缘增强，大小为 [3 3]，无参数
h = fspecial('sobel')	'sobel'用于边缘提取，无参数

例 8-20：图像空间域滤波。

解：在 MATLAB 命令窗口中输入如下命令。

```
>> close all                                   % 关闭打开的文件
>> clear                                       % 清除工作区的变量
>> I=imread('vase.jpg');                       % 读取图像文件,返回图像数据矩阵 I
>> J1=fspecial('average',[2 2]);               % 创建大小为[2 2]的平均值滤波器
>> J2=fspecial('sobel');                       % 返回一个 3×3 滤波器,通过逼近垂直梯度来使用平
                                                 滑效应强化水平边缘
>> J3=fspecial('gaussian',[4 4],0.6);% 创建大小为 [4 4]的旋转对称高斯低通滤波器,标准
                                                 差为 0.6
>> J4=fspecial('laplacian',0.2);% 创建逼近二维拉普拉斯算子形状的 3×3 滤波器,拉普拉
                                   斯算子的形状为 0.2
>> J5=fspecial('log',[5 5],0.5);% 大小为[5 5]的旋转对称高斯-拉普拉斯滤波器,标准差
                                   为 0.5
>> K1=imfilter(I,J1,'replicate');% 使用多维过滤器 J1 对图像数据 I 执行多维过滤,图像大
                                    小通过复制外边界的值进行扩展
>> K2=imfilter(I,J2,'replicate');     % 使用多维过滤器 J2 对图像数据 I 执行多维过滤
>> K3=imfilter(I,J3,'replicate');     % 使用多维过滤器 J3 对图像数据 I 执行多维过滤
>> K4=imfilter(I,J4,'replicate');     % 使用多维过滤器 J4 对图像数据 I 执行多维过滤
>> K5=imfilter(I,J5,'replicate');     % 使用多维过滤器 J5 对图像数据 I 执行多维过滤
>> subplot(2,3,1),imshow(I),title('Original Image')  % 显示原始图像
>> subplot(2,3,2),imshow(K1),title('Average Image')  % 显示均值滤波后的模糊图像
>> subplot(2,3,3),imshow(K2),title('Sobel Image')  % 显示边缘滤波后的模糊图像
>> subplot(2,3,4),imshow(K3),title('Gaussian Image')  % 显示高斯低通滤波后的模糊
                                                         图像
>> subplot(2,3,5),imshow(K4),title('Laplacian Image')  % 显示拉普拉斯滤波后的模糊图
                                                          像
>> subplot(2,3,6),imshow(K5),title('Log Image')  % 显示高斯-拉普拉斯滤波后的模糊
                                                    图像
```

运行结果如图 8-20 所示。

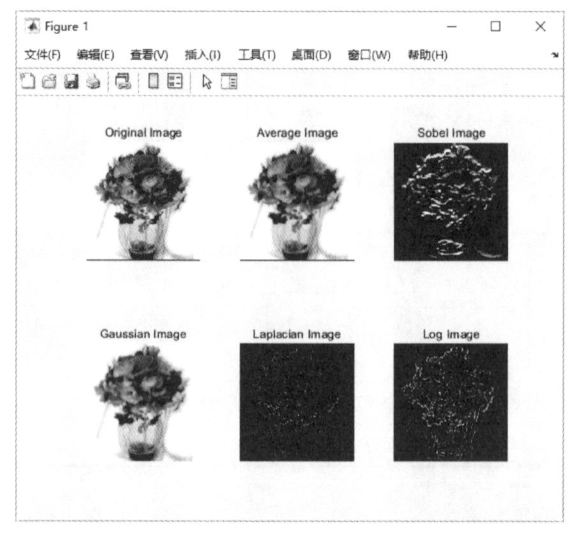

图 8-20 图像空间域滤波

图像的锐化主要用于增强图像的灰度跳变部分，主要通过梯度或有限差分来实现。主要方法有：Robert 交叉梯度、Sobel 梯度、拉普拉斯算子、高提升滤波、高斯-拉普拉斯变换。

（1） Robert 交叉梯度

$$\boldsymbol{w}_1=\begin{bmatrix}-1 & 0\\ 0 & 1\end{bmatrix},\quad \boldsymbol{w}_2=\begin{bmatrix}0 & -1\\ 1 & 0\end{bmatrix}$$

$\boldsymbol{w}_1$对接近正45°边缘有较强响应，$\boldsymbol{w}_2$对接近负45°边缘有较强响应。

（2） Sobel 梯度

$$\boldsymbol{w}_1=\begin{bmatrix}-1 & -2 & -1\\ 0 & 0 & 0\\ 1 & 2 & 1\end{bmatrix},\quad \boldsymbol{w}_2=\begin{bmatrix}-1 & 0 & 1\\ -2 & 0 & 2\\ -1 & 0 & 1\end{bmatrix}$$

$\boldsymbol{w}_1$对水平边缘有较大响应，$\boldsymbol{w}_2$对垂直边缘有较大响应。

（3） 拉普拉斯算子

$$\boldsymbol{w}_1=\begin{bmatrix}0 & 1 & 0\\ 1 & -4 & 1\\ 0 & 1 & 0\end{bmatrix},\quad \boldsymbol{w}_2=\begin{bmatrix}1 & 1 & 1\\ 1 & -8 & 1\\ 1 & 1 & 1\end{bmatrix},\quad \boldsymbol{w}_3=\begin{bmatrix}1 & 4 & 1\\ 4 & -20 & 4\\ 1 & 4 & 1\end{bmatrix}$$

例 8-21：对图像进行 Robert 交叉梯度运算。

解：MATLAB 程序如下。

```
>> close all                                        % 关闭打开的文件
>> clear                                            % 清除工作区的变量
>> I = imread('moon.jpg');                          % 将当前路径下的图像读取到工作区中
>> I = mat2gray(I);                                 % 压缩像素,将图像转换为灰度图
>> i1 = [-1 0;0 1];                                 % 定义 Robert 交叉梯度 i1 和 i2
>> i2 = [0-1;1 0];
>> J1 = imfilter(I,i1,'corr','replicate');          % 正 45°梯度运算
>> J2 = imfilter(I,i2,'corr','replicate');          % 负 45°梯度运算
>> J = abs(J1) + abs(J2);                           % 对图像进行 Robert 梯度运算
>> subplot(121),imshow(I);title('原始图像')
>> subplot(122),imshow(J);title('Robert 梯度图像')
```

运行结果如图 8-21 所示。

图 8-21 Robert 交叉梯度运算

例 8-22：对图像进行高斯-拉普拉斯运算。

解：MATLAB 程序如下。

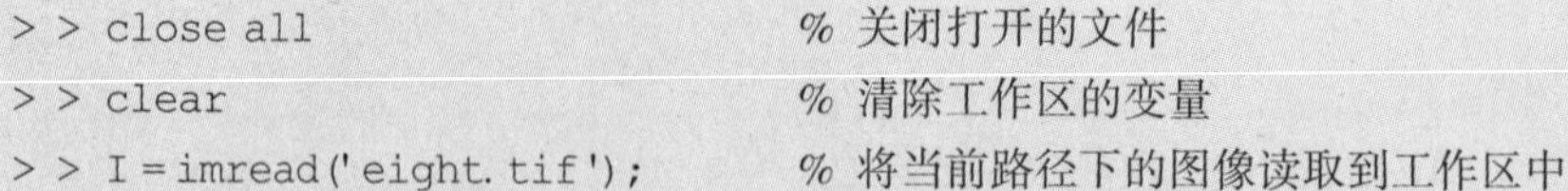

```
>> close all                            % 关闭打开的文件
>> clear                                % 清除工作区的变量
>> I=imread('eight.tif');               % 将当前路径下的图像读取到工作区中
>> I=mat2gray(I);                       % 压缩像素,将图像转换为灰度图
>> J1=fspecial('log',5,0.3);            % 大小为5,sigma为0.3的LOG算子滤波器
>> J2=fspecial('log',5,3);              % 大小为5,sigma为3的LOG算子滤波器
>> K1=imfilter(I,J1,'corr','replicate');  % 使用多维滤波器对图像数据I执行相关多维
                                          过滤,图像大小通过复制外边界的值进行扩展
>> K2=imfilter(I,J2,'corr','replicate');
>> subplot(131),imshow(I),title('原始图像')
>> subplot(132),imshow(abs(K1),[]),title('LOG算子滤波图像1')
>> subplot(133),imshow(abs(K2),[]),title('LOG算子滤波图像2')
```

运行结果如图 8-22 所示。

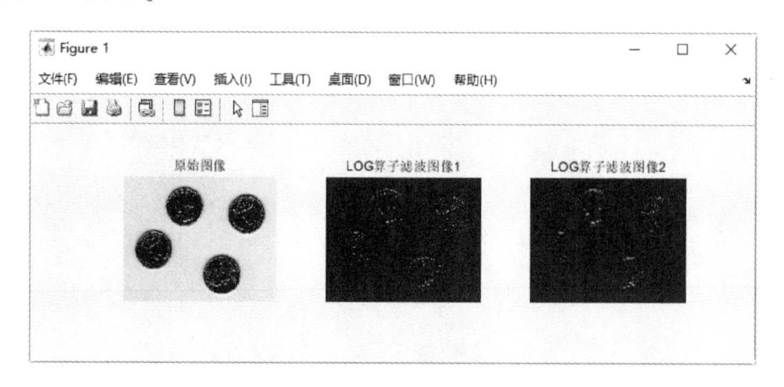

图 8-22　高斯-拉普拉斯运算

2. 微分处理

图像微分增强了边缘和其他突变，如噪声，并削弱了灰度变化缓慢的区域。在进行锐度变化增强处理中，一阶微分对于二阶微分处理的响应，细线要比阶梯强，点比细线强。

一阶微分主要是指梯度模运算，图像的梯度模值包含了边界及细节信息。MATLAB 有专门的求解梯度的命令 gradient，专门用于图像矩阵求梯度。gradient 命令的调用格式见表 8-16。

表 8-16　gradient 命令调用格式

命　令	说　明
FX = gradient(F)	计算水平方向的梯度
[FX,FY] = gradient(F)	计算矩阵 ***F*** 的数值梯度，其中 *FX* 为水平方向梯度，*FY* 为垂直方向梯度，各个方向的间隔默认为 1
[FX,FY,FZ,...,FN] = gradient(F)	返回 *F* 的数值梯度的 *N* 个分量，其中 *F* 是一个 *N* 维数组
[⋯] = gradient(F,h)	计算矩阵 ***F*** 的数值梯度，与第二个格式的区别是将 *h* 作为各个方向的间隔
[⋯] = gradient(F,hx,hy,...,hN)	为 ***F*** 的每个维度上的间距指定 *N* 个间距参数。使用 *hx*、*hy* 定义点间距，*hx*、*hy* 可以是数量或者向量，如果是向量的话，维数必须与 ***F*** 的维数相一致

例 8-23：对图像进行梯度运算。

解：MATLAB 程序如下。

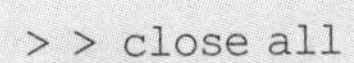

```
> > close all                              % 关闭打开的文件
> > clear                                  % 清除工作区的变量
> > I = imread('MANHA.jpg');               % 将当前路径下的图像读取到工作区中
> > I = mat2gray(I);                       % 压缩像素,将图像转换为灰度图
> > subplot(121),imshow(I);title('原始图像')
> > K = gradient (I,0.02);                 % 对图像进行梯度运算,提取边缘
> > subplot(122),imshow(K);title('梯度图像')
```

运行结果如图 8-23 所示。

图 8-23 梯度运算

例 8-24：图像算子滤波与梯度滤波。

解：在命令行中输入以下命令。

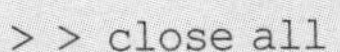

```
> > close all                              % 关闭打开的文件
> > clear                                  % 清除工作区的变量
> > I = imread('Retarder.tif');            % 读取图像文件,返回图像数据矩阵 I
> > I1 = mat2gray(I);                      % 压缩像素,将图像转换为灰度图
> > J = fspecial('sobel');                 % 定义 Sobel 算子滤波器
> > K = imfilter(I1,J,'replicate');        % 添加 Sobel 算子滤波器
> > G = gradient (K,0.02);                 % 对图像进行梯度运算,提取边缘
> > subplot(221),imshow(I),title('原图');
> > subplot(222),imshow(I1),title('灰度增强图');
> > subplot(223),imshow(K),title('Sobel 算子滤波图像');
> > subplot(224),imshow(G),title('梯度幅值图');
```

运行结果如图 8-24 所示。

3. 数字滤波

在 MATLAB 中，filter2 命令用于对图像进行二维数字滤波，它的使用格式见表 8-17。

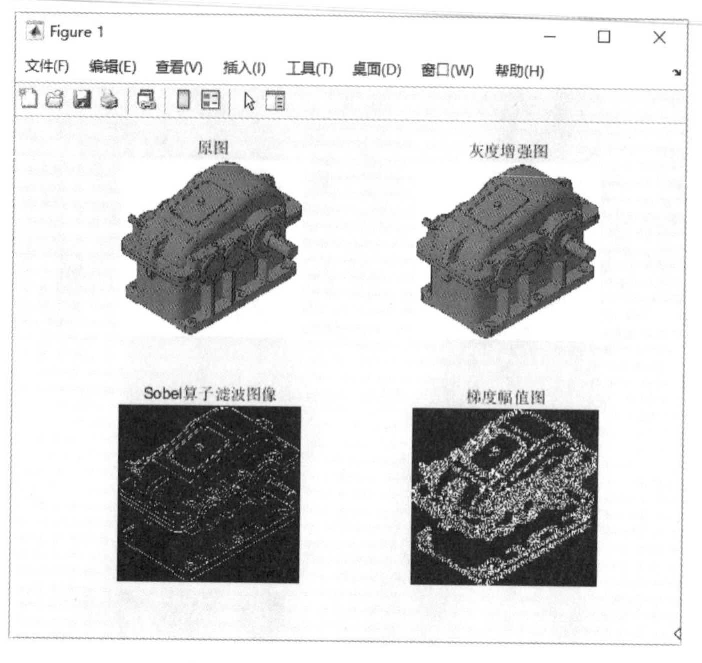

图 8-24 算子滤波与梯度滤波

表 8-17 **filter2** 命令的使用格式

命令格式	说明
Y = filter2(H,X)	根据滤波器矩阵 ***H***，对图像数据矩阵 ***X*** 应用有限脉冲响应滤波器
Y = filter2(H,X,shape)	根据 shape 返回滤波数据的子区。'same'返回滤波数据的中心部分，大小与 X 相同；'full'返回完整的二维滤波数据；'valid'仅返回计算的没有补零边缘的滤波数据部分

例 8-25：利用 Sobel 算子锐化图像。

解：MATLAB 程序如下：

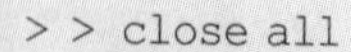

```
>> close all                                   % 关闭打开的文件
>> clear                                       % 清除工作区的变量
>> A=imread('yingwu.jpg');                     % 将当前路径下的图像读取到工作区中
>> A=rgb2gray(A);                              % 将 RGB 图像转换为灰度图
>> H=[1,2,1;0,0,0;-1,-2,-1];                   % 定义 Sobel 算子滤波
>> B=filter2 (H,A);                            % 设置 Sobel 算子滤波
>> subplot(1,2,1),imshow(A),title('Original Image')  % 显示原图
>> subplot(1,2,2),imshow(B),title('Filter Image')  % 显示 Sobel 算子滤波锐化的图像
```

运行结果如图 8-25 所示。

例 8-26：利用拉普拉斯算子锐化数字图像。

解：MATLAB 程序如下。

```
>> close all                                   % 关闭打开的文件
>> clear                                       % 清除工作区的变量
```

```
>> A=imread('sunflower.jpg');                          % 将当前路径下的图像读取到工作区中
>> A=rgb2gray(A);                                      % 将RGB图像转换为灰度图
>> A=im2double(A);                                     % 将矩阵A转换为双精度
>> H=[0,1,0;1,-1,0;0,1,0];                             % 拉普拉斯算子
>> B=filter2 (H,A,'same');                             % 拉普拉斯算子滤波
>> subplot(1,2,1),imshow(A), title('Original Image')  % 显示原图
>> subplot(1,2,2),imshow(B),title('Laplace Image')    % 显示锐化的图像
```

运行结果如图8-26所示。

图8-25　Sobel算子锐化图像

图8-26　拉普拉斯算子锐化数字图像

4. 反锐化掩蔽

图像的反锐化掩蔽是指将图像模糊形式从原始图像中去除。形式如下。

$$f_s(x,y)=f(x,y)-\bar{f}(x,y)$$

反锐化掩蔽进一步的普遍形式称为高频提升滤波，定义如下。

$$\begin{aligned}f_{hb}(x,y)&=Af(x,y)-\bar{f}(x,y)\\&=(A-1)f(x,y)+f(x,y)-\bar{f}(x,y)\\&=(A-1)f(x,y)+f_s(x,y)\end{aligned}$$

其中，$A\geqslant 1$。

当A=1时，高频提升滤波处理就是标准的拉普拉斯变换。随着A值的增大，锐化处理的效果越来越小，但是平均灰度值变大，图像亮度增大。

在MATLAB中，imsharpen命令可使用反锐化掩蔽方法锐化图像，它的使用格式见表8-18。

表8-18　imsharpen命令的使用格式

命令格式	说　明
B = imsharpen(A)	使用反锐化掩蔽方法锐化灰度或真彩色输入图像
B = imsharpen(A,Name,Value)	使用名称-值对组来控制反锐化掩蔽，参数值对组见表8-19

表8-19　名称-值对组参数表

属性名	说　明	参数值
'Radius'	半径，高斯低通滤波器的标准偏差	1(默认)、正数
'Amount'	数量，锐化效果的强度	0.8(默认)、数值
'Threshold'	阈值，像素被视为边缘像素所需的最小对比度	0(默认)、[0 1]

例8-27：锐化图像。

解：MATLAB程序如下。

```
>> close all                                          % 关闭打开的文件
>> clear                                              % 清除工作区的变量
>> A=imread('wutong.jpg');                            % 将当前路径下的图像读取到工作区中
>> B=imsharpen(A,'Radius',3,'Amount',1);              % 设置锐化掩蔽的半径、阈值与数量
>> subplot(1,2,1),imshow(A), title('Original Image')  % 显示原图
>> subplot(1,2,2),imshow(B),title('Expand Image')     % 显示锐化的图像
```

运行结果如图 8-27 所示。

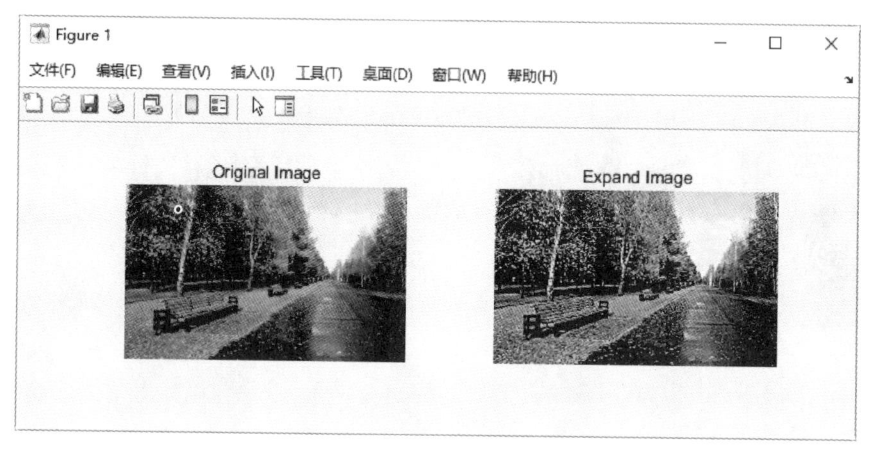

图 8-27　锐化图像

8.3.4 噪声滤波

滤波是信号处理的一个概念，是指将信号中特定波段频率过滤去除。数字信号处理中常采用傅里叶变换及其逆变换实现，这种变换下的滤波是等效的。空间域滤波恢复是在已知噪声模型的基础上，对噪声的空间域滤波。

1. 添加噪声

为了完成多种图像处理的操作和试验，还可以对图片添加噪声。在 MATLAB 中，imnoise 命令用来在图像中添加噪声，命令中包括 5 种噪声参数，分别为：'gaussian'（高斯白噪声），'localvar'（与图像灰度值有关的零均值高斯白噪声），'poisson'（泊松噪声），'salt & pepper'（椒盐噪声）和'speckle'（斑点噪声）。该命令的使用格式见表 8-20。

表 8-20　imnoise 命令的使用格式

命令格式	说明
J = imnoise(I,'gaussian')	将方差为 0.01 的零均值高斯白噪声添加到灰度图像 I 中
J = imnoise(I,'gaussian',m)	添加均值为 m，方差为 0.01 的高斯白噪声
J = imnoise(I,'gaussian',m,var_gauss)	添加高斯白噪声与零均值高斯白噪声
J = imnoise(I,'localvar',var_local)	添加零均值高斯白噪声
J = imnoise(I,'localvar',intensity_map,var_local)	添加零均值高斯白噪声。噪声的局部方差 var_ local 指定 I 中图像强度值
J = imnoise(I,'poisson')	从数据中生成泊松噪声，添加到图像中
J = imnoise(I,'salt & pepper')	添加椒盐噪声，图像上生成随机的一些白色斑点

（续）

命令格式	说　明
J = imnoise(I,' salt & pepper',d)	添加椒盐噪声，d 是噪声密度
J = imnoise(I,' speckle')	用方程 $g = f + n * f$ 将乘性噪声添加到图像上
J = imnoise(I,' speckle',var_speckle)	用方程 $g = f + n * f$ 将乘性噪声添加到图像上，其中 n 是均值为 0、方差为 var 的均匀分布的随机噪声，var 的默认值是 0.04

例 8-28：高斯噪声和椒盐噪声效果。

解：MATLAB 程序如下。

```
>> close all                                    % 关闭打开的文件
>> clear                                        % 清除工作区的变量
>> I = imread('tomatoes.jpg');                  % 将当前路径下的图像读取到工作区中
>> J = imnoise(I,'gaussian');                   % 在灰度图像中添加零均值高斯白噪声
>> K = imnoise(I,'salt & pepper');              % 图像添加椒盐噪声
>> imshowpair(J,K,'montage');                   % 图像蒙太奇剪辑显示
>> title('Gaussian Image (left) and Salt & Pepper Image (right)')
```

运行结果如图 8-28 所示。

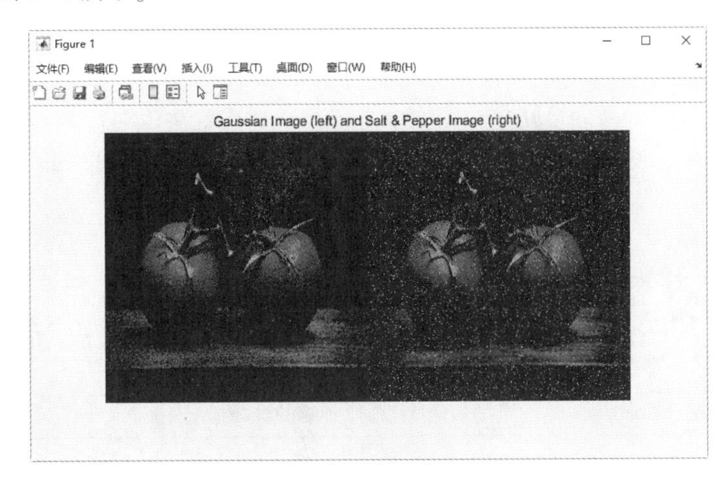

图 8-28　高斯噪声和椒盐噪声效果

例 8-29：对图像生成模拟噪声。

解：MATLAB 程序如下。

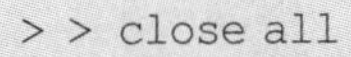

```
>> close all                                    % 关闭打开的文件
>> clear                                        % 清除工作区的变量
>> I = imread('zhou.jpg');                      % 将当前路径下的图像读取到工作区中
>> J = imnoise(I,'gaussian',0,0.02);            % 添加模拟高斯噪声
>> subplot(131),imshow(I),title('Original Image');  % 显示原图
>> subplot(132),imshow(J),title('Noise Gaussian Image'); % 显示添加模拟高斯噪声
>> K = fspecial('gaussian');                    % 高斯低通滤波器
>> K1 = imfilter(I,K,'replicate');              % 使用高斯低通滤波器对图像进行多维过滤
>> subplot(133),imshow(K1),title('Filter Gaussian Image'); % 显示高斯低通滤波器
```

运行结果如图 8-29 所示。

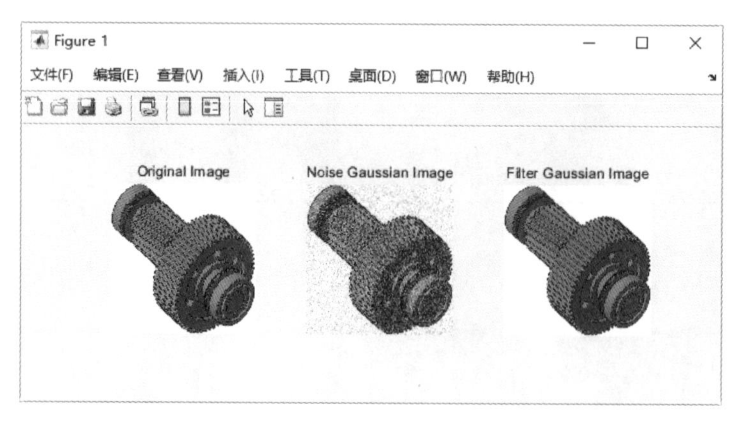

图 8-29 模拟噪声

2. 去噪滤波

消除图像中的噪声成分称作图像的平滑化或滤波操作。信号或图像的能量大部分集中在幅度谱的低频和中频段是很常见的，而在较高频段，感兴趣的信息经常被噪声淹没。因此一个能降低高频成分幅度的滤波器就能够减弱噪声的影响。

图像滤波的目的有两个：一是抽出对象的特征作为图像识别的特征模式；另一个是为适应图像处理的要求，消除图像数字化时所混入的噪声。

在 MATLAB 中，wiener2 命令用来在图像中进行二维适应性去噪过滤处理，它的使用格式见表 8-21。这种方法通常比线性滤波产生更好的结果。自适应滤波器比类似的线性滤波器更具选择性，它能保留图像的边缘和其他高频部分。

表 8-21 wiener2 命令的使用格式

命令格式	说明
J = wiener2(I,[m n],noise)	使用逐像素自适应低通维纳滤波器对灰度图像进行滤波。[m n] 指定用于估计局部图像平均值和标准偏差的邻域大小（$m \times n$）
[J,noise_out] = wiener2(I,[m n])	在进行滤波之前计算噪声功率的估计值

例 8-30：对噪声图像进行去噪过滤。

解：MATLAB 程序如下。

```
>> close all                              % 关闭打开的文件
>> clear                                  % 清除工作区的变量
>> I = imread('meng.jpg');                % 将当前路径下的图像读取到工作区中
>> I = rgb2gray(I);                       % 将 RGB 图像转换为灰度图
>> I = im2double(I);                      % 将矩阵 A 转换为双精度
>> J = imnoise(I,'salt & pepper',0.02);   % 添加椒盐噪声
>> subplot(131),imshow(I);title('原始图像')
>> subplot(132),imshow(J);title('噪声图像')
>> K = wiener2(J,[5 5]);                  % 使用 5×5 的邻域窗的二维适应性去噪过滤处理
>> subplot(133),imshow(K);title('二维适应性去噪滤波后图像')
```

运行结果如图 8-30 所示。

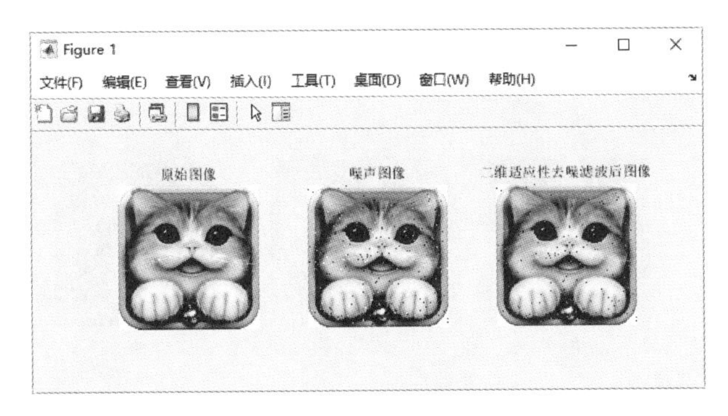

图 8-30　去噪过滤

8.3.5 中值滤波

对于彩色图像，不是用彩色图的中值，而是用其亮度值作为唯一的判断标准。如果用彩色的中值作为标准来判断每个分量，很容易出现过多的噪点，因为有可能会出现蓝色分量改变，而红色不变的情况，或其他类似现象。

中值滤波是一种统计排序滤波器，结果是排序队列中位于中间位置的元素的值。中值滤波器是非线性滤波器，对于某些类型的随机噪声具有降噪能力，主要用于消除椒盐噪声。

在 MATLAB 中，medfilt2 命令用于对图像进行二维中值滤波，它的使用格式见表 8-22。

表 8-22　medfilt2 命令的使用格式

命令格式	说　明
J = medfilt2(I)	对图像进行二维中值滤波。每个输出像素包含输入图像中相应像素周围3×3邻域的中值
J = medfilt2(I,[m n])	执行中值滤波，其中每个输出像素包含输入图像中相应像素周围的 $m \times n$ 邻域中的中值
J = medfilt2(…,padopt)	参数 padopt 控制填充图像边界模式。默认为“0”，表示用 0 填充图像；“symmetric” 在边界对称地扩展图像；“indexed” 如果图像数据 I 是双精度的，则用 1 填充图像，否则，用 0 填充

例 8-31：对噪声图像进行中值滤波。

解：MATLAB 程序如下。

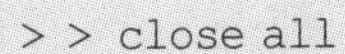

```
>> close all                                   % 关闭打开的文件
>> clear                                       % 清除工作区的变量
>> I=imread('mao_gray.jpg');                   % 将当前路径下的图像读取到工作区中
>> J=imnoise(I,'salt & pepper',0.02);          % 添加椒盐噪声
>> subplot(131),imshow(I);title('原始图像')
>> subplot(132),imshow(J);title('噪声图像')
>> K=medfilt2(J);                              % 使用 3×3 的邻域窗的中值滤波
>> subplot(133),imshow(K);title('中值滤波后图像')
```

运行结果如图 8-31 所示。

例 8-32：对图像进行滤波。

解：MATLAB 程序如下。

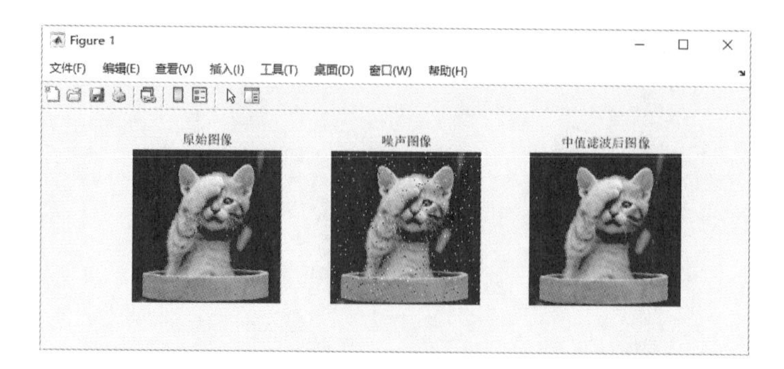

图 8-31　中值滤波

```
>> close all                                          % 关闭打开的文件
>> clear                                              % 清除工作区的变量
>> I = imread('jianzhu.jpg');                         % 读取图像文件,返回图像数据矩阵 I
>> I1 = rgb2gray(I);                                  % 转换 RGB 图像为灰度图像
>> H = fspecial('motion',20,45);                      % 创建运动模糊滤波器
>> H1 = imfilter(I,H,'replicate');                    % 使用滤波器滤波,模糊图像
>> J = imnoise(I, 'speckle');                         % 添加斑点噪声
>> subplot(211),imshowpair(I,J,'montage'),
>> title('Original Image (left) and Decorrstretch Image (right)')   % 图像蒙太奇剪辑显示
>> K = medfilt2(I1);                                  % 使用 3×3 的邻域窗的中值滤波
>> subplot(212),imshowpair(H1,K,'montage');% 以蒙太奇剪辑显示模糊图像和中值滤波后的图像
>> title('Filter Image (left) and Medfilt Image (right)')
```

运行结果如图 8-32 所示。

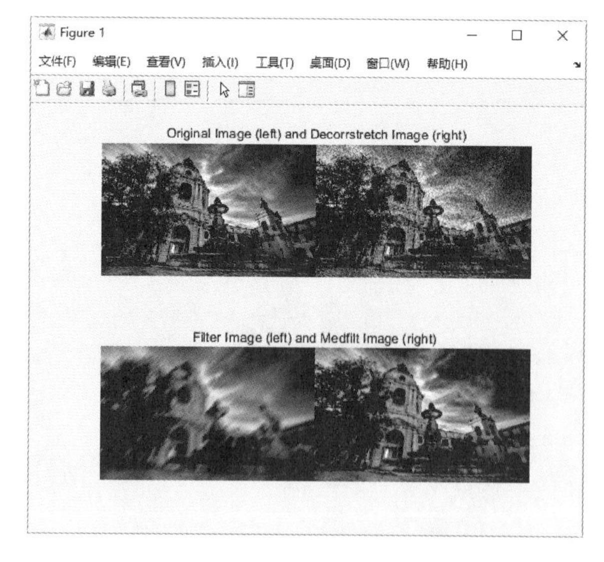

图 8-32　滤波

在 MATLAB 中，medfilt3 命令用于对图像进行三维中值滤波，它的使用格式见表 8-23。

表 8-23　medfilt3 命令的使用格式

命令格式	说　明
J = medfilt3(I)	对图像进行三维中值滤波。每个输出像素包含输入图像中相应像素周围 3×3×3 邻域的中值
J = medfilt3(I,[m n p])	执行中值滤波，其中每个输出像素包含输入图像中相应像素周围的 $m \times n \times p$ 邻域中的中值
J = medfilt3(…,padopt)	参数 padopt 控制填充图像边界模式。默认为“0”，表示用 0 填充图像；“symmetric”在边界对称地扩展图像；如果图像数据 I 是双精度的，则“indexed”用 1 填充图像，否则用 0 填充

例 8-33：对噪声图像进行中值滤波。

解：MATLAB 程序如下。

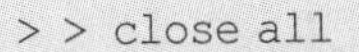

```
> > close all                                      % 关闭打开的文件
> > clear                                          % 清除工作区的变量
> > I = imread('book.jpg');                        % 读取图像文件,返回图像数据矩阵 I
> > J = imnoise(I,'salt & pepper',0.08);           % 添加椒盐噪声
> > subplot(131),imshow(I);title('原始图像')
> > subplot(132),imshow(J);title('噪声图像')
> > K = medfilt3(J);                               % 使用三维中值滤波
> > subplot(133),imshow(K);title('中值滤波后图像')
```

运行结果如图 8-33 所示。

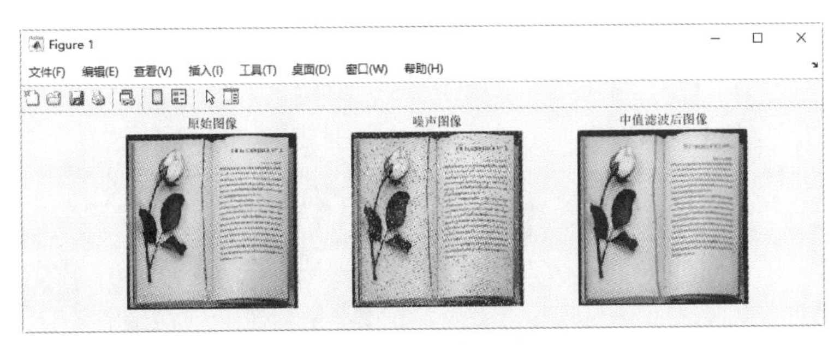

图 8-33　中值滤波

8.3.6 二维统计顺序滤波

在 MATLAB 中，ordfilt2 命令用于对图像进行二维统计顺序滤波。二维统计顺序滤波是中值滤波的推广，对于给定的 n 个数值 $\{al, a2, \cdots, an\}$，将它们按大小顺序排列，将处于第 k 个位置的元素作为图像滤波输出，即序号为 k 的二维统计滤波。该命令的使用格式见表 8-24。

表 8-24　ordfilt2 命令的使用格式

命令格式	说　明
B = ordfilt2(A,order,domain)	对图像 A 作顺序统计滤波，order 为滤波器输出的顺序值，domain 为滤波窗口。S 是与 domain 大小相同的矩阵，它是对应 domain 中非零值位置的输出偏置，这在图形形态学中是很有用的
B = ordfilt2(A,order,domain,S)	使用与域的非零值相对应的 S 值作为相加偏移
B = ordfilt2(…,padopt)	padopt 指定如何填充矩阵边界

例 8-34：对图像进行顺序滤波。

解：MATLAB 程序如下。

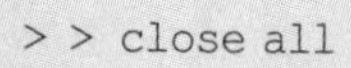

```
>> close all                                          % 关闭打开的文件
>> clear                                              % 清除工作区的变量
>> I=imread('whitecat.jpg');                          % 读取图像文件,返回图像数据矩阵 I
>> I=rgb2gray(I);                                     % 转换 RGB 图像为灰度图像
>> subplot(121),imshow(I),
>> J=ordfilt2(I, 25,true(5), 'symmetric');            % 过滤图像
>> subplot(122),imshow (J);                           % 显示过滤图像
```

运行结果如图 8-34 所示。

图 8-34　顺序滤波

例 8-35：对图像进行过滤。

解：MATLAB 程序如下。

```
>> close all                                  % 关闭打开的文件
>> clear                                      % 清除工作区的变量
>> I=imread('yinghua.jpg');                   % 读取图像文件,返回图像数据矩阵 I
>> I1=rgb2gray(I);                            % 转换 RGB 图像为灰度图像
>> J=imnoise(I1, 'speckle');                  % 添加斑点噪声
>> subplot(311),imshowpair(I,J,'montage'),    % 蒙太奇剪辑显示原图和添加斑点噪声的
                                                图像
>> title('Original Image (left) and Speckle Image (right)')
>> Y1=ordfilt2(J,5,ones(3,3));                % 过滤图像,相当于 3×3 的中值滤波
>> Y2=ordfilt2(J,1,ones(3,3));                % 3×3 的最小值滤波
>> Y3=ordfilt2(J,9,ones(3,3));                % 3×3 的最大值滤波
>> Y4=ordfilt2(J,1,[0 1 0;1 0 1;0 1 0]);%     输出的是每个像素的东、西、南、北四个方向相邻像
                                                素灰度的最小值
>> subplot(312),imshowpair(Y1,Y2,'montage');  % 蒙太奇剪辑显示应用中值滤波和最小值
                                                滤波的图像
>> title('Filter Image1 (left) and Filter Image2 (right)')
>> subplot(313),imshowpair(Y3,Y4,'montage');  % 蒙太奇剪辑显示图像
>> title('Filter Image3 (left) and Filter Image4 (right)')
```

运行结果如图 8-35 所示。

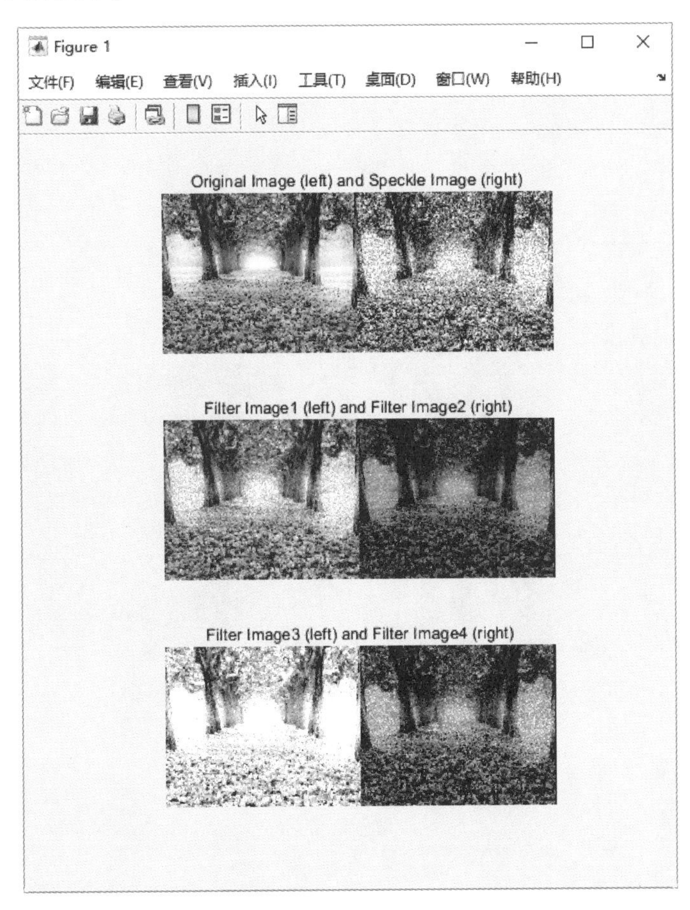

图 8-35　图像过滤

8.4　频域增强

频域增强是利用图像变换方法将原来的图像空间中的图像以某种形式转换到其他空间中，然后利用该空间的特有性质方便地进行图像处理，最后再转换回原来的图像空间中，从而得到处理后的图像。图像的空域增强一般只是对数字图像进行局部增强，而图像的频域增强可以对图像进行全局增强。频域增强技术是在数字图像的频率域空间对图像进行滤波，因此需要将图像从空间域变换到频率域。

8.4.1 卷积滤波

频域增强一般通过傅里叶变换实现。在频率域空间的滤波与空域滤波一样可以通过卷积实现，因此傅里叶变换和卷积理论是频域滤波技术的基础。卷积，也称算子，用一个模板去和另一个图片对比，进行卷积运算。目的是使目标与目标之间的差距变得更大。卷积在数字图像处理中最常见的应用为锐化和边缘提取，最后得到以黑色为背景，白色线条作为边缘或形状的边缘提取效果图。

在 MATLAB 中，conv2 命令用于对图像进行二维卷积滤波，它的使用格式见表 8-25。

表 8-25　conv2 命令的使用格式

命令格式	说　明
C = conv2(A,B)	对图像进行二维卷积
C = conv2(u,v,A)	首先求 ***A*** 的各列与向量 ***u*** 的卷积，然后求每行结果与向量 ***v*** 的卷积
C = conv2(…,shape)	根据 shape 返回卷积的子区。其中，'full'返回完整的二维卷积；'same'返回卷积中大小与 A 相同的中心部分；'valid'仅返回计算的没有补零边缘的卷积部分

例 8-36：对图像进行二维卷积滤波。

解：MATLAB 程序如下。

```
>> close all                                    % 关闭打开的文件
>> clear                                        % 清除工作区的变量
>> I=imread('tire.tif');                        % 读取图像文件,返回图像数据矩阵 I
>> I=im2double(I);                              % 将图像数据转换为双精度值
>> J=imnoise(I,'salt & pepper',0.08);           % 添加椒盐噪声
>> h=[0,1,0;1,-1,0;0,1,0];                      % 拉普拉斯算子
>> K=conv2(J,h);                                % 计算矩阵 J 和 h 的二维卷积
>> subplot(131),imshow(I);title('原始图像')
>> subplot(132),imshow(J);title('噪声图像')
>> subplot(133),imshow(K);title('二维卷积滤波后图像')
```

运行结果如图 8-36 所示。

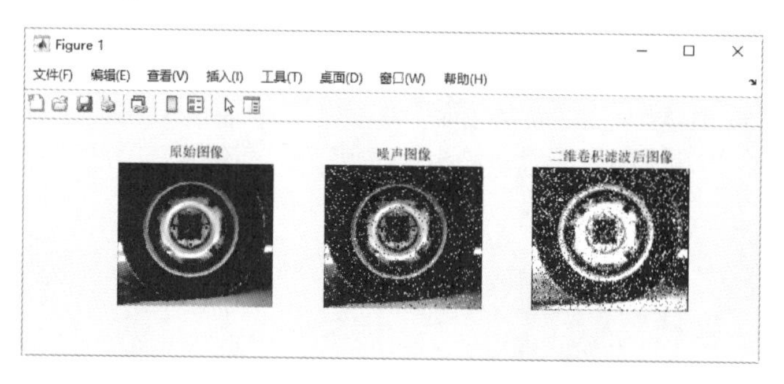

图 8-36　二维卷积滤波

例 8-37：利用二维卷积对图像进行边缘提取。

解：MATLAB 程序如下。

```
>> close all                        % 关闭打开的文件
>> clear                            % 清除工作区的变量
>> I=imread('kongque.jpg');         % 读取图像文件,返回图像数据矩阵 I
>> I=rgb2gray(I);                   % RGB 图像转换为灰度图像
>> I=im2double(I);                  % 图像数据转换为双精度值
>> h=[1 2 1;0,0,0;-1 -2 -1];        % 锐化算子
>> K=conv2(I,h,'same');             % 返回卷积中大小与 I 相同的中心部分
>> subplot(121),imshow(I);title('原始图像')
>> subplot(122),imshow(K);title('二维卷积滤波后图像')
```

运行结果如图 8-37 所示。

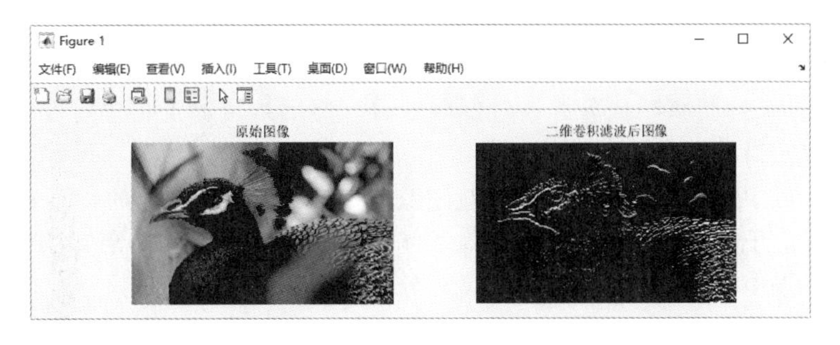

图 8-37 边缘提取

在 MATLAB 中，convn 命令用于对图像进行 *N* 维卷积滤波，它的使用格式见表 8-26。

表 8-26 convn 命令的使用格式

命令格式	说明
C = convn(A,B)	对图像进行 *N* 维卷积
C = convn(A,B,shape)	根据 shape 返回卷积的子区。其中，'full'返回完整的二维卷积；'same'返回卷积中大小与 A 相同的中心部分；'valid'仅返回计算的没有补零边缘的卷积部分

例 8-38：对图像进行 N 维卷积滤波。

解：MATLAB 程序如下。

```
>> close all                              % 关闭打开的文件
>> clear                                  % 清除工作区的变量
>> I=imread('xshu.jpg');                  % 读取图像,返回图像数据矩阵 I
>> I=im2double(I);                        % 图像数据转换为双精度值
>> H=fspecial('log',[5 5],0.35);          % 创建高斯-拉普拉斯滤波器
>> J=imfilter(I,H,'replicate');           % 使用滤波器滤波,模糊图像
>> h=H(1,:);                              % 抽取高斯-拉普拉斯滤波器矩阵第一行
>> K=convn(I,h);                          % N 维卷积滤波
>> subplot(131),imshow(I);title('原始图像')
>> subplot(132),imshow(J);title('噪声图像')
>> subplot(133),imshow(K);title('N 维卷积滤波后图像')
```

运行结果如图 8-38 所示。

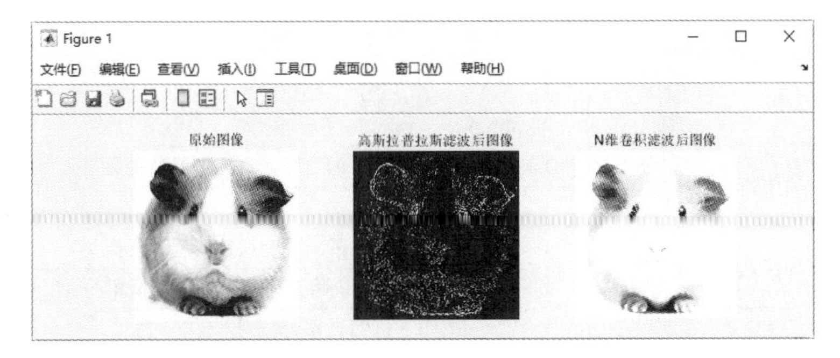

图 8-38 *N* 维卷积滤波

8.4.2 傅里叶变换滤波

图像在传递过程中，由于噪声主要集中在高频部分，为去除噪声改善图像质量，滤波器采用低通滤波器 $H(u,v)$ 来抑制高频成分，通过低频成分，然后再进行逆傅里叶变换获得滤波图像，就可达到平滑图像的目的。

在傅里叶变换域中，变换系数能反映某些图像的特征，例如，频谱的直流分量对应于图像的平均亮度，噪声对应于频率较高的区域，图像实体位于频率较低的区域等，因此频域常被用于图像增强。在图像增强中构造低通滤波器，使低频分量能够顺利通过，高频分量有效地阻止，即可滤除该领域内噪声。

由卷积定理，低通滤波器数学表达式为：

$$G(u,v) = F(u,v)H(u,v)$$

式中，$F(u,v)$ 为含有噪声的原图像的傅里叶变换域；$H(u,v)$ 为传递函数；$G(u,v)$ 为经低通滤波后输出图像的傅里叶变换。

快速 Fourier 变换（FFT）是离散傅里叶变换的快速算法，它是根据离散傅里叶变换的奇、偶、虚、实等特性，对离散傅里叶变换的算法进行改进获得的。

MATLAB 提供了多种快速傅里叶变换的命令，见表 8-27。

表 8-27　快速傅里叶变换

命　令	意　义	命令调用格式
fft	一维快速傅里叶变换	**Y** = fft(**X**)，计算对向量 **X** 的快速傅里叶变换。如果 **X** 是矩阵，fft 返回对每一列的快速傅里叶变换
		Y = fft(**X**,*n*)，计算向量的 *n* 点 FFT。当 **X** 的长度小于 *n* 时，系统将在 **X** 的尾部补零，以构成 *n* 点数据；当 **X** 的长度大于 *n* 时，系统进行截尾
		Y = fft(**X**,[ ],*dim*) 或 *Y* = fft(**X**,*n*,*dim*)，计算对指定的第 dim 维的快速傅里叶变换
fft2	二维快速傅里叶变换	**Y** = fft2(**X**)，计算对 X 的二维快速傅里叶变换。结果 **Y** 与 **X** 的维数相同
		Y = fft2(**X**,*m*,*n*)，计算结果为 $m \times n$ 阶，系统将视情况对 **X** 进行截尾或者以 0 来补齐
fftn	多维快速傅里叶变换	**Y** = fftn(**X**)，计算 **X** 的 *n* 维快速傅里叶变换
		Y = fftn(**X**,size)，系统将视情况对 **X** 进行截尾或者以 0 来补齐
fftshift	将快速傅里叶变换（fft、fft2）的 DC 分量移到谱中心	**Y** = fftshift(**X**)，将 DC 分量转移至谱中心
		Y = fftshift(**X**,*dim*)，将 DC 分量转移至 *dim* 维谱中心，若 *dim* 为 1 则上下转移，若 *dim* 为 2 则左右转移
ifft	一维逆快速傅里叶变换	**Y** = ifft(**X**)，计算 **X** 的逆快速傅里叶变换
		Y = ifft(**X**,*n*)，计算向量 **X** 的 *n* 点逆 FFT
		Y = ifft(**X**,[ ],*dim*)，计算对 *dim* 维的逆 FFT
		Y = ifft(**X**,*n*,*dim*)，计算对 *dim* 维 *n* 点的逆 FFT
ifft2	二维逆快速傅里叶变换	**Y** = ifft2(**X**)，计算 **X** 的二维逆快速傅里叶变换
		Y = ifft2(**X**,*m*,*n*)，计算向量 **X** 的 $m \times n$ 维逆快速傅里叶变换
ifftn	多维逆快速傅里叶变换	**Y** = ifftn(**X**)，计算 **X** 的 *n* 维逆快速傅里叶变换
		Y = ifftn(**X**,size)，系统将视情况对 **X** 进行截尾或者以 0 来补齐
ifftshift	逆 fft 平移	**Y** = ifftshift(**X**)，同时转移行与列
		Y = ifftshift(**X**,*dim*)，若 *dim* 为 1 则行转移，若 *dim* 为 2 则列转移

常用频率域低滤波器 $H(u,v)$ 有三种：

（1）理想低通滤波器

设傅里叶平面上理想低通滤波器距离原点的截止频率为 D_0，则理想低通滤波器的传递函数为：

$$H(u,v)=\begin{cases}1 & D(u,v)\leqslant D_0\\0 & D(u,v)>D_0\end{cases}$$

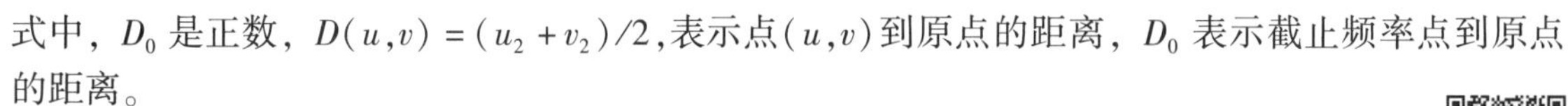

式中，D_0 是正数，$D(u,v)=(u_2+v_2)/2$，表示点 (u,v) 到原点的距离，D_0 表示截止频率点到原点的距离。

例 8-39：对图像进行理想低通滤波。

解：MATLAB 程序如下。

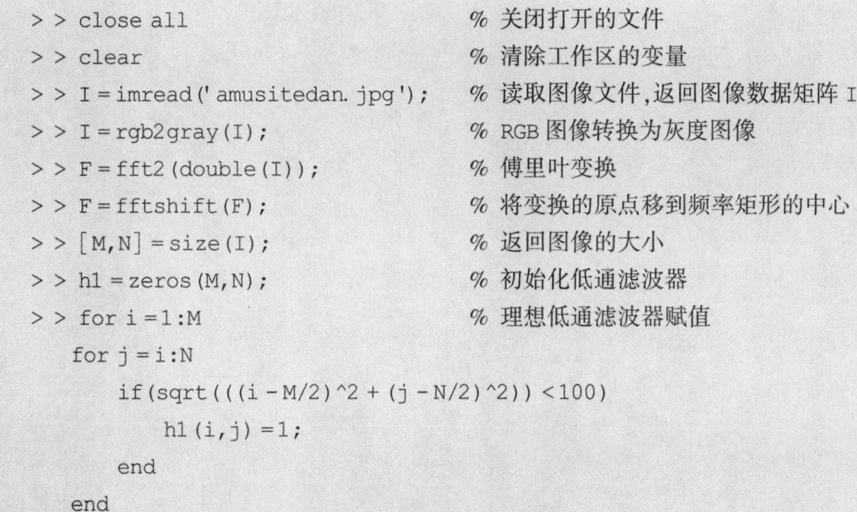

```
>> close all                              % 关闭打开的文件
>> clear                                  % 清除工作区的变量
>> I = imread('amusitedan.jpg');          % 读取图像文件,返回图像数据矩阵 I
>> I = rgb2gray(I);                       % RGB 图像转换为灰度图像
>> F = fft2(double(I));                   % 傅里叶变换
>> F = fftshift(F);                       % 将变换的原点移到频率矩形的中心
>> [M,N] = size(I);                       % 返回图像的大小
>> h1 = zeros(M,N);                       % 初始化低通滤波器
>> for i = 1:M                            % 理想低通滤波器赋值
    for j = i:N
       if(sqrt(((i - M/2)^2 + (j - N/2)^2)) < 100)
          h1(i,j) = 1;
       end
    end
end
>> G1 = F.* h1;     % 定义输入矩阵
>> G1 = ifftshift(G1);     % 计算 G1 的逆快速傅里叶变换,将 G1 的第一象限与第三象限交换,将
                             第二象限与第四象限交换
>> J = real(ifft2(G1));     % 理想低通滤波,先对 G1 进行二维快速傅里叶逆变换,然后计算结果
                              矩阵中每个元素的实部
>> imshowpair(I,J,'montage'),  % 对比显示原图与理想低通滤波图像
>> title('原图(left) and 理想低通滤波 (right)')    % 添加标题
```

运行结果如图 8-39 所示。

图 8-39 理想低通滤波

（2）高斯低通滤波器

n 阶高斯低通滤波器（GLPF）的传递函数为

$$H(u,v)=\mathrm{e}^{\frac{-D^2(u,v)}{2D_0^2}}$$

式中，D_0 表示通带的半径。高斯滤波器的过渡特性非常平坦，因此不会产生振铃现象。

例 8-40：对图像进行高斯低通滤波。

解：MATLAB 程序如下。

```
>> close all                                      % 关闭打开的文件
>> clear                                          % 清除工作区的变量
>> I = imread('jianzhu.jpg');                     % 读取图像文件,返回图像数据矩阵 I
>> I = im2double(I);                              % 图像数据转换为双精度值
>> J = imnoise(I,'salt & pepper',0.02);           % 添加椒盐噪声
>> M = 2 * size(I,1);
>> N = 2 * size(I,2);                             % 滤波器的行列数
>> u = -M/2:(M/2 -1);                             % 定义两个向量
>> v = -N/2:(N/2 -1);
>> [U,V] = meshgrid(u,v);                         % 计算低通滤波器的参数 U 和 V
>> D = sqrt(U.^2 + V.^2);                         % 定义函数
>> D0 = 20;                                       % 输入通带半径
>> H = exp(-(D.^2)./(2 * (D0^2)));                % 设计高斯滤波器
>> J1 = fftshift(fft2(I,size(H,1),size(H,2)));  % 将快速傅里叶变换(fft2)的 DC 分量移
                                                     到谱中央
>> G = J1.* H;                                    % 定义输入矩阵
>> L = ifft2(fftshift(G));                        % 计算 G 的二维逆快速傅里叶变换
>> L = L(1:size(I,1),1:size(I,2));                % 抽取与图像数据矩阵 I 相同大小的数据块
>> subplot(131),imshow(I),title('原始图像')
>> subplot(132),imshow(J),title('椒盐噪声图像')
>> subplot(133),imshow(L),title('噪声高斯滤波图像')
```

运行结果如图 8-40 所示。

图 8-40 高斯低通滤波

（3）巴特沃斯低通滤波器

n 阶巴特沃斯低通滤波器的传递函数为

$$H(u,v)=\frac{1}{1+(D(u,v)/D_0)^{2n}}$$

式中，D_0 表示通带的半径，n 表示的是巴特沃斯滤波器的次数。

例 8-41：对图像进行巴特沃斯低通滤波。

解：MATLAB 程序如下。

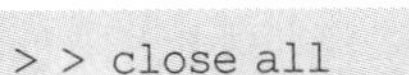

```
>> close all                                          % 关闭打开的文件
>> clear                                              % 清除工作区的变量
>> I=imread('wanma.jpg');                             % 读取图像,返回图像数据矩阵 I
>> I=im2double(I);                                    % 图像数据转换为双精度值
>> J=imnoise(I,'salt & pepper',0.02);                 % 添加椒盐噪声
>> M=2*size(I,1);
>> N=2*size(I,2);                                     % 滤波器的行列数
>> u=-M/2:(M/2-1);
>> v=-N/2:(N/2-1);
>> [U,V]=meshgrid(u,v);                               % 计算低通滤波器的参数 U 和 V
>> D=sqrt(U.^2+V.^2);
>> D0=50;                                             % 通带半径
>> n=6;                                               % 巴特沃斯滤波器的次数
>> H=1./(1+(D./D0).^(2*n));                           % 设计巴特沃斯滤波器
>> F=fftshift(fft2(I,size(H,1),size(H,2)));           % 傅里叶变换
>> G=F.*H;
>> L=ifft2(fftshift(G));                              % 傅里叶逆变换
>> L=L(1:size(I,1),1:size(I,2));         % 抽取与图像数据矩阵 I 相同大小的数据块
>> subplot(131),imshow(I),title('原始图像')
>> subplot(132),imshow(J),title('椒盐噪声图像')
>> subplot(133),imshow(L),title('噪声巴特沃斯低通图像')
```

运行结果如图 8-41 所示。

图 8-41　巴特沃斯低通滤波

低通滤波滤掉了图像频谱中的高频成分，仅让低频部分通过，即变化剧烈的成分减少了，结果是使图像变模糊了。

8.4.3 高通滤波

图像的增强可以通过频域滤波来实现，频域低通滤波器滤除高频噪声，频域高通滤波器滤除低频噪声。相同类型的滤波器的截止频率不同，对图像的滤除效果也会不同。

高通滤波器与低通滤波器的作用相反，它使高频分量顺利通过，而消弱低频。图像中的细节部分与其频率的高频分量相对应，所以高通滤波可以对图像进行锐化处理。

图像的边缘、细节主要位于高频部分，而图像的模糊是由于高频成分比较弱导致的。采用高通滤波器可以对图像进行锐化处理，以消除模糊，突出边缘。因此采用高通滤波器让高频成分通过，使低频成分削弱，再经逆傅里叶变换得到边缘锐化的图像。常用的高通滤波器有：

（1）理想高通滤波器

二维理想高通滤波器的传递函数为

$$H(u,v)=\begin{cases}0 & D(u,v)\leqslant D_0\\ 1 & D(u,v)>D_0\end{cases}$$

（2）巴特沃斯高通滤波器

n 阶巴特沃斯高通滤波器的传递函数定义如下。

$$H(u,v)=\frac{1}{1+\left[\dfrac{D_0}{D(u,v)}\right]^{2n}}$$

（3）指数高通滤波器

指数高通滤波器的传递函数为

$$H(u,v)=\mathrm{e}^{-\left|\frac{D_0}{D(u,v)}\right|n}$$

（4）梯形滤波器

梯形滤波器的传递函数为

$$H(u,v)=\begin{cases}0 & D(u,v)<D_1\\ \dfrac{D(u,v)-D_1}{D_0-D_1} & D_1\leqslant D(u,v)\leqslant D_0\\ 1 & D(u,v)>D_0\end{cases}$$

8.5 同态增晰

一般来说，图像的边缘和噪声都对应于傅里叶变换的高频分量。而低频分量主要决定图像在平滑区域中总体灰度级的显示，故被低通滤波的图像比原图像少一些尖锐的细节部分。同样，被高通滤波的图像在图像的平滑区域中将减少一些灰度级的变化并突出细节部分。为了在增强图像细节的同时尽量保留图像的低频分量，可以使用同态滤波方法，在保留图像原貌的同时，增强图像细节。

同态滤波是把频率滤波和空间域灰度变换结合起来的一种图像处理方法，它以图像的照度/反射率模型作为频域处理的基础，利用压缩亮度范围和增强对比度来改善图像的质量。同态滤波过程分为以下 5 个基本步骤。

1）原图做对数变换，得到如下两个加性分量，即

$$Inf(x,y)=Inf_i(x,y)+Inf_r(x,y)$$

2）对数图像做傅里叶变换，得到其对应的频域，表示为

$$\mathrm{DFT}[Inf(x,y)]=\mathrm{DFT}[Inf_i(x,y)]+\mathrm{DFT}[Inf_r(x,y)]$$

3）设计一个频域滤波器 $H(u,v)$，进行对数图像的频域滤波。

4）傅里叶逆变换，返回空域对数图像。

5）取指数，得到空域滤波结果。

同态滤波的基本步骤如图 8-42 所示。

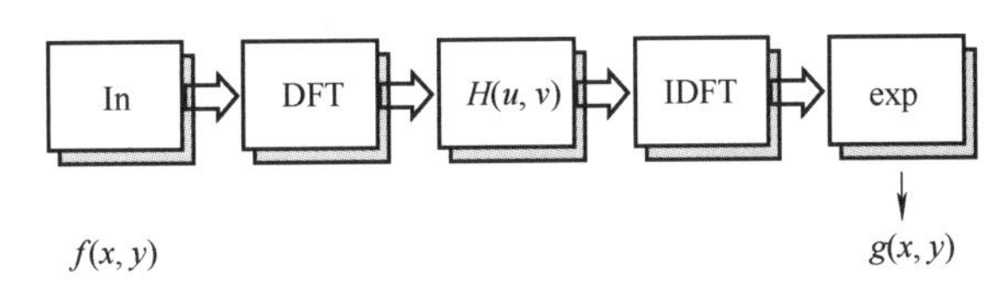

图 8-42 同态滤波的基本步骤

例 8-42：对图像进行二维卷积滤波。

解：MATLAB 程序如下。

```
>> close all                                  % 关闭打开的文件
>> clear                                      % 清除工作区的变量
>> I = imread('haibian.jpg');                 % 将当前路径下的图像读取到工作区中
>> I = im2double(I);                          % 图像 I 做对数变换前,需要转化为 double 型
>> J = log(1 + I);                            % 对图像进行对数变换
>> M = 2* size(J,1);
>> N = 2* size(J,2);                          % 滤波器的行列数
>> u = -M/2:(M/2-1);
>> v = -N/2:(N/2-1);
>> [U,V] = meshgrid(u,v);                     % 计算滤波器的参数 U 和 V
>> D = sqrt(U.^2 + V.^2);
>> D0 = 20;                                   % 输入低截止频率
>> H = exp(-(D.^2)./(2* (D0^2)));             % 高斯滤波器
>> J1 = fftshift(fft2(I,size(H,1),size(H,2)));  % 将快速傅里叶变换(fft2)的 DC 分量移
                                                到谱中央
>> G = J1.* H;                                % 频域滤波
>> K = real(ifft2(G));                        % 对 f 做傅里叶逆变换, IFFT 取实部。
>> K = K(1:size(I,1),1:size(I,2));            % 截取有效数据
>> K = exp(K)-1;                              % 指数变换
>> subplot(121),imshow(I);title('原始图像')
>> subplot(122),imshow(K);title('同态滤波图像')
```

运行结果如图 8-43 所示。

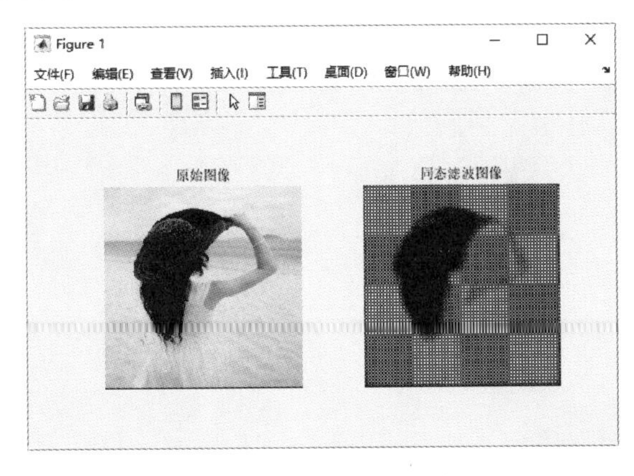

图 8-43 二维卷积滤波

提示：

图像数据进行对数变换时，log（I+1）是为了满足真数>0，以防计算无意义。特别提醒，如果是归一化图像数据，则建议 log（I+0.01）。

8.6 彩色图像增强

常用的彩色增强方法包括真彩色增强、假彩色增强和伪彩色增强。

8.6.1 真彩色增强

真彩色增强包括两种处理方法：一种是将一幅彩色图像看作三幅分量图像的组合体，对每幅图像单独处理，再合成彩色图像；另一种是将一幅彩色图像中的像素看作三个属性值，对属性值进行处理。

1. 彩色滤波增强

在 MATLAB 中，imfilter 命令的 B = imfilter(A,h) 格式可将原始数字图像 A 按指定的滤波器 h 进行滤波增强处理，得到真彩色增强后的数字图像 B，与 A 的尺寸和类型相同。

例 8-43：图像滤波增强。

解：在 MATLAB 命令行窗口中输入如下命令。

```
>> close all                                              % 关闭打开的文件
>> clear                                                  % 清除工作区的变量
>> I = imread('chicken.jpg');                             % 将图像加载到工作区
>> h = [1 0 0.5];                                         % 创建过滤器
>> H = imfilter(I,h);                                     % 将图像应用过滤器
>> subplot(1,2,1),imshow(I), title('Original Image')      % 显示原图
>> subplot(1,2,2), imshow(H),title('Filter Image')        % 显示滤波后的图像
```

运行结果如图 8-44 所示。

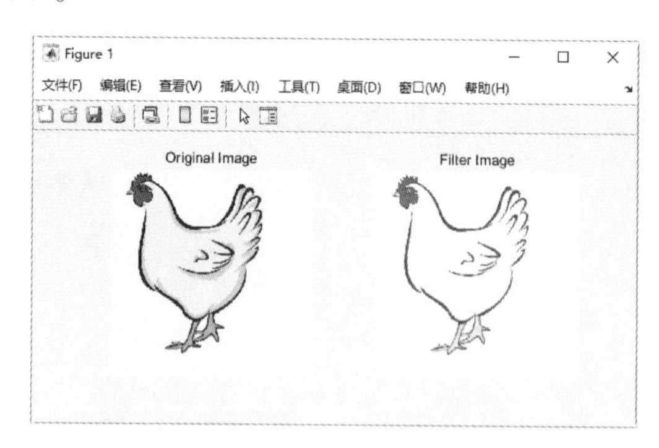

图 8-44 图像滤波增强

2. 彩色图像的分量

在彩色图像中，每个像素的颜色并不是简单的一个数值，而是由 3 个分量数值组成的一个向量。

例 8-44：彩色图像的分量图。

解：在 MATLAB 命令行窗口中输入如下命令。

```
>> close all                          % 关闭打开的文件
>> clear                              % 清除工作区的变量
>> I=imread('haixing.tif');           % 读取当前路径下的图像,其中,工作区中数据显示为 uint8 三
                                        维矩阵
>> subplot(421), imshow(I),title('原始真彩色图像');  % 显示原始图像
>> J=rgb2hsv(I);                      % 将 RGB 模式转换为 HSV 模式,H 代表色调,S 代表饱和度,V 代
                                        表亮度
>> H=J(:,:,1);
>> S=J(:,:,2);
>> V=J(:,:,3);
>> subplot(4,2,2),imshow(H),title('HSV 色调分量图像');
>> subplot(4,2,3),imshow(S),title('HSV 饱和度分量图像');
>> subplot(4,2,4),imshow(V),title('HSV 亮度分量图像');
>> HH=histeq(H);                      % 对各分量直方图均衡化,得到各分量均衡化图像
>> SS=histeq(S);
>> VV=histeq(V);
>> subplot(4,2,5),imshow(HH),title('HSV 色调分量均衡化后图像');
>> subplot(4,2,6),imshow(SS),title('HSV 饱和度分量均衡化后图像');
>> subplot(4,2,7),imshow(VV),title('HSV 亮度分量均衡化后图像');
>> K=cat(3,HH,SS,VV);                 % 串联三维矩阵
>> K=hsv2rgb(K);                      % 将 HSV 颜色模式转换为 RGB
>> subplot(4,2,8), imshow(K),title('均衡化后 RGB 图像');
```

运行结果如图 8-45 所示。

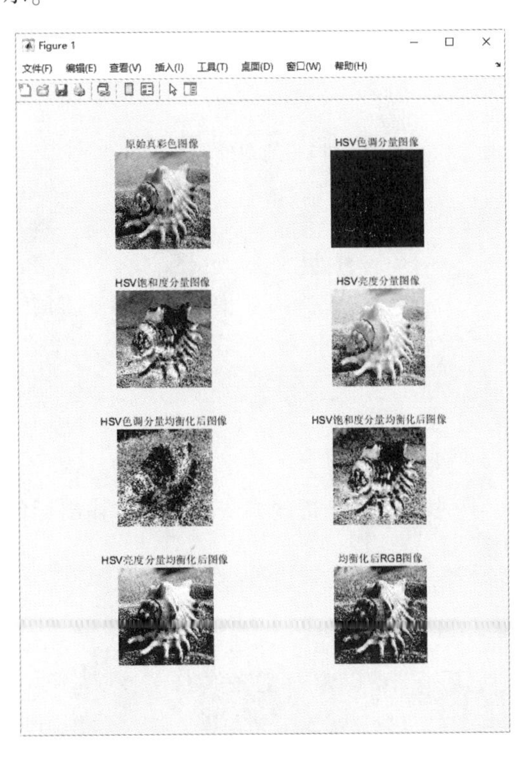

图 8-45　彩色图像的分量图

8.6.2 伪彩色增强

伪彩图对原来灰度图中不同灰度值的区域赋予不同的颜色，以便更明显地区分，图像的每个像素的颜色不是由每个基本色分量的值直接决定，实际上是把像素当成调色板或颜色表的表项入口地址，根据地址查出 R、G、B 的强度值，而不是图像本身真正的颜色。

1. 矩阵转换成的伪彩图

在 MATLAB 中伪彩色的绘制使用 pcolor 命令，该命令的使用格式见表 8-28。

表 8-28 pcolor 命令的使用格式

命令格式	说明
pcolor(C)	使用矩阵 *C* 中的值创建一个伪彩图
pcolor(X,Y,C)	指定顶点的 *x* 坐标和 *y* 坐标。*C* 的大小必须与 *X*-*Y* 坐标网格的大小匹配
pcolor(ax,…)	指定绘图的目标坐标区。指定 ax 作为上述任何语法中的第一个参数
s = pcolor(…)	返回 Surface 对象

使用 X 和 Y 定义一个 $m\times n$ 网格，则 $\boldsymbol{C}$ 必须为 $m\times n$ 矩阵，颜色矩阵 $\boldsymbol{C}$ 包含颜色图中的索引。$\boldsymbol{C}$ 中的值将颜色图数组中的颜色映射到每个面周围的顶点，如图 8-46 所示。

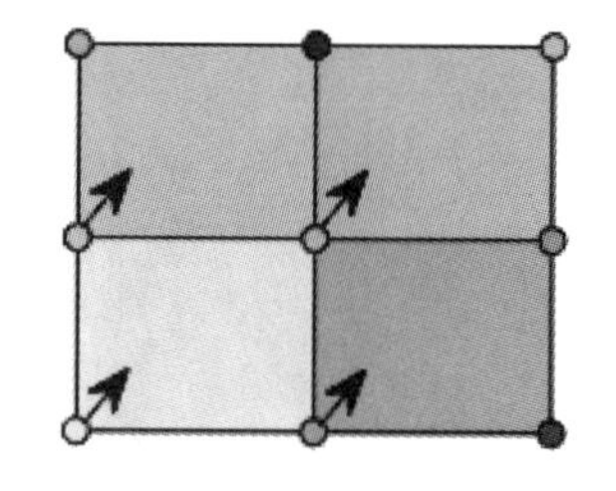

图 8-46 颜色图平面

一个面的颜色取决于它的四个顶点之一的颜色。在这四个顶点中，首先出现在 X 和 Y 中的那个顶点决定该面的颜色。如果用户没有指定 X 和 Y，则 MATLAB 使用 $X=1:n$ 和 $Y=1:m$，其中 $[m,n]=\text{size}(\boldsymbol{C})$。由于顶点颜色和面颜色之间的这种关系，$\boldsymbol{C}$ 的最后一行和最后一列中的值都不会在绘图中表示。

例 8-45：创建伪彩色图形。

解：MATLAB 程序如下。

```
>> close all                    % 关闭打开的文件
>> clear                        % 清除工作区的变量
>> subplot(1,2,1);              % 函数创建两个坐标区,在第一个坐标区绘制图形
>> C = rand(50,10);             % 绘制随机矩阵 C1
>> image(C)                     % C 中每个元素指定图像 1 个像素的颜色
>> subplot(1,2,2);              % 函数创建两个坐标区,在第二个坐标区绘制图形
>> pcolor(C)                    % 绘制伪彩色图形
```

运行结果如图 8-47 所示。

2. 伪彩色增强

从图像处理的角度来看，伪彩色增强是指输入灰度图像，输出彩色图像。

例 8-46：图像伪彩色变换。

解：MATLAB 程序如下。

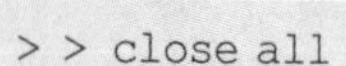

```
>> close all                    % 关闭打开的文件
>> clear                        % 清除工作区的变量
>> I = imread('ball.tif');      % 将当前路径下的图像读取到工作区中
>> I = im2double(I);            % 图像 I 转化为 double 型
```

```
>> colormap(winter);            % 设置颜色图
>> [m,n,p]=size(I);             % 返回图像的大小
>> J=zeros(m,n,3);              % 初始化伪彩色图
>> for i=1:m                    % 伪彩色图赋值
for j=1:n
if I(i,j)<=0.4
      J(i,j,1)=0; J(i,j,2)=0; J(i,j,3)=1;
else  if  I(i,j)<=0.8
J(i,j,1)=0; J(i,j,2)=1; J(i,j,3)=0;
else
J(i,j,1)=1;J(i,j,2)=0; J(i,j,3)=1;
end
end
end
end
>> subplot(121),imshow(I);  % 显示原图
>> subplot(122),imshow(J);  % 显示伪彩色图
```

运行结果如图 8-48 所示。

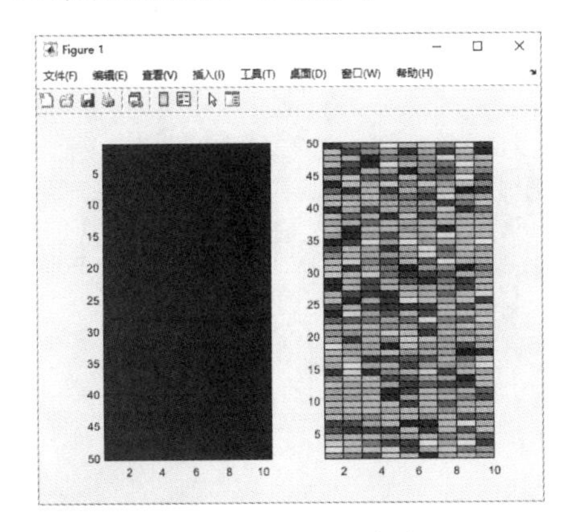

图 8-47　显示颜色表

图 8-48　伪彩色变换

8.6.3 假彩色增强

假彩色处理的对象是三基色描绘的自然图像或同一景物的多光谱图像，处理过程一般是对三基色分别进行处理。在处理过程中可以对图像中的三原色进行线性或非线性变换，得到一幅变换图像。

例 8-47：彩色图像的分量直方图。

彩色图像的直方图，其实是对图像中所有像素的 R、G、B 分量分别统计得到的 3 个直方图。

解：在 MATLAB 命令窗口中输入如下命令。

```
>> close all                    % 关闭打开的文件
>> clear                        % 清除工作区的变量
>> I=imread('bowl.jpg');        % 读取当前路径下的图像,图像数据显示为 uint8 三维矩阵
```

```
>> [m,n,p]=size(I);                  % 获取图像矩阵的行列数
                                     % 彩色图像的分量色彩直方图
>> R=I(:,:,1).*2;                    % 提取红色分量乘 2
>> G=I(:,:,2).*2;                    % 提取绿色分量乘 2
>> B=I(:,:,3).*2;                    % 提取蓝色分量乘 2
>> subplot(2,3,1),imshow(R), title('R-component');
>> subplot(2,3,2),imshow(G),title('G-component');
>> subplot(2,3,3), imshow(B),title('B-component');
>> subplot(2,3,4),imhist(R)          % 绘制红色分量色彩直方图
>> subplot(2,3,5),imhist(G)          % 绘制绿色分量色彩直方图
>> subplot(2,3,6),imhist(B)          % 绘制蓝色分量色彩直方图
```

运行结果如图 8-49 所示。

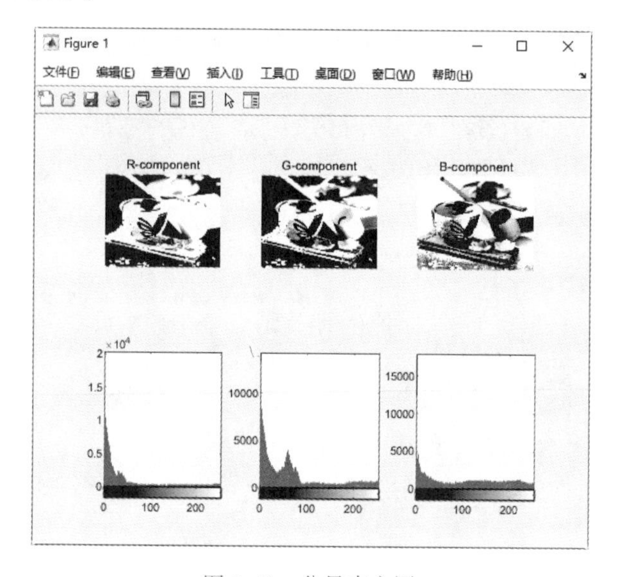

图 8-49 分量直方图

第9章 图像的复原

图像复原要求对图像降质的原因有一定的了解，应根据降质过程建立“降质模型”，再采用某种滤波方法，恢复或重建原来的图像。图像增强和复原的目的是为了提高图像的质量，如去除噪声，提高图像的清晰度等。

9.1 图像的退化

图像在形成、记录、处理和传输过程中，由于成像系统、记录设备、传输介质和处理方法的不完善，导致图像质量的下降，这种现象称作图像退化。

9.1.1 图像退化的原因

在图像退化/复原建模之前需要了解图像退化的原因，图像的质量变坏称作退化。退化的形式有图像模糊、图像有干扰等。图像退化的原因主要有下面几个方面。

- 成像系统的像差、畸变、带宽有限等造成图像失真。
- 由于成像器件拍摄姿态和扫描非线性引起的图像几何失真。
- 运动模糊。成像传感器与被拍摄景物之间的相对运动，引起所成图像的运动模糊。
- 灰度失真。光学系统成像传感器本身特性不均匀，造成同样亮度景物成像灰度不同。
- 辐射失真。由于场景能量传输通道中的介质特性，如大气湍流效应、大气成分变化引起图像失真。
- 图像在成像、数字化、采集和处理过程中引入的噪声等。

9.1.2 图像退化的数学模型

输入图像$f(x,y)$经过某个退化系统后输出的是一幅退化的图像。一般把噪声引起的退化，即噪声对图像的影响作为加性噪声考虑，即使不是加性噪声而是乘性噪声，也可以用对数方式将其转化为相加形式。

原始图像$f(x,y)$经过一个退化算子或退化系统$H(x,y)$的作用，再和噪声$n(x,y)$进行叠加，形成退化后的图像$g(x,y)$。退化数学模型如图9-1所示。其表达式如下。

$$g(x,y)=H[f(x,y)]+n(x,y)$$

在对退化系统进行了线性系统和空间不变系统的近似之后，连续函数的退化模型在空域中可以写成：

$$g(x,y)=f(x,y)*h(x,y)+n(x,y)$$

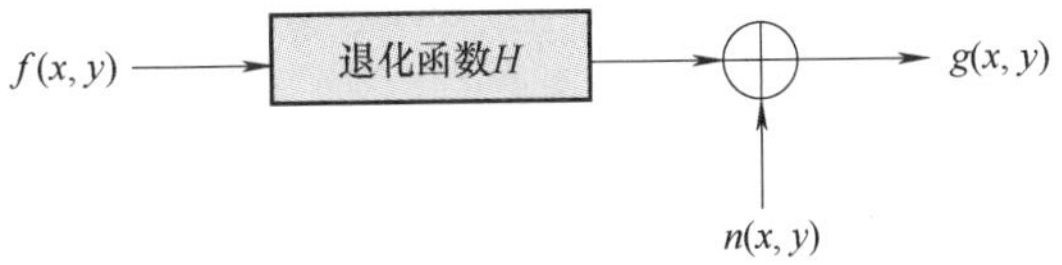

图9-1 图像退化的数学模型

在频域中可以写成：

$$G(u,v)=F(u,v)H(u,v)+N(u,v)$$

式中，$G(u,v)$、$F(u,v)$、$N(u,v)$分别是退化图像$g(x,y)$、原图像$f(x,y)$、噪声信号$n(x,y)$的傅里叶变换；$H(u,v)$是系统的点冲击响应函数$h(x,y)$的傅里叶变换，称为系统在频率域上的传递函数。

提示：

实际中，系统多为非线性时变系统，为便于计算机处理，采用近似方法，近似为线性时不变系统，应用线性系统理论解决图像复原问题。

现实中造成图像降质的种类很多，常见的图像退化模型及点扩展函数有：

（1）线性移动降质

在拍照时，成像系统与目标之间有相对直线移动会造成图像的降质。水平方向线性移动可以用以下降质函数来描述。

$$h(m,n)=\begin{cases}\dfrac{1}{d} & 若\ 0\leqslant m\leqslant d,n=0\\ 0 & 其他\end{cases}$$

式中，d 是降质函数的长度。在应用中如果线性移动降质函数不在水平方向，则可类似地定义移动降质函数。

（2）散焦降质

当镜头散焦时，光学系统造成的图像降质相应的点扩展函数是一个均匀分布的圆形光斑。此时，降质函数可表示为

$$h(m,n)=\begin{cases}\dfrac{1}{\pi R^2} & 若\ m^2+n^2=R^2\\ 0 & 其他\end{cases}$$

式中，R 是散焦半径。

（3）高斯（Gauss）降质

高斯降质函数是许多光学测量系统和成像系统最常见的降质函数。对于这些系统，决定系统点扩展函数的因素比较多。众多因素综合的结果总是使点扩展函数趋于高斯型。

典型的系统有光学相机和 CCD 摄像机、γ 相机、CI 相机、成像雷达、显微光学系统等。高斯降质函数可以表达为

$$h(m,n)=\begin{cases}K\exp[-\alpha(m^2+n^2)] & 若(m,n)\in C\\ 0 & 其他\end{cases}$$

式中，K 是归一化常数；α 是一个正常数；C 是 $h(m,n)$ 的圆形支持域。

（4）大气湍流造成的传递函数 PSF

$$H(u,v)=\exp[-c\,(u^2+v^2)^{5/6}]\,(c\ 是与湍流性质有关的常数)$$

（5）光学系统散焦传递函数

$$H(u,v)=J_1(\pi d\rho)/\pi d\rho$$

式中，$\rho=\sqrt{u^2+v^2}$；d 是光学系统散焦点扩散函数的直径；$J_1(\ )$ 表示第一类一阶贝塞尔函数；$J_1(Z)=\dfrac{Z}{2}\sum\limits_{k=0}^{\infty}\dfrac{(-1)^k Z^{2k}}{2^{2k}\cdot k(k+1)}$，$|\arg Z|<\pi$。

光学系统散焦时，点光源的像将成圆盘。从公式可看出，散焦系统的传递函数在以原点为中心、d 的倍数为半径处存在零点，形成一些同心的暗环，由散焦图像的频谱上估计出这些同心圆的半径，可得到 $H(u,v)$。

例 9-1：对图像进行退化滤波。

解：MATLAB 程序如下。

```
>> close all                                    % 关闭打开的文件
>> clear                                        % 清除工作区的变量
>> I = imread('shanshui1.jpg');                 % 读取图像文件,返回图像数据矩阵 I
>> subplot(131),imshow(I);title('原始图像')      % 显示原始图像
>> P = fspecial('gaussian');                    % 创建高斯滤波器
>> J = imfilter(I,P);                           % 对图像进行滤波
>> subplot(132),imshow(J);title('滤波图像')      % 显示滤波图像
>> K = imnoise(J,'gaussian',0,0.01);            % 对滤波图像添加高斯白噪声
>> subplot(133),imshow(K);title('噪声图像')      % 显示噪声图像
```

运行结果如图 9-2 所示。

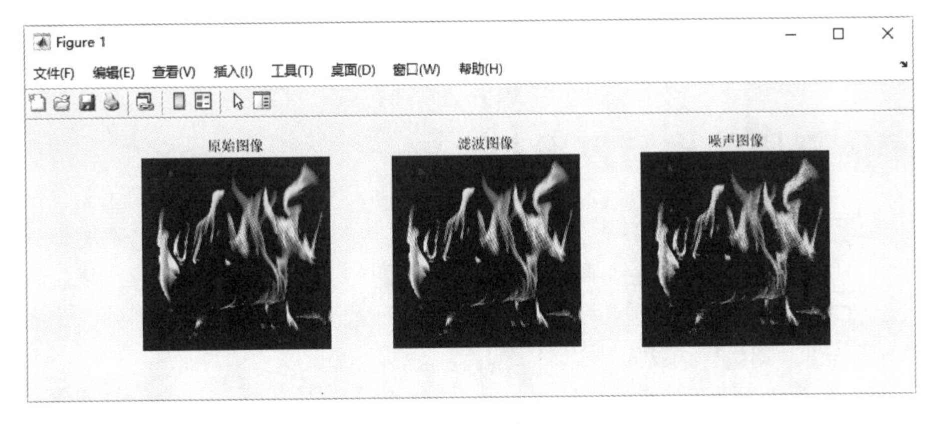

图 9-2　退化滤波

例 9-2： 图像大气湍流模型退化。

解： MATLAB 程序如下。

```
>> close all                          % 关闭打开的文件
>> clear                              % 清除工作区的变量
>> I = imread('logo.tif');            % 读取内存中的图片
>> subplot(131),imshow(I),title('原始图像')
>> Fp = fft2(I);                      % 对灰度图像进行傅里叶变换
>> [m,n] = size(I);                   % 获取图像数据的行列数
>> [v,u] = meshgrid(1:n,1:m);         % 绘制网格点
>> u = u-floor(m/2);                  % 对 m/2 向下取整
>> v = v-floor(n/2);                  % 对 n/2 向下取整
>> k = 0.005;
>> Duv = u.^2 + v.^2;                 % 定义传递函数表达式
>> H = exp(-k.*Duv.^(5/6));           % 定义传递函数表达式
>> G = H.*fftshift(Fp);               % 将快速傅里叶变换(fft、fft2)的 DC 分量移到谱中央
>> f1 = abs(ifft2(G));                % 二维逆快速傅里叶变换的绝对值
>> nchar = num2str(k);                % 将数字 k 转换为字符串
>> ltext = strcat('k=',nchar);        % 为标题添加注释
>> subplot(132),imshow(H),title(['传递函数',ltext])
>> subplot(133),imshow(f1,[]),title('大气湍流退化图像')
```

运行结果如图 9-3 所示。

图 9-3 大气湍流模型退化图像

9.2 图像复原的模型及分类

图像复原技术是图像处理领域一类重要的处理技术，与图像增强等其他基本图像处理技术类似，该技术也是以获取视觉质量得到某种程度改善为目的的，所不同的是图像恢复过程需要根据指定的图像退化模型来完成。根据这个退化模型对在某种情况下退化或恶化了的退化图像进行恢复，以获取到原始的、未经过退化的原始图像。

目前国内外图像复原技术的研究和应用主要集中于空间探索、天文观测、物质研究、遥感遥测、军事科学、生物科学、医学影像、交通监控、刑事侦查等领域。如生物方面，主要是用于生物活体细胞内部组织的三维再现和重构，通过复原荧光显微镜所采集的细胞内部逐层切片图，来重现细胞内部构成；医学方面，如对肿瘤周围组织进行显微观察，以获取肿瘤安全切缘与癌肿原发部位之间关系的定量数据；天文方面，如采用迭代盲反卷积进行气动光学效应图像复原研究等。

9.2.1 图像的复原模型

图像复原的处理过程实际是对退化图像品质的提升，并通过图像品质的提升来达到图像在视觉上的改善。

图像复原是根据退化原因，建立相应的数学模型，从被污染或畸变的图像信号中提取所需要的信息，沿着使图像降质的逆过程恢复图像本来面貌。复原数学模型如图 9-4 所示。

在图像复原处理中，往往用线性和空间不变性的系统模型加以近似，这种近似的优点是使线性系统理论中的许多理论可直接用于解决图像复原问题。图像复原处理，特别是数字图像复原处理主要采用的是线性的、空间不变的复原技术。

图 9-4 图像复原数学模型图

9.2.2 图像复原方法及分类

图像复原技术的分类如下。

- 在给定退化模型条件下，分为无约束和有约束两大类。
- 根据是否需要外界干预，分为自动和交互两大类。
- 根据处理所在域，分为频域和空域两大类。

1. 根据退化模型复原图像

（1）无约束复原

无约束复原是指除了使准则函数最小外，再没有其他的约束条件。因此只需了解退化系统的传递函数或冲激响应函数，就能利用如前所述的方法进行复原。但是由于传递函数存在病态问题，复原只能局限在靠近原点的有限区域内进行，这使得无约束图像复原具有相当大的局限性。

（2）有约束复原方法

设 $M=N$，则：

$$\hat{f}=H^{-1}g=(WDW^{-1})^{-1}g=WD^{-1}W^{-1}g$$

退化函数 $H(u,v)$ 与 $F(u,v)$ 相乘为退化过程，用 $H(u,v)$ 去除 $G(u,v)$ 是复原过程，称其为逆滤波。可描述为

$$W^{-1}\hat{f}=D^{-1}W^{-1}g$$

$$\hat{F}(u,v)=\frac{G(u,v)}{H(u,v)} \quad u,v=0,1,\cdots,M-1$$

$$\hat{f}(u,v)=J(u,v)/H(u,v) \quad u,v=0,1,\cdots,N-1$$

记 $M(u,v)$ 为复原转移函数，则其等于 $1/H(u,v)$。

2. 根据处理的域复原图像

（1）空间滤波

- 均值滤波器：算术均值滤波器、几何均值滤波器、谐波均值滤波器、逆谐波均值滤波器。
- 统计滤波器：中值滤波器、最大值和最小值滤波器等。
- 自适应滤波器：自适应、局部噪声消除滤波器（需要知道或估计全部噪声的方差）、自适应中值滤波器。

（2）频域滤波

寻找滤波传递函数，通过频域图像滤波得到复原图像的傅里叶变换，再求递变换，得到复原图像。

9.2.3 复原方法的评估

复原的好坏应有一个规定的客观标准，以能对复原的结果做出某种最佳的估计。图像复原质量的评价分为主观评价和客观评价。

主观评价基于 HVS（人类视觉系统），要采用平均评价分数（Mean Opinion Score，MOS）方法。该方法在实际中不仅速度慢、费用高，而且存在许多局限，诸如观察者的选取、实验条件的确定等。

客观评价主要采用峰值信噪比（PSNR）和均方误差（MSE）两种方法，几乎没有考虑人类视觉特性，所以有许多缺点，但是简单实用。设 $f(x,y)$ 和 $\hat{f}(x,y)$ 分别为原始图像和复原图像中点 (x,y) 处的灰度值。M 和 N 分别是以像素点数表征的图像长度和宽度，L 为数字图像的灰度级数，则：

$$\mathrm{PSNR}=10\lg\frac{(L-1)^4}{\sum_{x=0}^{M-1}\sum_{y=0}^{N-1}[\hat{f}(x,y)-f(x,y)]^2}$$

$$\mathrm{MSE}=\frac{\sum_{x=0}^{M-1}\sum_{y=0}^{N-1}[\hat{f}(x,y)-f(x,y)]^2}{(L-1)^2}$$

9.3 图像的复原方法

图像的复原方法是指将降质了的图像恢复成原来的图像，针对引起图像退化原因，以及降质过程某经验知识，建立退化模型，再针对降质过程采取相反的方法，恢复图像。

图像复原算法有线性和非线性两类。线性算法通过对图像进行逆滤波来实现反卷积，这类方法方便快捷，无需循环或迭代，直接可以得到反卷积结果。然而，它有一些局限性，如无法保证图像的非负性。而非线性方法通过连续的迭代过程不断提高复原质量，直到满足预先设定的终止条件，结果往往令人满意。但是迭代程序导致计算量很大，图像复原时耗较长，有时甚至需要几个小时。所以实际应用中还需要对两种处理方法综合考虑进行选择。

9.3.1 维纳滤波

维纳滤波（Wiener Filtering）是一种基于最小均方误差准则、对平稳过程的最优估计器。这种滤波器的输出与期望输出之间的均方误差为最小，因此，是一个最佳滤波系统。它可用于提取被平稳噪声污染的信号，是一种最小均方误差滤波器。

$$f=[\boldsymbol{H}^{\mathrm{T}}\boldsymbol{H}+sQ^{\mathrm{T}}Q]^{-1}\boldsymbol{H}^{\mathrm{T}}g=[\boldsymbol{H}^{\mathrm{T}}\boldsymbol{H}+sR_f{}^{-1}R_n]^{-1}\boldsymbol{H}^{\mathrm{T}}g$$

设 $\boldsymbol{R}_f$ 是 f 的相关矩阵：$\boldsymbol{R}_f=E\{ff^{\mathrm{T}}\}$，$\boldsymbol{R}_f$ 的第 ij 元素是 $E\{f_i\quad f_j\}$，代表 f 的第 i 和第 j 元素的相关。

设 $\boldsymbol{R}_n$ 是 n 的相关矩阵：$\boldsymbol{R}_n=E\{nn^{\mathrm{T}}\}$，根据两个像素间的相关只是它们相互距离而不是位置的函数的假设，可将 $\boldsymbol{R}_f$ 和 $\boldsymbol{R}_n$ 都用块循环矩阵表达，并借助矩阵 $\boldsymbol{W}$ 来对角化：

$$\boldsymbol{R}_f=\boldsymbol{WAW}^{-1}\qquad \boldsymbol{H}=\boldsymbol{WDW}^{-1}\qquad \boldsymbol{R}_n=\boldsymbol{WBW}^{-1}$$

式中，$\boldsymbol{D}$ 是一个对象矩阵，$\boldsymbol{D}(k,k)=\lambda(k)$，则有：

$$\boldsymbol{Q}^{\mathrm{T}}Q=\boldsymbol{R}_f^{-1}\boldsymbol{R}_n$$

定义：

$$\hat{f}=[\boldsymbol{H}^{\mathrm{T}}\boldsymbol{H}+sQ^{\mathrm{T}}Q]^{-1}\boldsymbol{H}^{\mathrm{T}}g$$

代入：

$$\hat{f}=(\boldsymbol{H}^{\mathrm{T}}\boldsymbol{H}+s\boldsymbol{R}_f^{-1}\boldsymbol{R}_n)^{-1}\boldsymbol{H}^{\mathrm{T}}g$$

两边同时乘以 W^{-1}，有：

$$\dot{F}(u,v)=\left[\frac{1}{\boldsymbol{H}(u,v)}\frac{|\boldsymbol{H}(u,v)|^2}{|\boldsymbol{H}(u,v)|^2+S_\eta(u,v)/S_f(u,v)}\right]G(u,v)$$

其中，$S_\eta(u,v)=|N(u,v)|^2$ 为噪声功率谱；$S_f(u,v)=|f(u,v)|^2$ 为未退化图像的功率谱。如果噪声为零，噪声功率谱消失，维纳滤波退化为逆滤波。

当处理白噪声时，谱 $|N(u,v)|^2$ 是一个常数，大大简化了处理过程。然而，未退化函数的功率谱很少是已知的。当这些值未知或不能估计时，经常使用下面的表达式近似：

$$\hat{F}(u,v)=\left[\frac{1}{\boldsymbol{H}(u,v)}\frac{|\boldsymbol{H}(u,v)|^2}{|\boldsymbol{H}(u,v)|^2+K}\right]G(u,v)$$

式中，K 是一个特殊常数，表示未退化图像和噪声功率谱之比。

在 MATLAB 中，deconvwnr 命令用来对图像进行维纳滤波复原图像，它的使用格式见表 9-1。

表 9-1 deconvwnr 命令的使用格式

命令格式	说　明
J = deconvwnr(I,psf,nsr)	使用维纳滤波算法复原图像 I，返回去模糊的图像 J。其中，nsr 是加性噪声的信噪比。psf 是点扩散函数
J = deconvwnr(I,psf,ncorr,icorr)	使用维纳滤波算法复原图像 I，返回去模糊的图像 J。其中，icorr 是原始图像的自相关函数，ncorr 是噪声的自相关函数
J = deconvwnr(I,psf)	假设加性噪声的信噪比 nsr 为 0，维纳滤波退化为逆滤波

例 9-3：对图像进行维纳滤波。

解：MATLAB 程序如下。

```
>> close all                         % 关闭打开的文件
>> clear                             % 清除工作区的变量
>> I=imread('yinghua.jpg');          % 读取图像
>> subplot(231),imshow(I);title('原始图像')
                                     % 图像添加随机噪声
>> LEN=21;                           % 滤波器运动像素
>> THETA=11;                         % 滤波器旋转角度
>> PSF=fspecial('motion', LEN, THETA);  % 创建模糊滤波器定义点扩散函数
>> noise=0.1* randn(size(I));  % 定义与图像大小相同的随机噪声矩阵
>> I_noise=im2uint8(im2double(I)+noise);  % 在图像上添加随机噪声
>> subplot(232),imshow(I_noise,[]);title('噪声图像')  % 显示添加随机噪声的图像
                                     % 求噪声的自相关矩阵 NCORR
>> NP=abs(fftn(noise));              % 将随机噪声矩阵进行多维快速傅里叶变换
>> NPOW=sum(NP(:))/numel(noise);  % 噪声矩阵的元素和除以矩阵元素个数,求平均值
>> NCORR=fftshift(real(ifftn(NP)));  % 对噪声进行快速逆傅里叶变换,将 DC 分量移到谱中
                                         央,得到噪声的自相关矩阵 NCORR
                                     % 求原始图像的自相关数组 ICORR
>> IP=abs(fftn(I));                  % 将图像矩阵进行多维快速傅里叶变换
>> IPOW=sum(IP(:))/numel(I); % 图像矩阵的元素和除以数组元素个数,求平均值
>> ICORR=fftshift(real(ifftn(IP)));  % 对图像矩阵进行快速逆傅里叶变换,将 DC 分量移到
                                         谱中央,得到原始图像的自相关矩阵 ICORR
>> NSR=NPOW/IPOW;                    % 得到噪声信噪比 NSR
                                     % 对图像进行维纳滤波
>> J=deconvwnr(I_noise,PSF,NSR);  % 根据信噪比对噪声图像进行维纳滤波
>> subplot(233),imshow(J);title('维纳滤波')
>> K=deconvwnr(I_noise,PSF,NCORR,ICORR);  % 利用原始图像和噪声的自相关函数对噪声图
                                             像进行维纳滤波
>> subplot(234),imshow(K);title('维纳滤波后图像')
>> ICORR1=ICORR(:,ceil(size(I,1)/2));  % 原始图像的自相关矩阵 ICORR 第一行数据除 2
                                           并四舍五入,得到新的自相关矩阵 ICORR1
>> Q=deconvwnr(I_noise,PSF,NCORR,ICORR1);  % 利用新的自相关矩阵 ICORR1 进行维纳滤波
>> subplot(235),imshow(Q);title('修改原始图像的自相关函数维纳滤波后图像 2')
```

运行结果如图 9-5 所示。

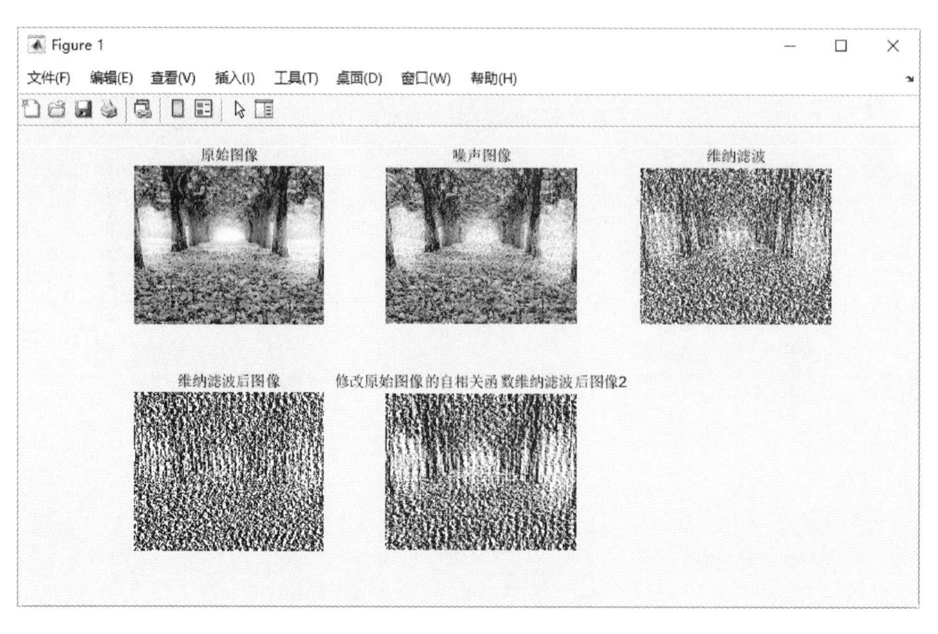

图 9-5　维纳滤波

例 9-4：对图像进行添加噪声的维纳滤波。

解：MATLAB 程序如下。

```
>> close all                                        % 关闭打开的文件
>> clear                                            % 清除工作区的变量
>> I=imread('kongque.jpg');                         % 读取图像,返回图像数据矩阵 I
>> subplot(231),imshow(I);title('原始图像')
                                                    % 图像进行模拟运动模糊
>> LEN=21;                                          % 滤波器运动像素
>> THETA=11;                                        % 滤波器旋转角度
>> PSF=fspecial('motion', LEN, THETA);              % 创建模糊滤波器定义点扩散函数
>> J=imfilter(I,PSF,'conv','circular');             % 图像根据滤波器使用卷积进行线性滤波
>> subplot(232),imshow(J);title('模糊图像')          % 显示模糊图像
>> K=imnoise(J,'salt & pepper',0.02);               % 对模糊图像添加椒盐噪声
>> subplot(233),imshow(K);title('添加噪声的模糊图像')
                                                    % 假定没有噪声,恢复噪声模糊图像
>> M=deconvwnr(J,PSF,0);                            % 信噪比为 0,对噪声模糊图像进行逆滤波
>> subplot(234),imshow(M);title('模糊图像逆滤波后图像')
                                                    % 假定没有噪声,恢复模糊图像
>> M=deconvwnr(K,PSF,0);                            % 信噪比为 0,对噪声模糊图像进行逆滤波
>> subplot(235),imshow(M);title('添加噪声的模糊图像逆滤波后图像')
                                                    % 使用信噪比估计进行恢复
>> Q=deconvwnr(K,PSF,0.1);                          % 设置信噪比为 0.1,进行维纳滤波
>> subplot(236),imshow(Q);title('添加噪声的模糊图像维纳滤波后图像')
```

运行结果如图 9-6 所示。

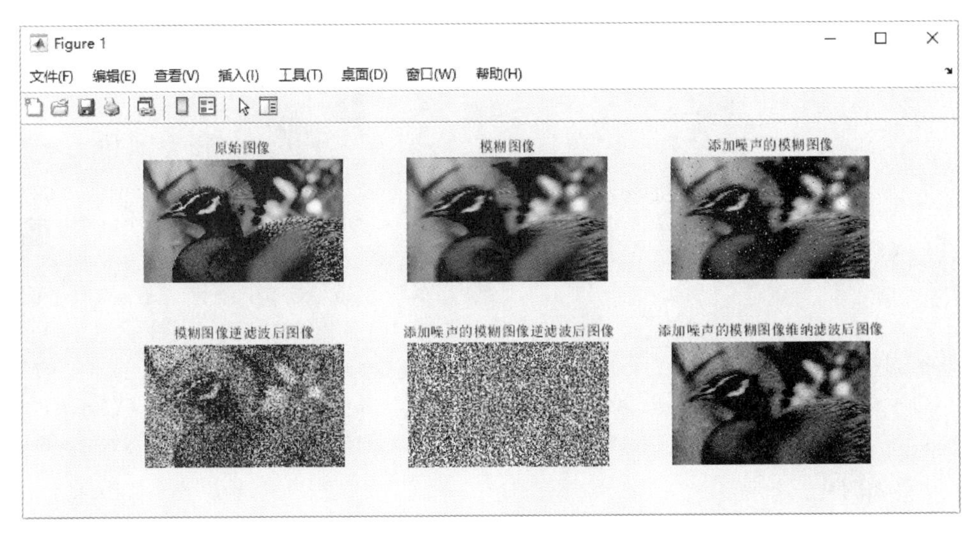

图 9-6 添加噪声的模糊图像维纳滤波

9.3.2 正则化滤波

在最小二乘复原处理中，常常需要附加某种约束条件。例如，令 Q 为 f 的线性算子，那么最小二乘方复原的问题可以看成形式为 $\|\hat{Q}f\|^2$ 的函数，服从约束条件 $\|g-\hat{H}f\|^2=\|n\|^2$ 的最小化问题，这种有附加条件的极值问题可以用拉格朗日乘数法来处理。

寻找一个 $\hat{f}$，使下述准则函数为最小：

$$W(\hat{f})=\|\hat{Q}f\|^2+\lambda\ \|g-\hat{H}f\|^2-\|n\|^2$$

式中，λ 称为拉格朗日系数。通过指定不同的 Q，可以得到不同的复原目标。

实现线性复原的方法称为约束的最小二乘方滤波，在 IPT 中称为正则化滤波，并且通过命令 deconvreg 来实现。它的使用格式见表 9-2。

表 9-2 deconvreg 命令的使用格式

命令格式	说明
J = deconvreg(I,psf)	使用正则化滤波算法复原图像 I，返回去模糊的图像 J。其中，psf 是点扩散函数
J = deconvreg(I,psf,np)	使用正则化滤波算法复原图像 I，返回去模糊的图像 J。其中，np 指定加性噪声功率
J = deconvreg(I,psf,np,lrange)	lrange 为最优解搜索的范围，该算法在范围内找到一个最优拉格朗日乘数 lagra
J = deconvreg(I,psf,np,lrange,regop)	使用正则化算子 regop 复原图像。regop 为正则化算子，默认的正则化算子是拉普拉斯算子，以保持图像平滑
[J,lagra] = deconvreg(…)	输出拉格朗日乘数 lagra 的值

例 9-5：对图像进行正规则化滤波。

解：MATLAB 程序如下。

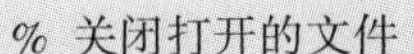

```
>> close all                    % 关闭打开的文件
>> clear                        % 清除工作区的变量
>> I = imread('cat.jpg');       % 读取图像到工作区
```

```
>> subplot(221),imshow(I);title('原始图像')
                                               % 图像添加噪声
>> PSF=fspecial('gaussian');                   % 创建高斯滤波器
>> J=imnoise(imfilter(I,PSF),'gaussian',0,0.01);  % 对滤波图像添加高斯白噪声
>> NOISEPOWER=0.01*prod(size(I));              % 计算图像矩阵的大小
>> subplot(222),imshow(J);title('噪声图像')    % 显示噪声图像
>> [J LAGRA]=deconvreg(J,PSF,NOISEPOWER);      % 求拉格朗日乘数 lagra
                                               %   修改拉格朗日乘数 lagra 进行图像恢复
>> K1=deconvreg(J,PSF,[],LAGRA/2);             % 计算拉格朗日乘数 lagra=lagra/2
>> subplot(223),imshow(K1);title('0.5*LAGRA 恢复图像')
>> K2=deconvreg(J,PSF,[],LAGRA*2);             % 计算拉格朗日乘数 lagra=lagra*2
>> subplot(224),imshow(K2);title('2*LAGRA 恢复图像')
```

运行结果如图 9-7 所示。

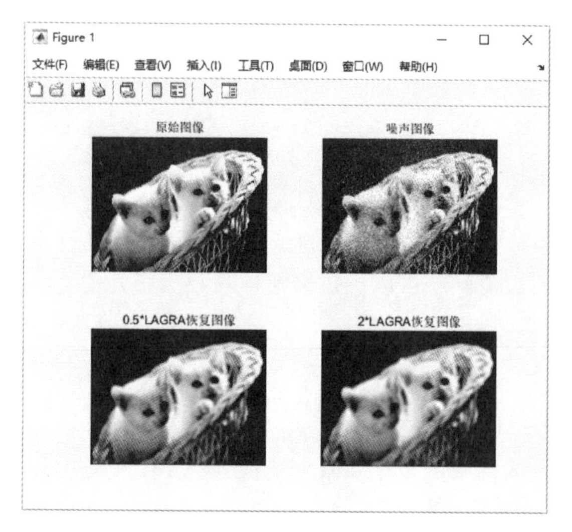

图 9-7　正规则化滤波

9.3.3 Lucy-Richardson 滤波

L-R 算法是一种迭代非线性复原算法，它是从最大似然公式引出来的，图像用泊松分布加以模型化。当迭代收敛时，模型的最大似然函数就可以得到一个令人满意的方程：

$$\hat{f}_{k+1}(x,y)=\hat{f}_k(x,y)\left[h(-x,-y)*\frac{g(x,y)}{h(x,y)*f_k(x,y)}\right]$$

式中，$*$ 代表卷积；$\hat{f}$ 代表未退化图像的估计；g 和 h 和前面定义一样。

在 MATLAB 中，deconvlucy 命令可以用 L-R 算法对图像进行模糊复原，它的使用格式见表 9-3。

表 9-3　deconvlucy 命令的使用格式

命令格式	说　明
J = deconvlucy(I,psf)	使用 L-R 算法去卷积图像 I，返回去模糊的图像 J。假定图像是通过用点扩散函数 PSF 卷积真实图像并可以通过添加噪声而创建的
J = deconvlucy(I,psf,iter)	iter 是迭代次数（默认值为 10）

（续）

命令格式	说　明
J = deconvlucy(I,psf,iter,dampar)	dampar 是指定图像 I（根据泊松噪声的标准偏差）的结果图像的阈值偏差的数组，低于此值会发生阻尼。对于在 dampar 值内偏离其原始值的像素，迭代被抑制。这可以抑制这些像素中的噪声，并在其他地方保留必要的图像细节。默认值为 0（无阻尼）
J = deconvlucy(I,psf,iter,dampar,weight)	weight 指分配给每个像素的权重，以反映相机的拍摄质量。默认值是与输入图像 I 大小相同的单位数组
J = deconvlucy(I,psf,iter,dampar,weight,readout)	readout 是对应于附加噪声（如背景，前景噪声）和读出相机噪声方差的阵列（或值）。readout 必须以图像为单位。默认值是 0
J = deconvlucy(I,psf,iter,dampar,weight,readout,subsample)	subsample 表示子采样，当 PSF 在采样时间比图像更精细的网格上给出时使用。默认值是 1

例 9-6：对图像进行模糊复原。

解：MATLAB 程序如下。

```
>> close all                                    % 关闭打开的文件
>> clear                                        % 清除工作区的变量
>> I = imread('animals.jpg');                   % 读取图像文件,返回图像数据矩阵 I
>> subplot(221),imshow(I);title('原始图像')
                                                % 图像进行高斯模糊
>> PSF = fspecial('gaussian',7,10);             % 创建高斯滤波器
>> V =.0001;                                    % 高斯白噪声方差
>> J = imfilter(I,PSF);                         % 图像根据滤波器进行线性滤波
>> BlurredNoisy = imnoise(J,'gaussian',0,V);    % 添加高斯白噪声,均值为 0,方差为 V
>> J1 = deconvlucy(BlurredNoisy,PSF);           % 图像去卷积,返回去模糊的图像 J1
>> subplot(222);imshow(J);title('模糊滤波图形');
>> subplot(223);imshow(BlurredNoisy);title('滤波噪声图像');
>> subplot(224);imshow(J1);title('deconvlucy 复原图像');
```

运行结果如图 9-8 所示。

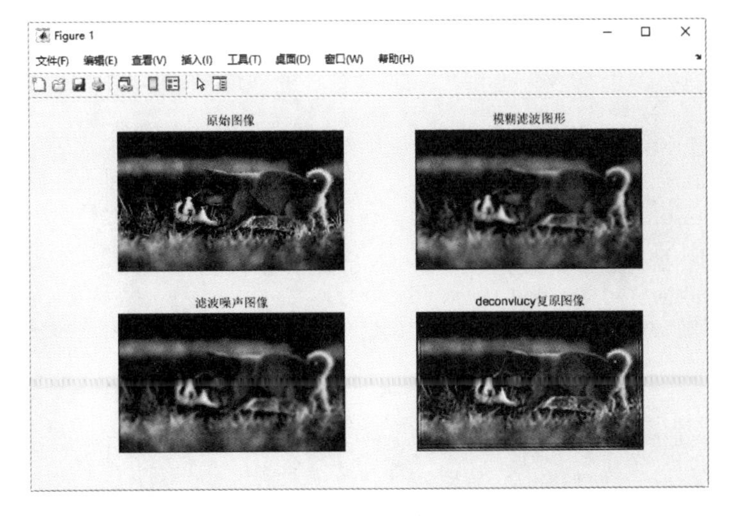

图 9-8　模糊复原

9.3.4 盲反卷积

在图像复原过程中，最困难的问题之一是如何获得 PSF 的恰当估计。那些不以 PSF 为基础的图像复原方法统称为盲反卷积。

盲反卷积以 MLE 为基础，即一种用被随机噪声所干扰的量进行估计的最优化策略。在 MATLAB 中，deconvblind 命令可以使用盲反卷积去模糊图像，它的使用格式见表 9-4。

表 9-4 deconvblind 命令的使用格式

命令格式	说明
[J,psfr] = deconvblind(I,psfi)	使用最大似然算法对图像 I 解卷积，返回去模糊图像 J 和恢复的点扩散函数 psfr。生成的 psfr 是与 I 相同大小的正数组
[J,psfr] = deconvblind(I,psfi,iter)	iter 是迭代次数（默认值为 10）
[J,psfr] = deconvblind(I,psfi,iter,dampar)	dampar 是指定图像 I（根据泊松噪声的标准偏差）的结果图像的阈值偏差的数组，低于此值会发生阻尼。对于在 dampar 值内偏离其原始值的像素，迭代被抑制。这可以抑制这些像素中的噪声，并在其他地方保留必要的图像细节。默认值为 0（无阻尼）
[J,psfr] = deconvblind(I,psfi,iter,dampar,weight)	weight 指分配给每个像素的权重，以反映相机的拍摄质量。默认值是与输入图像 I 大小相同的单位数组
[J,psfr] = deconvblind(I,psfi,iter,dampar,weight,readout)	readout 是对应于附加噪声（如背景，前景噪声）和读出相机噪声方差的阵列（或值）。readout 必须以图像为单位。默认值是 0
[J,psfr] = deconvblind(…,fun)	fun 是描述 PSF 附加约束的函数句柄。每次迭代结束时都会调用 fun

例 9-7：对图像进行盲反卷积滤波。

解：MATLAB 程序如下。

```
>> close all                                % 关闭打开的文件
>> clear                                    % 清除工作区的变量
>> I=checkerboard(8);                       % 创建一个 8×8 的棋盘图像，每个单元的边长为 8
                                              像素，返回图像数据矩阵 I
>> PSF=fspecial('gaussian',7,10);           % 创建高斯滤波器
>> I1=imfilter(I,PSF);                      % 利用高斯滤波器进行滤波
>> V=.0001;                                 % 高斯白噪声方差
>> BlurredNoisy=imnoise(I1,'gaussian',0,V);  % 对图像添加高斯白噪声
                                            % 创建权重数组
>> WT=zeros(size(I));
>> WT(5:end-4,5:end-4)=1;
>> INITPSF=ones(size(PSF));
>> [J P]=deconvblind(BlurredNoisy,INITPSF,20,10*sqrt(V),WT);% 盲反卷积滤波
>> subplot(221);imshow(BlurredNoisy);        % 显示经过高斯滤波模糊,添加高斯白噪声的失真图像
>> title('A=Blurred and Noisy');
>> subplot(222);imshow(PSF,[]);             % 显示经过高斯滤波模糊的失真图像,
>> title('True PSF');
>> subplot(223);imshow(J);                  % 盲反卷积滤波后的去模糊图像 J
>> title('Deblurred Image');
>> subplot(224);imshow(P,[]);               % 盲反卷积滤波后的复原图像 PSF
>> title('Recovered PSF');
```

运行结果如图 9-9 所示。

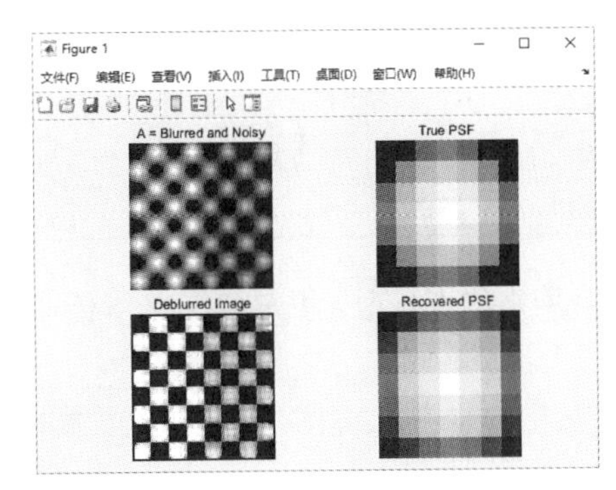

图 9-9　盲反卷积滤波

9.3.5 图像边缘进行模糊处理

在 MATLAB 中，edgetaper 命令用来对图像边缘进行模糊处理，它的使用格式见表 9-5。

表 9-5　edgetaper 命令的使用格式

命令格式	说　明
J = edgetaper(I,PSF)	使用点扩散函数矩阵 PSF 对输入图像 I 的边缘进行模糊处理。PSF 的大小不得超过图像任意维大小的一半

例 9-8：图像滤波器滤波。

解：在 MATLAB 命令行窗口中输入如下命令。

```
>> close all                                  % 关闭打开的文件
>> clear                                      % 清除工作区的变量
>> I = imread('book.jpg');                    % 将图像加载到工作区
>> PSF = fspecial('gaussian',100,80);         % 创建高斯滤波器
>> J = imfilter(I,PSF);                       % 图像根据滤波器进行线性滤波
>> K = edgetaper(I,PSF);                      % 对图像边缘进行模糊处理
>> subplot(131),imshow(I);title('原始图像')
>> subplot(132);imshow(J);title('高斯滤波图形');
>> subplot(133);imshow(K);title('边缘进行模糊图像');
```

运行结果如图 9-10 所示。

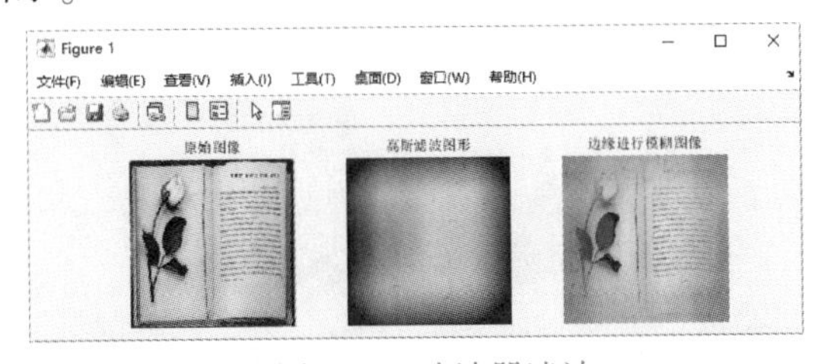

图 9-10　滤波器滤波

9.3.6 将光学传递函数转换为点扩散函数

点扩散函数 PSF 是描述一个物理空间的点光源经过光学系统后的辐射照度分布的函数。点扩展函数的傅里叶变换就是光学系统的传递函数。

在 MATLAB 中，otf2psf 命令用来将光学传递函数转换为点扩散函数，它的使用格式见表 9-6。

表 9-6　otf2psf 命令的使用格式

命令格式	说　　明
PSF = otf2psf(OTF)	计算光学传递函数（OTF）的快速傅里叶逆变换，并创建以原点为中心的点扩散函数 PSF
PSF = otf2psf(OTF,sz)	sz 指定输出点扩展函数的大小

在 MATLAB 中，psf2otf 命令用来将点扩散函数转换为光学传递函数，它的使用格式见表 9-7。

表 9-7　psf2otf 命令的使用格式

命令格式	说　　明
OTF = psf2otf(PSF)	计算以原点为中心的点扩散函数 PSF 的快速傅里叶逆变换，并创建光学传递函数（OTF）
OTF = psf2otf(PSF,sz)	sz 指定输出点扩展函数的大小

例 9-9：图像函数转换滤波。

解：在 MATLAB 命令行窗口中输入如下命令。

```
>> close all                                    % 关闭打开的文件
>> clear                                        % 清除工作区的变量
>> I=imread('haixing.tif');                     % 将图像加载到工作区
>> PSF  =fspecial('gaussian',13,1);             % 创建点扩散函数 PSF
>> OTF  =psf2otf(PSF,[31 31]);                  % 将点扩散函数 PSF 转换为光学传递函数(OTF)
>> PSF2=otf2psf(OTF,size(PSF));                 % 将光学传递函数 OTF 转换回点扩散函数 PSF
>> subplot(2,2,1),surf(abs(OTF)),title('|OTF|');   % 绘制光学传递函数(OTF)
>> axis square                                  % 设置坐标轴为正方形
>> axis tight     % 把坐标轴的范围定为数据的范围,轴框紧密围绕数据
>> subplot(2,2,2),surf(PSF2),title('Corresponding PSF');   % 绘制点扩散函数 PSF
>> axis square                                  % 设置当前图形为正方形
>> axis tight                                   % 轴框紧密围绕数据
>> J=deconvreg (I,OTF);                         % 光学传递函数 OTF 对图像边缘进行模糊处理 1
>> K=deconvreg (I,PSF2);                        % 点扩散函数 PSF2 对图像边缘进行模糊处理 2
>> subplot(223);imshow(J);title('OTF 正规则化滤波图形');
>> subplot(224);imshow(K);title('PSF2 正规则化滤波图像');
```

运行结果如图 9-11 所示。

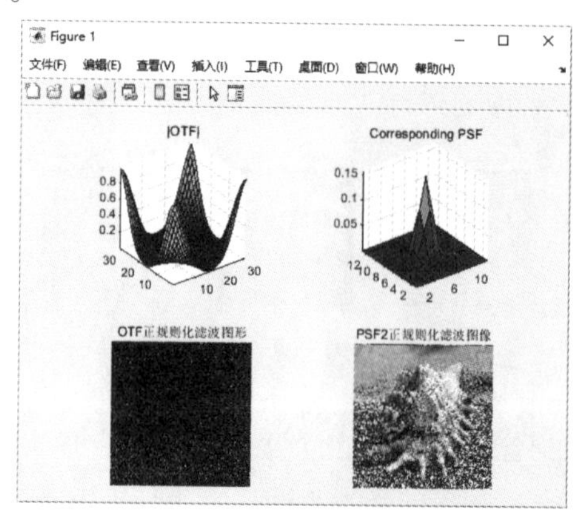

图 9-11　函数转换滤波

第 10 章　图像对象的分析和属性

在一张景物图像中，经过对象分析就可得到景物对象的边缘和区域，也就获得了景物对象的形状。任何一个景物对象的属性可由其几何属性（如长度、面积、距离和凹凸等）、拓扑属性（如连通、欧拉数）进行描述。

10.1　掩膜图像

掩膜是由 0 和 1 组成的一个二值图像。当在某一功能中应用掩膜时，1 值区域被处理，被屏蔽的 0 值区域不被包括在计算中。通过指定的数据值、数据范围、有限或无限值、感兴趣区和注释文件来定义图像掩膜，也可以应用上述选项的任意组合作为输入来建立掩膜。

在数字图像中，图像掩膜是用选定的图像、图形或物体，对处理的图像（全部或局部）进行遮挡，来控制图像处理的区域或处理过程。

在数字图像中掩膜的作用包括下面几种。

- 提取感兴趣区：用预先制作的感兴趣区掩膜与待处理图像相乘，感兴趣区内图像值保持不变，而区外图像值都为 0。
- 屏蔽作用：用掩膜屏蔽图像上某些区域，使其不参加处理或不参加处理参数的计算，或仅对屏蔽区作处理或统计。
- 结构特征提取：用相似性变量或图像匹配方法检测和提取图像中与掩膜相似的结构特征。
- 特殊形状图像的制作。

掩膜是一种图像滤镜的模板，实用掩膜经常处理的是遥感图像。当提取道路或者河流、房屋时，通过一个 $n \times n$ 的矩阵来对图像进行像素过滤，然后将需要的地物或者标志突出显示出来。

10.2　像素连通区域

令 **S** 为图像中的一个像素子集，**S** 中的全部像素之间存在通路，则可以说两个像素 p 和 q 在 **S** 中是连通的。对于 **S** 中任何像素 p，**S** 中连通到该像素的像素集称为 **S** 的连通分量。如果 **S** 仅有一个连通分量，则集合 **S** 称为连通集。

连通性是描述区域和边界的重要概念，两个像素连通的两个必要条件是：两个像素的位置是否相邻，两个像素的灰度值是否满足特定的相似性准则（或者是否相等）。

（1）4 连通

对于具有值 V 的像素 P 和 Q，如果 Q 在集合 N4（P）中，则称这两个像素是 4 连通的，如图 10-1 所示。

（2）8 连通

对于具有值 V 的像素 P 和 Q，如果 Q 在集合 N8（P）中，则称这两个像素是 8 连通的，如图 10-2 所示。

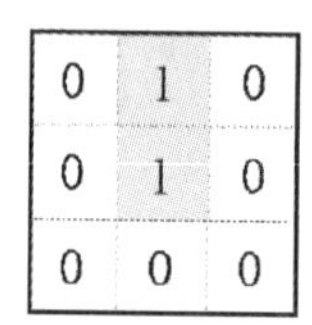

图 10-1　4 连通示意图

0	1	0
0	1	0
0	0	1

图 10-2　8 连通示意图

10.2.1 标记连通区域

对于属于同一个像素连通区域的所有像素分配相同的编号，对不同的连通区域分配不同的编号，称为连通区域的标记。

在 MATLAB 中，bwlabel 命令用来标注二值图像中已连接的部分，它的使用格式见表 10-1。

表 10-1　bwlabel 命令的使用格式

命令格式	说　明
L = bwlabel(BW)	返回标签矩阵 ***L***，其中包含 ***BW*** 中 8 个连接对象的标签
L = bwlabel（BW，conn）	返回一个标签矩阵，其中 conn 指定连通性，一般可取值 4、8，conn 含义见表 10-2
[L,n] = bwlabel(…)	返回在二值图像矩阵 ***BW*** 中的连接对象的数量 *n*

表 10-2　像素连接性 conn 含义

值	含　义	图　示
4	如果像素的边缘接触，则像素是相连的。如果两个相邻的像素在水平或垂直方向上都相连，则它们是同一对象的一部分	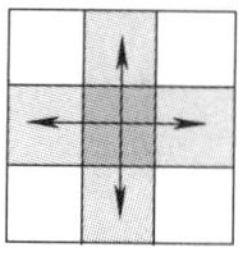
8	如果像素的边或角接触，则像素是相连的。如果两个相邻的像素在水平、垂直或对角线方向上都相连，则它们是同一对象的一部分	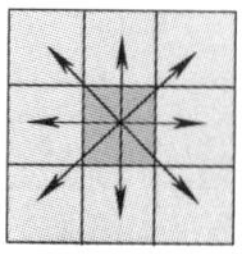

例 10-1：显示二值图像中已连接的标签图像（一）。

解：MATLAB 程序如下。

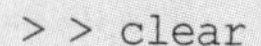

```
>> clear                          % 清除工作区的变量
>> close all                      % 关闭所有打开的文件
>> A = imread('bird.jpg');        % 读取图像
>> subplot(131),imshow(A),title('RGB 图像')   % 显示图像
>> B = imbinarize(A);             % 将 RGB 图像转换为二值图像
>> subplot(132),image(B),title('BW 图像')   % 显示格式转换后的二值图像
>> axis off                       % 关闭坐标轴
>> axis square                    % 设置当前图形为正方形
```

```
>> C=imbinarize(rgb2gray(A));                        % bwlabel 命令只能进行二维数据操作,因此需
                                                      要将数据转换为灰度图
>> L=bwlabel(C,4);                                    % 使用 4 个连接的对象创建标签矩阵
>> subplot(133),image(L),title('Label 图像')          % 显示标签图像
>> axis off                                           % 关闭坐标轴
>> axis square                                        % 设置当前图形为正方形
```

运行结果如图 10-3 所示。

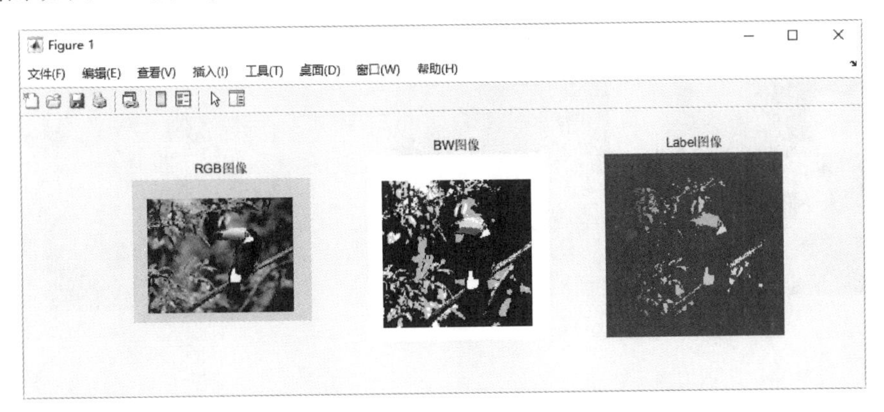

图 10-3　显示已连接标签图像（一）

例 10-2：显示二值图像中已连接的标签图像（二）。

解：MATLAB 程序如下。

```
>> clear                                              % 清除工作区的变量
>> close all                                          % 关闭所有打开的文件
>> A=imread('circles.png');                           % 读取图像
>> subplot(121),imshow(A),title('BW 图像')
>> L=bwlabel(A,8);                                    % 使用 8 个连接的对象创建标签矩阵
>> subplot(122),image(L),title('Label 图像')          % 显示标签图像
>> axis off                                           % 关闭坐标轴
>> axis square                                        % 设置当前图形为正方形
```

运行结果如图 10-4 所示。

在 MATLAB 中，用来标注二值图像中已连接的部分的命令还包括 bwlabeln 命令，它与 bwlabel 命令相比，不只可以处理二维数组，还可以处理多维数组，它的使用格式与 bwlabel 命令类似，这里不再赘述。

例 10-3：显示标签图像。

解：MATLAB 程序如下。

```
>> clear                                              % 清除工作区的变量
>> close all                                          % 关闭所有打开的文件
>> A=imread('lighthouse.png');                        % 读取图像
>> subplot(131),imshow(A),title('RGB 图像')           % 显示图像
>> B=imbinarize(A);                                   % 将 RGB 图像转换为二值图像
>> subplot(132),image(B),title('BW 图像')             % 显示格式转换后的二值图像
```

```
>> axis off                                        % 关闭坐标轴
>> L=bwlabeln(B,8);                                % 使用 8 个连接的对象创建标签矩阵
>> subplot(133),image(L),title('Label 图像')       % 显示标签图像
>> axis off                                        % 关闭坐标轴
```

运行结果如图 10-5 所示。

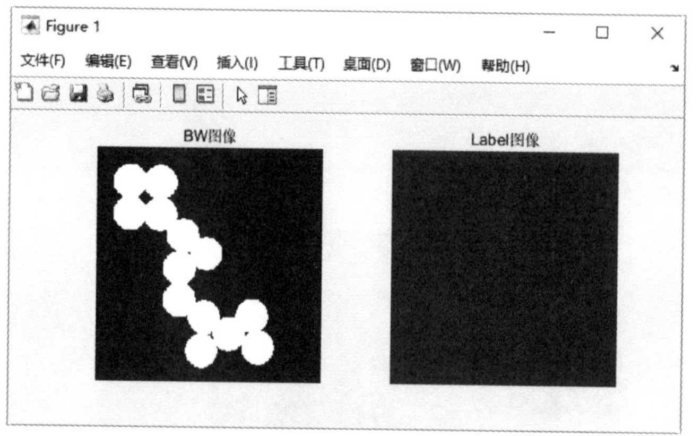

图 10-4 显示已连接标签图像（二）

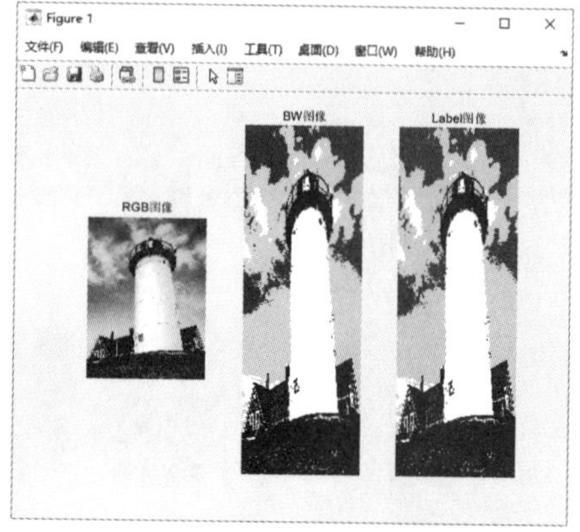

图 10-5 显示标签图像

10.2.2 查找连通区域

在 MATLAB 中，bwconncomp 命令用来在二值图像中查找已连接的部分，它的使用格式见表 10-3。

表 10-3 bwconncomp 命令的使用格式

命令格式	说明
CC = bwconncomp(BW)	返回找出二值图像中连通的区域
CC = bwconncomp(BW,conn)	返回一个标签矩阵，其中 conn 指定连通性

例 10-4：显示二值图像中已连接的部分。

解：MATLAB 程序如下。

```
>> clear                                % 清除工作区的变量
>> close all                            % 关闭所有打开的文件
>> A=imread('circles.png');             % 读取图像
>> imshow(A),title('图像')              % 显示图像
>> B=bwconncomp(A)                      % 在二值图像中查找已连接的部分
B=
  包含以下字段的 struct:

    Connectivity: 8
       ImageSize: [256 256]
      NumObjects: 1
    PixelIdxList: {[14134×1 double]}
```

运行结果如图 10-6 所示。

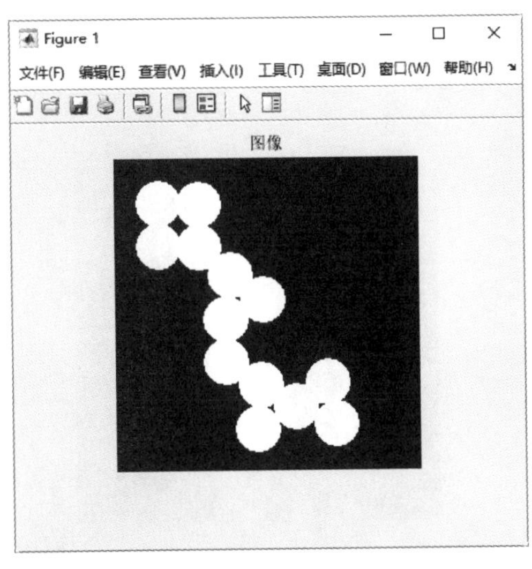

图 10-6 显示二值图像中已连接部分

10.2.3 标签矩阵转换成的 RGB 图像

在 MATLAB 中，label2rgb 命令用于将标签矩阵转换为 RGB 图像，把各个连通局域 L 填上不同的颜色。该命令的使用格式见表 10-4。

表 10-4 label2rgb 命令的使用格式

命令格式	说明
RGB = label2rgb(L)	将标签矩阵 *L* 转换为 RGB 彩色图像，以便可视化标记区域。根据标签矩阵中对象的数量确定分配给每个对象的颜色，从颜色映射的整个范围中选取颜色
RGB = label2rgb(L,cmap)	指定要在 RGB 图像中使用的颜色映射 cmap
RGB = label2rgb(L,cmap,zerocolor)	指定背景元素（标记为 0 的像素）的 RGB 颜色 zerocolor
RGB = label2rgb(L,cmap,zerocolor,order)	order 控制 label2rgb 如何为标签矩阵中的区域分配颜色，指定为“noshuffle”（顺序按数字顺序排列颜色图）或“shuffle”（顺序随机分配）

例 10-5：将 256 位颜色表转换为 RGB 图。

解：MATLAB 程序如下：

```
>> clear                          % 清除工作区的变量
>> close all                      % 关闭所有打开的文件
>> A=0:255;                       % 创建 0~255 的向量 A,间隔值为 1
>> C=reshape(A,16,16);            % 向量 A 转换为 16 阶矩阵 C
>> L=label2rgb(C);                % 将矩阵 C 填上不同的颜色
>> image(L);                      % 显示填充颜色的颜色表
>> axis off                       % 关闭坐标轴
>> axis square                    % 设置当前图形为正方形
```

运行结果如图 10-7 所示。

在 MATLAB 中，labelmatrix 命令用来在二值图像中从已连接的部分创建标签矩阵，它的使用格式见表 10-5。

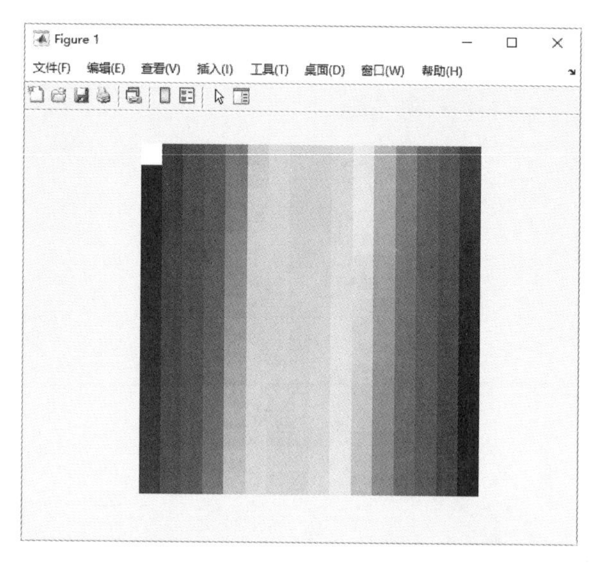

图 10-7 将颜色表转换为 RGB 图

表 10-5 labelmatrix 命令的使用格式

命令格式	说明
L = labelmatrix (CC)	从 bwconncomp 返回的连接组件结构 CC 创建标签矩阵 ***L***

例 10-6：显示转换后的 RGB 图像。

解：MATLAB 程序如下。

```
>> clear                              % 清除工作区的变量
>> close all                          % 关闭所有打开的文件
>> A = imread('circles.png');         % 将内存中的图像读取到工作区
>> subplot(121),imshow(A)             % 显示图像
>> B = bwconncomp(A);                 % 在二值图像中查找已连接的部分
>> L = labelmatrix(B);                % 创建标签矩阵 L
>> C = label2rgb(L,'jet','w','shuffle');  % 将标签矩阵转换为 RGB 图像,无序排列标签的颜
                                          色顺序
>> subplot(122),imshow(C);            % 显示转换后的 RGB 图像
```

运行结果如图 10-8 所示。

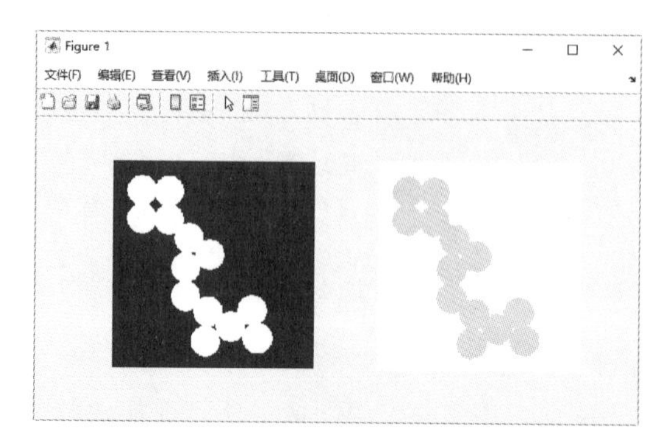

图 10-8 显示转换后的 RGB 图像

10.2.4 填充区域

在 MATLAB 中，regionfill 命令使用向内插值填充图像中的指定区域，使用掩膜中的非零像素指定要填充的图像的像素，它的使用格式见表 10-6。

表 10-6 regionfill 命令的使用格式

命令格式	说明
J = regionfill(I,mask)	填充由掩膜指定的图像 I 中的区域
J = regionfill(I,x,y)	用 x 和 y 指定的顶点填充图像 I 中对应于多边形的区域

例 10-7：填充图像区域。

解：MATLAB 程序如下。

```
>> clear                                    % 清除工作区的变量
>> close all                                % 关闭所有打开的文件
>> I = imread('moon.tif');                  % 将内存中的图像读取到工作区
>> x = [222 272 300 270 221 194];           % 定义填充坐标
>> y = [21 21 75 121 121 175];
>> J = regionfill(I,x,y);                   % 填充图像 I 中的(x,y)区域
>> imshowpair(I,J,'montage'), title('Original(Left) and Fill (Right)')
                                            % 显示原图与填充后的图像
```

运行结果如图 10-9 所示。

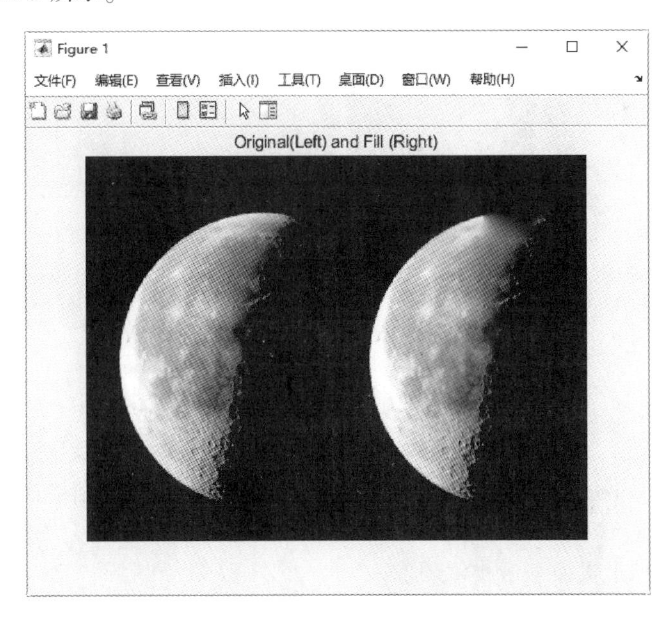

图 10-9 填充图像区域

10.2.5 区域极值

一幅图像可以有多个连通区域，每个区域都有局部极大值与极小值，比较众多极值，一幅图像可以得出一个最大值与最小值。

在 MATLAB 中，imregionalmax 命令用来求解区域最大值，它的使用格式见表 10-7。

表 10-7　imregionalmax 命令的使用格式

命令格式	说　明
J = imregionalmax(I)	返回图像 I 中的区域最大值的二值图像 J。区域最大值是具有恒定强度值 t 的像素的连通分量，其外部边界像素都具有小于 t 的值。在 J 中，设置为 1 的像素标识区域具有最大值；所有其他像素都设置为 0
J = imregionalmax(I, conn)	计算区域最大值，其中 conn 指定连通性。默认情况下，imregionalmax 将 8 连接的邻域用于 2-D 图像，26-连接的邻域用 3-D 图像

例 10-8：图像区域最大值图像。

解：MATLAB 程序如下。

```
>> clear                              % 清除工作区的变量
>> close all                          % 关闭所有打开的文件
>> I = imread('meng.jpg');            % 将当前路径下的图像读取到工作区中
>> J = imregionalmax(I);              % 返回图像 I 中的区域最大值的二值图像 J
>> imshowpair(I,J,'montage'), title('Original(Left) and BW (Right)')
                                      % 显示原图与最大值图像
```

运行结果如图 10-10 所示。

图 10-10　图像区域最大值图像

在 MATLAB 中，imregionalmin 命令用来求解区域最小值，它的使用格式与 imregionalmax 命令类似。

例 10-9：图像区域最大值、最小值图像。

解：MATLAB 程序如下。

```
>> clear                              % 清除工作区的变量
>> close all                          % 关闭所有打开的文件
>> I = imread('mifeng.jpg');          % 将当前路径下的图像读取到工作区中
>> J = imregionalmax(I);              % 返回图像 I 中的区域最大值的二值图像 J
>> K = imregionalmin(I);              % 返回图像 I 中的区域最小值的二值图像 K
```

```
>> subplot(1,3,1),imshow(I), title('Original')   % 显示原图
>> subplot(1,3,[2 3]),imshowpair(J,K,'montage'), title('MAX(Left) and MIN (Right)')
                                                 % 显示最大值图像与最小值图像
```

运行结果如图 10-11 所示。

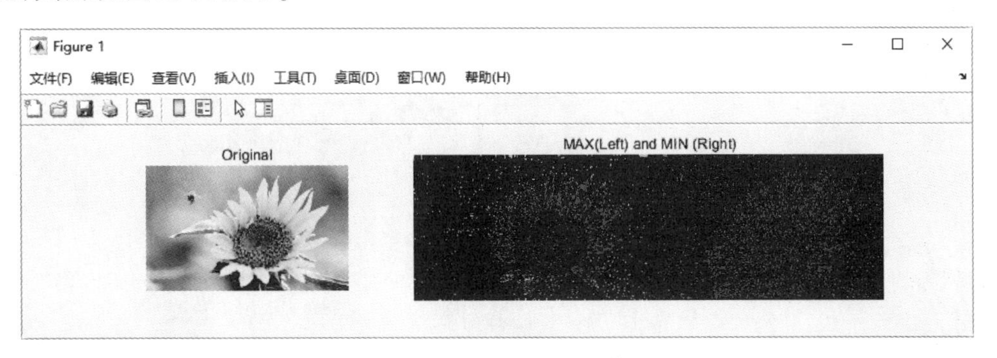

图 10-11　显示最大值图像与最小值图像

10.2.6 图像区域属性

在 MATLAB 中，regionprops 命令用于测量图像区域属性（斑点分析）。该命令的使用格式见表 10-8。

表 10-8　regionprops 命令的使用格式

命令格式	说明
stats = regionprops(BW,properties)	返回由二值图像 BW 中每个 8 连接组件（对象）的属性指定的属性集的度量值。返回值 stats 是一个结构数组，长度为 max[L(:)]。结构阵列中的内容表示每个区域的不同测量法，如同属性指定的那样。要返回三维体积图像的测量值，应考虑使用 regionprops3 命令
stats = regionprops(CC,properties)	测量 CC 中每个连接组件（对象）的一组属性，CC 是 bwconncomp 返回的结构。GPU 不支持此语法
stats = regionprops(L,properties)	测量每个标签区域 L 的一系列属性。L 可以是一个标签矩阵或者多维矩阵。当 ***L*** 是一个标签矩阵时，***L*** 中的正整数元素对应不同的区域。如果 L 中的元素值为 1 的话，则对应区域为 1；当 L 中的元素值为 2 的时，则对应区域为 2，依次类推
stats = regionprops(…,I,properties)	测量 2-D 或 N-D 灰度图像 I 中每一个区域的一系列属性。***L*** 是一个标签矩阵，标识 I 中的区域和 I 尺寸相同。属性可以是一个逗号分隔的字符串，一个元胞数组可以包含字符，单个字符'all'，或者字符‘basic’。如果属性字符是'all'，regionprops 会计算所有列于形状测量参数表中形状测量参数。如果调用一个灰度图像，regionprops 也返回像素点测量，测量内容在像素测量参数表中。如果属性是不指定或是属性字符串'basic'，regionprops 仅计算“Area”“Cenroid”“BoundingBox”测量值。以下属性值可以对 N-D 标签矩阵进行计算：“Area”“Cenroid”“BoundingBox”“FilledArea”“FilledImage”“Image”“PixlldxList”“PixelList”“Subarrayldx”
stats = regionprops(output,…)	返回 struct 数组或表中的度量值。output 指定返回值的类型

例 10-10：计算质心并在图像上叠加位置。

解：MATLAB 程序如下。

```
>> clear                                          % 清除工作区的变量
>> close all                                      % 关闭所有打开的文件
>> I=imread('draw.png');                          % 将当前路径下的图像读取到工作区中
>> J=I<100;                                       % 将输入图像 I 转换为二值图像
>> stats=regionprops('table',J,'Centroid',...
   'MajorAxisLength','MinorAxisLength')           % 计算图像中区域的属性,并在表格中返回数据
stats =
  10×3 table
           Centroid              MajorAxisLength     MinorAxisLength
    ________________________     _______________     _______________
    35.81     191.59      2      {0×0 double}        {0×0 double}
    51.09     276.94      2      {0×0 double}        {0×0 double}
     50.5       45.5      2      {0×0 double}        {0×0 double}
       62        125      2      {0×0 double}        {0×0 double}
   97.043     222.55      2      {0×0 double}        {0×0 double}
    139.5       49.5      2      {0×0 double}        {0×0 double}
   163.03     148.11      2      {0×0 double}        {0×0 double}
   201.06      256.1      2      {0×0 double}        {0×0 double}
    231.5         53      2      {0×0 double}        {0×0 double}
   236.52     174.58      2      {0×0 double}        {0×0 double}
>> imshowpair(I,J,'montage'),title('Original(Left) and BW (Right)')   % 显示原始图像
和二值图像
```

运行结果如图 10-12 所示。

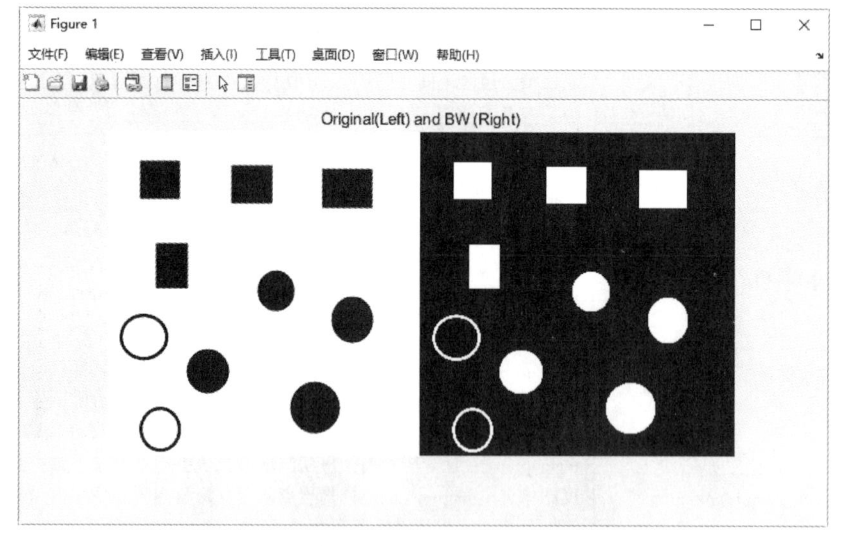

图 10-12　显示原始图像和二值图像

10.3　二进制对象的设置

在 MATLAB 中，二进制对象的设置包括对象的选择与提取、轮廓的提取与弱化、背景的填充等。

10.3.1 在二值图像中选择对象

在 MATLAB 中，bwselect 命令用来在二值图像中选择指定坐标点对应的对象，它的使用格式见表 10-9。

表 10-9 bwselect 命令的使用格式

命令格式	说明
BW2 = bwselect(BW,c,r,n)	对输入的二值图像 BW 进行对象选择，(*c*,*r*) 为对象的像素点坐标，*c*、*r* 维度必须相同，*n* 为对象的连通类型，可取值为 4 和 8
BW2 = bwselect(BW,n)	采用交互的方式，不输入坐标，直接使用鼠标选择像素点的位置
[BW2,idx] = bwselect(…)	返回属于选定对象的像素的线性索引 idx
BW2 = bwselect(x,y,BW,xi,yi,n)	使用向量 ***x*** 和 ***y*** 建立 BW 的非默认空间坐标系。(*xi*,*yi*) 指定了坐标系中的位置
[x,y,BW2,idx,xi,yi] = bwselect(…)	返回 *x* 和 *y* 中的 XData 和 YData，输出图像 BW2，选定对象的所有像素的线性索引 idx，指定空间坐标 (*xi*,*yi*)

例 10-11：手动选择二值图像中的对象。

解：MATLAB 程序如下。

```
>> clear                          % 清除工作区的变量
>> close all                      % 关闭所有打开的文件
>> A=imread('circbw.tif');        % 将内存的图像读取到工作区中,保存为矩阵 A,该图像矩阵 A
                                    为二维 logic 矩阵,为二值图像
>> subplot(121),imshow(A)         % 显示原始图像
>> B=bwselect(A,4);               % 使用鼠标在二值图像中单击选中坐标点对应的对象,如图 10-
                                    13 所示。完成选择后,单击右键
>> subplot(122),imshow(B)         % 显示选择对象后的二值图像,如图 10-14 所示
```

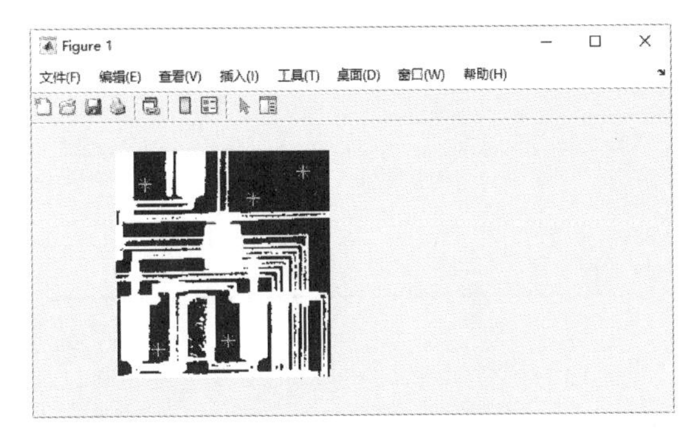

图 10-13 选择坐标点

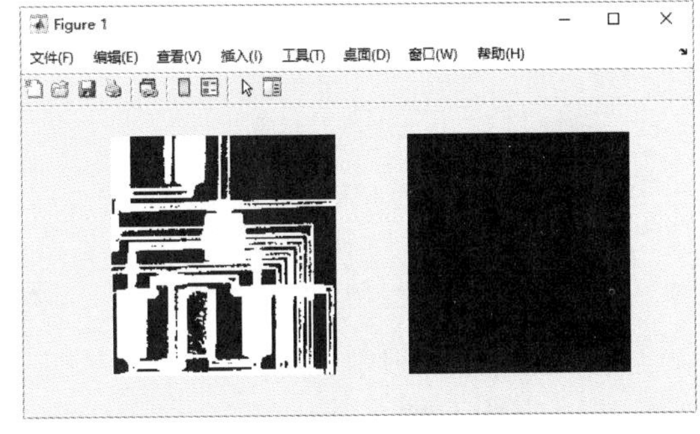

图 10-14 显示选择对象后的二值图像

例 10-12：选择二值图像中的对象。

解：MATLAB 程序如下。

```
>> clear                                   % 清除工作区的变量
>> close all                               % 关闭所有打开的文件
>> BW1=imread('circlesBrightDark.png');    % 读取内存中的图像
>> c=[76 90 144];                          % 选择显示对象区域的坐标点
```

```
>> r=[85 197 247];
>> BW2=bwselect(BW1,c,r,4);                % 选择图像中坐标点位对象
>> imshowpair (BW1,BW2,'montage')          % 拼贴显示对象选择前后的图像
```

运行结果如图 10-15 所示。

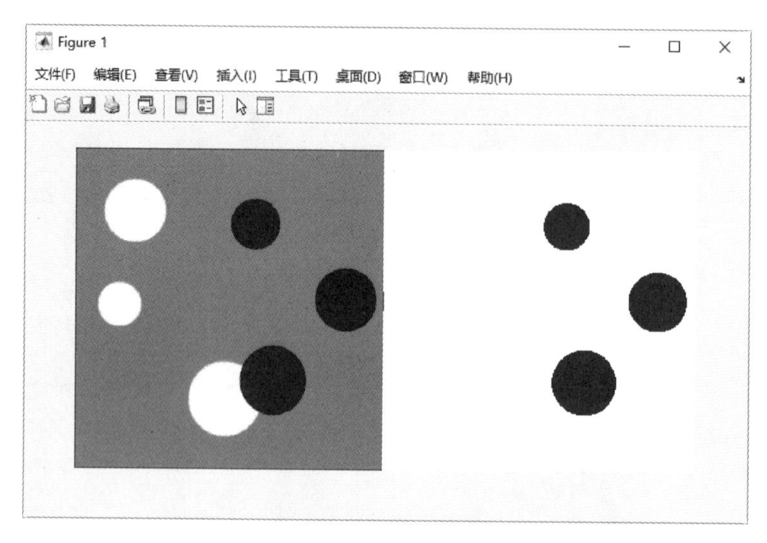

图 10-15 显示对象选择前后的图像

10.3.2 提取二值图像中的对象

在 MATLAB 中，bwareafilt 命令用来按大小从二值图像中提取对象，它的使用格式见表 10-10。

表 10-10 bwareafilt 命令的使用格式

命令格式	说明
BW2 = bwareafilt(BW,range)	从二值图像 BW 中提取所有连接的组件（对象），在对象的面积指定范围 range 内，产生另一个二值图像 BW2
BW2 = bwareafilt(BW,n)	保留 n 个最大的对象
BW2 = bwareafilt(BW,n,keep)	keep 指定是'largest'（默认）（保留 n 个最大对象）还是'smallest'（n 个最小对象）
BW2 = bwareafilt(…,conn)	conn 指定定义对象的像素连通性

例 10-13：提取二值图像中的对象。

解：MATLAB 程序如下。

```
>> clear                                 % 清除工作区的变量
>> close all                             % 关闭所有打开的文件
>> A=imread('huoyanzi.bmp');             % 读取图像
>> A=imbinarize(A);                      % 将图像转换为二值图像
>> B=bwareafilt(A,2);                    % 提取图像中对象，只保留面积最大的 2 个对象
>> imshowpair(A,B,'montage')             % 显示原始图像和提取对象的图形
>> title('Orignal(Left) and BW(Right)')
```

运行结果如图 10-16 所示。

图 10-16 提取二值图像中的对象

例 10-14：提取二值图像中的特定对象。

解：MATLAB 程序如下。

```
>> clear                                   % 清除工作区的变量
>> close all                               % 关闭所有打开的文件
>> A = imread('coins.png');                % 读取内存中的图像
>> A = imbinarize(A);                      % 将图像转换为二值图像
>> B = bwareafilt(A,1);                    % 提取图像中对象，只保留面积最大的 1 个对象
>> C = bwareafilt(A,2);                    % 提取图像中对象，只保留面积最大的 2 个对象
>> D = bwareafilt(A,3);                    % 提取图像中对象，只保留面积最大的 3 个对象
>> E = bwareafilt(A,[800 1000]);           % 提取图像中面积在 800 到 1000 之间的对象
>> F = bwareafilt(A,[1500 2000]);          % 提取图像中面积在 1500 到 2000 之间的对象
>> subplot(231),imshow(A),title('Orignal')   % 显示原始图像
>> subplot(232),imshow(B),title('1ob')   % 显示提取 1 个对象的图形
>> subplot(233),imshow(C),title('2ob)')   % 显示提取 2 个对象的图形
>> subplot(234),imshow(D),title('3ob')   % 显示提取 3 个对象的图形
>> subplot(235),imshow(E),title('ob[800 1000]')   % 显示提取面积在 800 到 1000 之间的
                                                    对象的图形
>> subplot(236),imshow(F),title('ob[1500 2000]')   % 显示提取面积在 1500 到 2000 之间
                                                     的对象的图形
```

运行结果如图 10-17 所示。

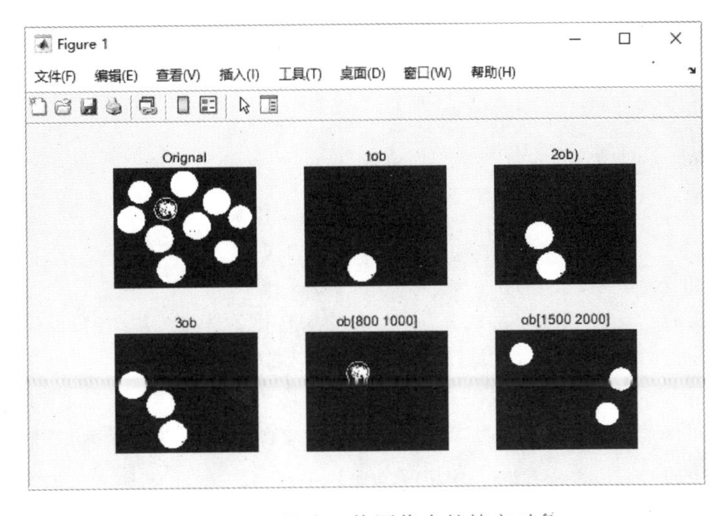

图 10-17 提取二值图像中的特定对象

10.3.3 移除二值图像中的对象

在 MATLAB 中，bwareaopen 命令用来从二值图像中移除小对象，它的使用格式见表 10-11。

表 10-11　bwareaopen 命令的使用格式

命令格式	说　明
BW2 = bwareaopen(BW,P)	从二值图像 BW 中移除像素少于 P 的所有连接组件（对象），生成另一个二值图像 BW2。这种操作称为区域开放
BW2 = bwareaopen(BW,P,conn)	conn 指定图像的连通性

例 10-15：移除二值图像中的对象。

解：MATLAB 程序如下。

```
>> clear                                  % 清除工作区的变量
>> close all                              % 关闭所有打开的文件
>> A=imread('huoyanzi.bmp');              % 读取图像
>> A=imbinarize(A);                       % 将图像转换为二值图像
>> B=bwareaopen(A,2000);                  % 移除图像中像素低于 2000 的对象
>> imshowpair(A,B,'montage')              % 显示原始图像和移除对象的图形
>> title('Orignal(Left) and BW(Right)')
```

运行结果如图 10-18 所示。

图 10-18　移除二值图像中的对象

例 10-16：移除二值图像中的特定对象。

解：MATLAB 程序如下。

```
>> clear                                  % 清除工作区的变量
>> close all                              % 关闭所有打开的文件
>> A=imread('draw_circle1.png');          % 读取图像
>> A=rgb2gray(A);                         % 将 RGB 图像转换为灰度图
>> A=imbinarize(A);                       % 将图像转换为二值图像
>> B=bwareaopen(A,100);                   % 移除图像中像素低于 100 的对象
>> imshowpair(A,B,'montage')              % 蒙太奇剪辑显示原始图像和提取对象的图形
>> title('Orignal(Left) and BW(Right)')
```

运行结果如图 10-19 所示。

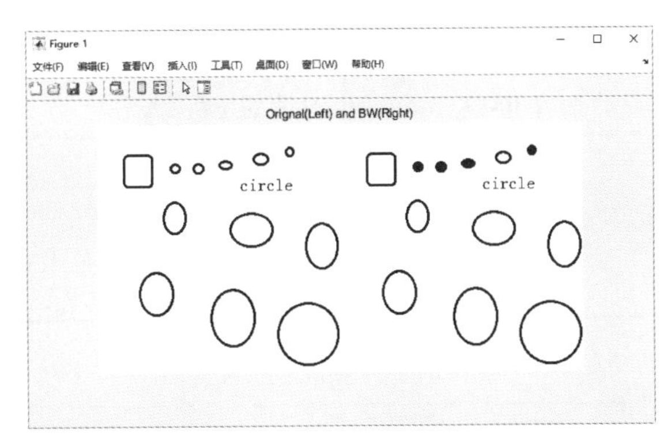

图 10-19 移除二值图像中的特定对象

10.3.4 提取二值图像的边缘图

在 MATLAB 中，bwperim 命令用来获得二值图像的边缘图，它的使用格式见表 10-12。

表 10-12 bwperim 命令的使用格式

命令格式	说明
BW2 = bwperim(BW)	返回仅包含输入图像 BW 中对象周边像素的二值图像
BW2 = bwperim(BW,conn)	指定像素连通性 conn

例 10-17：显示二值图像的边缘图。

解：MATLAB 程序如下。

```
>> clear                                    % 清除工作区的变量
>> close all                                % 关闭所有打开的文件
>> A=imread('hands1-mask.png');             % 读取图像
>> B=bwperim(A,8);                          % 采用 8 连通查找图像的边缘
>> imshowpair(A,B,'montage')                % 蒙太奇剪辑显示原始图像和边缘图
>> axis square                              % 坐标轴显示为正方形
>> title('Orignal(Left) and Perim(Right)')
```

运行结果如图 10-20 所示。

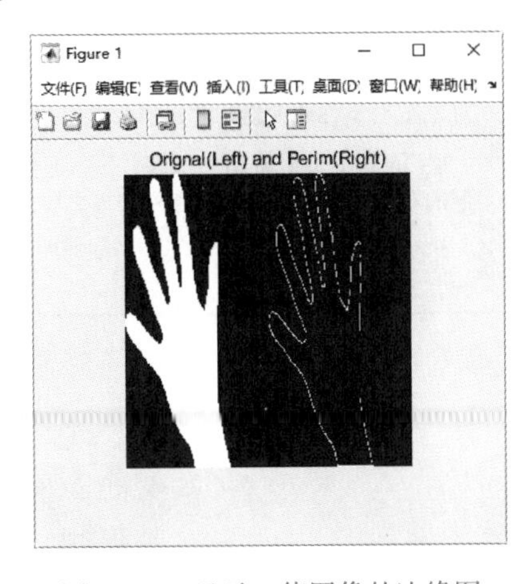

图 10-20 显示二值图像的边缘图

在 MATLAB 中，bwmorph 命令用来提取二值图像的轮廓，它的使用格式见表 10-13。

表 10-13　bwmorph 命令的使用格式

命令格式	说　明
BW2 = bwmorph(BW,operation)	选择使用图形处理器执行形态运算，提取二值图像的轮廓，operation 选项值见表 10-14
BW2 = bwmorph(BW,operation,n)	对二值图像 BW 应用 n 次特定的形态学运算

表 10-14　operation 选项值

选　项	说　明
'bothat'	进行“底帽”形态学运算，即返回闭运算减去源图像的图像
'branchpoints'	找到骨架中的分支点
'bridge'	进行像素连接操作，如果 0 值像素有两个未连通的非零邻点，则将这些 0 值像素设置为 1
'clean'	去除图像中孤立的亮点，例如，一个像素值为 1 的像素点，其周围像素的像素值全为 0，则这个孤立的亮点将被去除
'close'	进行形态学闭运算（即先膨胀后腐蚀）
'diag'	采用对角线填充，清除背景的 8 连通
'endpoints'	找到骨架中的结束点
'fill'	填充孤立的黑点，如 3×3 的矩阵，除了中间元素为 0 外，其余元素全部为 1，则这个 0 将被填充为 1
'hbreak'	断开图像中的 H 型连接
'majority'	如果一个像素的 8 邻域中有≥5 个像素点的像素值为 1，则将该点像素值设置为 1；否则设置为 0
'open'	进行形态学开运算（即先腐蚀后膨胀）
'remove'	如果一个像素点的 4 邻域都为 1，则该像素点将被置为 0。该选项将导致边界像素上的 1 被保留下来
'shrink'	在 n = Inf 时，删除像素，使没有孔洞的对象收缩为点，有孔洞的对象收缩为每个孔洞和外边界之间的连通环。此选项会保留欧拉数
'skel'	n = Inf，骨架提取但保持图像中物体不发生断裂；不改变图像欧拉数
'spur'	去除杂散像素
'thicken'	n = Inf，通过在边界上添加像素达到加粗物体轮廓目的，直到先前未连通的对象实现 8 连通为止。此选项会保留欧拉数
'thin'	n = Inf 时，删除像素，使没有孔洞的对象收缩为具有最小连通性的线，有孔洞的对象收缩为每个孔洞和外边界之间的连通环。此选项会保留欧拉数
'tophat'	执行形态学“顶帽”运算，返回原图像与执行形态学开运算之后的图像之间的差

例 10-18：二值图像的轮廓样式。

解：MATLAB 程序如下。

```
>> clear                                   % 清除工作区的变量
>> close all                               % 关闭所有打开的文件
>> I = imread('logo.tif');                 % 读取内存中的图像到工作区
```

```
>> J1 =bwmorph(I,'spur');                                  % 提取轮廓时去除毛刺
>> J2 =bwmorph(I,'thicken');                               % 提取轮廓时加粗物体轮廓
>> J3 =bwmorph(I,'remove');                                % 提取轮廓时保留边界像素上的 1
>> J4 =bwmorph(I,'hbreak');                                % 提取轮廓时断开图像中的 H 型连接
>> J5 =bwmorph(I,'fill');                                  % 提取轮廓时填充孤立的黑点
>> subplot(231),imshow(I),title('Orignal')                 % 显示图像
>> subplot(232),imshow(J1),title('Contour1')
>> subplot(233),imshow(J2),title('Contour2')
>> subplot(234),imshow(J3),title('Contour3')
>> subplot(235),imshow(J4),title('Contour4')
>> subplot(236),imshow(J5),title('Contour5')
```

运行结果如图 10-21 所示。

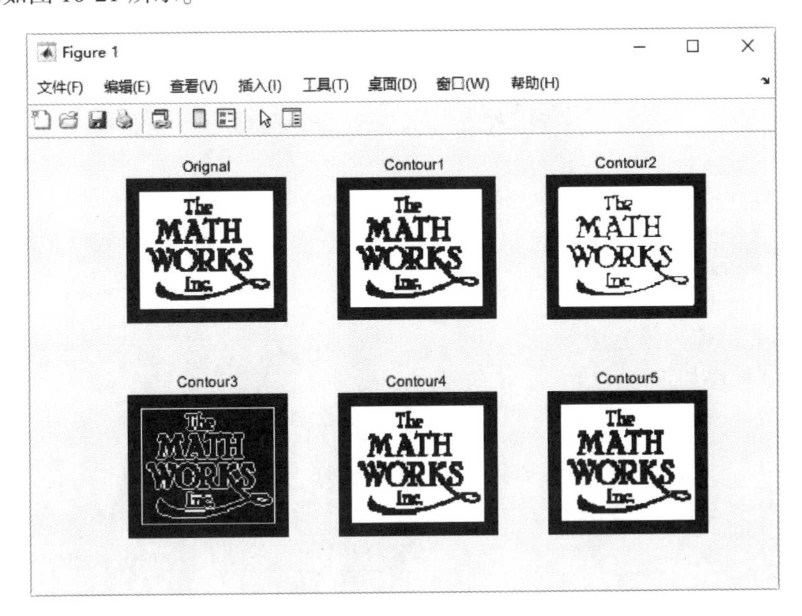

图 10-21 轮廓样式

例 10-19：显示二值图像的边缘与轮廓。

解：MATLAB 程序如下。

```
>> clear                              % 清除工作区的变量
>> close all                          % 关闭所有打开的文件
>> I =imread('testpat1.png');         % 将内存中的图像读取到工作区
>> B =bwperim(I,8);                   % 采用 8 连通提取图像中对象的边缘
>> J =bwmorph(I,'spur');              % 提取轮廓时去除毛刺
>> K =bwmorph(I,'skel',Inf);          % 骨架提取但保持图像中物体不发生断裂
>> subplot(121),imshowpair(I,B,'montage'),title('Orignal(Left) and Perim(Right)')
                                      % 对比显示原始图像和边缘图
>> subplot (122), imshowpair (J, K,' montage '), title (' Contour1 (Left) and Contour2 
(Right)')  % 对比显示去除杂散像素的图像和删除对象边界上的像素后的图像骨架
```

运行结果如图 10-22 所示。

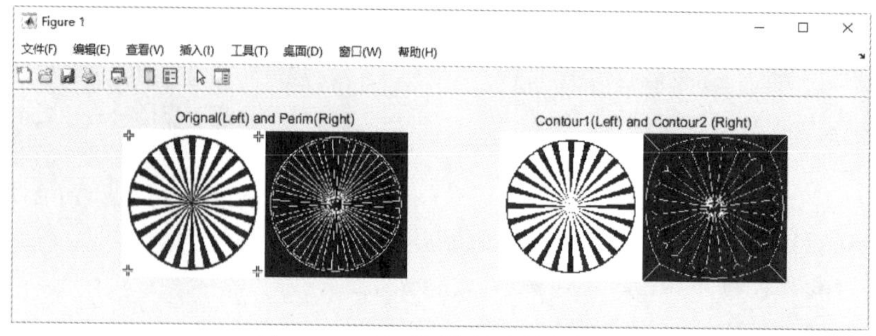

图 10-22　显示图像的边缘与轮廓

10.3.5 弱化二值图像的边界

在 MATLAB 中，imerode 命令用来弱化二值图像的边界，它的使用格式见表 10-15。

表 10-15　imerode 命令的使用格式

命令格式	说　明
J = imerode(I,SE)	侵蚀灰度、二值或压缩二值图像的边界，返回被弱化边界的图像，SE 是结构化元素，指定为标量 strel 对象或偏移量 strel 对象
J = imerode(I,nhood)	***nhood*** 是 0 和 1 的矩阵，指定结构元素邻域
J = imerode(…,packopt,m)	packopt 指定输入图像 I 是否是打包的二值图像。*m* 指定原始解包图像的行尺寸
J = imerode(…,shape)	shape 指定输出图像的大小。可选择' same '或' full '

例 10-20：弱化二值图像的边界。

解：MATLAB 程序如下。

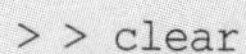

```
>> clear                                  % 清除工作区的变量
>> close all                              % 关闭所有打开的文件
>> BW1 = imread('circles.png');           % 将内存中的图像读取到工作区
>> SE = ones(20,1);                       % 设置弱化结果元素
>> BW2 = imerode(BW1,SE);                 % 弱化二值图像的边界
>> imshowpair(BW1,BW2,'montage')          % 对比显示原图与弱化边界后的图像
```

运行结果如图 10-23 所示。

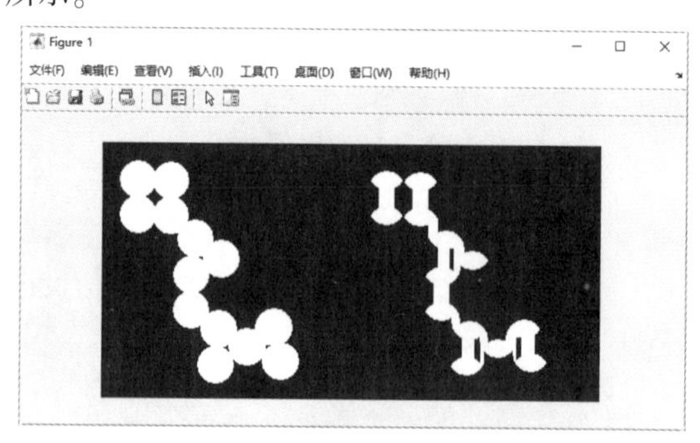

图 10-23　弱化二值图像的边界

10.3.6 填充图像背景

在 MATLAB 中，imfill 命令用来填充图像区域和孔洞，它的使用格式见表 10-16。

表 10-16 imfill 命令的使用格式

命令格式	说明
BW2 = imfill(BW,locations)	对输入二值图像 BW 的背景像素执行填充操作。指定选取样点的索引。locations 是多维数组时，数组每一行指定一个区域
BW2 = imfill(BW,locations,conn)	填充由位置定义的区域，其中 conn 指定连通性
BW2 = imfill(BW,'holes')	填充二值图像 BW 中的孔洞区域
BW2 = imfill(BW,conn,'holes')	填充二值图像 BW 中的孔，其中 conn 指定连通性
I2 = imfill(I)	填充灰度图像中所有的孔洞区域
I2 = imfill(I,conn)	填充灰度图像 I 中的孔，其中 conn 指定连通性
BW2 = imfill(BW)	以交互方式操作，将一张二值图像显示在屏幕上，使用鼠标在图像上单击几个点，这几个点围成的区域即为要填充的区域。BW 必须是一个二维的图像。可以通过按〈Backspace〉键或者〈Delete〉键来取消之前选择的区域；通过〈Shift〉键 + 鼠标左键单击或者鼠标右键单击或双击，可以确定选择区域
BW2 = imfill(BW,0,conn)	在交互指定位置时覆盖默认连接
[BW2, locations_out] = imfill(BW)	以交互方式操作，返回用户的取样点索引值 locations_out

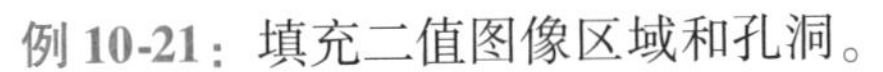

例 10-21：填充二值图像区域和孔洞。

解：MATLAB 程序如下。

```
>> clear                                  % 清除工作区的变量
>> close all                              % 关闭所有打开的文件
>> BW1 = imread('circles.png');           % 将内存中的图像读取到工作区
>> BW2 = imfill(BW1,[3,3],8);             % 采用 8 连通在指定区域[3,3]填充二值图像
>> subplot(121),imshow(BW1)               % 显示原图
>> subplot(122),imshow(BW2)               % 显示填充后的图像
```

运行结果如图 10-24 所示。

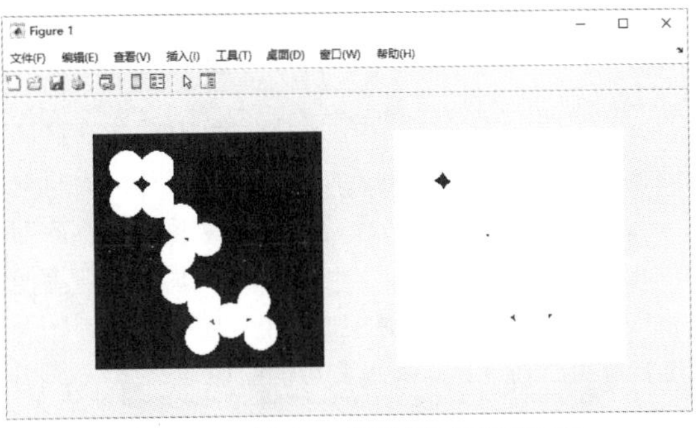

图 10-24 填充二值图像区域和孔洞

例 10-22：填充 RGB 图像区域和孔洞。

解：MATLAB 程序如下。

```
>> clear                          % 清除工作区的变量
>> close all                      % 关闭所有打开的文件
>> I = imread('QQF.tif');         % 将内存中的图像读取到工作区
>> I = rgb2gray(I);               % 将 RGB 的图像转换为灰度图
>> BW = imbinarize(I);            % 将图像转化为二值图像
>> J = imfill(I);                 % 填充灰度图像中所有的孔洞区域
```

```
>> BW1 = imfill(BW);
% 显示图 10-25 所示的二值图像,鼠标单击确定填充区域,如图 10-26 所示,单击鼠标右键完成选择,然后填充二值图像中的孔洞
>> subplot(121),imshowpair(I,BW,'montage'), title('Original(Left) and BW (Right)')
                                   % 对比显示原图与二值图像
>> subplot(122),imshowpair(J,BW1,'montage'), title('Original Fill(Left) and BW Fill (Right)')  % 对比显示填充灰度图所有孔洞区域与填充二值图像孔洞区域的效果
```

运行结果如图 10-27 所示。

图 10-25　显示二值图像

图 10-26　交互方式选择填充区域

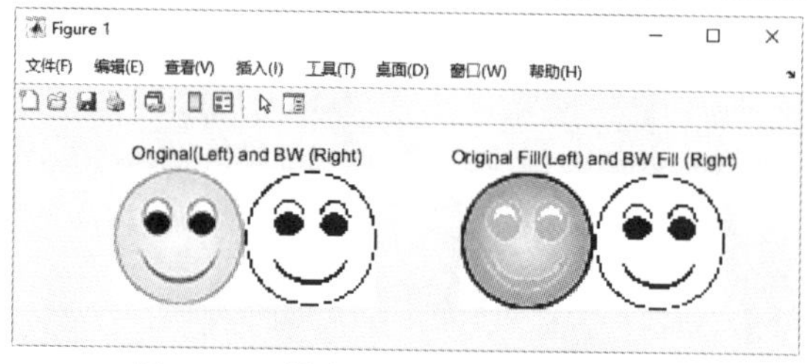

图 10-27　填充 RGB 图像区域和孔洞

例 10-23：填充图像区域和孔洞。

解：MATLAB 程序如下。

```
>> clear                                        % 清除工作区的变量
>> close all                                    % 关闭所有打开的文件
>> BW = imbinarize (imread('coins.png'));       % 读取内存的图像,转换为二值图像
>> BW1 = imfill(BW,'holes');                    % 填充二值图像 BW 中的孔洞区域
>> subplot(121),imshow(BW), title('源图像二值化')
>> subplot(122),imshow(BW1), title('填充后的图像')
```

运行结果如图 10-28 所示。

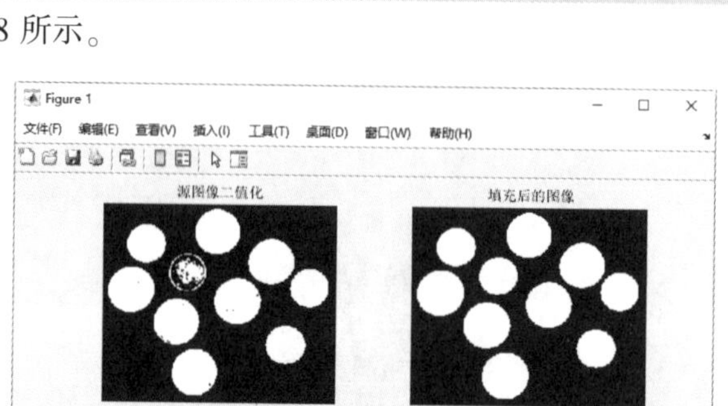

图 10-28　填充图像区域和孔洞